AutoCAD 2022

完全自学教程

实战案例
视频版

星耀博文　编著

U0392953

化学工业出版社
·北京·

内 容 简 介

本书是一本帮助 AutoCAD 2022 初学者实现入门、提高到精通的完全自学教程，并配有同步讲解视频，手机扫码即可观看。

本书由基础操作篇、机械制图篇、室内制图篇、建筑制图篇、园林制图篇、三维制图篇六大篇组成，共 26 章。基础操作篇基本涵盖了 AutoCAD 中常用命令的使用方法介绍，并配有大量练习供读者学以致用。机械、室内、建筑、园林制图篇结合各行业制图标准，介绍了 AutoCAD 在各专业制图领域中的实践与应用，每篇都通过应用案例来进行演练讲解。三维篇则介绍了三维模型的绘制与编辑方法。

本书定位于 AutoCAD 初、中级用户，可作为广大 AutoCAD 初学者和爱好者学习 AutoCAD 的专业指导教材，对各专业技术人员来说也是一本不可多得的参考和速查手册。

图书在版编目（CIP）数据

AutoCAD 2022 完全自学教程：实战案例视频版/星耀博文编著. —北京：化学工业出版社，2022.4
ISBN 978-7-122-40795-5

Ⅰ.①A…　Ⅱ.①星…　Ⅲ.①AutoCAD 软件-教材
Ⅳ.①TP391.72

中国版本图书馆 CIP 数据核字（2022）第 024936 号

责任编辑：金林茹　张兴辉　　　　　　　　装帧设计：王晓宇
责任校对：宋　夏

出版发行：化学工业出版社（北京市东城区青年湖南街 13 号　邮政编码 100011）
印　　装：大厂聚鑫印刷有限责任公司
787mm×1092mm　1/16　印张 30¾　字数 806 千字　2022 年 9 月北京第 1 版第 1 次印刷

购书咨询：010-64518888　　　　　　　　售后服务：010-64518899
网　　址：http://www.cip.com.cn
凡购买本书，如有缺损质量问题，本社销售中心负责调换。

定　　价：128.00 元

前言

AutoCAD 自 1982 年推出以来，从初期的 1.0 版本，经多次更新和完善，现已发展到 AutoCAD 2022 版本。由于其具有简便易学、精确高效等优点，一直深受广大工程设计人员的青睐，目前已成为 CAD 系统中应用最为广泛的图形软件之一。

本书作为一本 AutoCAD 2022 软件的零基础入门教程，前期从易到难、由浅及深地向读者介绍了 AutoCAD 2022 软件的基础知识和基本操作，后面结合具体行业的制图标准和实际案例，向读者讲解工作中的操作方法。全书从实用角度出发，全面系统地讲解了 AutoCAD 2022 的应用功能，此外还精心安排了大量练习供读者学以致用。

本书分为 6 大篇，共 26 章。第一篇基础操作篇（第 1～9 章），主要介绍 AutoCAD 2022 的基本操作方法，包括图形的绘制、编辑、标注、图层、图块、约束、输出打印等，通过本篇的学习可以掌握 AutoCAD 的使用技能。第二篇机械制图篇（第 10～13 章），主要介绍机械制图的方法，包括机械设计的制图标准、机械制图模板的创建，另外通过实例讲解了零件图和装配图的画法。第三篇室内制图篇（第 14～17 章），主要介绍室内设计制图的相关标准和具体设计流程，包括室内制图模板的创建、量房、原始平面图以及其他施工图的绘制。第四篇建筑制图篇（第 18～20 章），主要介绍建筑制图的相关标准和设计流程，除了基本模板的创建，还以一套完整的住宅楼建筑施工图为例讲解了整个绘制过程。第五篇园林制图篇（第 21～23 章），主要以别墅庭院设计为例，介绍园林设计的相关标准和设计方法。第六篇三维制图篇（第 24～26 章），主要介绍 AutoCAD 中的三维设计功能，包括三维实体和三维曲面的建模方法，以及各种三维模型编辑修改工具的使用方法。

除了书本内容之外，本书还附赠以下资源。

（1）配套教学视频

书中所有的练习和操作实例均配有高清教学视频，读者可以像看电影一样轻松愉悦地学习视频内容，然后对照课本加以实践和练习，能够大大提高学习效率。

（2）全书实例的源文件与完成素材

书中所有的练习和操作实例均提供源文件和素材，读者可以使用 AutoCAD 2022 或更低的版本调用素材和源文件。

（3）超值电子文件

本书附赠了同步电子书和快捷键命令大全的电子文件。

由于编者水平有限，书中疏漏与不妥之处在所难免。感谢您选择本书，也希望您能够把对本书的意见和建议告诉我们。

编著者

扫码全方位学习
AutoCAD 2022

目录

第一篇　基础操作篇

第二篇 机械制图篇

第三篇 室内制图篇

第四篇　建筑制图篇

第五篇　园林制图篇

第六篇　三维制图篇

第一篇 基础操作篇

第1章

AutoCAD 2022入门速览

AutoCAD 是一款主流的工程图绘制软件，广泛用于机械、建筑、室内、园林、市政规划、家具制造等行业。在学习使用 AutoCAD 进行绘图工作之前，需要先认识 AutoCAD 的软件界面，并掌握一些基本的操作方法，为熟练掌握该软件打下坚实的基础。本书将使用 AutoCAD 2022 版本进行介绍，如无特殊说明，书中介绍的命令适用于 AutoCAD 2005 至 AutoCAD 2022 的各个版本。

1.1 AutoCAD 2022 操作界面

AutoCAD 的操作界面是 AutoCAD 显示、编辑图形的区域，如图 1-1 所示。该操作界

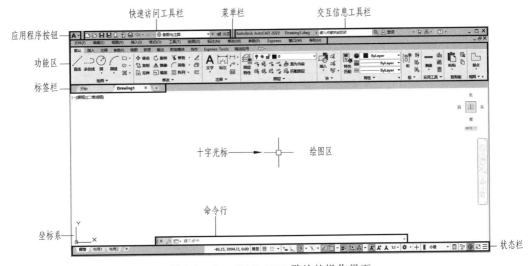

图 1-1　AutoCAD 2022 默认的操作界面

面区域划分较为明确，主要包括应用程序按钮、快速访问工具栏、菜单栏、交互信息工具栏、功能区、标签栏、十字光标、绘图区、坐标系、命令行、状态栏等。

提示：在 AutoCAD 的左上角（快速访问工具栏内），可以看到 ⚙草图与注释 ▾ 字样，表示当前的 AutoCAD 界面为"草图与注释"的工作空间界面。AutoCAD 2022 提供"草图与注释""三维基础"和"三维建模"三种工作空间（AutoCAD 2015 之前的版本还有"经典工作空间"），每个空间的操作界面各不相同，分别对应不同的操作情况。初学时只需掌握"草图与注释"工作空间即可。

1.1.1　应用程序按钮

应用程序按钮 **A**▾ 位于窗口的左上角，单击该按钮，系统将弹出用于管理 AutoCAD 图形文件的菜单，包含"新建""打开""保存""另存为""输出"及"打印"等命令，右侧区域则是"最近使用文档"列表，如图 1-2 所示。

此外，在应用程序"搜索"按钮 🔍 左侧的空白区域输入文字，即会弹出与之相关的各种命令的列表，选择其中相应的命令即可执行，效果如图 1-3 所示。

图 1-2　应用程序菜单

图 1-3　搜索功能

1.1.2　快速访问工具栏

快速访问工具栏位于标题栏的左侧，它包含了文档操作常用的 9 个快捷按钮及 1 个工作空间下拉列表框，如图 1-4 所示。

图 1-4　快速访问工具栏

各按钮功能介绍如下。

➢ 新建 🗋：用于新建一个图形文件。

➢ 打开 📂：用于打开现有的图形文件。

➢ 保存 💾：用于保存当前图形文件。

➢ 另存为 💾：以副本方式保存当前图形文件，原来的图形文件仍会得到保留。以此方法保存时，可以修改副本的文件名、文件格式和保存路径。

➢ 从 Web 和 Mobile 中打开 ：单击该按钮，将打开 Autodesk 的登录对话框，登录后将可以访问用户保存在 A360 上的文件，如图 1-5 所示。A360 可理解为 Autodesk 公司提供的网络云盘。

➢ 保存到 Web 和 Mobile：单击该按钮，即可将当前图形保存到用户的 A360 云盘中，此后用户将可以在其他平台（网页或手机）上通过登录 A360 的方式来查看这些图形，如图 1-6 所示。

图 1-5　从 A360 云盘中打开文件

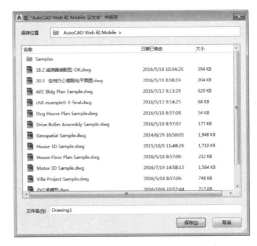

图 1-6　将文件保存至 A360 云盘中

提示："从 Web 和 Mobile 中打开" 或 "保存到 Web 和 Mobile" 是从 AutoCAD 2019 版本开始新增加的命令，AutoCAD2019 之前的版本没有这两个命令。

➢ 打印：用于打印图形文件，具体操作可以见本书的第 9 章。

➢ 放弃：可撤销上一步的操作。

➢ 重做：如果有放弃的操作，单击该按钮可以进行恢复。

➢ 工作空间下拉列表框 草图与注释：可以选择不同的工作空间进行切换，不同的工作空间对应不同的软件操作界面。

此外，可以通过单击快速访问工具栏最右侧的下拉按钮打开下拉菜单，在菜单中可以自定义快速访问工具栏中要显示的命令，如图 1-7 所示。

1.1.3　菜单栏

在 AutoCAD 2022 中，菜单栏在任何工作空间中都默认为不显示状态。只有在快速访问工具栏中单击下拉按钮，并在弹出的下拉菜单中选择"显示菜单栏"选项，才可将菜单栏显示出来，如图 1-8 所示。

菜单栏位于标题栏的下方，包括了 13

图 1-7　自定义快速访问工具栏的按钮

个菜单："文件""编辑""视图""插入""格式""工具""绘图""标注""修改""参数""Express""窗口""帮助"。每个菜单都包含该分类下的大量命令，因此菜单栏是 AutoCAD 中命令最为详尽的组成部分，但缺点就是命令过于集中，要单独寻找其中某一个命令的话可能需展开多个子菜单，如图 1-9 所示。因此在工作中一般不使用菜单栏来执行命令，通常菜单栏只用于查找和执行少数不常用的命令。

图 1-8 显示菜单栏

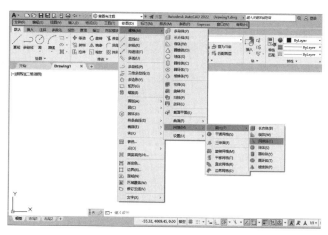

图 1-9 菜单栏与其下的子菜单选项

这 13 个菜单的主要作用介绍如下。

➢ 文件：用于管理图形文件，例如新建、打开、保存、另存为、输出、打印和发布等。

➢ 编辑：用于对文件图形进行常规编辑，例如剪切、复制、粘贴、清除、链接、查找等。

➢ 视图：用于管理 AutoCAD 的操作界面，例如缩放、平移、动态观察、相机、视口、三维视图、消隐和渲染等。

➢ 插入：用于在当前 AutoCAD 绘图状态下，插入所需的图块或其他格式的文件，例如 PDF 参考底图、字段等。

➢ 格式：用于设置与绘图环境有关的参数，例如图层、颜色、线型、线宽、文字样式、标注样式、表格样式、点样式、厚度和图形界限等。

➢ 工具：用于设置一些绘图的辅助工具，例如选项板、工具栏、命令行、查询和向导等。

➢ 绘图：提供绘制二维图形和三维模型的所有命令，例如直线、圆、矩形、正多边形、圆环、边界和面域等。

➢ 标注：提供对图形进行尺寸标注时所需的命令，例如线性标注、半径标注、直径标注、角度标注等。

➢ 修改：提供修改图形时所需的命令，例如删除、复制、镜像、偏移、阵列、修剪、倒角和圆角等。

➢ 参数：提供对图形进行约束时所需的命令，例如几何约束、动态约束、标注约束和删除约束等。

➢ Express：Express 是 AutoCAD 自带的一个插件，在安装 AutoCAD 的时候会提示是否要安装，安装以后在 AutoCAD 界面的菜单栏"参数"和"窗口"之间就会有 Express 这个工具。Express 可以大幅提高绘图速度并可实现普通命令比较难实现的任务（如将文字排成弧形），还可以用来协助图层管理、文字书写、像素编修、绘图辅助、图案填充、尺寸样式编辑等，是普通命令的延伸。

　　➢ 窗口：用于在多文档状态时设置各个文档的屏幕，例如层叠、水平平铺和垂直平铺等。

　　➢ 帮助：提供使用 AutoCAD 2022 所需的帮助信息。

1.1.4　交互信息工具栏

　　交互信息工具栏位于 AutoCAD 窗口的最上方，如图 1-10 所示，用于显示当前软件名称以及当前新建或打开的文件的名称等。标题栏最右侧提供了窗口"最小化" ━━ 、"恢复窗口大小" ▢ 和"关闭" ✖ 按钮。

图 1-10　交互信息工具栏

1.1.5　功能区

　　功能区是各命令选项卡的合称，它用于显示与工作空间主题相关的按钮和控件，是 AutoCAD 中主要的命令调用区域。"草图与注释"工作空间的功能区包含了"默认""插入""注释""参数化""视图""管理""输出""附加模块""协作""Express Tools""精选应用" 11 个选项卡，如图 1-11 所示。每个选项卡包含若干个面板，每个面板又包含许多用图标表示的命令按钮。

图 1-11　功能区

　　（1）功能区选项卡的组成

　　因"草图与注释"工作空间是默认的、也是最为常用的软件工作空间，因此详细介绍其中的部分选项卡。

　　❑ "默认"选项卡

　　"默认"选项卡从左至右依次为"绘图""修改""注释""图层""块""特性""组""实用工具""剪贴板""视图" 10 大功能面板，如图 1-12 所示。"默认"选项卡集中了 AutoCAD 二维制图中各类常用的命令，涵盖绘图、标注、编辑、修改、图层、图块等各个方面，是最主要的选项卡，本书后面案例讲解中的大部分命令都将通过该选项卡来调用。

图 1-12　"默认"选项卡

　　提示：在功能区选项卡中，有些面板按钮下方有箭头，表示有扩展菜单，单击箭头，扩展菜单会列出更多的操作命令，如图 1-13 所示的"绘图"扩展菜单。

　　❑ "插入"选项卡

　　"插入"选项卡从左至右依次为"块""块定义""参照""输入""数据""链接和提取"

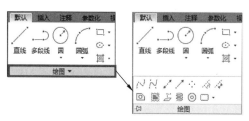

图 1-13　"绘图"扩展菜单

"位置"面板，如图 1-14 所示。"插入"选项卡主要用于图块、外部参照等外在图形的调用。

❏ "注释"选项卡

"注释"选项卡从左至右依次为"文字""标注""中心线""引线""表格""标记""注释缩放"面板，如图 1-15 所示。"注释"选项卡提供了详尽的标注命令，可以用来进行各种尺寸标注，包括引线、公差、云线注释等。

图 1-14　"插入"选项卡

图 1-15　"注释"选项卡

❏ "参数化"选项卡

"参数化"选项卡从左至右依次为"几何""标注""管理"三大功能面板，如图 1-16 所示。"参数化"选项卡主要用于管理图形约束方面的命令，在本书的第 8 章中有详细介绍。

图 1-16　"参数化"选项卡

❏ "视图"选项卡

"视图"选项卡包括"视口工具""命名视图""模型视口""选项板""界面"面板，如图 1-17 所示。"视图"选项卡提供了大量用于控制显示视图的命令，在建筑、室内设计等专业的绘图上应用较多。

图 1-17　"视图"选项卡

（2）切换功能区显示方式

功能区可以以水平或垂直的方式显示，也可以显示为浮动选项板。另外，功能区可以以最小化状态显示，其方法是在功能区选项卡右侧单击下拉按钮 右侧的下拉符号，在弹出的列表中选择以下四种方式中一种来最小化功能区状态选项，如图 1-18 所示。而单击下拉按钮 左侧的切换符号，则可以在默认和最小化功能区状态之间切换。

➢ 最小化为选项卡：选择该选项，则功能区只会显示出各选项卡的标题，如图 1-19 所示。

图 1-18　功能区状态选项　　　　　　　图 1-19　"最小化为选项卡"时的功能区显示

➢ 最小化为面板标题：选择该选项，则功能区仅显示选项卡和其下的各命令面板标题，如图 1-20 所示。

图 1-20　"最小化为面板标题"时的功能区显示

➢ 最小化为面板按钮：最小化功能区以便仅显示选项卡标题和面板按钮，如图 1-21 所示。

图 1-21　"最小化为面板按钮"时的功能区显示

➢ 循环浏览所有项：按顺序切换四种功能区状态——完整功能区、最小化面板按钮、最小化为面板标题、最小化为选项卡。

（3）自定义选项卡及面板的构成

用鼠标右键单击面板按钮，弹出显示控制快捷菜单，如图 1-22 与图 1-23 所示，可以分别调整"选项卡"与"面板"的显示内容，名称前被勾选则内容显示，反之则隐藏。

图 1-22　调整功能选项卡显示　　　　　　图 1-23　调整选项卡内面板显示

提示：面板显示子菜单会根据不同的选项卡进行变换，面板子菜单为当前打开选项卡的所有面板名称列表。

（4）调整功能区位置

在"选项卡"名称上单击鼠标右键，选择其中的"浮动"命令，可使"功能区"浮动在

"绘图区"上方,如图 1-24 所示。此时用鼠标左键按住"功能区"左侧灰色边框拖动,可以自由调整其位置。

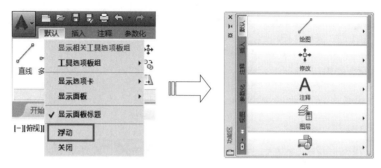

图 1-24 将功能区设为浮动

提示:如果选择快捷菜单最下面的"关闭"命令,则将整体隐藏功能区,进一步扩大绘图区区域,如图 1-25 所示。功能区被整体隐藏之后,则可以在命令行中输入"RIBBON"指令来恢复。

图 1-25 关闭功能区

1.1.6 标签栏

文件标签栏位于绘图窗口上方,每个打开的图形文件都会在标签栏显示一个标签,单击文件标签即可快速切换至相应的图形文件窗口,如图 1-26 所示。

AutoCAD 2022 的标签栏中"新建选项卡"图形文件选项卡命名为"开始",并在创建和打开其他图形时保持显示。单击标签上的 × 按钮,可以快速关闭文件;单击标签栏右侧的 + 按钮,可以快速新建文件;用鼠标右键单击标签栏的空白处,会弹出快捷菜单,如图 1-27 所示,利用该快捷菜单可以选择"新建""打开""全部保存""全部关闭"命令。

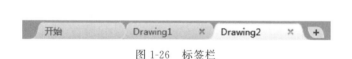

图 1-26 标签栏

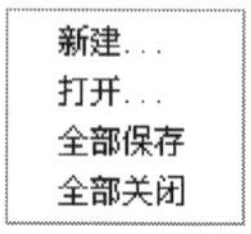

图 1-27 快捷菜单

此外,在光标经过图形文件选项卡时,将显示模型的预览图像和布局。如果光标经过某个预览图像,相应的模型或布局将临时显示在绘图区域中,并且可以在预览图像中访问"打印"和"发布"工具,如图 1-28所示。

1.1.7 绘图区

绘图区又常被称为"绘图窗口",它是绘图的主要区域,绘图的核心操作和图

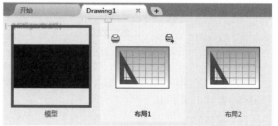

图 1-28 文件选项卡的预览功能

形显示都在该区域中。在绘图区中有 4 个工具需注意，分别是十字光标、坐标系图标、ViewCube 和视口控件，如图 1-29 所示。

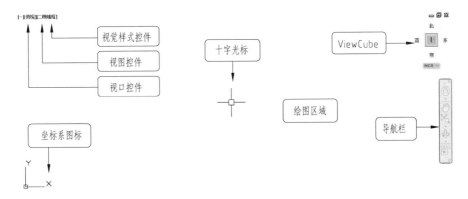

图 1-29　绘图区

➢ 十字光标：在 AutoCAD 绘图区域中，鼠标光标会以十字光标的形式显示，可以通过设置修改它的外观大小。

➢ 坐标系图标：此图标始终表示 AutoCAD 绘图系统中的坐标原点位置，默认在左下角，是 AutoCAD 绘图系统的基准。

➢ ViewCube：此工具始终浮现在绘图区域的右上角，指示模型的当前视图方向，并用于重定向三维模型的视图。

➢ 视口控件：显示在每个视口的左上角，提供更改视图、视觉样式和其他设置的便捷操作方式，如图 1-30 所示。视口控件的 3 个标签将显示当前视口的相关设置。

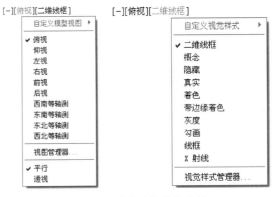

图 1-30　快捷功能控件菜单

1.1.8　命令行

命令行是输入命令名和显示命令提示的区域，默认的命令行窗口布置在绘图区下方，由若干文本行组成，如图 1-31 所示。命令窗口中间有一条水平分界线，它将命令窗口分成两个部分："命令行"和"命令历史窗口"。位于水平线下方的为"命令行"，它用于接收用户输入的命令，并显示 AutoCAD 的提示信息或命令的延伸选项；位于水平线上方为"命令历史窗口"，它含有 AutoCAD 启动后所用过的全部命令及提示信息，该窗口有垂直滚动条，可以上下滚动查看以前用过的命令。

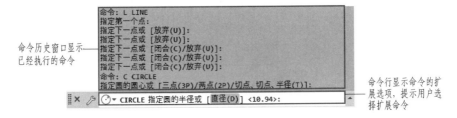

图 1-31　命令行

提示：初学 AutoCAD 时，在执行命令后可以多看命令行，因为其中会给出操作的提示，在不熟悉命令的情况下，跟随这些提示也能完成操作。

1.1.9　状态栏

状态栏位于屏幕的底部，用来显示 AutoCAD 当前的状态，如对象捕捉、极轴追踪等命令的工作状态，如图 1-32 所示。同时 AutoCAD 2022 将之前的模型布局标签栏和状态栏合并在了一起，并且取消了显示当前光标位置。

图 1-32　状态栏

状态栏中各主要工具按钮具体说明见表 1-1。

表 1-1　绘图辅助工具按钮一览

名称	按钮	功 能 说 明
模型	模型	用于模型与布局之间的转换。模型即当前默认的绘图空间
布局	 布局1　布局2	用于模型与布局之间的转换。布局相当于 AutoCAD 的排版界面，供出图使用。此外布局可在一张图上呈现多种比例，因此也经常用来绘制室内、建筑设计图
显示图形栅格	⊞	单击该按钮，打开栅格显示，此时屏幕上将布满网格线。线与线的间距也可以通过"草图设置"对话框的"捕捉和栅格"选项卡进行设置
捕捉模式	⦂⦂⦂	单击该按钮，开启或者关闭栅格捕捉。开启状态下可以使光标很容易地捕捉到每一个栅格线上的交点
动态输入	＋	单击该按钮，将开启动态输入功能，此状态下进行绘图时光标会自带提示信息和坐标框，相当于在光标附近带了一个简易版文本框
正交限制光标	⌐	该按钮用于开启或者关闭正交模式。正交即表示只能沿 X 轴或者 Y 轴方向绘制水平或竖直的线，不能画斜线
极轴追踪	⟲	该按钮用于开启或关闭极轴追踪模式。在绘制图形时，系统将根据设置显示一条追踪线，可以在追踪线上根据提示精确移动光标，从而精确绘图
对象捕捉追踪	∠	单击该按钮，打开对象捕捉模式，可以捕捉对象上的关键点，并沿着正交方向或极轴方向拖曳光标，此时可以显示光标当前位置与捕捉点之间的相对关系。若找到符合要求的点，直接单击即可
二维对象捕捉	⬚	该按钮用于开启或者关闭对象捕捉。对象捕捉能使光标在接近某些特殊点时自动指引到那些特殊的点，如端点、圆心、象限点
线宽	≣	单击该按钮，开启线宽显示。在绘图时，如果为图层或所绘图形定义了不同的线宽（至少大于 0.3mm），那单击该按钮就可以显示出线宽，以标识各种具有不同线宽的对象
允许/禁止动态 UCS	⌇	该按钮用于切换允许和禁止 UCS（用户坐标系）
注释可见性	⚙	单击该按钮，可选择仅显示当前比例的注释或是显示所有比例的注释
当前图形的注释比例	 ⚙ 1:1 ▾	可通过此按钮调整显示对象的缩放比例
切换工作空间	 ⚙ ▾	切换绘图空间，可通过此按钮切换 AutoCAD 2022 的工作空间
硬件加速	◎	用于在绘制图形时通过硬件的支持提高绘图性能，如刷新频率
全屏显示	⛶	单击即可控制 AutoCAD 2022 的全屏显示或者退出
自定义	≡	单击该按钮，可以对当前状态栏中的按钮进行添加或删除，方便管理

1.2　AutoCAD 视图的控制

在绘图过程中，为了更好地观察和绘制图形，通常需要对视图进行平移、缩放、重生成等操作。本节将详细介绍 AutoCAD 视图的控制方法。

1.2.1　视图缩放

视图缩放命令可以调整当前视图大小，既能观察较大的图形范围，又能观察图形的细部而不改变图形的实际大小。视图缩放只是改变视图的比例，并不改变图形对象的绝对大小，打印出来的图形仍是设置的大小。执行"视图缩放"命令有以下几种方法。

> ➤ 快捷操作：滚动鼠标滚轮，如图 1-33 所示。
> ➤ 功能区：在"视图"选项卡中，单击"导航"面板选择视图缩放工具。
> ➤ 菜单栏：选择"视图"|"缩放"命令。
> ➤ 命令行：在命令行中输入"ZOOM"或"Z"。

提示：本书在第一次介绍命令时，均会给出命令的执行方法，其中"快捷操作"是比较推荐的方法。

在 AutoCAD 的绘图环境中，如需对视图进行放大、缩小，以便更好地观察图形，则可按上面给出的方法进行操作。其中滚动鼠标的中键滚轮进行缩放是最常用的方法。默认情况下向前滚动是放大视图，向后滚动是缩小视图。

如果要一次性将图形布满整个窗口，以显示出文件中所有的图形对象，或最大化所绘制的图形，则可以通过双击中键滚轮来完成。

1.2.2　视图平移

视图平移不改变视图的大小和角度，只改变其位置，以便观察图形其他的组成部分。图形显示不完全，且部分区域不可见时，即可使用视图平移，很好地观察图形。执行"平移"命令有以下几种方法。

> ➤ 快捷操作：按住鼠标滚轮进行拖动，可以快速进行视图平移，如图 1-34 所示。
> ➤ 功能区：单击"视图"选项卡中"导航"面板的"平移"按钮🖐。
> ➤ 菜单栏：选择"视图"|"平移"命令。
> ➤ 命令行：在命令行中输入"PAN"或"P"。

除了视图大小的缩放外，视图的平移也是使用较为频繁的命令。其中按住鼠标滚轮然后拖动的方式最常用。必须注意的是，该命令并不是真正移动图形对象，也不是真正改变图形，而是通过移动视图窗口进行平移。

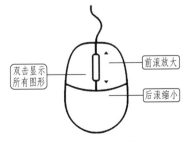

图 1-33　缩放视图的鼠标操作

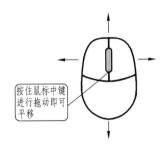

图 1-34　移动视图的鼠标操作

提示：AutoCAD 2022 具备三维建模的功能，三维模型的视图操作与二维图形是一样的，只是多了一个视图旋转，以供用户全方位地观察模型。方法是按住 Shift 键，然后再按住鼠标滚轮进行拖动。

1.2.3　重生成视图

(a) 重生成前　　　　(b) 重生成后

图 1-35　重生成前后的效果

AutoCAD 使用时间太久，或者图纸中内容太多，有时就会影响图形的显示效果，让图形变得很粗糙，这时就可以用"重生成"命令来恢复。"重生成"命令不仅重新计算当前视图中所有对象的屏幕坐标，并重新生成整个图形，还重新建立图形数据库索引，从而优化显示对象的性能。执行"重生成"命令有以下几种方法。

> 菜单栏：选择"视图"|"重生成"命令。
> 命令行：在命令中输入"REGEN"或"RE"。

"重生成"命令仅对当前视图范围内的图形执行重生成，如果要对整个图形执行重生成，可选择"视图"|"全部重生成"命令。重生成的效果如图 1-35 所示。

1.3　AutoCAD 2022 执行命令的方式

命令是 AutoCAD 用户与软件交换信息的重要方式，本小节将介绍执行命令的方式，如何终止当前命令、退出命令及如何重复执行命令等。

1.3.1　命令输入的 5 种方式

AutoCAD 中调用命令的方式有很多种，这里仅介绍最常用的 5 种。本书在后面的命令介绍章节中，将专门以"执行方式"的形式介绍各命令的调用方法，并按常用顺序依次排列。

（1）使用功能区调用

功能区对 AutoCAD 中各功能的常用命令进行了收纳，要执行命令只需在对应的面板上找到按钮单击即可。相比其他调用命令的方法，功能区调用命令更为直观，非常适合不能熟记绘图命令的 AutoCAD 初学者，如图 1-36 所示。

（2）使用命令行调用

使用命令行输入命令是 AutoCAD 的一大特色功能，同时也是最快捷的绘图方式。这就要求用户熟记各种绘图命令，一般对 AutoCAD 比较熟悉的用户都用此方式绘制图形，因为这样可以大大提高绘图的速度和效率。

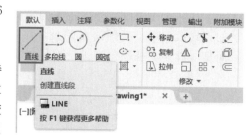

图 1-36　功能区面板

AutoCAD 绝大多数命令都有其相应的简写方式。如"直线"命令 LINE 的简写方式是"L"，"矩形"命令 RECTANGLE 的简写方式是"REC"，只需输入这些字符，便可以自动执行这些命令，如图 1-37 所示。对于常用的命令，用简写方式输入将大大减少键盘输入的工作量，提高工作效率。另外，AutoCAD 对命令或参数输入不区分大小写，因此操作者不必考虑输入的大小写。

(a) 输入 "L" 执行 "直线" 命令　　　　　　　　　(b) 输入 "REC" 执行 "矩形" 命令

图 1-37　通过命令行输入命令和命令的延伸选项

在命令行输入命令后，有些命令会带有延伸选项，如 "矩形" 命令下方显示的 "[倒角(C)/标高(E)/圆角(F)/厚度(T)/宽度（W）]" 部分，延伸选项是命令的补充，可以用来设置命令过程中的各种细节。此时可以使用以下方法来执行延伸选项。

➢ 输入对应的字母。要执行延伸选项，则在命令行中输入延伸选项对应的亮显字母，然后按 Enter 键。如要执行 "倒角 (C)" 选项，则输入 "C"，然后按 Enter 键即可。

➢ 单击命令行中的字符。使用鼠标直接在命令行中单击所需的选项，如单击 "圆角(F)" 选项，则执行设置圆角命令。

➢ 执行默认选项。少数命令会以尖括号的方式给出默认选项，如图 1-38 所示的 "<4>"，即表示 POLYGON 多边形命令中默认的边数为 4。要接受默认选项，则直接按 Enter 键即可，否则另行输入边数。

（3）使用菜单栏调用

菜单栏调用是 AutoCAD 2022 提供的功能最全、最强大的命令调用方法。AutoCAD 绝大多数常用命令都分门别类地放置在菜单栏中。例如，若需要在菜单栏中调用 "多段线" 命令，选择 "绘图"|"多段线" 菜单命令即可，如图 1-39 所示。

图 1-38　命令中的默认选项

（4）使用快捷菜单调用

使用快捷菜单调用命令，即单击鼠标右键，在弹出的菜单中选择命令，如图 1-40 所示。

图 1-39　菜单栏调用 "多段线" 命令

图 1-40　右键快捷菜单

（5）使用工具栏调用

工具栏调用命令是 AutoCAD 的经典执行方式，如图 1-41 所示，也是旧版本 AutoCAD 最主要的执行方法。但随着时代进步，该种方式也日渐不适合人们的使用需求，因此与菜单栏一样，工具栏也不显示在三个工作空间中，需要通过 "工具"|"工具栏"|"AutoCAD" 命

令调出。单击工具栏中的按钮，即可执行相应的命令。用户可以在其他工作空间绘图，也可以根据实际需要调出工具栏，如 UCS、"三维导航""建模""视图""视口"等。

图 1-41　通过 AutoCAD 工具栏执行命令

【练习 1-1】　绘制一个简单的图形

一幅完整的机械设计图纸如图 1-42 所示。在此自然不会要求读者绘制如此复杂的图形，因此本例只需绘制其中的一个基准符号即可（右下角方框内部分），让读者结合上面几节的学习，来进一步了解 AutoCAD 是如何进行绘图工作的。

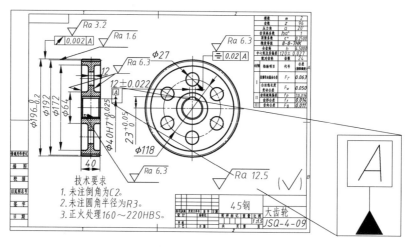

图 1-42　齿轮零件图

图 1-43　"选择样板"对话框

相关链接：关于本图的最终绘制方法，请参见本书第 12 章的 12.4 节。

① 双击桌面上的快捷图标 **A**，启动 AutoCAD 2022 软件。

② 单击左上角快速访问工具栏中的"新建"按钮 ，自动弹出"选择样板"对话框，不做任何操作，直接单击"打开"即可，如图 1-43 所示。

③ 自动进入空白的绘图界面，即可进行绘图操作。在"默认"选项卡下单击"绘图"面板中的"矩形"按钮 ，然后任意指定一点为角点，绘制一个 9×9 的矩形，如图 1-44 所示。完整的命令行提示如下。

```
命令:_rectang                          //执行"矩形"命令
指定第一个角点或[倒角(C)/标高(E)/圆角(F)/厚度(T)/宽度(W)]:
                                       //在绘图区任意指定一点为角点
指定另一个角点或[面积(A)/尺寸(D)/旋转(R)]:@9,9↙
                                       //输入矩形对角点的相对坐标
```

提示：在上面的命令提示中，"//"符号及其后面的文字均是对步骤的说明；而"✓"符号则表示单击回车键或空格键，如前面的"@9，9✓"即表示"输入@9，9，然后单击回车键"。"@9，9"是一种坐标定位法，在输入坐标时，首先需要输入@符号（该符号表示相对坐标，关于相对坐标的含义和用法请见本书第 3 章的 3.1 节），然后输入第一个数字（即 X 坐标），接着输入一个逗号（此逗号只能是英文输入法下的逗号），再输入第二个数字（即 Y 坐标），最后单击回车或空格键确认输入的坐标。本书大部分的命令均会给出这样的命令行提示，读者可以以此为参照，在 AutoCAD 软件中仿照着操作。

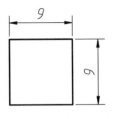

图 1-44　绘制的矩形

④ 绘制符号下方的竖直线。单击"绘图"面板中的"直线"按钮 ，然后选择矩形底边的中点作为直线的起点，垂直向下绘制一条长度为 7.5 的直线，如图 1-45 所示。命令行操作提示如下。

命令：_line	//执行"直线"命令
指定第一个点：	//捕捉矩形底边的中点为直线的起点
指定下一点或[放弃(U)]:@ 0,- 7.5✓	//输入直线端点的相对坐标
指定下一点或[放弃(U)]:✓	//按 Enter 键结束命令

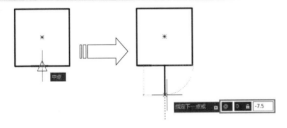

图 1-45　指定直线的起点与端点

提示：把线段分为两条相等线段的点，叫作中点。中点在 AutoCAD 中的显示符号为△，因此当移动光标至图 1-45 中的位置，光标出现该符号时，即捕捉到了底边直线上的中点，同时光标附近也会出现对应的提示。此时单击鼠标左键即可将直线的起点指定至该中点上。

⑤ 绘制符号底部的三角形。在"默认"选项卡下单击"绘图"面板中的"多边形"按钮 （矩形按钮的下方），接着根据提示，输入多边形的边数为 3，指定上步骤绘制的直线端点为中心点，创建一内接于圆、半径值为 3 的正三角形，如图 1-46 所示。命令行操作提示如下。

命令：_polygon	//执行"多边形"命令
输入侧面数 <4> :3✓	//输入要绘制多边形的边数 3
指定正多边形的中心点或[边(E)]:	//选择步骤④所绘制直线的端点
输入选项[内接于圆(I)/外切于圆(C)]< I> :✓	
	//单击回车键选择默认的"内接于圆"子选项
指定圆的半径:3✓	//输入半径值 3

提示：命令行提示中，如果某些命令段在最后有使用尖括号框起来的字母，如步骤⑤中"输入选项［内接于圆(I)/外切于圆(C)］<I>"中的<I>，此即表示该命令段的默认选项为"内接于圆(I)"，因此直接单击回车键即可执行，而不需输入"I"。

⑥ 对三角形区域进行黑色填充。直接输入

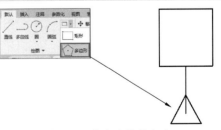

图 1-46　指定直线的起点

"H"并单击回车，即可执行"图形填充"命令，此时功能区切换至"图案填充创建"选项卡，然后在"图案"面板中选择"SOLID"（纯色）图案，如图1-47所示。

图1-47　指定直线的起点

⑦ 将光标移动至三角形区域内，即可预览填充图形，确认无误后单击左键放置填充，效果如图1-48所示。接着按Enter或空格键结束"图案填充"，功能区恢复正常。

⑧ 在符号内创建注释文字。在"默认"选项卡中单击"注释"面板上的"文字"按钮 A ，然后根据系统提示，在绘图区中任意指定文字框的第一个角点和对角点，如图1-49所示。

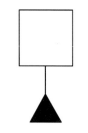

图1-48　创建图案填充

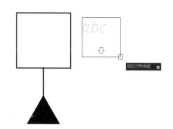

图1-49　指定文字输入框的对角点

图1-50　文字编辑器

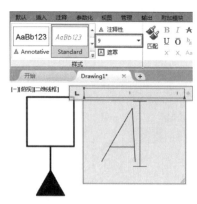

图1-51　输入注释文字

⑨ 在指定了输入文字的对角点之后，弹出如图1-50所示的"文字编辑器"选项卡和编辑框，用户可以在编辑框中输入、插入文字。

⑩ 在左上角的"样式"面板中重新设置文本的文字高度为9，接着输入注释文字"A"，如图1-51所示。

⑪ 将注释文本移动至方框图形内。在"默认"选项卡中单击"修改"面板中的"移动"按钮 ，然后选择文字为要移动的对象，将其移动至矩形框内，如图1-52所示。命令行操作提示如下。

```
命令:_move                           //执行"移动"命令
选择对象:找到 1 个                     //选择文字"A"为要移动的对象
指定基点或[位移(D)]<位移>:             //可以任意指定一点为基点,此点即为
                                       移动的参考点
指定第二个点或<使用第一个点作为位移>:  //选取目标点,放置图形
```

⑫ 至此，已经完成了基准符号图形的绘制，结果如图 1-53 所示。

图 1-52　移动注释文字

图 1-53　绘制完成的基准符号

　　本例仅简单演示了 AutoCAD 的绘图功能，其中涉及的命令有图形的绘制（直线、矩形），图形的编辑（图案填充、移动），图形的注释（创建文字），以及捕捉象限点、输入相对坐标等辅助绘图工具。AutoCAD 中绝大部分工作都基于这些基本的技巧，本书的后续章节将会更加详细地介绍这些命令，以及许多在本例中没有提及的命令。

1.3.2　命令的取消、重复、撤销与重做

　　在使用 AutoCAD 绘图的过程中，难免会需要重复用到某一命令或对某命令进行了误操作，因此有必要了解命令的重复、撤销与重做方面的知识。

　　（1）取消执行命令

　　初学者在学习 AutoCAD 时，难免会出现误操作，这时如果想结束正在执行的命令，只需按键盘上的 Esc 键退出即可。

　　（2）重复执行命令

　　在绘图过程中，有时需要重复执行同一个命令，如果每次都重复输入，会使绘图效率大大降低。执行"重复执行"命令有以下几种方法。

　　➤ 快捷键：按 Enter 键或空格键。

　　➤ 快捷菜单：单击鼠标右键，系统弹出的快捷菜单中选择"最近的输入"子菜单，选择需要重复的命令。

　　➤ 命令行：在命令行中输入"MULTIPLE"或"MUL"。

　　如果用户对绘图效率要求很高，那可以将鼠标右键自定义为重复执行命令的方式。在绘图区的空白处单击右键，在弹出的快捷菜单中选择"选项"，打开"选项"对话框，然后切换至"用户系统配置"选项卡，单击其中的"自定义右键单击（I）"按钮，打开"自定义右键单击"对话框，在其中勾选两个"重复上一个命令"选项，即可将右键设置为重复执行命令，如图 1-54 所示。

　　（3）放弃命令

　　在绘图过程中，如果执行了错误的操作，此时就可以执行"放弃"命令，使图形退回至错误操作之前的状态。执行"放弃"命令有以下几种方法。

　　➤ 快捷键：Ctrl＋Z。

　　➤ 菜单栏：选择"编辑"|"放弃"命令。

图 1-54　使用插件快速翻译文本

➢ 快速访问工具栏：单击快速访问工具栏中的"放弃"按钮 。

➢ 命令行：在命令行中输入"Undo"或"U"。

（4）重做命令

通过"重做"命令，可以恢复前一次或者前几次已经放弃执行的操作，"重做"命令与"撤销"命令是一对相对的命令。执行"重做"命令有以下几种方法。

➢ 快捷键：Ctrl＋Y。

➢ 菜单栏：选择"编辑"|"重做"命令。

➢ 工具栏：单击快速访问工具栏中的"重做"按钮 。

➢ 命令行：在命令行中输入"REDO"。

提示：如果要一次性撤销之前的多个操作，可以单击"放弃" 按钮后的展开按钮 ，展开操作的历史记录如图 1-55 所示。该记录按照操作的先后，由下往上排列，移动指针选择要撤销的最近几个操作，如图 1-56 所示，单击即可撤销这些操作。

图 1-55　命令操作历史记录

图 1-56　选择要撤销的最近几个命令

1.4　AutoCAD 文件的基本操作

文件管理是软件操作的基础，在 AutoCAD 2022 中，图形文件的基本操作包括新建文件、打开文件、保存文件、另存为文件和关闭文件等。

1.4.1　AutoCAD 文件的主要格式

和大多数工具软件一样，AutoCAD 也有着自己独有的文件格式，其中常见的有以下几种。

➤ dwg：这种文件格式是 AutoCAD 创立的一种图纸保存格式，现已成为二维 CAD 的标准格式，很多其他 CAD 为了兼容 AutoCAD，也直接使用 dwg 作为默认工作文件格式。

➤ dwt：这种文件格式是 AutoCad 的样板文件，用户可以将自己惯用的 AutoCAD 工作环境设置好后直接保存为 dwt 文件，方便用户环境的快速恢复。

➤ dxf：dxf 文件是包含图形信息的文本文件，其他的 CAD 系统（如 UG、Creo、Solidworks）可以读取文件中的信息。因此可以用 dxf 格式保存 AutoCAD 图形，使其在其他绘图软件中打开。

➤ dwl：dwl 是与 AutoCAD 文档 dwg 相关的一种格式，意为被锁文档（其中 l＝lock）。其实这是早期 AutoCAD 版本软件的一种生成文件，当 AutoCAD 非法退出的时候容易自动生成与 dwg 文件名同名但扩展名为 dwl 的被锁文件。一旦生成这个文件，则原来的 dwg 文件将无法打开，必须手动删除该文件才可以恢复打开 dwg 文件。

1.4.2　新建文件

启动 AutoCAD 2022 后，系统将自动新建一个名为"Drawing1.dwg"的图形文件，该图形文件默认以 acadiso.dwt 为样板创建。如果用户需要绘制一个新的图形，则需要使用"新建"命令。启动"新建"命令有以下几种方法。

➤ 应用程序按钮：单击应用程序按钮 **A** ，在下拉菜单中选择"新建"选项，如图 1-57 所示。

➤ 快速访问工具栏：单击快速访问工具栏中的"新建"按钮 。

➤ 菜单栏：执行"文件"|"新建"命令。

➤ 标签栏：单击标签栏上的 ＋ 按钮。

➤ 命令行：在命令行中输入"NEW"或"QNEW"。

➤ 快捷键：Ctrl＋N。

用户可以根据绘图需要，在对话框中选择打开不同的绘图样板，即可以样板文件创建一

图 1-57　应用程序按钮新建文件

图 1-58　"选择样板"对话框

个新的图形文件。单击"打开"按钮旁的下拉菜单可以选择打开样板文件的方式，共有"打开""无样板打开-英制（I）""无样板打开-公制（M）"三种方式，如图 1-58 所示。通常选择默认的"打开"方式。

　　提示：默认情况下，AutoCAD 新建的空白图形其文件名为 Drawing1.dwg，再次新建图形时则自动被命名为 Drawing2.dwg，稍后再创建的新文件则命名为 Drawing3.dwg，以此类推。

1.4.3　打开文件

　　AutoCAD 文件的打开方式有很多种，启动"打开"命令有以下几种方法。

　　➤ 快捷方式：直接双击要打开的 .dwg 图形文件。

　　➤ 应用程序按钮：单击应用程序按钮 ，在弹出的快捷菜单中选择"打开"选项。

　　➤ 快速访问工具栏：单击快速访问工具栏"打开"按钮。

　　➤ 菜单栏：执行"文件"|"打开"命令。

　　➤ 标签栏：在标签栏空白位置单击鼠标右键，在弹出的右键快捷菜单中选择"打开"选项。

　　➤ 命令行：在命令行中输入"OPEN"或"QOPEN"。

　　➤ 快捷键：Ctrl+O。

　　执行以上操作都会弹出"选择文件"对话框，该对话框用于选择已有的 AutoCAD 图形，单击"打开"按钮后的三角下拉按钮，在弹出的下拉菜单中可以选择不同的打开方式，如图 1-59 所示。

图 1-59　"选择文件"对话框

　　对话框中各选项含义说明如下。

　　➤ 打开：直接打开图形，可对图形进行编辑、修改。

　　➤ 以只读方式打开：打开图形后仅能观察图形，无法进行修改与编辑。

　　➤ 局部打开：局部打开命令允许用户只处理图形的某一部分，只加载指定视图或图层的几何图形。

> 以只读方式局部打开：局部打开的图形无法被编辑修改，只能观察。

1.4.4　保存文件

保存文件不仅是将新绘制的或修改好的图形文件进行存盘，以便以后对图形进行查看、使用或修改、编辑等，还包括在绘制图形过程中随时对图形进行保存，以避免意外情况发生而导致文件丢失或不完整。

（1）保存新的图形文件

保存新文件就是对新绘制还没保存过的文件进行保存。启动"保存"命令有以下几种方法。

> 应用程序按钮：单击应用程序按钮 **A ▾** ，在弹出的快捷菜单中选择"保存"选项。
> 快速访问工具栏：单击快速访问工具栏"保存"按钮 。
> 菜单栏：选择"文件"|"保存"命令。
> 快捷键：Ctrl＋S。
> 命令行：在命令行中输入"SAVE"或"QSAVE"。

执行"保存"命令后，系统弹出如图 1-60 所示的"图形另存为"对话框。在此对话框中，可以进行如下操作。

> 设置存盘路径：单击上面"保存于"下拉列表，在展开的下拉列表内设置存盘路径。

> 设置文件名：在"文件名"文本框内输入文件名称，如"我的文档"等。

> 设置文件格式：单击对话框底部的"文件类型"下拉列表，在展开的下拉列表内设置文件的格式类型。

提示：默认的存储类型为"AutoCAD 2018图形（＊.dwg）"。使用此种格式将文件存盘后，文件只能被 AutoCAD 2018 及以后的版本打开。如果用户需要在 AutoCAD 早期版本中打开此文件，必须使用低版本的文件格式进行存盘。

图 1-60　"图形另存为"对话框

（2）另存为其他文件

当用户在已存盘的图形基础上进行了其他修改工作，又不想覆盖原来的图形，可以使用"另存为"命令，将修改后的图形以不同图形文件进行存盘。启动"另存为"命令有以下几种方法。

> 应用程序：单击应用程序按钮 **A ▾** ，在弹出的快捷菜单中选择"另存为"选项。
> 快速访问工具栏：单击快速访问工具栏"另存为"按钮 。
> 菜单栏：选择"文件"|"另存为"命令。
> 快捷键：Ctrl＋Shift＋S。
> 命令行：在命令行中输入"SAVE As"。

【练习 1-2】　将图形另存为低版本文件

在日常工作中，经常要与客户或同事进行图纸传送，有时就难免碰到因为彼此 Auto-CAD 版本不同而打不开图纸的情况，如图 1-61 所示。原则上高版本的 AutoCAD 能打开低版本所绘制的图形文件，而低版本却无法打开高版本的图形文件。因此对于使用高版本的用户来说，可以将文件通过"另存为"的方式转存为低版本。

① 打开素材文件"第 1 章\1-2 将图形另存为低版本文件 .dwg"图形文件。

② 单击快速访问工具栏的"另存为"按钮 ，打开"图形另存为"对话框，在"文件类型"下拉列表中选择"AutoCAD2000/LT2000 图形（＊.dwg）"选项，如图 1-62 所示。

图 1-61　因版本不同出现的 AutoCAD 警告

图 1-62　"图形另存为"对话框

③ 设置完成后，AutoCAD 所绘图形的保存类型均为 AutoCAD 2000 类型，任何高于 2000 的版本均可以打开，从而实现工作图纸的无障碍交流。

1.4.5　关闭文件

为了避免同时打开过多的图形文件，需要关闭不再使用的文件，选择"关闭"命令的方法如下。

➢ 应用程序按钮：单击应用程序按钮 ，在下拉菜单中选择"关闭"选项。

➢ 菜单栏：执行"文件"|"关闭"命令。

➢ 文件窗口：单击文件窗口右上角的"关闭"按钮 ，如图 1-63 所示。

➢ 标签栏：单击文件标签栏上的"关闭"按钮 。

➢ 命令行：在命令行中输入"CLOSE"。

➢ 快捷键：Ctrl＋F4。

执行该命令后，如果当前图形文件没有保存，那么关闭该图形文件时系统将提示是否需要保存修改，如图 1-64 所示。

图 1-63　文件窗口右上角的"关闭"按钮

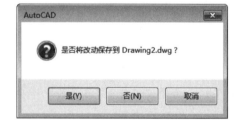

图 1-64　关闭文件时提示保存

1.4.6　样板文件

如果将 AutoCAD 中的绘图工具比作设计师手中的铅笔，那么样板文件就可以看成是供铅笔涂写的纸。而纸也有白纸、带格式的纸之分，选择合适格式的纸可以让绘图事半功倍，因此选择合适的样板文件也可以让 AutoCAD 绘图变得更为轻松。

样板文件存储图形的所有设置，包含预定义的图层、标注样式、文字样式、表格样式和视图布局、图形界限等的设置及绘制的图框和标题栏。样板文件通过扩展名".dwt"区别于其他图形文件。它们通常保存在 AutoCAD 安装目录下的 Template 文件夹中，如图 1-65 所示。

图 1-65　样板文件

【练习 1-3】　打开样板文件画图

在 AutoCAD 软件设计中，我们可以根据行业、企业或个人的需要定制 dwt 的样板文件，新建时即可启动自制的样板文件，节省工作时间，又可以统一图纸格式。

① 启动 AutoCAD 2022 软件，进入初始界面，如图 1-66 所示。

图 1-66　AutoCAD 2022 初始界面

图 1-67　"选择样板"对话框

② 单击快速访问工具栏中的"新建"按钮，或者标签栏右侧的 按钮，执行新建命令，会打开一个"选择样板"对话框，如图 1-67 所示。

提示：对话框中主要的样板文件介绍如下。

➢ acad.dwt：无内容的样板文件，单位为英制，可用于二维制图。

➢ acad3D.dwt：无内容的样板文件，单位为英制，可用于三维制图。

➢ acadiso.dwt：无内容的样板文件，单位为公制，可用于二维制图。为默认的样板文件。

➤ acadiso3D. dwt：无内容的样板文件，单位为公制，可用于三维制图。

➤ Tutorial-iArch. dwt：样例建筑样板（英制），其中已预先绘制好了英制的建筑图纸标题栏。

➤ Tutorial-iMfg. dwt：样例机械设计样板（英制），其中已预先绘制好了英制的机械图纸标题栏。

➤ Tutorial-mArch. dwt：样例建筑样板（公制），其中已预先绘制好了公制的建筑图纸标题栏。

➤ Tutorial-mMfg. dwt：样例机械设计样板（公制），其中已预先绘制好了公制的机械图纸标题栏。

③ 如果要绘制公制的建筑制图，那么可以选择"Tutorial-mArch. dwt"样板文件进行打开，打开后可见所创建的文件在布局空间中自带了建筑制图用的标题栏，如图 1-68 所示。

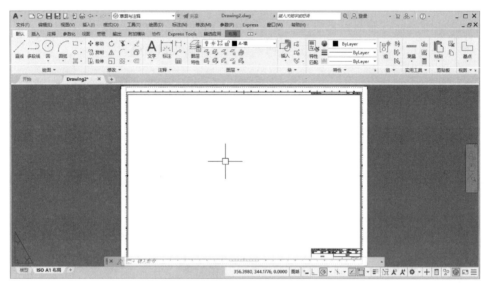

图 1-68　样板文件效果

提示：除了 AutoCAD 自带的样板外，用户还可以根据自己的绘图习惯或者公司的要求，自行创建一个样板文件。这样以后在画图时直接调用该样板文件，就可以省去大量的前期准备工作，如设置线条颜色、粗细、图框背景以及图块符号等。具体创建方法请见本书的第 6 章。

1.4.7　不同图形文件之间的比较

图形比较功能可重叠两个图形，并突出显示两者的不同之处。这样一来，很容易就能查看并了解图形的哪些部分发生了变化。下面具体通过一个操作练习来介绍图形比较功能的用法。

【练习 1-4】　图形的比较

① 启动 AutoCAD 2022，打开素材文件"第 1 章\1-4 图形比较文件 1. dwg"，其中已经绘制好了一个零件图形，如图 1-69 所示。

② 如果要用其他图形对当前打开的零件图进行比较，可单击应用程序按钮 **A ▾**，展开应用程序菜单，在其中选择"图形实用工具"|"DWG 比较"选项，如图 1-70 所示。

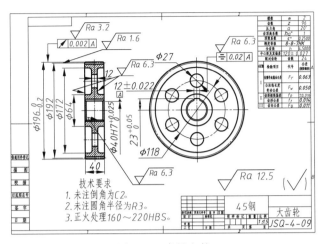

图 1-69　素材文件

③ 系统自动弹出"选择要比较的图形"对话框，选择素材文件"第 1 章 \ 1-4 图形比较文件 2.dwg"，如图 1-71 所示。

图 1-70　应用程序菜单中选择比较

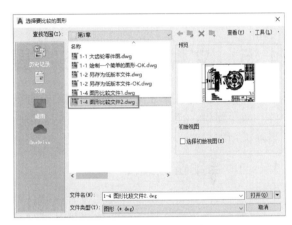

图 1-71　选择比较文件

④ 选择完毕后单击对话框中的"打开"按钮，AutoCAD 便会将两个图形文件的不同之处以修订云线的方式标出，如图 1-72 所示。通常以绿色突出显示第一个图形的不同之处，以红色突出显示第二个图形的不同之处。

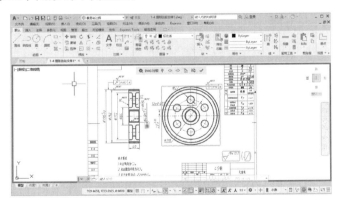

图 1-72　图形比较效果

⑤ 在功能区的"更改集"面板中会显示出两个图形所存在的差异数量，单击其中的箭头 ⇐ 、⇒ 可以在不同的效果对比之间进行切换，如图 1-73 所示。

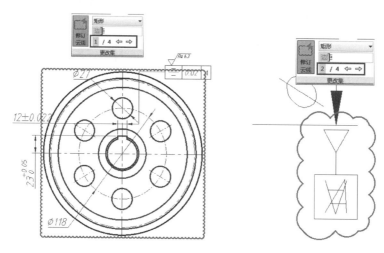

图 1-73 切换比较结果

1.5 文件的备份与修复

文件的备份、修复有助于确保图形数据的安全，使得用户在软件发生意外时可以恢复文件，减小损失；而当图形内容很多时，会影响软件操作的流畅性，这时可以使用清理工具来删除无用的累赘。

1.5.1 自动备份文件

很多软件都将创建备份文件设置为软件默认配置，尤其是很多编程、绘图、设计软件，这样的好处是当源文件不小心被删掉、硬件故障、断电或由于软件自身的 BUG 而导致自动退出时，还可以在备份文件的基础上继续编辑，否则前面的工作将付诸东流。

在 AutoCAD 中，后缀名为 bak 的文件即是备份文件。当修改了原 dwg 文件的内容后，再保存了修改后的内容，那么修改前的内容就会自动保存为 bak 备份文件（前提是设置为保留备份）。默认情况下，备份文件将和图形文件保存在相同的位置，且和 dwg 文件具有相同的名称。例如，"site_topo.bak"即是一份备份文件，是"site_topo.dwg"文件的精确副本，是图形文件在上次保存后自动生成的，如图 1-74 所示。值得注意的是，同一文件在同一时间只会有一个备份文件，新创建的备份文件将始终替换旧的备份，并沿用相同的名称。

图 1-74 自动备份文件与图形文件

1.5.2 备份文件的恢复与取消

同其他衍生文件一致，bak 备份文件也可以进行恢复图形数据以及取消备份等操作。

（1）恢复备份文件

备份文件本质上是重命名的 dwg 文件，因此可以通过重命名的方式来恢复其中保存的数据。如"site_topo.dwg"文件损坏或丢失后，可以重命名"site_topo.bak"文件，将后缀改为.dwg，再在 AutoCAD 中打开该文件，即可得到备份数据。

（2）取消文件备份

有些用户觉得在 AutoCAD 中每个文件保存时都创建一个备份文件很麻烦，而且会消耗部分硬盘内存，同时 bak 备份文件可能会影响最终图形文件夹的整洁美观，每次手动删除也比较费时间，因此可以在 AutoCAD 中就设置好取消备份。

在命令行中输入"OP"并按 Enter 键，系统弹出"选项"对话框，切换到"打开和保存"选项卡，将"每次保存时均创建备份副本"复选框取消勾选即可，如图 1-75 所示。也可以在命令行输入"ISAVEBAK"，将 ISAVEBAK 的系统变量修改为 0。

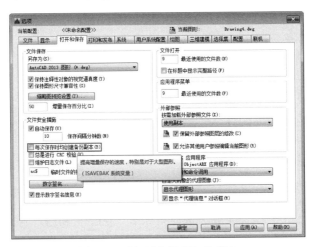

图 1-75　"打开和保存"选项卡

提示：bak 备份文件不同于系统定时保存的.sv$文件，备份文件只会保留用户上一次保存之前的内容，而定时保存文件会根据用户指定的时间间隔进行保存，且二者的保存位置也完全不一样。当意外发生时，最好将.bak 文件和.sv$文件相互比较，恢复修改时间稍晚的一个，以尽量减小损失。

第 2 章

AutoCAD绘图的辅助工具

扫码全方位学习
AutoCAD 2022

要利用 AutoCAD 来绘制图形，首先需要了解坐标、对象选择和一些辅助绘图工具方面的内容。本章将深入阐述相关内容，并通过实例来帮助大家加深理解。

2.1 AutoCAD 的坐标系

AutoCAD 的图形定位，主要是通过坐标系进行确定的。要想正确、高效地绘图，必须先了解 AutoCAD 坐标系的概念和坐标输入方法。

2.1.1 认识坐标系

在 AutoCAD 2022 中，坐标系分为世界坐标系（WCS）和用户坐标系（UCS）两种。

（1）世界坐标系（WCS）

世界坐标系统（World Coordinate System，WCS）是 AutoCAD 的基本坐标系统。它由三个相互垂直的坐标轴 X、Y 和 Z 组成，在绘制和编辑图形的过程中，它的坐标原点和坐标轴的方向是不变的。

如图 2-1 所示，世界坐标系统在默认情况下，X 轴正方向水平向右，Y 轴正方向垂直向上，Z 轴正方向垂直屏幕平面方向，指向用户。坐标原点在绘图区左下角，在其上有一个方框标记，表明是世界坐标系统。

（2）用户坐标系（UCS）

为了更好地辅助绘图，经常需要修改坐标系的原点位置和坐标方向，这时就需要使用可变的用户坐标系（User Coordinate System，USC）。在用户坐标系中，可以任意指定或移动原点和旋转坐标轴，默认情况下，用户坐标系统和世界坐标系统重合，如图 2-2 所示。

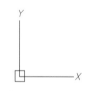

图 2-1　世界坐标系统图标（WCS）

图 2-2　用户坐标系统图标（UCS）

2.1.2 坐标的 4 种表示方法

在指定坐标点时，既可以使用直角坐标，又可以使用极坐标。在 AutoCAD 中，一个点的坐标有绝对直角坐标、绝对极坐标、相对直角坐标和相对极坐标四种表示方法。

（1）绝对直角坐标

绝对直角坐标是指相对于坐标原点（0，0）的直角坐标，要使用该指定方法指定点，应输入逗号隔开的 X、Y 和 Z 值，即用（X，Y，Z）表示。当绘制二维平面图形时，其 Z 值为 0，可省略而不必输入，仅输入 X、Y 值即可，如图 2-3 所示。

（2）相对直角坐标

相对直角坐标是基于上一个输入点而言的，以某点相对于另一特定点的相对位置来定义该点的位置。相对坐标输入格式为（@X，Y），"@"符号表示使用相对坐标输入，是指定相对于上一个点的偏移量，如图 2-4 所示。

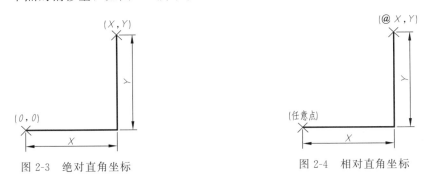

图 2-3　绝对直角坐标　　　　　　　　图 2-4　相对直角坐标

提示：坐标分割的逗号","和"@"符号都应是英文输入法下的字符，否则无效。

（3）绝对极坐标

该坐标方式是指相对于坐标原点（0，0）的极坐标。例如，坐标（12＜30）是指从 X 轴正方向逆时针旋转 30°，距离原点 12 个图形单位的点，如图 2-5 所示。在实际绘图工作中，由于很难确定与坐标原点之间的绝对极轴距离，因此该方法使用较少。

（4）相对极坐标

以某一特定点为参考极点，输入相对于参考极点的距离和角度来定义一个点的位置。相对极坐标输入格式为（@A＜角度），其中 A 表示指定与特定点的距离。例如，坐标（@14＜45）是指相对于前一点角度为 45°，距离为 14 个图形单位的一个点，如图 2-6 所示。

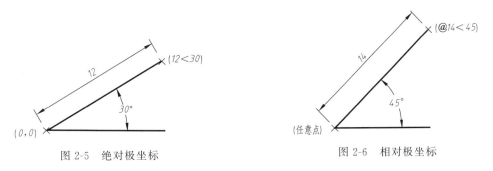

图 2-5　绝对极坐标　　　　　　　　图 2-6　相对极坐标

提示：这 4 种坐标表示方法，除了绝对极坐标外，其余 3 种均使用较多，需重点掌握。以下便通过 3 个例子（分别采用不同的坐标方法绘制相同的图形）来做进一步的说明。

【练习 2-1】　通过绝对直角坐标绘制图形

以绝对直角坐标输入的方法绘制如图 2-7 所示的图形。图中 O 点为 AutoCAD 的坐标原点，坐标即（0，0），因此 A 点的绝对坐标则为（10，10），B 点的绝对坐标为（50，10），C 点的绝对坐标为（50，40）。因此绘制步骤如下。

① 启动 AutoCAD 2022 软件，然后新建一个空白图形文件。

第一篇　基础操作篇

② 在"默认"选项卡中，单击"绘图"面板上的"直线"按钮 ，执行直线命令，如
图 2-8 所示。

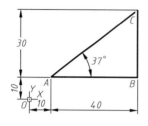

图 2-7　图形效果

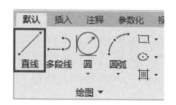

图 2-8　单击"直线"按钮执行命令

③ 命令行出现"指定第一点"的提示，直接在其后输入"10，10"，即第一点 A 点的
坐标，如图 2-9 所示。

④ 单击 Enter 键确定第一点的输入，接着命令行提示"指定下一点"，然后输入 B 点的
坐标"50，10"，得到效果如图 2-10 所示。

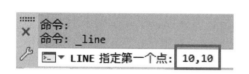

图 2-9　输入绝对坐标确定第一点

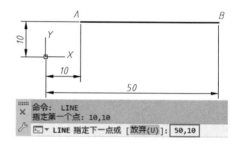

图 2-10　输入 B 点后的图形效果

⑤ 再按相同方法输入 C 点的绝对坐标"50，40"，最后将图形闭合，即可得到如图 2-11
所示的图形效果。

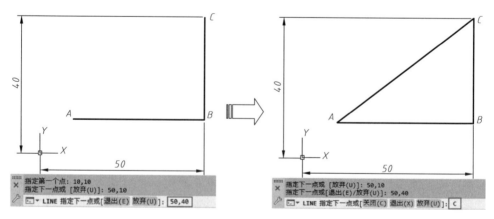

图 2-11　绘制 C 点并封闭图形

⑥ 完整的命令行操作过程如下。

```
命令:L LINE                         //调用"直线"命令
指定第一个点:10,10↙                  //输入 A 点的绝对坐标
```

指定下一点或[放弃(U)]:50,10↙	//输入 B 点的绝对坐标
指定下一点或[放弃(U)]:50,40↙	//输入 C 点的绝对坐标
指定下一点或[闭合(C)/放弃(U)]:c↙	//闭合图形

提示：本书中命令行操作文本中的"↙"符号代表按下 Enter 键，"//"符号后的文字为提示文字。

【练习 2-2】　通过相对直角坐标绘制图形

以相对直角坐标输入的方法绘制如图 2-7 所示的图形。在实际绘图工作中，大多数设计师都喜欢随意在绘图区中指定一点为第一点，这样就很难界定该点及后续图形与坐标原点（0，0）的关系，因此往往多采用相对坐标的输入方法来进行绘制。相比于绝对坐标的刻板，相对坐标显得更为灵活多变。

① 启动 AutoCAD 2022 软件，然后新建一个空白图形文件。

② 在"默认"选项卡中，单击"绘图"面板上的"直线"按钮 ╱，执行直线命令。

③ 输入 A 点。可按上例中的方法输入 A 点，也可以在绘图区中任意指定一点作为 A 点。

④ 输入 B 点。在图 2-7 中，B 点位于 A 点的正 X 轴方向、距离为 40 点处，Y 轴增量为 0，因此相对于 A 点的坐标为（@40，0），可在命令行提示"指定下一点"时输入"@40，0"，即可确定 B 点，如图 2-12 所示。

⑤ 输入 C 点。由于相对直角坐标是相对于上一点进行定义的，因此在输入 C 点的相对坐标时，要考虑它和 B 点的相对关系，C 点位于 B 点的正上方，距离为 30，即输入"@0，30"，如图 2-13 所示。

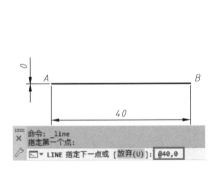

图 2-12　输入 B 点的相对直角坐标

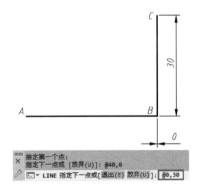

图 2-13　输入 C 点的相对直角坐标

⑥ 将图形封闭即绘制完成，如图 2-9 所示。完整的命令行操作过程如下。

命令:L LINE	//调用"直线"命令
指定第一个点:10,10↙	//输入 A 点的绝对坐标
指定下一点或[放弃(U)]:@ 40,0↙	//输入 B 点相对于上一个点（A 点）的相对坐标
指定下一点或[放弃(U)]:@ 0,30↙	//输入 C 点相对于上一个点（B 点）的相对坐标
指定下一点或[闭合(C)/放弃(U)]:c↙	//闭合图形

【练习 2-3】　通过相对极坐标绘制图形

以相对极坐标输入的方法绘制如图 2-9 所示的图形。相对极坐标与相对直角坐标一样，都是以上一点为参考基点，输入增量来定义下一个点的位置。只不过相对极坐标输入的是极轴增量和角度值。

① 启动 AutoCAD 2022 软件，然后新建一个空白图形文件。

② 在"默认"选项卡中，单击"绘图"面板上的"直线"按钮 ∕，执行直线命令。

③ 输入 A 点。可按上例中的方法输入 A 点，也可以在绘图区中任意指定一点作为 A 点。

④ 输入 C 点。A 点确定后，就可以通过相对极坐标的方式确定 C 点。C 点位于 A 点的 37°方向，距离为 50（由勾股定理可知），因此相对极坐标为（@50＜37），在命令行提示"指定下一点"时输入"@50＜37"，即可确定 C 点，如图 2-14 所示。

⑤ 输入 B 点。B 点位于 C 点的 −90°方向，距离为 30，因此相对极坐标为（@30＜−90），输入"@30＜−90"即可确定 B 点，如图 2-15 所示。

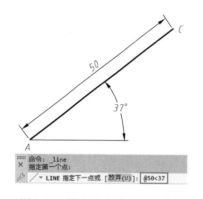

图 2-14　输入 C 点的相对极坐标

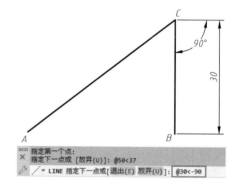

图 2-15　输入 B 点的相对极坐标

提示：AutoCAD 默认的角度方向逆时针为正，顺时针为负。所以此处 B 点在 C 点的 −90°方向，但是尺寸标注上不会显示正负号。

⑥ 将图形封闭即绘制完成。完整的命令行操作过程如下。

```
命令:_line                         //调用"直线"命令
指定第一个点:10,10↙                 //输入 A 点的绝对坐标
指定下一点或[放弃(U)]:@ 50< 37↙      //输入 C 点相对于上一个点(A 点)的相对极
                                    坐标
指定下一点或[放弃(U)]:@ 30< -90↙     //输入 B 点相对于上一个点(C 点)的相对极
                                    坐标
指定下一点或[闭合(C)/放弃(U)]:c↙     //闭合图形
```

2.1.3　坐标值的显示

AutoCAD 状态栏的左侧区域会显示当前光标所处位置的坐标值，该坐标值有 3 种显示状态。

➤ 绝对直角坐标状态：显示光标所在位置的坐标（ 118.8822, −0.4634, 0.0000 ）。

➤ 相对极坐标状态：在相对于前一点来指定第二点时可以使用此状态

（ 37.6469<216, 0.0000 ）。

> 关闭状态：颜色变为灰色，并"冻结"关闭时所显示的坐标值，如图 2-16 所示。

用户可根据需要在这 3 种状态之间相互切换。

> 按 Ctrl＋I 可以关闭开启坐标显示。

> 当确定一个位置后，在状态栏中显示坐标值的区域，单击也可以进行切换。

> 在状态栏中显示坐标值的区域，用鼠标右键单击即可弹出快捷菜单，如图 2-17 所示，可在其中选择所需状态。

图 2-16　关闭状态下的坐标值

图 2-17　坐标的右键快捷菜单

2.1.4　动态输入

在 2.1.2 节和 2.1.3 节中，提到了在命令行中输入坐标值进行绘图的方法，此时用户输入的坐标自然也显示在命令行中。但命令行位于界面的最下方，绘图却在界面的中心区域，操作时视线需要在光标和命令行中来回切换，如图 2-18 所示，对部分用户来说，这种设计会影响他们的操作。因此 AutoCAD 提供了"动态输入"功能，可在光标处显示命令提示或输入框，这样光标和命令行就动态地绑定在了一块，操作时只需关注光标处即可，效果如图 2-19 所示。

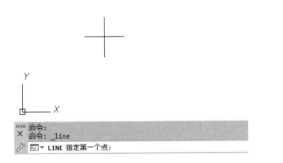

图 2-18　"动态输入"功能关闭时的效果

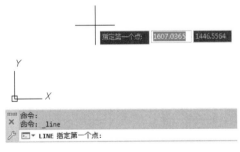

图 2-19　"动态输入"功能开启时的效果

"动态输入"功能的开、关有以下两种方法。

> 快捷键：按 F12 键切换开、关状态。

> 状态栏：单击状态栏上的"动态输入"按钮 ，若亮显则为开启，如图 2-20 所示。

图 2-20　状态栏中开启"动态输入"功能

2.2 正交与极轴

在 AutoCAD 中，正交和极轴是两个非常常用的功能。简单来说，正交可以用来快速绘制横平竖直的直线，而极轴则可以用来绘制指定角度的斜线。

2.2.1 正交

在绘图过程中，使用"正交"功能便可以将十字光标限制在水平或者垂直轴向上，使用"正交"功能就如同使用了丁字尺绘图，可以保证绘制的直线完全呈水平或垂直状态，用来绘制水平或垂直直线非常方便。

打开或关闭"正交"功能的方法如下。

➢ **快捷键：**按 F8 键可以切换正交开、关模式。

➢ **状态栏：**单击"正交"按钮 ，若亮显则为开启，如图 2-21 所示。

因为"正交"功能限制了直线的方向，所以在绘制水平或垂直直线时，只需移动光标大致指定方向后再输入长度即可，不必再输入完整的坐标值。开启正交后光标状态如图 2-22 所示，关闭正交后光标状态如图 2-23 所示。

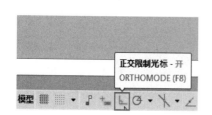

图 2-21 状态栏中开启"正交"功能

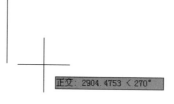

图 2-22 开启"正交"效果

图 2-23 关闭"正交"效果

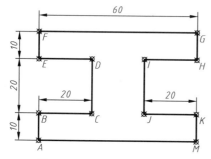

图 2-24 通过正交绘制图形

【练习 2-4】 通过"正交"绘制工字钢

通过"正交"绘制如图 2-24 所示的图形。"正交"功能开启后，系统自动将光标强制性地定位在水平或垂直位置上，在引出的追踪线上，直接输入一个数值即可定位目标点，而不用手动输入坐标值或捕捉栅格点来进行确定。

① 启动 AutoCAD 2022，新建一个空白文档。

② 单击状态栏中的 按钮，或按 F8 键，激活"正交"功能。

③ 单击"绘图"面板中的"直线"按钮 ，激活"直线"命令，配合"正交"功能，绘制图形。命令行操作过程如下。

```
命令:_line
指定第一点:                      //在绘图区任意栅格点处单击左键,作为起点 A
指定下一点或[放弃(U)]:10↙        //向上移动光标,引出 90°正交追踪线,如图 2-25 所
                                 示,输入 10,即定位 B 点
指定下一点或[放弃(U)]:20↙        //向右移动光标,引出 0°正交追踪线,如图 2-26 所
                                 示,输入 20,定位 C 点
```

指定下一点或[放弃(U)]:20↙　　//向上移动光标，引出 270°正交追踪线，输入
　　　　　　　　　　　　　　　　20,定位 D 点

......

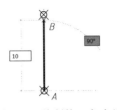

图 2-25　绘制第一条直线

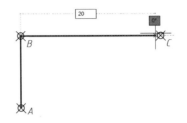

图 2-26　绘制第二条直线

④ 根据以上方法，配合"正交"功能绘制其他线段，最终的结果如图 2-27 所示。

2.2.2　极轴追踪

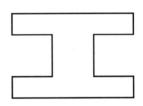

图 2-27　通过正交绘
制图形

"极轴追踪"功能实际上是极坐标的一个应用。使用极轴追踪绘制直线时，捕捉到一定的极轴方向即确定了极角，然后输入直线的长度即确定了极半径，因此和正交绘制直线一样，极轴追踪绘制直线一般使用长度输入确定直线的第二点，代替坐标输入。"极轴追踪"功能可以用来绘制带角度的直线，如图 2-28 所示。

一般来说，极轴可以绘制任意角度的直线，包括水平的 0°、180°与垂直的 90°、270°直线等，因此某些情况下可以代替"正交"功能使用。"极轴追踪"绘制的图形如图 2-29 所示。

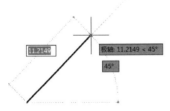

图 2-28　开启"极轴追踪"效果

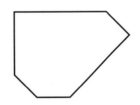

图 2-29　"极轴追踪"模式绘制的直线

"极轴追踪"功能的开、关切换有以下两种方法。

➤ 快捷键：按 F10 键切换开、关状态。

➤ 状态栏：单击状态栏上的"极轴追踪"按钮，若亮显则为开启，如图 2-30 所示。

右键单击状态栏上的"极轴追踪"按钮，弹出追踪角度列表，如图 2-30 所示，其中的数值便为启用"极轴追踪"时的捕捉角度。然后在弹出的快捷菜单中选择"正在追踪设置"选项，则打开"草图设置"对话框，在"极轴追踪"选项卡中可设置极轴追踪的开关和其他角度值的增量角等，如图 2-31 所示。

"极轴追踪"选项卡中各选项的含义如下。

➤"增量角"列表框：用于设置极轴追踪角度。当光标的相对角度等于该角或者是该角的整数倍时，屏幕上将显示出追踪路径，如图 2-32 所示。

➤"附加角"复选框：增加任意角度值作为极轴追踪的附加角度。勾选"附加角"复选

框，并单击"新建"按钮，然后输入所需追踪的角度值，即可捕捉到附加角的角度，如图2-33所示。

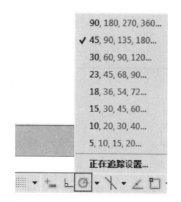

图2-30 选择"正在追踪设置"命令

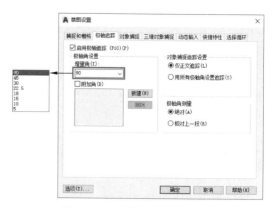

图2-31 "极轴追踪"选项卡

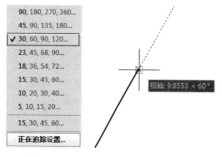

图2-32 设置"增量角"进行捕捉

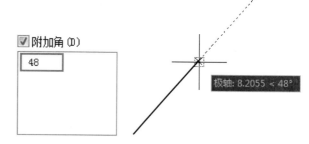

图2-33 设置"附加角"进行捕捉

➢"仅正交追踪"单选按钮：当对象捕捉追踪打开时，仅显示已获得的对象捕捉点的正交（水平和垂直方向）对象捕捉追踪路径，如图2-34所示。

➢"用所有极轴角设置追踪"单选按钮：对象捕捉追踪打开时，将从对象捕捉点起沿任何极轴追踪角进行追踪，如图2-35所示。

图2-34 仅从正交方向显示对象捕捉路径

图2-35 可从极轴追踪角度显示对象捕捉路径

➢"极轴角测量"选项组：设置极轴角的参照标准。"绝对"单选按钮表示使用绝对极坐标，以X轴正方向为0°。"相对上一段"单选按钮根据上一段绘制的直线确定极轴追踪角，上一段直线所在的方向为0°，如图2-36所示。

提示：细心的读者可能发现，极轴追踪的增量角与后续捕捉角度都是成倍递增的，如图2-30所示；但图中唯有一个例外，那就是23°的增量角后直接跳到了45°，与后面的各角度也不成整数倍关系。这是由于AutoCAD的角度单位精度设置为整数，因此22.5°就被四舍五入为了23°。所以只需选择菜单栏"格式"|"单位"，在"图形单位"对话框中将角度精度

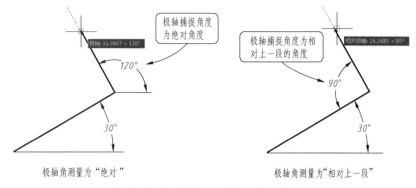

图 2-36　不同的"极轴角测量"效果

设置为"0.0",即可使 $23°$ 的增量角还原为 $22.5°$,使用极轴追踪时也能正常捕捉至 $22.5°$,如图 2-37 所示。

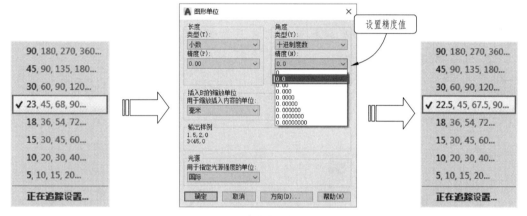

图 2-37　图形单位与极轴捕捉的关系

【练习 2-5】　通过"极轴追踪"绘制导轨截面

通过"极轴追踪"绘制如图 2-38 所示的图形。极轴追踪是一个非常重要的辅助工具,此工具可以在任何角度和方向上引出角度矢量,从而可以很方便地精确定位角度方向上的任何一点。相比于坐标输入、栅格与捕捉、正交等绘图方法,极轴追踪更为便捷,足以绘制绝大部分图形,因此是使用最多的一种绘图方法。

① 启动 AutoCAD 2022,新建一空白文档。

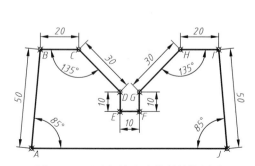

图 2-38　通过极轴追踪绘制导轨图形

图 2-39　设置极轴追踪参数

　　② 右键单击状态栏上的"极轴追踪"按钮 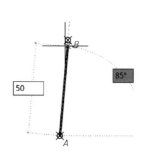，然后在弹出的快捷菜单中选择"正在追踪设置"选项，在打开的"草图设置"对话框中勾选"启用极轴追踪"复选框，并将当前的增量角设置为45，再勾选"附加角"复选框，新建一个85°的附加角，如图2-39所示。

　　③ 单击"绘图"面板中的"直线"按钮，激活"直线"命令，配合"极轴追踪"功能，绘制外框轮廓线。命令行操作过程如下。

```
命令:_line
指定第一点:                          //在适当位置单击左键,拾取一点作为起点 A
指定下一点或[放弃(U)]:50✓           //向上移动光标,在 85°的位置可以引出极轴追踪
                                      虚线,如图 2-40 所示,此时输入 50,得到第 2
                                      点 B
指定下一点或[放弃(U)]:20✓           //水平向右移动光标,引出 0°的极轴追踪虚线,如
                                      图 2-41 所示,输入 20,定位第 3 点 C
指定下一点或[放弃(U)]:30✓           //向右下角移动光标,引出 45°的极轴追踪线,如
                                      图 2-42 所示.输入 30,定位第 4 点 D
指定下一点或[放弃(U)]:10✓           //垂直向下移动光标,在 90°方向上引出极轴追踪
                                      虚线,如图 2-43 所示,输入 10,定位定第 5 点 E
......
```

图 2-40　引出 85°的极
轴追踪虚线

图 2-41　引出 0°的极轴
追踪虚线

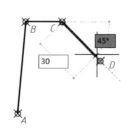
图 2-42　引出 45°的
极轴追踪虚线

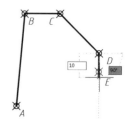
图 2-43　引出 90°的极轴
追踪虚线

　　④ 根据以上方法，配合"极轴追踪"功能绘制其他线段，即可绘制出如图2-44所示的图形。

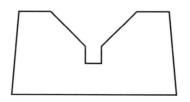
图 2-44　通过极轴追踪绘制图形

2.3　对象捕捉

"对象捕捉"功能是 AutoCAD 中非常重要的一项功能，通过"对象捕捉"功能可以精确定位现有图形对象的特征点，如圆心、中点、端点、节点、象限点等，从而为精确绘制图形提供有利条件。

2.3.1　对象捕捉概述

要更好地理解"对象捕捉"的作用，可以先看一看没有"对象捕捉"时的情形：当需要使用直线命令从已知直线的一端开始绘图时，移动光标至直线端点附近时，却始终无法定位在直线的端点上，如图 2-45 所示。而如果开启了"对象捕捉"功能，再次移动光标至直线端点附近时，便会显示"□"型的端点标记，此时即表示已定位至直线端点，如图 2-46 所示。

图 2-45　"对象捕捉"功能　　　　　　　　　图 2-46　"对象捕捉"功能
关闭时的效果　　　　　　　　　　　　开启时的效果

"对象捕捉"功能生效需要具备以下 2 个条件。

➢ "对象捕捉"开关必须打开。

➢ 必须是在命令行提示输入点位置的时候。

如果命令行没有提示输入点位置，则"对象捕捉"功能是不会生效的。因此"对象捕捉"实际上是通过捕捉特征点的位置，来代替命令行输入特征点的坐标。

2.3.2　设置对象捕捉点

开启和关闭"对象捕捉"功能的方法如下。

➢ 快捷键：按 F3 键可以切换开、关状态。

➢ 状态栏：单击状态栏上的"对象捕捉"按钮 □ ▼，若亮显则为开启，如图 2-47 所示。

➢ 菜单栏：选择"工具"|"草图设置"命令，弹出"草图设置"对话框。选择"对象捕捉"选项卡，选中或取消选中"启用对象捕捉"复选框，也可以打开或关闭对象捕捉，但这种操作太烦琐，实际中一般不使用。

➢ 命令行：输入"OSNAP"，打开"草图设置"对话框，单击"对象捕捉"选项卡，勾选"启用对象捕捉"复选框。

开启"对象捕捉"功能后，即可捕捉"端点""圆心""中点"等 12 种特征点，足以应对大部分绘图情况。如果需要减少或添加捕捉的特征点种类，可以右键单击状态栏上的"对象捕捉"按钮 □ ▼，在弹出的快捷菜单中勾选对应的特征点，或者选择最下方的"对象捕捉设置"选项，如图 2-48 所示。

选择"对象捕捉设置"选项后，系统弹出"草图设置"对话框，在"对象捕捉模式"选项区域中勾选用户需要的特征点，单击"确定"按钮，退出对话框即可，如图 2-49 所示。

图 2-47　状态栏中开启"对象捕捉"功能

图 2-48　"对象捕捉"快捷菜单

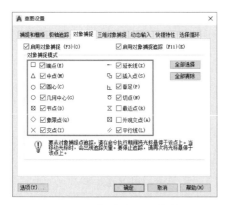

图 2-49　"草图设置"对话框

对话框中共列出了 14 种对象捕捉点和对应的捕捉标记，前方的图形符号便是各特征点的捕捉图样，如□、×、○等，在绘图区捕捉时如显示这些图样即表示捕捉到了对应的特征点，如图 2-50 所示。

各特征点的含义分别介绍如下。

➢ 端点：捕捉直线或曲线的端点。

➢ 中点：捕捉直线或弧段的中心点。

➢ 圆心：捕捉圆、椭圆或弧的中心点。

➢ 几何中心：捕捉多段线、二维多段线和二维样条曲线的几何中心点。

➢ 节点：捕捉用"点""多点""定数等分""定距等分"等 POINT 类命令绘制的点对象。

➢ 象限点：捕捉位于圆、椭圆或弧段上 0°、90°、180°和 270°处的点。

➢ 交点：捕捉两条直线或弧段的交点。

图 2-50　各特征点捕捉效果

➢ 延长线：捕捉直线延长线路径上的点。

➢ 插入点：捕捉图块、标注对象或外部参照的插入点。

➢ 垂足：捕捉从已知点到已知直线的垂线的垂足。

➢ 切点：捕捉圆、弧段及其他曲线的切点。

➢ 最近点：捕捉处在直线、弧段、椭圆或样条曲线上，而且距离光标最近的特征点。

➢ 外观交点：在三维视图中，从某个角度观察两个对象可能相交，但实际并不一定相交，可以使用"外观交点"功能捕捉对象在外观上相交的点。

➢ 平行：选定路径上的一点，使通过该点的直线与已知直线平行。

提示：当需要捕捉一个物体上的点时，只要将鼠标靠近某个或某物体，不断地按 Tab 键，这个或这些物体的某些特殊点（如直线的端点、中间点、垂直点、与物体的交点、圆的四分圆点、中心点、切点、垂直点、交点）就会轮换显示出来，选择需要的点左键单击即可以捕捉这些点，如图 2-51 所示。

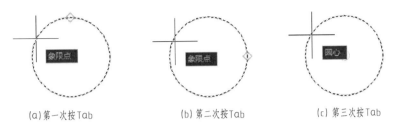

(a)第一次按Tab　　　　(b)第二次按Tab　　　　(c)第三次按Tab

图 2-51　按 Tab 键切换捕捉点

2.3.3　对象捕捉追踪

"对象捕捉追踪"是"对象捕捉"功能的一个延伸，它可以在绘图时从特征点上牵引出追踪线，用来定位"对象捕捉"功能也无法捕捉的点，如"中点右边 6mm 的点""交点右边 162mm 的点"等。启用"对象捕捉追踪"后，在绘图的过程中需要指定点时，光标可以沿基于其他对象捕捉点的对齐路径进行追踪，图 2-52 所示为中点捕捉追踪效果，图 2-53 所示为交点捕捉追踪效果。

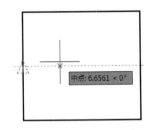

图 2-52　中点捕捉追踪

图 2-53　交点捕捉追踪

提示：由于对象捕捉追踪是基于对象捕捉进行操作的，因此，要使用对象捕捉追踪功能，必须先开启一个或多个对象捕捉功能。

在绘图过程中，除了需要掌握对象捕捉的应用外，也需要掌握对象追踪的相关知识和应用方法，从而提高绘图的效率。"对象捕捉追踪"功能的开、关切换有以下两种方法。

➢ 快捷键：F11 快捷键，切换开、关状态。

➢ 状态栏：单击状态栏上的"对象捕捉追踪"按钮 。

【练习 2-6】　通过"对象捕捉追踪"绘图

使用 AutoCAD 绘图时，难免会碰到一些需要通过做辅助线才能完成的情形。本例给出了圆 1 和圆 2 的位置，要求绘制圆 3，如图 2-54 所示，在不借助辅助线的情况下便可以通过"对象捕捉追踪"来完成。

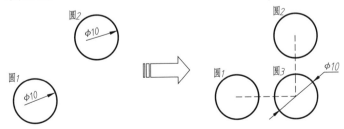

图 2-54　完成效果

① 打开素材文件"第 2 章 \ 2-6 对象捕捉追踪绘图 . dwg",其中已经绘制好了圆 1 和圆 2,如图 2-55 所示。

② 默认情况下,状态栏中的"对象捕捉追踪"按钮  亮显,为开启状态。单击该按钮 ,让其淡显,如图 2-56 所示。

图 2-55　素材图形

图 2-56　关闭"对象捕捉追踪"功能

③ 单击"绘图"面板上的"圆"按钮 ,执行"圆"命令。将光标置于圆 1 的圆心处,然后移动光标,可见除了在圆心处有一个"＋"号标记外,并没有其他现象出现,如图 2-57 所示。这便是关闭了"对象捕捉追踪"的效果。

④ 重新开启"对象捕捉追踪"可再次单击 按钮,或按 F11 键。这时再将光标移动至圆心,便可以发现在圆心处显示出了相应的水平、垂直或指定角度的虚线状的延伸辅助线,如图 2-58 所示。

图 2-57　关闭"对象捕捉追踪"的效果

图 2-58　开启"对象捕捉追踪"的效果

⑤ 将光标移动至圆 2 的圆心处,待同样出现"＋"号标记后,便将光标移动至圆 3 的大概位置,即可得到由延伸辅助线所确定的圆 3 圆心点,如图 2-59 所示。

⑥ 此时单击鼠标左键,即可指定该点为圆心,然后输入半径 5,便得到最终图形,效果如图 2-60 所示。

图 2-59　通过延伸线确定圆心

图 2-60　最终图形效果

2.4　临时捕捉

除了前面介绍对象捕捉之外,AutoCAD 还提供了临时捕捉功能,同样可以捕捉如圆心、中点、端点、节点、象限点等特征点。与对象捕捉不同的是，临时捕捉属于"临时"调用，无法一直生效，但在绘图过程中可随时调用。

2.4.1 临时捕捉概述

临时捕捉是一种一次性的捕捉模式，这种捕捉模式不是自动的，当用户需要临时捕捉某个特征点时，需要在捕捉之前手工设置要捕捉的特征点，然后进行对象捕捉。这种捕捉不能反复使用，再次使用捕捉需重新选择捕捉类型。

执行临时捕捉有以下两种方法。

➤ 右键快捷菜单：在命令行提示输入点的坐标时，如果要使用临时捕捉模式，可按住 Shift 键然后单击鼠标右键，系统弹出快捷菜单，如图 2-61 所示，可以在其中选择需要的捕捉类型。

➤ 命令行：可以直接在命令行中输入执行捕捉对象的快捷指令来选择捕捉模式。例如在绘图过程中，输入并执行 MID 快捷命令将临时捕捉图形的中点，如图 2-62 所示。AutoCAD 常用对象捕捉模式及指令如表 2-1 所示。

图 2-61 临时捕捉快捷菜单

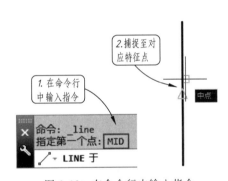

图 2-62 在命令行中输入指令

表 2-1 常用对象捕捉模式及其指令

捕捉模式	快捷命令	捕捉模式	快捷命令	捕捉模式	快捷命令
临时追踪点	TT	节点	NOD	切点	TAN
自	FROM	象限点	QUA	最近点	NEA
两点之间的中点	MTP	交点	INT	外观交点	APP
端点	ENDP	延长线	EXT	平行	PAR
中点	MID	插入点	INS	无	NON
圆心	CEN	垂足	PER	对象捕捉设置	OSNAP

【练习 2-7】 绘制公切线

工程制图中经常需要绘制一些几何线，即具有几何学意义的线，如公切线、垂线、平行线等。要绘制这样的线，在 AutoCAD 中就可以使用"临时捕捉"命令来进行绘制。

① 打开"第 2 章 \ 2-7 绘制公切线 .dwg"素材文件，素材图形如图 2-63 所示，已经绘制好了两个传动轮。

② 在"默认"选项卡中，单击"绘图"面板上的"直线"按钮 ，命令行提示指定直线的起点。

③ 此时按住 Shift 键然后单击鼠标右键，在临时捕捉选项中选择"切点"，然后将指针移到传动轮 1 上，出现切点捕捉标记，如图 2-64 所示，在此位置单击确定直线第一点。

图 2-63　素材图形　　　　　　　　　　图 2-64　切点捕捉标记

④ 确定第一点之后，临时捕捉失效。再次按住 Shift 键，然后单击鼠标右键在临时捕捉选项中选择"切点"，将指针移到传动轮 2 的同一侧上，出现切点捕捉标记时单击，完成公切线绘制，如图 2-65 所示。

⑤ 重复上述操作，绘制另外一条公切线，如图 2-66 所示。

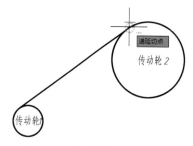
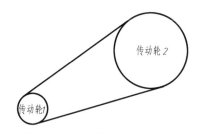

图 2-65　绘制的第一条公切线　　　　　图 2-66　绘制的第二条公切线

【练习 2-8】　绘制垂直线

对于初学者来说，"绘制已知直线的垂直线"是一个看似简单，实则非常棘手的问题，其实这个问题可以通过临时捕捉来解决。上例介绍了使用临时捕捉绘制公切线的方法，本例便介绍如何绘制特定直线的垂直线。

① 打开"第 2 章 \ 2-8 绘制垂直线 .dwg"素材文件，素材图形如图 2-67 所示，为 △ABC。从素材图形中可知线段 AC 与水平线夹角为无理数，因此不可能通过输入角度的方式来绘制它的垂直线。

② 在"默认"选项卡中，单击"绘图"面板上的"直线"按钮，命令行提示指定直线的起点。

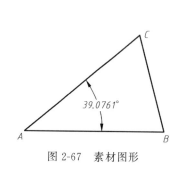

图 2-67　素材图形

图 2-68　临时捕捉快捷菜单

③ 按住 Shift 键然后单击鼠标右键，在弹出的临时捕捉菜单中选择"垂直"选项，如图 2-68 所示。

④ 将光标移至 AC 上，可见出现垂足点捕捉标记，如图 2-69 所示，此时在任意位置单击，即可确定所绘制直线与 AC 垂直。

⑤ 此时命令行提示指定直线的下一点，同时可以观察到所绘直线在 AC 上可以自由滑动，如图 2-70 所示。

⑥ 在图形任意处单击，指定直线的第二点后，即可确定该垂直线的具体长度与位置，最终结果如图 2-71 所示。

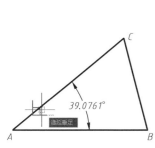 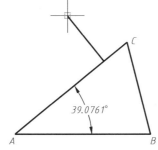 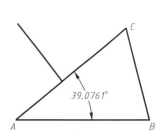

图 2-69　垂足点捕捉标记　　　图 2-70　垂直线可在 AC 上滑动　　　图 2-71　指定直线端点完成
垂线绘制

2.4.2　临时追踪点

"临时追踪点"是在进行图像编辑前临时建立的一个捕捉点，以供后续绘图参考。在绘图时可通过指定"临时追踪点"来快速指定起点，而无需借助辅助线。执行"临时追踪点"命令有以下几种方法。

➤ 快捷键：按住 Shift 键的同时单击鼠标右键，在弹出的菜单中选择"临时追踪点"选项。

➤ 命令行：在执行命令时输入"tt"。

执行该命令后，系统提示指定一临时追踪点，后续操作即以该点为追踪点进行绘制。

【练习 2-9】　绘制指定长度的弦

如果要在半径为 20 的圆中绘制一条指定长度为 30 的弦，那通常情况下，都是以圆心为起点，分别绘制 2 条辅助线，才可以得到最终图形，如图 2-72 所示。

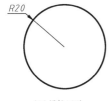 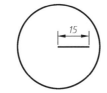  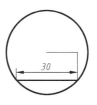

(a)原始图形　　(b)绘制第一条辅助线　　(c)绘制第二条辅助线　　(d)绘制长度为30的弦

图 2-72　指定弦长的常规画法

而如果使用"临时追踪点"进行绘制，则可以跳过辅助线的绘制，直接跳到绘制指定长度的弦，绘制出长度为 30 的弦。该方法详细步骤如下。

① 打开素材文件"第 2 章 \ 2-9 绘制指定长度的弦.dwg"，其中已经绘制好了半径为 20 的圆，如图 2-73 所示。

② 在"默认"选项卡中，单击"绘图"面板上的"直线"按钮 ，执行直线命令。

③ 执行临时追踪点。命令行出现"指定第一点"的提示时，输入"tt"，执行"临时追踪点"命令，如图 2-74 所示。也可以在绘图区中单击鼠标右键，在弹出的快捷菜单中选择"临时追踪点"选项。

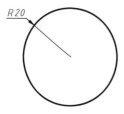

图 2-73 素材图形

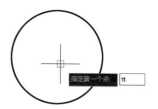

图 2-74 执行"临时追踪点"

④ 指定"临时追踪点"。将光标移动至圆心处，然后水平向右移动光标，引出 0°的极轴追踪虚线，接着输入 15，即将临时追踪点指定为圆心右侧距离为 15 的点，如图 2-75 所示。

⑤ 指定直线起点。垂直向下移动光标，引出 270°的极轴追踪虚线，到达与圆的交点处，作为直线的起点，如图 2-76 所示。

⑥ 指定直线端点。水平向左移动光标，引出 180°的极轴追踪虚线，到达与圆的另一交点处，作为直线的终点，该直线即为所绘制长度为 30 的弦，如图 2-77 所示。

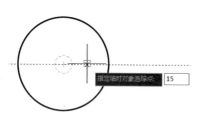

图 2-75 指定"临时追踪点"

图 2-76 指定直线起点

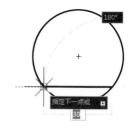

图 2-77 指定直线端点

2.4.3 "自"功能

"自"功能可以帮助用户在正确的位置绘制新对象。当需要指定的点不在任何对象捕捉点上，但在 X、Y 方向上与现有对象捕捉点的距离是已知的时，就可以使用"自"功能来进行捕捉。执行"自"功能有以下几种方法。

➤ 快捷键：按住 Shift 键的同时单击鼠标右键，在弹出的菜单中选择"自"选项。

➤ 命令行：在命令行中输入"from"。

执行某个命令来绘制一个对象，例如"直线"命令，然后启用"自"功能，此时提示需要指定一个基点，指定基点后会提示需要一个偏移点，可以使用相对坐标或者极轴坐标来指定偏移点与基点的位置关系，偏移点将作为直线的起点。

【练习 2-10】 使用"自"功能绘制图形

假如要在如图 2-78 所示的正方形中绘制一个小长方形，如图 2-79 所示。一般情况下只能借助辅助线来进行绘制，因为对象捕捉只能捕捉到正方形每个边上的端点和中点，这样即使通过对象捕捉的追踪线也无法定位至小长方形的起点（图中 A 点）。这时就可以用到"自"功能进行绘制，操作步骤如下。

① 打开素材文件"第 2 章\2-10 使用自"功能绘制图形.dwg"，其中已经绘制好了边长为 10 的正方形，如图 2-78 所示。

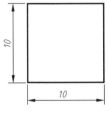

图 2-78　素材图形

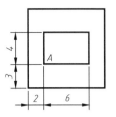

图 2-79　在正方体中绘制小长方体

② 在"默认"选项卡中，单击"绘图"面板上的"直线"按钮 ，执行直线命令。

③ 执行"自"功能。命令行出现"指定第一点"的提示时，输入"from"，执行"自"命令，如图 2-80 所示。也可以在绘图区中单击鼠标右键，在弹出的快捷菜单中选择"自"选项。

④ 指定基点。此时提示需要指定一个基点，选择正方形的左下角点作为基点，如图 2-81 所示。

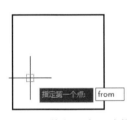

图 2-80　执行"自"功能

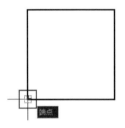

图 2-81　指定基点

⑤ 输入偏移距离。指定完基点后，命令行出现"＜偏移：＞"提示，此时输入小长方形起点 A 与基点的相对坐标（@2，3），如图 2-82 所示。

⑥ 绘制图形。输入完毕后即可将直线起点定位至 A 点处，然后按给定尺寸绘制图形即可，如图 2-83 所示。

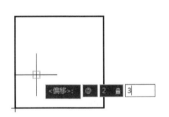

图 2-82　输入偏移距离

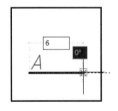

图 2-83　绘制图形

提示：在为"自"功能指定偏移点的时候，即使动态输入中默认的设置是相对坐标，也需要在输入时加上"@"来表明这是一个相对坐标值。动态输入的相对坐标设置仅适用于指定第二点的时候，例如，绘制一条直线时，输入的第一个坐标被当作绝对坐标，随后输入的坐标才被当作相对坐标。

2.5　选择图形

对图形进行任何编辑和修改操作的时候，必须先选择图形对象。针对不同的情况，采用最佳的选择方法，能大幅提高图形的编辑效率。AutoCAD 2022 提供了多种选择对象的基本方法，如点选、窗口选择、窗交选择、栏选、圈围、圈交等。

2.5.1　点选

如果选择的是单个图形对象，可以使用点选的方法。直接将拾取光标移动到选择对象上方，此时该图形对象会虚线亮显表示，单击鼠标左键，即可完成单个对象的选择。点选方式一次只能选中一个对象，如图 2-84 所示。连续单击需要选择的对象，可以同时选择多个对象，如图 2-85 所示的被选中部分。

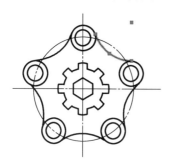 

图 2-84　点选单个对象　　　　　　　　　　图 2-85　点选多个对象

提示：按下 Shift 键并再次单击已经选中的对象，可以将这些对象从当前选择集中删除；按 Esc 键，可以取消选择对当前全部选定对象的选择。

如果需要同时选择多个或者大量的对象，使用点选的方法不仅费时费力，而且容易出错。此时，宜使用 AutoCAD 2022 提供的窗口选择、窗交选择、栏选等方法。

2.5.2　窗口选择

窗口选择是一种通过定义矩形窗口选择对象的方法。利用该方法选择对象时，从左往右拉出矩形窗口，框住需要选择的对象，此时绘图区将出现一个实线的矩形方框，选框内颜色为蓝色，如图 2-86 所示；释放鼠标后，被方框完全包围的对象将被选中，如图 2-87 所示，虚线显示部分为被选中的部分，按 Delete 键删除选择对象，结果如图 2-88 所示。

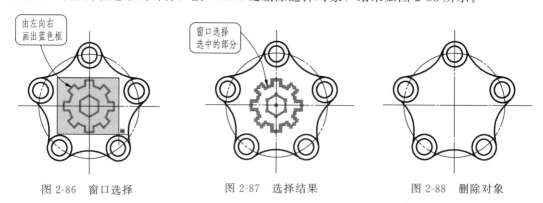

图 2-86　窗口选择　　　　　　图 2-87　选择结果　　　　　　图 2-88　删除对象

2.5.3　窗交选择

窗交选择对象的选择方向正好与窗口选择相反，它是按住鼠标左键向左上方或左下方拖动，框住需要选择的对象，框选时绘图区将出现一个虚线的矩形方框，如图 2-89 所示，释放鼠标后，与方框相交和被方框完全包围的对象都将被选中，如图 2-90 所示，虚线显示部分为被选中的部分，删除选中对象，如图 2-91 所示。

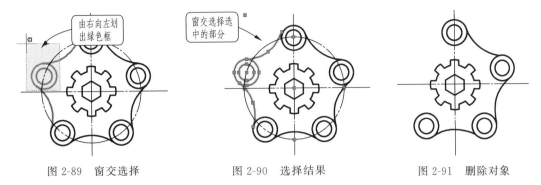

图 2-89　窗交选择　　　　　　　图 2-90　选择结果　　　　　　　图 2-91　删除对象

2.5.4　栏选

　　栏选图形是指在选择图形时拖曳出任意折线，如图 2-92 所示，凡是与折线相交的图形对象均被选中，如图 2-93 所示，虚线显示部分为被选中的部分，删除选中对象，如图 2-94所示。

　　光标空置时，在绘图区空白处单击，然后在命令行中输入"F"并按 Enter 键，即可调用栏选命令，再根据命令行提示分别指定各栏选点，命令行操作如下。

> 指定对角点或[栏选(F)/圈围(WP)/圈交(CP)]:F✔　　　　//选择"栏选"方式
> 指定第一个栏选点：
> 指定下一个栏选点或[放弃(U)]:

　　使用该方式选择连续性对象非常方便，但栏选线不能封闭或相交。

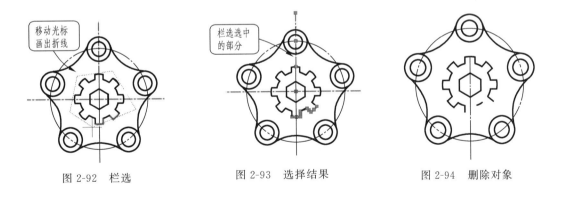

图 2-92　栏选　　　　　　　　　图 2-93　选择结果　　　　　　　图 2-94　删除对象

2.5.5　圈围

　　圈围是一种多边形窗口选择方式，与窗口选择对象的方法类似，不同的是圈围方法可以构造任意形状的多边形，如图 2-95 所示，被多边形选择框完全包围的对象才能被选中，如图 2-96 所示，虚线显示部分为被选中的部分，删除选中对象，如图 2-97 所示。

　　光标空置时，在绘图区空白处单击，然后在命令行中输入"WP"并按 Enter 键，即可调用圈围命令，命令行提示如下。

> 指定对角点或[栏选(F)/圈围(WP)/圈交(CP)]:WP✔　　　　//选择"圈围"选择方式
> 第一圈围点：

指定直线的端点或[放弃(U)]:
指定直线的端点或[放弃(U)]:

圈围对象范围确定后，按 Enter 键或空格键确认选择。

　　图 2-95　圈围选择　　　　　　图 2-96　选择结果　　　　　　图 2-97　删除对象

2.5.6　圈交

　　圈交是一种多边形窗交选择方式，与窗交选择对象的方法类似，不同的是圈交方法可以构造任意形状的多边形，它可以绘制任意闭合但不能与选择框自身相交或相切的多边形，如图 2-98 所示，选择完毕后可以选择多边形中与它相交的所有对象，如图 2-99 所示，虚线显示部分为被选中的部分，删除选中对象，如图 2-100 所示。

　　光标空置时，在绘图区空白处单击，然后在命令行中输入"CP"并按 Enter 键，即可调用圈围命令，命令行提示如下。

指定对角点或[栏选(F)/圈围(WP)/圈交(CP)]:CP↙　　　　//选择"圈交"选择方式
第一圈围点：
指定直线的端点或[放弃(U)]:
指定直线的端点或[放弃(U)]:

圈交对象范围确定后，按 Enter 键或空格键确认选择。

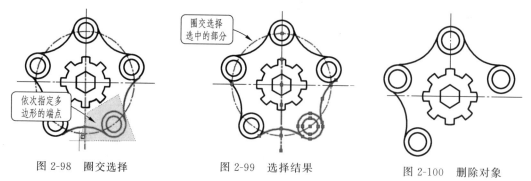

　　图 2-98　圈交选择　　　　　　图 2-99　选择结果　　　　　　图 2-100　删除对象

2.5.7　快速选择图形对象

　　快速选择可以根据对象的图层、线型、颜色、图案填充等特性选择对象，从而可以准确快速地从复杂的图形中选择满足某种特性的图形对象。

　　选择"工具"|"快速选择"命令，弹出"快速选择"对话框，如图 2-101 所示。用户可

以根据要求设置选择范围，单击"确定"按钮，完成选择操作。

　　如要选择图 2-102 中的圆弧，除了手动选择的方法外，可以利用快速选择工具来进行选取。选择"工具"|"快速选择"命令，弹出"快速选择"对话框，在"对象类型"下拉列表框中选择"圆弧"选项，单击"确定"按钮，选择结果如图 2-103 所示。

图 2-101　"快速选择"对话框

图 2-102　示例图形

图 2-103　快速选择后的结果

第3章

图形绘制

扫码全方位学习

AutoCAD 2022

任何复杂的图形都可以分解成多个基本的二维图形，这些图形包括点、直线、圆、多边形、圆弧和样条曲线等，AutoCAD 2022 为用户提供了丰富的绘图功能，并将常用的几种收集在了"默认"选项卡下的"绘图"面板中，如图 3-1 所示。因此只要掌握"绘图"面板中的命令，就可以绘制出几乎所有类型的图形，本章将按照"绘图"面板中的命令排序依次进行介绍。

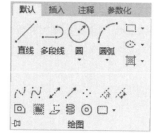

3.1 绘制点

点是所有图形中最基本的图形对象，可以用来作为捕捉和

图 3-1 "绘图"面板中的命令

偏移对象的参考点。从理论上来讲，点是没有长度和大小的图形对象，因此掌握点的绘制之前需要先了解"点样式"。

3.1.1 点样式

在 AutoCAD 中，系统默认情况下绘制的点显示为一个小圆点，在屏幕中很难看清，因此可以使用"点样式"设置，调整点的外观形状，如图 3-2 所示。

图 3-2 是否启动了点样式的点效果

也可以调整点的尺寸大小，以便根据需要让点显示在图形中。在绘制单点、多点、定数等分点或定距等分点之后，经常需要调整点的显示方式，以方便对象捕捉绘制图形。执行"点样式"命令的方法有以下几种。

➤ 功能区：单击"默认"选项卡"实用工具"面板中的"点样式"按钮 ❖ 点样式...，如图 3-3 所示。

➤ 菜单栏：选择"格式"|"点样式"命令。

➤ 命令行：在命令行中输入"DDPTYPE"。

执行该命令后，将弹出如图 3-4 所示的"点样式"对话框，可以在其中设置共计 20 种点的显示样式和大小。

对话框中各选项的含义说明如下。

➤ 点大小：用于设置点的显示大小，与下面的两个选项有关。

图 3-3　面板中的"点样式"按钮

图 3-4　"点样式"对话框

➤ 相对于屏幕设置大小：用于按 AutoCAD 绘图屏幕尺寸的百分比设置点的显示大小，在进行视图缩放操作时，点的显示大小并不改变，在命令行输入"RE"命令即可重生成，始终保持与屏幕的相对比例，如图 3-5 所示。

➤ 按绝对单位设置大小：使用实际单位设置点的大小，同其他的图形元素（如直线、圆），当进行视图缩放操作时，点的显示大小也会随之改变，如图 3-6 所示。

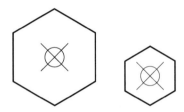

图 3-5　视图缩放时点大小相对于屏幕不变

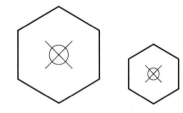

图 3-6　视图缩放时点大小相对于图形不变

提示："点样式"与"文字样式""标注样式"等不同，在同一个 dwg 文件中有且仅有一种点样式，而文字样式、标注样式可以"设置"出多种不同的样式。要想设置点视觉效果不同，唯一能做的便是在"特性"中选择不同的颜色。

【练习 3-1】　设置点样式创建刻度

通过图 3-4 所示的"点样式"对话框可知，点样式的种类很多，使用情况也各不一样。通过指定合适的点样式，就可以快速获得所需的图形，如矢量线上的刻度，操作步骤如下。

① 启动 AutoCAD 2022，然后打开素材文件"第 3 章 \ 3-1 设置点样式创建刻度 .dwg"，图形在各数值处已经创建好了点，但并没有设置点样式，如图 3-7 所示。

图 3-7　素材图形

② 在"默认"选项卡的"实用工具"面板中单击"点样式"按钮 ✧ 点样式...，系统弹出"点样式"对话框，根据需要，在对话框中选择第一排最右侧的形状，然后点选"按绝对单位设置大小"单选框，输入点大小为 2，如图 3-8 所示。

③ 单击"确定"按钮，关闭对话框，完成"点样式"的设置，最终结果如图 3-9 所示。

3.1.2　单点和多点

在 AutoCAD 2022 中，点有两种创建方法，分别是"多点"和"单点"，但两个命令并没有本质区别，因此通常使用"多点"命令来创建，"单点"命令已不太常用。绘制多点就是指执行一次命令后可以连续指定多个点，直到按 Esc 键结束命令。

执行"多点"命令有以下几种方法。

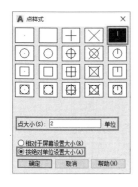

图 3-8　设置点样式

图 3-9　矢量线的刻度效果

➢ 功能区：单击"绘图"面板中的"多点"按钮 ，如图 3-10 所示。

➢ 菜单栏：选择"绘图"|"点"|"多点"命令。

➢ 命令行：在命令行中输入"POINT"或"PO"。

设置好点样式之后，单击"绘图"面板中的"多点"按钮 ，根据命令行提示，在绘图区任意 6 个位置单击，按 Esc 键退出，即可完成多点的绘制，结果如图 3-11 所示。命令行操作如下。

```
命令：_point
当前点模式： PDMODE= 33  PDSIZE= 0.0000      //在任意位置单击放置点
指定点：* 取消*                              //按 Esc 键完成多点绘制
```

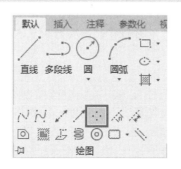

图 3-10　"绘图"面板中的"多点"

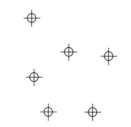

图 3-11　绘制多点效果

3.1.3　定数等分

定数等分是将对象按指定的数量分为等长的多段，并在各等分位置生成点。如输入"4"，则将对象等分为 4 段，如图 3-12 所示。

执行"定数等分"命令的方法有以下几种。

➢ 功能区：单击"绘图"面板中的"定数等分"按钮 ，如图 3-13 所示。

➢ 菜单栏：选择"绘图"|"点"|"定数等分"命令。

➢ 命令行：在命令行中输入"DIVIDE"或"DIV"。

执行命令后命令行的显示如下所示。

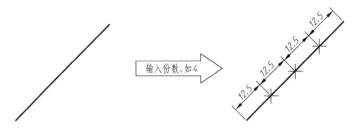

图 3-12　定数等分示例

```
命令:_divide                    //执行"定数等分"命令
选择要定数等分的对象:            //选择要等分的对象,可以是直线、圆、圆弧、
                                  样条曲线、多段线
输入线段数目或[块(B)]:          //输入要等分的段数
```

命令行中各选项的含义说明如下。

➤ 输入线段数目：该选项为默认选项，输入数字即可将被选中的图形进行平分，如图 3-14 所示。

➤ 块（B）：该命令可以在等分点处生成用户指定的块，如图 3-15 所示。

图 3-13　素材图形

图 3-14　以点定数等分

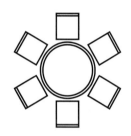

图 3-15　以块定数等分

【练习 3-2】　绘制棘轮图形

"定数等分"是将图形按指定的数量进行等分，适用于圆、圆弧、椭圆、样条曲线等曲线图形的等分，常用于绘制一些数量明确、形状相似的图形，如棘轮、扇子、花架等。

① 启动 AutoCAD 2022，然后打开素材文件"第 3 章 \ 3-2 绘制棘轮图形 .dwg"，其中已经绘制好了三个圆，半径分别为 90、60 和 40，如图 3-16 所示。

② 设置点样式。在"默认"选项卡的"实用工具"面板中单击"点样式"按钮 ❖ 点样式... ，在弹出的"点样式"对话框中选择"×"样式，如图 3-17 所示。

③ 在命令行中输入"DIV"执行等分点命令，选取最外侧 $R90$ 的圆，设置线段数目为 12，如图 3-18 所示。

④ 使用相同的方法等分中间 $R60$ 的圆，线段数目同样为 12，如图 3-19 所示。

⑤ 在命令行中输入"L"执行直线命令，连接三个等分点，如图 3-20 所示。

⑥ 选择中间和最外侧两个圆，然后按键盘上的 Delete 键，即可删除这两个圆，最终效果如图 3-21 所示。

提示：AutoCAD 提供的命令非常丰富，因此很多图形都可以有多种画法。如本例所绘的棘轮图形，除了使用上面介绍的"定数等分"命令外，还可以使用"阵列""旋转"等命令来完成。而最后一步的删除操作，除了按 Delete 键，也可以在 AutoCAD 中输入"E"或

"ERASER"来执行删除命令达到同样的效果。本书会介绍绝大多数工作中能用得上的命令，完成本书的学习后，读者应该从中摸索出最适合自己的绘图方法。

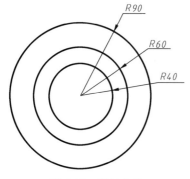

图 3-16 素材文件

图 3-17 选择点样式

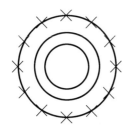

图 3-18 等分最外侧的圆

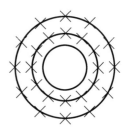

图 3-19 等分中间的圆

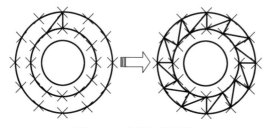

图 3-20 绘制连接线段

图 3-21 最终图形

3.1.4 定距等分

"定距等分"是将对象分为长度为指定值的多段，并在各等分位置生成点。如输入"8"，则将对象按长度 8 为一段进行等分，直至对象剩余长度不足 8 为止，如图 3-22 所示。

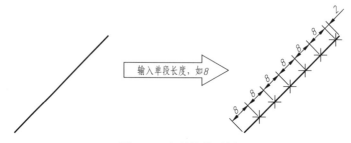

图 3-22 定距等分示例

执行"定距等分"命令的方法有以下几种。

➢ 功能区：单击"绘图"面板中的"定距等分"按钮 ，如图 3-23 所示。

➢ 菜单栏：选择"绘图"|"点"|"定距等分"命令。

➢ 命令行：在命令行中输入"MEASURE"或"ME"。

执行命令后命令行的显示如下所示。

```
命令：_measure                    //执行"定距等分"命令
选择要定距等分的对象：            //选择要等分的对象，可以是直线、圆、圆弧、样条
                                    曲线、多段线
指定线段长度或[块(B)]：         //输入要等分的单段长度
```

命令行中各选项的含义说明如下。

➢ 指定线段长度：该选项为默认选项，输入的数字即为分段的长度，如图 3-24 所示。

➢ 块（B）：该命令可以在等分点处生成用户指定的块。

图 3-23 定距等分

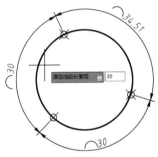

图 3-24 定距等分效果

【练习 3-3】 绘制楼梯

"定距等分"是将图形按指定的距离进行等分，因此适用于绘制一些具有固定间隔长度的图形，如楼梯和踏板等。

① 启动 AutoCAD 2022，打开素材文件"第 3 章 \ 3-3 绘制楼梯.dwg"，其中已经绘制好了一室内设计图的局部图形，如图 3-25 所示。

② 设置点样式。在"默认"选项卡的"实用工具"面板中单击"点样式"按钮 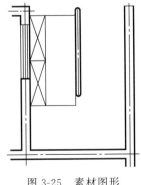 点样式... ，系统弹出"点样式"对话框，根据需要选择需要的点样式，如图 3-26 所示。

图 3-25 素材图形

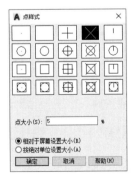

图 3-26 设置点样式

③ 执行定距等分。单击"绘图"面板中的"定距等分"按钮 ，将楼梯口左侧的直线段按每段长 250mm 进行等分，结果如图 3-27 所示，命令行操作如下。

```
命令：_measure                    //执行"定距等分"命令
选择要定距等分的对象：            //选择素材直线
指定线段长度或[块(B)]:250↙       //输入要等分的距离
                                 //按 Esc 键退出
```

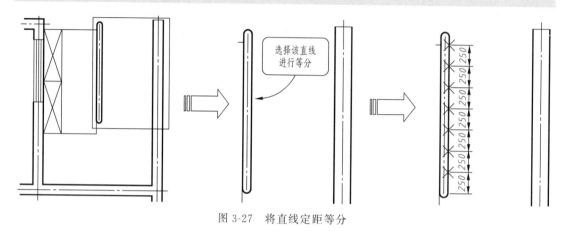

图 3-27　将直线定距等分

④ 在"默认"选项卡中，单击"绘图"面板上的"直线"按钮 ╱ ，以各等分点为起点向右绘制直线，结果如图 3-28 所示。

⑤ 将点样式重新设置为默认状态，即可得到楼梯图形，如图 3-29 所示。

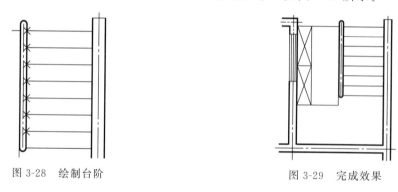

图 3-28　绘制台阶　　　　　　　　　　图 3-29　完成效果

3.2　绘制简单线类图形

线类图形是 AutoCAD 中最基本的图形对象，在 AutoCAD 中，根据用途的不同，可以将线分为直线、射线、构造线、样条曲线、多线和多段线。不同的线对象具有不同的特性，下面进行详细讲解。

3.2.1　直线

直线是绘图中常见的图形对象，也是 AutoCAD 中基本的命令之一，只要指定了起点和终点，就可绘制出一条直线。执行"直线"命令的方法有以下几种。

➤ 功能区：单击"绘图"面板中的"直线"按钮 ╱ 。

➤ 菜单栏：选择"绘图"|"直线"命令。

➤ 命令行：在命令行中输入"LINE"或"L"。

执行命令后命令行的显示如下所示。

```
命令:_line                      //执行"直线"命令
指定第一个点:                   //输入直线段的起点,用鼠标指定点或在命令
                                行中输入点的坐标

指定下一点或[放弃(U)]:          //输入直线段的端点。也可以用鼠标指定一
                                定角度后,直接输入直线的长度

指定下一点或[放弃(U)]:          //输入下一直线段的端点。输入"U"表示放
                                弃之前的输入

指定下一点或[闭合(C)/放弃(U)]:  //输入下一直线段的端点。输入"C"使图形
                                闭合,或按 Enter 键结束命令
```

命令行中各选项的含义说明如下。

➤ 指定下一点:当命令行提示"指定下一点"时,用户可以指定多个端点,从而绘制出多条直线段。但每一段直线又都是一个独立的对象,可以进行单独的编辑操作,如图 3-30 所示。

➤ 闭合 (C):绘制两条以上直线段后,命令行会出现"闭合 (C)"选项。此时如果输入 "C",则系统会自动连接直线命令的起点和最后一个端点,从而绘制出封闭的图形,如图 3-31 所示。

➤ 放弃 (U):命令行出现"放弃 (U)"选项时,如果输入 "U",则会擦除最近一次绘制的直线段,如图 3-32 所示。

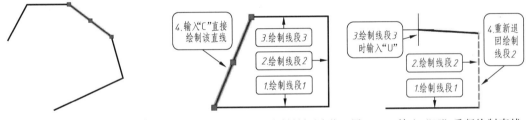

图 3-30　每一段直线均可单独编辑　图 3-31　输入 "C" 绘制封闭图形　图 3-32　输入 "U" 重新绘制直线

【练习 3-4】　使用直线绘制五角星

"直线"是最常用的绘图命令之一,只要指定了起点和终点,就可绘制出一条直线,而只要不退出命令,便可以一直进行绘制。因此制图时应先分析图形的构成和尺寸,尽量一次性将线性对象绘出,减少"直线"命令的重复调用,这样将大幅提高绘图效率。

① 打开素材文件"第 3 章/3-4 使用直线绘制五角星 .dwg",其中已创建好了 5 个顺序点,如图 3-33 所示。

② 单击"绘图"面板中的"直线"按钮 ,执行"直线"命令,依照命令行的提示,按顺序连接 5 个点,最终效果如图 3-34 所示,命令行操作如下。

```
命令:_line                       //执行"直线"命令
指定第一个点:                    //移动至点 1,单击鼠标左键
指定下一点或[放弃(U)]:           //移动至点 2,单击鼠标左键
指定下一点或[放弃(U)]:           //移动至点 3,单击鼠标左键
指定下一点或[闭合(C)/放弃(U)]:   //移动至点 4,单击鼠标左键
指定下一点或[闭合(C)/放弃(U)]:   //移动至点 5,单击鼠标左键
指定下一点或[闭合(C)/放弃(U)]:c↙ //输入 C,闭合图形,结果如图 3-34 所示
```

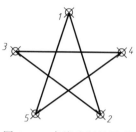

图 3-33　素材图形　　　　　　　　　　　　　　图 3-34　直线绘制的图形

3.2.2　构造线

构造线是两端无限延伸的直线，没有起点和终点，主要用于绘制辅助线和修剪边界，在建筑设计中常用来作为辅助线，在机械设计中也可作为轴线使用。构造线只需指定两个点即可确定位置和方向，执行"构造线"的方法有以下几种。

> 功能区：单击"绘图"面板中的"构造线"按钮 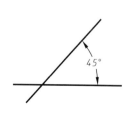。
> 菜单栏：选择"绘图"|"构造线"命令。
> 命令行：在命令行中输入"XLINE"或"XL"。

执行命令后命令行的显示如下所示。

```
命令:_xline                              //执行"构造线"命令
指定点或[水平(H)/垂直(V)/角度(A)/二等分(B)/偏移(O)]:
                                        //输入第一个点
指定通过点:                              //输入第二个点
指定通过点:                              //继续输入点,可以继续画线,按
                                         Enter 键结束命令
```

命令行中各选项的含义说明如下。

> 水平（H）、垂直（V）：选择"水平"或"垂直"选项，可以绘制水平和垂直的构造线，如图 3-35 所示。

```
命令:_xline
指定点或[水平(H)/垂直(V)/角度(A)/二等分(B)/偏移(O)]:h
                      //输入 h 或 v
指定通过点:            //指定通过点,绘制水平或垂直构
                        造线
```

图 3-35　绘制水平或垂直构造线

> 角度（A）：选择"角度"选项，可以绘制用户所输入角度的构造线，如图 3-36 所示。

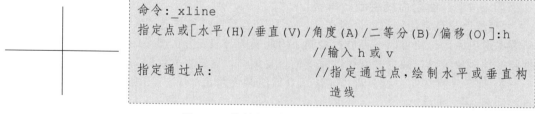

```
命令:_xline
指定点或[水平(H)/垂直(V)/角度(A)/二等分(B)/偏移(O)]:a
              //输入 a,选择"角度"选项
输入构造线的角度 (0) 或[参照(R)]: 45
              //输入构造线的角度
指定通过点:        //指定通过点完成创建
```

图 3-36　绘制成角度的构造线

➤ 二等分（B）：选择"二等分"选项，可以绘制两条相交直线的角平分线，如图 3-37 所示。绘制角平分线时，使用捕捉功能依次拾取顶点 O、起点 A 和端点 B 即可（A、B 可为直线上除 O 点外的任意点）。

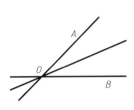

```
命令:_xline
指定点或[水平(H)/垂直(V)/角度(A)/二等分(B)/偏移(O)]:b
                    //输入 b,选择"二等分"选项
指定角的顶点:      //选择 O 点
指定角的起点:      //选择 A 点
指定角的端点:      //选择 B 点
```

图 3-37　绘制二等分构造线

➤ 偏移（O）：选择"偏移"选项，可以由已有直线偏移出平行线，如图 3-38 所示。该选项的功能类似于"偏移"命令（详见第 6 章）。通过输入偏移距离和选择要偏移的直线来绘制与该直线平行的构造线。

```
命令:_xline
指定点或[水平(H)/垂直(V)/角度(A)/二等分(B)/偏移(O)]:o
                    //输入 o,选择"偏移"选项
指定偏移距离或[通过(T)]< 10.0000> :16
                    //输入偏移距离
选择直线对象:      //选择偏移的对象
指定向哪侧偏移:    //指定偏移的方向
```

图 3-38　绘制偏移的构造线

构造线是真正意义上的"直线"，可以向两端无限延伸。构造线在控制草图的几何关系、尺寸关系方面，有着极其重要的作用，如三视图中"长对正、高平齐、宽相等"的辅助线，如图 3-39 所示（图中细实线为构造线，粗实线为轮廓线，下同）。而且构造线不会改变图形的总面积，它们的无限长的特性对缩放或视点没有影响，并会被显示图形范围的命令所忽略，和其他对象一样，构造线也可以移动、旋转和复制。构造线常用来绘制各种辅助线和基准线，如机械中的中心线、建筑中的墙体线，如图 3-40 所示。所以构造线是提高绘图效率的常用命令。

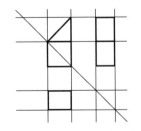

图 3-39　构造线辅助绘制三视图

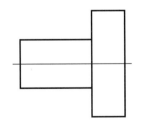

图 3-40　构造线用作中心线

【练习 3-5】　构造线解绘图题

构造线通常用作辅助线，结合其他命令可以得到很好的效果。图 3-41 便是一个经典的绘图考题，看似简单，可是如果不能熟练地运用绘图技巧的话，则只能借助数学知识求出

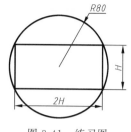

图 3-41 练习图

角度与边的对应关系，这无疑大大增加了工作量。下面便来介绍如何巧妙地运用构造线来完成绘制。

① 启动 AutoCAD 2022，然后新建一个空白文档。

② 在命令行中输入"C"执行圆命令，绘制一个半径为 80 的圆，如图 3-42 所示。

③ 单击"绘图"面板中的"构造线"按钮 ，以圆心为中心点，然后输入相对坐标（@2，1），绘制辅助线，如图 3-43 所示。

④ 以构造线与圆的交点分别绘制一条水平直线和竖直直线，结果如图 3-44 所示。

⑤ 使用相同方法绘制对侧的两条线段，即可得到圆内的矩形，其比例满足条件，结果如图 3-45 所示。

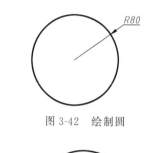

图 3-42 绘制圆

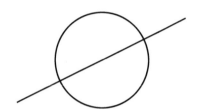

图 3-43 绘制构造线

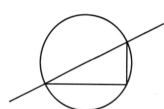

图 3-44 以交点开始绘制水平和竖直的线段

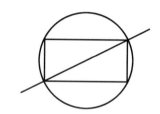

图 3-45 绘制对侧的线段

3.2.3 射线

射线是一端固定而另一端无限延伸的直线，它只有起点和方向，没有终点。射线在 AutoCAD 中使用较少，通常用来作辅助线，尤其在机械制图中可以作三视图的投影线使用。

执行"射线"的方法有以下几种。

➤ 功能区：单击"绘图"面板中的"射线"按钮 。

➤ 菜单栏：选择"绘图"|"射线"命令。

➤ 命令行：在命令行中输入"RAY"。

【练习 3-6】 绘制中心投影图

一个点光源把一个图形照射到一个平面上，图形在该平面上的影子就是它在这个平面上的中心投影。中心投影可以使用射线来进行绘制。

① 打开素材文件"第 3 章 \ 3-6 绘制中心投影图 . dwg"，其中已经绘制好了△ABC 和对应的坐标系，以及中心投影点 O，如图 3-46 所示。

② 在"默认"选项卡中，单击"绘图"面板中的"射线"按钮 ，以 O 点为起点，依次指定 A、B、C 点为下一点，绘制 3 条投影线，如图 3-47 所示。

③ 单击"默认"选项卡中"绘图"面板上的"直线"按钮 ，执行"直线"命令，依

次捕捉投影线与坐标轴的交点，这样得到的新三角形便是原△ABC 在 YZ 平面上的投影，如图 3-48 所示。

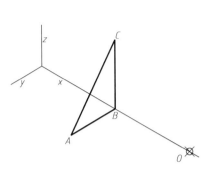

图 3-46　素材图形

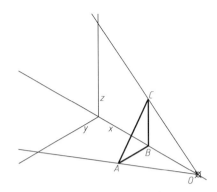

图 3-47　绘制投影线

提示：调用射线命令，指定射线的起点后，可以根据"指定通过点"的提示指定多个通过点，绘制经过相同起点的多条射线，直到按 Esc 键或 Enter 键退出为止。

3.2.4　样条曲线

样条曲线是经过或接近一系列给定点的平滑曲线，它能够自由编辑，以及控制曲线与点的拟合程度。在景观设计中，常用来绘制水体、流线型的园路及模纹等；在建筑制图中常用来表示剖面符号等图形；在机械产品设计领域则常用来表示某些产品的轮廓线或剖切线。

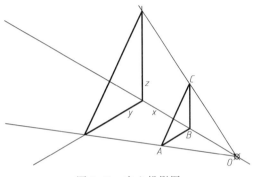

图 3-48　中心投影图

在 AutoCAD 2022 中，样条曲线可分为"样条曲线拟合" 和"样条曲线控制点" 两种。其中"样条曲线拟合"的拟合点与曲线重合，如图 3-49 所示；而"样条曲线控制点"是通过曲线外的控制点控制曲线的形状，如图 3-50 所示。

图 3-49　拟合点样条曲线

图 3-50　控制点样条曲线

调用"样条曲线"命令的方法如下。

➤ 功能区：单击"绘图"滑出面板上的"样条曲线拟合"按钮 ∿ 或"样条曲线控制点"
按钮 ∿。

➤ 菜单栏：选择"绘图"|"样条曲线"命令，然后在子菜单中选择"拟合点"或"控制
点"命令。

➤ 命令行：在命令行中输入"SPLINE"或"SPL"。

执行"样条曲线拟合"命令时，命令行操作介绍如下。

```
命令：_SPLINE                              //执行"样条曲线拟合"命令
当前设置：方式＝拟合　节点＝弦             //显示当前样条曲线的设置
指定第一个点或[方式(M)/节点(K)/对象(O)]：_M
                                          //系统自动选择
输入样条曲线创建方式[拟合(F)/控制点(CV)]＜拟合＞：_FIT
                                          //系统自动选择"拟合"方式
当前设置：方式＝拟合　节点＝弦             //显示当前方式下的样条曲线设置
指定第一个点或[方式(M)/节点(K)/对象(O)]：
                                          //指定样条曲线起点或选择创建方式
输入下一个点或[起点切向(T)/公差(L)]：
                                          //指定样条曲线上的第2点
输入下一个点或[端点相切(T)/公差(L)/放弃(U)/闭合(C)]：
                                          //指定样条曲线上的第3点
                                          //要创建样条曲线,最少需指定3个点
```

执行"样条曲线控制点"命令时，命令行操作介绍如下。

```
命令：_SPLINE                              //执行"样条曲线控制点"命令
当前设置：方式＝控制点　阶数＝3           //显示当前样条曲线的设置
指定第一个点或[方式(M)/阶数(D)/对象(O)]：_M
                                          //系统自动选择
输入样条曲线创建方式[拟合(F)/控制点(CV)]＜拟合＞：_CV
                                          //系统自动选择"控制点"方式
当前设置：方式＝控制点　阶数＝3           //显示当前方式下的样条曲线设置
指定第一个点或[方式(M)/阶数(D)/对象(O)]：
                                          //指定样条曲线起点或选择创建方式
输入下一个点：                            //指定样条曲线上的第2点
输入下一个点或[闭合(C)/放弃(U)]：         //指定样条曲线上的第3点
```

虽然在 AutoCAD 2022 中，绘制样条曲线有"样条曲线拟合" ∿ 和"样条曲线控制点"
∿ 两种方式，但是操作过程却基本一致，只有少数选项有区别（"节点"与"阶数"），因
此命令行中各选项均统一介绍。

➤ 拟合（F）：即执行"样条曲线拟合"方式，通过指定样条曲线必须经过的拟合点来创
建3阶（三次）B样条曲线。在公差值大于0（零）时，样条曲线必须在各个点的指定公差
距离内。

➤ 控制点（CV）：即执行"样条曲线控制点"方式，通过指定控制点来创建样条曲线。

使用此方法创建 1 阶（线性）、2 阶（二次）、3 阶（三次）直到最高为 10 阶的样条曲线。通过移动控制点调整样条曲线的形状通常可以达到比移动拟合点更好的效果。

➢ 节点（K）：指定节点参数化，是一种计算方法，用来确定样条曲线中连续拟合点之间的零部件曲线如何过渡。该选项下分 3 个延伸选项——"弦""平方根"和"统一"，各自都能微调曲线的弯曲程度。

➢ 阶数（D）：设置生成的样条曲线的多项式阶数。使用此选项可以创建 1 阶（线性）、2 阶（二次）、3 阶（三次）直到最高 10 阶的样条曲线。

➢ 对象（O）：执行该选项后，选择二维或三维的、二次或三次的多段线，可将其转换成等效的样条曲线，如图 3-51 所示。

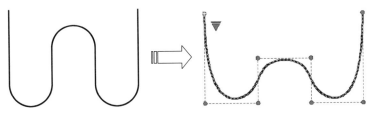

图 3-51　将多段线转为样条曲线

【练习 3-7】　绘制相贯线

所谓样条曲线，是指给定一组控制点而得到一条光滑的曲线，曲线的大致形状由这些点控制。在绘图中常使用样条曲线来绘制一些可以通过点进行定位的曲线，如函数曲线、相贯线等。

两立体表面的交线称为相贯线，如图 3-52 所示。它们的表面（外表面或内表面）相交，均出现了箭头所指的相贯线，在画该类零件的三视图时，必然涉及绘制相贯线的投影问题。

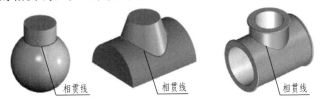

图 3-52　相贯线

① 打开素材文件"第 3 章 \ 3-7 绘制相贯线 .dwg"，其中已经绘制好了零件的左视图与俯视图，如图 3-53 所示。

② 绘制投影线。单击"射线"按钮 ↗，以左视图中各端点与交点为起点向左绘制射线，如图 3-54 所示。

③ 绘制投影线。按相同方法，以俯视图中各端点与交点为起点，向上绘制射线，如图 3-55 所示。

④ 绘制主视图轮廓。绘制主视图轮廓之前，先要分析出俯视图与左视图中各特征点的投影关系（如俯视图中的点 1、2 即相当于左视图中的点 $1'$、$2'$，下同），然后单击"绘图"面板中的"直线"按钮 ✎，连接各点的投影在主视图中的交点，即可绘制出主视图轮廓，如图 3-56 所示。

⑤ 求一般交点。目前所得的图形还不足以绘制出完整的相贯线，因此需要另外找出两点，借以绘制出投影线来获取相贯线上的点（原则上 5 点才能确定一条曲线）。按"长对正、宽相等、高平齐"的原则，在俯视图和左视图绘制如图 3-57 所示的两条直线，删除多余射线。

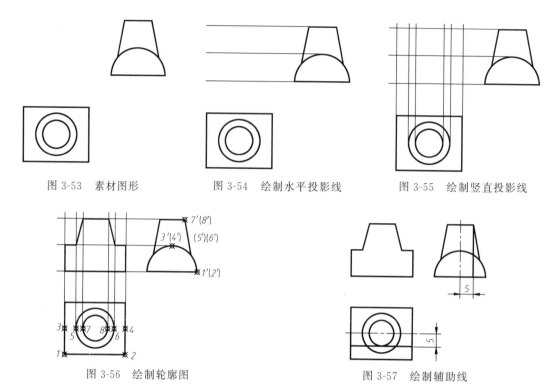

图 3-53　素材图形　　　　图 3-54　绘制水平投影线　　　　图 3-55　绘制竖直投影线

图 3-56　绘制轮廓图　　　　　　　　图 3-57　绘制辅助线

⑥ 绘制投影线。以辅助线与图形的交点为起点，分别使用"射线"命令绘制投影线，如图 3-58 所示。

⑦ 绘制相贯线。单击"绘图"面板中的"样条曲线拟合"按钮，连接主视图中各投影线的交点，即可得到相贯线，如图 3-59 所示。

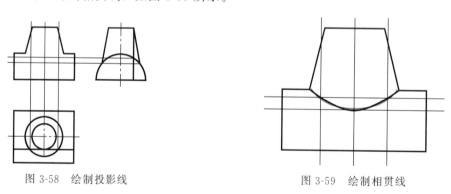

图 3-58　绘制投影线　　　　　　　图 3-59　绘制相贯线

3.2.5　多段线

多段线和直线非常类似，区别在于"直线"命令绘制的图形是独立存在的，每一段直线都能单独被选中，而多段线则是一个整体，选择其中任意一段，其余部分也都会被选中，如图 3-60 所示。另外，"多段线"命令除了绘制直线，还能绘制圆弧，这也是和"直线"命令的一大区别。

调用"多段线"命令的方式如下。

➤ 功能区：单击"绘图"面板中的"多段线"按钮。

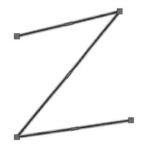

直线选择效果　　　　　　　　　　　　多段线选择效果

图 3-60　直线与多段线的选择效果对比

> 菜单栏：调用"绘图"|"多段线"菜单命令。
> 命令行：在命令行中输入"PLINE"或"PL"。

执行"多段线"命令后，命令行的显示如下所示。

命令：_pline	//执行"多段线"命令
指定起点：	//在绘图区中任意指定一点为起点,有临时的加号标记显示
当前线宽为 0.0000	//显示当前线宽
指定下一个点或[圆弧(A)/半宽(H)/长度(L)/放弃(U)/宽度(W)]：	//指定多段线的端点
指定下一点或[圆弧(A)/闭合(C)/半宽(H)/长度(L)/放弃(U)/宽度(W)]：	//指定下一段多段线的端点
指定下一点或[圆弧(A)/闭合(C)/半宽(H)/长度(L)/放弃(U)/宽度(W)]：	//指定下一端点或按 Enter 键结束

由于多段线中各延伸选项众多，因此通过以下两个部分进行讲解：多段线——直线、多段线——圆弧。

（1）多段线——直线

在执行"多段线"命令时，"直线（L）"是默认的选项，因此不会在命令行中显示出来，所以"多段线"命令默认绘制直线。若要开始绘制圆弧，可选择"圆弧（A）"延伸选项。直线状态下的多段线，除"长度（L）"延伸选项之外，其余皆为通用选项，其含义分别如下。

> 闭合（C）：该选项含义同"直线"命令中的一致，可连接第一条和最后一条线段，以创建闭合的多段线。

> 半宽（H）：指定从宽线段的中心到一条边的宽度。选择该选项后，命令行提示用户分别输入起点与端点的半宽值，而起点宽度将成为默认的端点宽度，如图 3-61 所示。

> 长度（L）：按照与上一线段相同的角度、方向创建指定长度的线段。如果上一线段是圆弧，将创建与该圆弧段相切的新直线段。

> 宽度（W）：设置多段线起始与结束的宽度值。选择该选项后，命令行提示用户分别输入起点与端点的宽度值，而起点宽度将成为默认的端点宽度，如图 3-62 所示。

为多段线指定宽度后，有如下两点需要注意。

> 多段线的本体位于宽度效果的中心部分，如图 3-63 所示。

> 一般情况下，带有宽度的多段线在转折角处会自动相连，如图 3-64 所示；但在圆弧

段互不相切、有非常尖锐的角（小于 29°）或者使用点画线线型的情况下将不倒角，如图 3-65 所示。

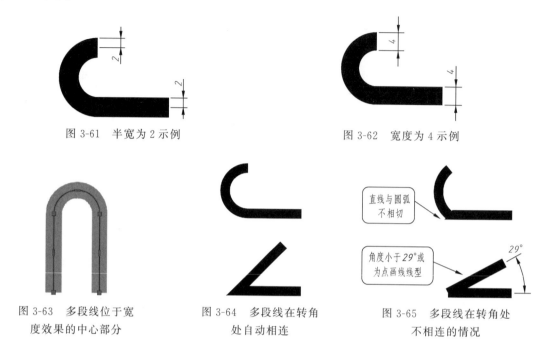

图 3-61　半宽为 2 示例　　　　　　　　　　图 3-62　宽度为 4 示例

图 3-63　多段线位于宽　　　　图 3-64　多段线在转角　　　　图 3-65　多段线在转角处
度效果的中心部分　　　　　　处自动相连　　　　　　　　不相连的情况

【练习 3-8】　绘制箭头 Logo

多段线的使用虽不及直线、圆频繁，却可以通过指定宽度来绘制出许多独特的图形，如各种标识箭头。本例便通过灵活定义多段线的线宽来绘制坐标系箭头图形。

① 打开"第 3 章 \ 3-8 绘制箭头 Logo. dwg"素材文件，其中已经绘制好了两段直线，如图 3-66 所示。

② 绘制 y 轴方向箭头。单击"绘图"面板中的"多段线"按钮 ，指定竖直直线的上方端点为起点，然后在命令行中输入"W"，进入"宽度"选项，指定起点宽度为 0、端点宽度为 5，向下绘制一段长度为 10 的多段线，如图 3-67 所示。

图 3-66　素材图形　　　　　　　图 3-67　绘制 y 轴方向箭头

③ 绘制 y 轴连接线。箭头绘制完毕后，再次从命令行中输入"W"，指定起点宽度为 2、端点宽度为 2，向下绘制一段长度为 35 的多段线，如图 3-68 所示。

④ 绘制基点方框。连接线绘制完毕后，再输入"W"，指定起点宽度为 10、端点宽度为 10，向下绘制一段多段线至直线交点，如图 3-69 所示。

⑤ 保持线宽不变，向右移动光标，绘制一段长度为 5 的多段线，效果如图 3-70 所示。

⑥ 绘制 x 轴连接线。指定起点宽度为 2、端点宽度为 2，向右绘制一段长度为 35 的多

段线，如图 3-71 所示。

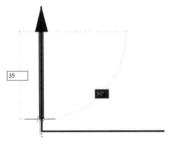

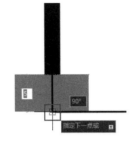

图 3-68　绘制 y 轴连接线　　　　图 3-69　向下绘制基点方框　　　　图 3-70　向右绘制基点方框

⑦ 绘制 x 轴箭头。按之前的方法，绘制 x 轴右侧的箭头，起点宽度为 5、端点宽度为 0，如图 3-72 所示。

⑧ 单击 Enter 键，退出多段线的绘制，坐标系箭头标识绘制完成，如图 3-73 所示。

图 3-71　绘制 x 轴连接线　　　　图 3-72　绘制 x 轴箭头　　　　图 3-73　图形效果

提示：在多段线绘制过程中，可能预览图形不会及时显示出带有宽度的转角效果，让用户误以为绘制出错。其实只要单击 Enter 键完成多段线的绘制，便会自动为多段线添加转角处的平滑效果。

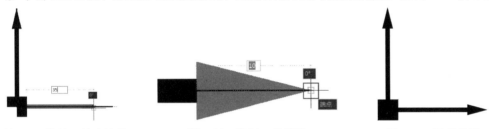

(a) 上一段为直线　　　　　(b) 上一段为圆弧

图 3-74　多段线创建圆弧时自动相切

（2）多段线——圆弧

在执行多段线命令时，选择"圆弧（A）"延伸选项后便开始创建与上一线段（或圆弧）相切的圆弧段，如图 3-74 所示。若要重新绘制直线，可选择"直线（L）"选项。

执行命令后命令行的显示如下。

```
命令:_pline                              //执行"多段线"命令
指定起点:                                //在绘图区中任意指定一点为起点
当前线宽为 0.0000
指定下一个点或[圆弧(A)/半宽(H)/长度(L)/放弃(U)/宽度(W)]:A↙
                                         //选择"圆弧"延伸选项
指定圆弧的端点(按住 Ctrl 键以切换方向)或
                                         //指定圆弧的一个端点
[角度(A)/圆心(CE)/方向(D)/半宽(H)/直线(L)/半径(R)\第二个点(S)/放弃(U)/
宽度(W)]:
```

> 指定圆弧的端点(按住 Ctrl 键以切换方向)或 //指定圆弧的另一个端点
> [角度(A)/圆心(CE)/闭合(CL)/方向(D)/半宽(H)/直线(L)/半径(R)\第二个点
> (S)/放弃(U)/宽度(W)]:*取消

根据上面的命令行操作过程可知，在执行"圆弧（A）"延伸选项下的"多段线"命令时，会出现 9 种延伸选项，部分选项含义如下。

➤ 角度（A）：指定圆弧段的从起点开始的包含角，如图 3-75 所示。输入正数将按逆时针方向创建圆弧段，输入负数将按顺时针方向创建圆弧段。方法类似于"起点、端点、角度"画圆弧。

➤ 圆心（CE）：通过指定圆弧的圆心来绘制圆弧段，如图 3-76 所示。方法类似于"起点、圆心、端点"画圆弧。

➤ 方向（D）：通过指定圆弧的切向来绘制圆弧段，如图 3-77 所示。方法类似于"起点、端点、方向"画圆弧。

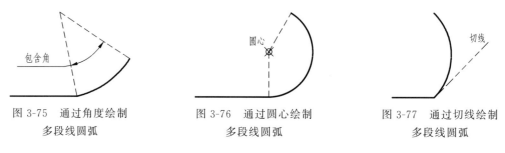

图 3-75　通过角度绘制　　　图 3-76　通过圆心绘制　　　图 3-77　通过切线绘制
　　多段线圆弧　　　　　　　　多段线圆弧　　　　　　　　多段线圆弧

➤ 直线（L）：从绘制圆弧切换到绘制直线。

➤ 半径（R）：通过指定圆弧的半径来绘制圆弧，如图 3-78 所示。方法类似于"起点、端点、半径"画圆弧。

➤ 第二个点（S）：通过指定圆弧上的第二点和端点来进行绘制，如图 3-79 所示。方法类似于"三点"画圆弧。

图 3-78　通过半径绘制多段线圆弧　　　图 3-79　通过第二个点绘制多段线圆弧

【练习 3-9】　绘制蜗壳图形

执行"多段线"命令，除了获得较为明显的线宽效果外，还可以选择其"圆弧（A）"延伸选项，创建与上一段直线（或圆弧）相切的圆弧。如本例的蜗壳图形，由多段圆弧彼此相切而成，如图 3-80 所示。如果直接使用"圆弧"命令进行绘制的话会比较麻烦，因此这类图形应首选"多段线"命令绘制，避免剪切、计算等烦琐的工作。

① 启动 AutoCAD 2022，打开"第 3 章 \ 3-9 绘制蜗壳图形 .dwg"素材文件，其中已经绘制好一长度为 50 的直线，其上有点 A、B、C、D 4 个点将其平分为 5 段，如图 3-81 所示。

② 绘制 BC 弧段。单击"绘图"面板中的"多段线"按钮 ⌐，执行"多段线"命令，接着捕捉点 B 作为起点，然后输入"A"执行"圆弧（A）"延伸选项，此时圆弧以直线为

切向，与要求的 BC 弧段方向不符，如图 3-82 所示。

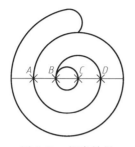

图 3-80　蜗壳效果

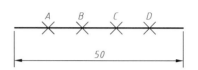

图 3-81　素材图形

③ 调整圆弧方向。在输入命令行中输入"D"执行
"方向（D）"延伸选项，引出追踪线后指定点 B 正上方
（90°方向）的任一点来确定切向，指定后圆弧方向为正确
的方向，再捕捉点 C 即可得到 BC 弧段，如图 3-83 所示。

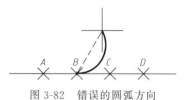

图 3-82　错误的圆弧方向

④ 绘制 CB 弧段。绘制好 BC 圆弧后直接向左移动光
标，再回头捕捉点 B，即可绘制 CB 弧段，效果如图 3-84
所示。

⑤ 绘制 BD 弧段。直接向右移动光标至点 D 并捕捉，即可绘制 BD 弧段，如
图 3-85 所示。

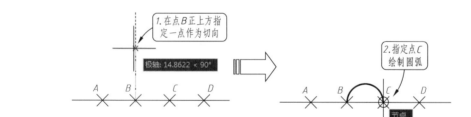

图 3-83　调整方向并绘制 BC 弧段

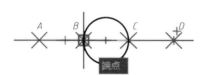

图 3-84　绘制 CB 弧段

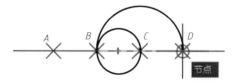

图 3-85　绘制 BD 弧段

⑥ 绘制其余弧段。使用相同方法，依次将光标从点 A 移动至直线右侧端点，再从右侧
端点移动至左侧端点，即可绘制出与直线相交的大部分蜗壳，如图 3-86 所示。

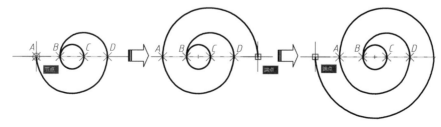

图 3-86　绘制其余弧段

提示：至此，直线上的蜗壳部分已经绘制完毕，可见只有开始的 *BC* 弧段在绘制时需仔细设置，后面的弧段完全可以一蹴而就。

⑦　绘制上方圆弧。上方圆弧的端点不在直线上，因此不能直接捕捉，但可以通过"极轴捕捉追踪"功能来定位。移动光标至直线中点处，然后向正上方（90°方向）拖曳光标，在命令行中输入"30"，即将圆弧端点定位至直线中点正上方 30 距离处，如图 3-87 所示。

⑧　绘制收口圆弧。向下移动光标，捕捉至下方圆弧的垂足点，即可完成收口圆弧的绘制，最终得到蜗壳如图 3-88 所示。

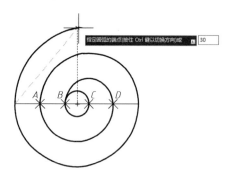

图 3-87　绘制上方圆弧

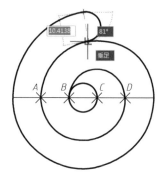

图 3-88　绘制收口圆弧

3.2.6　多线

多线不在"绘图"面板中出现，但也是使用频率非常高的一个命令，所以在此单独用一小节进行介绍。多线是一种由多条平行线组成的组合图形对象，它可以由 1～16 条平行直线组成。多线在实际工程设计中的应用非常广泛，如建筑平面图中绘制墙体，规划设计中绘制道路，机械设计中绘制键，管道工程设计中绘制管道剖面等，各行业中的多线应用如图 3-89 所示。

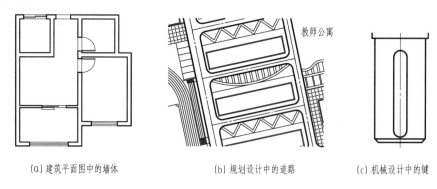

(a) 建筑平面图中的墙体　　　　(b) 规划设计中的道路　　　　(c) 机械设计中的键

图 3-89　各行业中的多线应用

使用"多线"命令可以快速生成大量平行直线，多线同多段线一样，也是复合对象，绘制的每一条多线都是一个完整的整体，不能对其进行偏移、延伸、修剪等编辑操作，只能将其分解为多条直线后才能编辑。

在 AutoCAD 中执行"多线"命令的方法不多，只有以下 2 种。

➢ 菜单栏：选择"绘图"|"多线"命令。

➢ 命令行：在命令行中输入"MLINE"或"ML"。

执行命令后命令行的显示如下所示。

```
命令:_mline                                //执行"多线"命令
当前设置:对正 = 上,比例 = 20.00,样式 = STANDARD
                                          //显示当前的多线设置
指定起点或[对正(J)/比例(S)/样式(ST)]:    //指定多线起点或修改多线设置
指定下一点:                                //指定多线的端点
指定下一点或[放弃(U)]:                     //指定下一段多线的端点
指定下一点或[闭合(C)/放弃(U)]:             //指定下一段多线的端点或按 En-
                                          ter 键结束
```

执行"多线"的过程中,命令行会出现 3 种设置类型:"对正(J)""比例(S)""样式(ST)",分别介绍如下。

➢ 对正(J):设置绘制多线时相对于输入点的偏移位置。该选项有"上""无"和"下"3 个选项,"上"表示多线顶端的线随光标移动;"无"表示多线的中心线随光标移动;"下"表示多线底端的线随光标移动,如图 3-90 所示。

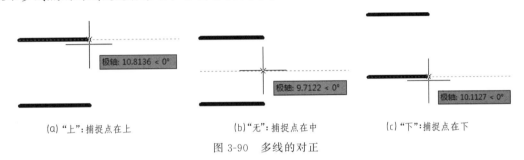

(a)"上":捕捉点在上   (b)"无":捕捉点在中   (c)"下":捕捉点在下

图 3-90 多线的对正

➢ 比例(S):设置多线样式中多线的宽度比例,可以快速定义多线的间隔宽度,如图 3-91 所示。

➢ 样式(ST):设置绘制多线时使用的样式,默认的多线样式为 STANDARD,选择该选项后,可以在提示信息"输入多线样式"或"?"后面输入已定义的样式名。输入"?"则会列出当前图形中所有的多线样式。

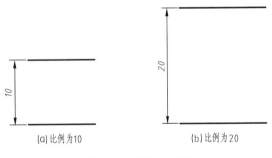

(a)比例为10   (b)比例为20

图 3-91 多线的比例

【练习 3-10】 向功能区面板中添加"多线"按钮

"多线"按钮虽然没有在功能区面板中显示出来,但却可以通过自定义功能区面板的方式将其添加进来。学会根据需要添加、删除和更改功能区中的命令按钮,也可以大大提高绘图效率。

① 单击功能区"管理"选项卡"自定义设置"组面板中"用户界面"按钮,系统弹出"自定义用户界面"对话框,如图 3-92 所示。

② 在"所有文件中的自定义设置"选项框中选择"所有自定义文件"下拉选项,依次展开其下的"功能区"|"面板"|"二维常用选项卡-绘图"树列表,如图 3-93 所示。

③ 在"命令列表"选项框中选择"绘图"下拉选项,在绘图命令列表中找到"多线"选项,如图 3-94 所示。

④ 单击"二维常用选项卡-绘图"树列表,显示其下的子选项,并展开"第 3 行"树列

图 3-92 "自定义用户界面"对话框

表，在对话框右侧的"面板预览"中可以预览到该面板的命令按钮布置，可见第 3 行中仍留有空位，可将"多线"按钮放置在此，如图 3-95 所示。

⑤ 点选"多线"选项并向上拖动至"二维常用选项卡-绘图"树列表下"第 3 行"树列表中，放置在"修订云线"命令之下，拖动成功后在"面板预览"的第 3 行位置处出现"多线"按钮，如图 3-96 所示。

⑥ 在对话框中单击"确定"按钮，完成设置。这时"多线"按钮便被添加进了"默认"选项卡下的"绘图"面板中，只需单击便可进行调用，如图 3-97 所示。

图 3-93 选择要放置命令按钮的位置

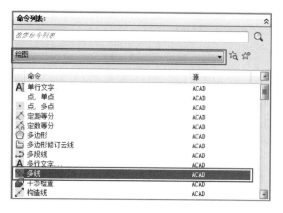

图 3-94 选择要放置的命令按钮

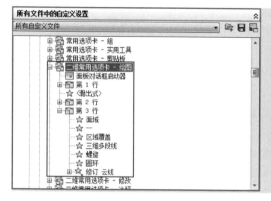

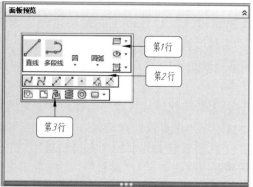

图 3-95 "二维常用选项卡-绘图"中的命令按钮布置图

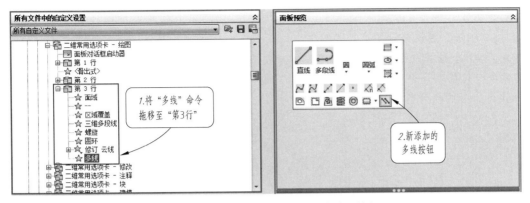

图 3-96　在"第 3 行"中添加"多线"按钮

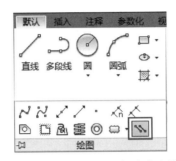

图 3-97　添加至"绘图"面板中的多线按钮

3.3　绘制圆、圆弧类图形

在 AutoCAD 中，圆、圆弧、椭圆、椭圆弧和圆环都属于圆类图形，其绘制方法相对于线类图形较复杂，下面分别对其进行介绍。

3.3.1　圆

圆也是绘图中常用的图形对象，它的执行方式与功能选项非常丰富。执行"圆"命令的方法有以下几种。

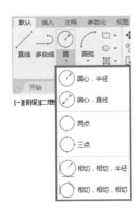

图 3-98　"绘图"面板中的"圆"命令及下拉列表

图 3-99　菜单栏里的"圆"命令

> 功能区：单击"绘图"面板中的"圆"按钮 ⊙ ，在下拉列表中选择一种绘圆方法，如图 3-98 所示，默认为"圆心，半径"。

> 菜单栏：选择"绘图"|"圆"命令，然后在子菜单中选择一种绘圆方法，如图 3-99 所示。

> 命令行：在命令行中输入"CIRCLE"或"C"。

执行命令后命令行的显示如下。

命令:_circle	//执行"圆"命令
指定圆的圆心或[三点(3P)/两点(2P)/切点、切点、半径(T)]:	
	//选择圆的绘制方式
指定圆的半径或[直径(D)]:3✓	//直接输入半径或用鼠标指定半径长度

6 种绘制圆的命令各含义和用法介绍如下。

> 圆心、半径（R）：用圆心和半径方式绘制圆，如图 3-100 所示，为默认的执行方式，不需展开面板中的下拉列表，直接单击按钮即可执行该种方式。

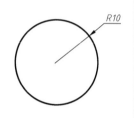

命令:C✓
CIRCLE 指定圆的圆心或[三点(3P)/两点(2P)/切点、切点、半径(T)]:
//输入坐标或用鼠标单击确定圆心
指定圆的半径或[直径(D)]:10✓
//输入半径值,也可以输入相对于圆心的相对坐标,确定圆周上一点

图 3-100 "圆心、半径（R）"画圆

> 圆心、直径（D）：用圆心和直径方式绘制圆，如图 3-101 所示。

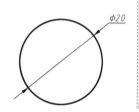

命令:C✓
CIRCLE 指定圆的圆心或[三点(3P)/两点(2P)/切点、切点、半径(T)]:
//输入坐标或用鼠标单击确定圆心
指定圆的半径或[直径(D)]< 80.1736>:D✓　//选择直径选项
指定圆的直径< 200.00>:20✓　　　　　//输入直径值

图 3-101 "圆心、直径（D）"画圆

> 两点（2P）：通过两点（2P）绘制圆，实际上是以这两点的连线为直径，以两点连线的中点为圆心画圆。系统会提示指定圆直径的第一端点和第二端点，如图 3-102 所示。

命令:C✓
CIRCLE 指定圆的圆心或[三点(3P)/两点(2P)/切点、切点、半径(T)]:
2P✓
//选择"两点"选项
指定圆直径的第一个端点:　//输入坐标或单击确定直径第一个端点 1
指定圆直径的第二个端点:　//单击确定直径第二个端点 2,或输入相对于第一个端点的相对坐标

图 3-102 "两点（2P）"画圆

➢ 三点（3P）：通过三点（3P）绘制圆，实际上是绘制这三点确定的三角形的外接圆。系统会提示指定圆上的第一点、第二点和第三点，如图 3-103 所示。

```
命令:C↙
CIRCLE 指定圆的圆心或[三点(3P)/两点(2P)/切点、切点、半径(T)]:
3P↙
                        //选择"三点"选项
指定圆上的第一个点：     //单击确定第 1 点
指定圆上的第二个点：     //单击确定第 2 点
指定圆上的第三个点：     //单击确定第 3 点
```

图 3-103　"三点（3P）"画圆

➢ 相切、相切、半径（T）：如果已经存在两个图形对象，再确定圆的半径值，就可以绘制出与这两个对象相切的公切圆。系统会提示指定圆的第一切点和第二切点及圆的半径，如图 3-104 所示。

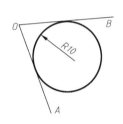

```
命令:_circle
指定圆的圆心或[三点(3P)/两点(2P)/切点、切点、半径(T)]:T
                        //选择"切点、切点、半径"选项
指定对象与圆的第一个切点：//单击直线 OA 上任意一点
指定对象与圆的第二个切点：//单击直线 OB 上任意一点
指定圆的半径:10          //输入半径值
```

图 3-104　"相切、相切、半径（T）"画圆

➢ 相切、相切、相切（A）：选择三条切线来绘制圆，可以绘制出与三个图形对象相切的公切圆，如图 3-105 所示。

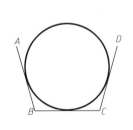

```
命令:_circle
指定圆的圆心或[三点(3P)/两点(2P)/切点、切点、半径(T)]:_3p
                        //单击面板中的"相切、相切、相
                          切"按钮○
指定圆上的第一个点:_tan 到  //单击直线 AB 上任意一点
指定圆上的第二个点:_tan 到  //单击直线 BC 上任意一点
指定圆上的第三个点:_tan 到  //单击直线 CD 上任意一点
```

图 3-105　"相切、相切、相切（A）"画圆

【练习 3-11】　绘制风扇叶片图形

本例绘制一风扇叶片图形，由 3 个相同的叶片组成，如图 3-106 所示。可见该图形几乎全部由圆弧组成，而且彼此之间都是相切关系，因此非常适合用于考察圆的各种画法，在绘制的时候可以先绘制其中的一个叶片，然后通过阵列或者复制的方法得到其他的部分，如图 3-107 所示。在绘制本图时会引入一个暂时还没有介绍的命令：修剪（TRIM，TR），可以删除图形超出界限的部分。该命令在第 4 章有详细介绍，本例只需大致了解它的用法即可。

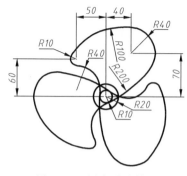

图 3-106　风扇叶片效果

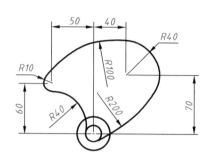

图 3-107　单个叶片效果

① 启动 AutoCAD 2022，新建一空白文档。

② 单击"绘图"面板中的"圆"按钮，以"圆心，半径"方法绘图，在绘图区中任意指定一点为圆心，在命令行提示指定圆的半径时输入"10"，即可绘制一个半径为 10 的圆，如图 3-108 所示。

③ 使用相同的方法，执行"圆"命令，捕捉 R10 圆的圆心为圆心，绘制一个半径为 20 的同心圆，如图 3-109 所示。

图 3-108　绘制半径为 10 的圆

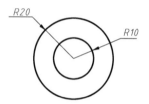

图 3-109　绘制半径为 20 的同心圆

④ 绘制辅助线。单击"绘图"面板中的"多段线"按钮，绘制如图 3-110 所示的两条多段线，此即用来绘制左上方 R10 圆弧和右上方 R40 圆弧的辅助线。

⑤ 单击"绘图"面板中的"圆"按钮，以辅助线的端点为圆心，分别绘制半径为 10 和 40 的圆，如图 3-111 所示。

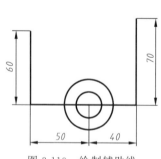

图 3-110　绘制辅助线

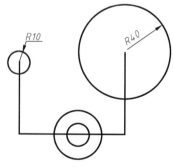

图 3-111　绘制 R10 和 R40 的圆

⑥ 绘制 R100 的圆。单击"绘图"面板中的"圆"按钮，在下拉列表中选择"相切、相切、半径"选项，然后根据命令行提示，先在 R10 的圆上指定第一个切点，再在 R40 的圆上指定第二个切点，接着输入半径 100，即可得到如图 3-112 所示的 R100 的圆。

⑦ 修剪 R100 的圆。绘制完成后退出"圆"命令，然后在命令行中输入"TR"，再连续

单击两次空格键，接着移动光标至 $R100$ 圆的下方，即可预览该圆的修剪效果，单击鼠标左键即可执行修剪，效果如图 3-113 所示。

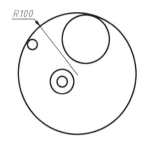

图 3-112　绘制 $R100$ 的圆

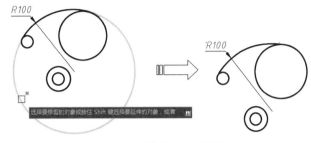

图 3-113　修剪 $R100$ 的圆

⑧ 绘制 $R40$ 圆。使用相同方法，重复执行"相切、相切、半径"绘圆命令，然后分别在两个 $R10$ 圆上指定切点，设置半径为 40，得到如图 3-114 所示的圆。

⑨ 修剪 $R40$ 的圆。在命令行中输入"TR"，然后连续单击两次空格键，选择 $R40$ 圆弧外侧的部分进行删除，删除后的效果如图 3-115 所示。

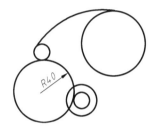

图 3-114　绘制 $R40$ 的圆

图 3-115　修剪 $R40$ 的圆

⑩ 使用相同方法，执行"相切、相切、半径"绘圆命令，分别在 $R40$ 和 $R10$ 圆上指定切点，绘制一个半径为 200 的圆，接着通过"修剪"命令删除 $R200$ 圆上超出的图形，效果如图 3-116 所示。

⑪ 重复使用"修剪"命令，修剪掉多余的图形，此时风扇的单个叶片已经绘制完成，如图 3-117 所示。再通过"阵列"命令将叶片旋转复制 3 份，即可得到最终的效果，如图 3-118 所示。"阵列"命令可在学习完第 4 章后再来执行。

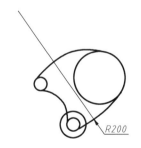

图 3-116　绘制并修剪 $R200$ 的圆

图 3-117　单个叶片效果

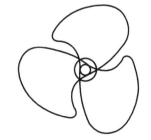

图 3-118　最终的风扇叶片图形

【练习 3-12】　绘制正等轴测图中的圆

正等轴测图是一种单面投影图，在一个投影面上能同时反映出物体三个坐标面的形状，并接近于人们的视觉习惯，形象、逼真，富有立体感，如图 3-119 所示。正等轴测图中的圆不能直接使用"圆"命令来绘制，而且它们虽然看上去非常类似于椭圆，但并不是椭圆，所以也不能使用"椭圆"命令来绘制。本例便通过一个案例来介绍正等轴测图中圆的画法。

① 启动 AutoCAD 2022，然后单击"快速访问"工具栏中的"打开"按钮 📂，打开第 3 章 "3-12 绘制正等轴测图中的圆 .dwg"素材文件，其中已经绘制好了一个立方体的正等轴测图，如图 3-120 所示。

② 在三个坐标面上分别绘制圆的绘制方法是相似的，因此先介绍顶面圆的绘制方法，轴测图中的顶面局部如图 3-121 所示。

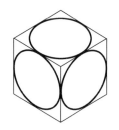
图 3-119　正等轴测图中的圆

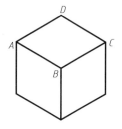
图 3-120　素材图形

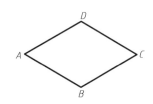
图 3-121　轴测图中的顶面局部

③ 单击"绘图"面板中的"直线"按钮 ✎，连接直线 AB 与 CD 的中点，以及直线 AD 与 BC 的中点，如图 3-122 所示。

④ 再次执行"直线"命令，连接点 B 和直线 AD 的中点，以及点 D 和直线 BC 的中点，如图 3-123 所示。

⑤ 重复执行"直线"命令，连接点 A 和点 C，此时得到的直线 AC 与步骤③绘制的直线有两个交点，如图 3-124 所示。

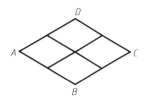
图 3-122　连接直线上的中点

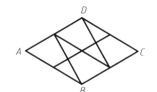
图 3-123　连接直线的端点和中点

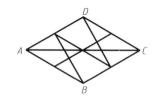
图 3-124　连接 AC 两点

⑥ 单击"绘图"面板中的"圆"按钮 ⊙，以"圆心，半径"方法绘图，以左侧交点为圆心，将半径点捕捉至直线 AD 的中点处，如图 3-125 所示。

⑦ 使用相同方法，以右侧交点为圆心，将半径点捕捉至直线 BC 的中点处，如图 3-126 所示。

⑧ 结合"TR（修剪）"和"Delete（删除）"命令，将虚线处的部分修剪或删除，得到如图 3-127 所示的图形。

⑨ 单击"绘图"面板中的"圆"按钮 ⊙，分别以点 B、D 为圆心，将半径点捕捉至所得圆弧的端点，如图 3-128 所示。

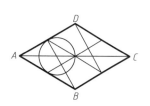
图 3-125　绘制左侧圆

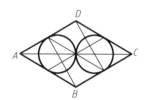
图 3-126　绘制右侧圆

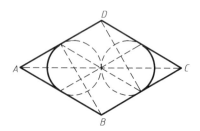
图 3-127　修剪圆效果

⑩ 在命令行中输入 "TR"，然后连续单击两次空格键，修剪所得的圆，得到如图 3-129 所示的图形，至此便绘制完成了一个面上的圆。

⑪ 使用相同方法绘制其他面上的圆，最终图形如图 3-130 所示。

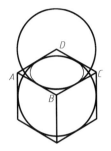

图 3-128　绘制上下两侧圆

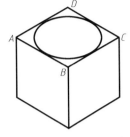

图 3-129　顶面上的圆效果

图 3-130　最终效果

3.3.2　圆弧

圆弧即圆的一部分，在技术制图中，经常需要用圆弧来光滑连接已知的直线或曲线。执行 "圆弧" 命令的方法有以下几种。

➤ 功能区：单击 "绘图" 面板中的 "圆弧" 按钮，在下拉列表中选择一种圆弧方法，如图 3-131 所示，默认为 "三点"。

➤ 菜单栏：选择 "绘图"|"圆弧" 命令，然后在子菜单中选择一种绘圆方法，如图 3-132 所示。

➤ 命令行：在命令行中输入 "ARC" 或 "A"。

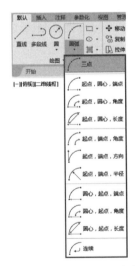

图 3-131　"绘图" 面板中的 "圆" 命令及下拉列表

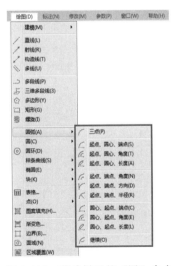

图 3-132　菜单栏里的 "圆" 命令

执行命令后命令行的显示如下所示。

```
命令：_arc                            //执行"圆弧"命令
指定圆弧的起点或[圆心(C)]：            //指定圆弧的起点
指定圆弧的第二个点或[圆心(C)/端点(E)]： //指定圆弧的第二点
指定圆弧的端点：                       //指定圆弧的端点
```

在"绘图"面板"圆弧"按钮的下拉列表中提供了 11 种绘制圆弧的命令，各命令的含义如下。

➤ 三点（P）：通过指定圆弧上的三点绘制圆弧，需要指定圆弧的起点、通过的第二个点和端点，如图 3-133 所示。

```
命令:_arc
指定圆弧的起点或[圆心(C)]:                //指定圆弧的起点 1
指定圆弧的第二个点或[圆心(C)/端点(E)]://指定点 2
指定圆弧的端点:                          //指定点 3
```

图 3-133 "三点（P）"画圆弧

➤ 起点、圆心、端点（S）：通过指定圆弧的起点、圆心、端点绘制圆弧，如图 3-134 所示。

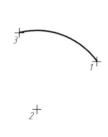

```
命令:_arc
指定圆弧的起点或[圆心(C)]:                //指定圆弧的起点 1
指定圆弧的第二个点或[圆心(C)/端点(E)]:_c
                                        //系统自动选择
指定圆弧的圆心:                          //指定圆弧的圆心 2
指定圆弧的端点(按住 Ctrl 键以切换方向)或[角度(A)/弦长(L)]:
                                        //指定圆弧的端点 3
```

图 3-134 "起点、圆心、端点（S)"画圆弧

➤ 起点、圆心、角度（T）：通过指定圆弧的起点、圆心、包含角度绘制圆弧，执行此命令时会出现"指定夹角"的提示，在输入角时，如果当前环境设置逆时针方向为角度正方向，且输入正的角度值，则绘制的圆弧是从起点绕圆心沿逆时针方向绘制，反之则沿顺时针方向绘制，如图 3-135 所示。

```
命令:_arc
指定圆弧的起点或[圆心(C)]:                //指定圆弧的起点 1
指定圆弧的第二个点或[圆心(C)/端点(E)]:_c
                                        //系统自动选择
指定圆弧的圆心:                          //指定圆弧的圆心 2
指定圆弧的端点(按住 Ctrl 键以切换方向)或[角度(A)/弦长(L)]:_a
                                        //系统自动选择
指定夹角(按住 Ctrl 键以切换方向):60 //输入圆弧夹角角度
```

图 3-135 "起点、圆心、角度（T）"画圆弧

➤ 起点、圆心、长度（A）：通过指定圆弧的起点、圆心、弧长绘制圆弧，如图 3-136 所示。另外，在命令行提示的"指定弦长"提示信息下，如果所输入的值为负，则该值的绝对值将作为对应整圆的空缺部分的圆弧的弧长。

➤ 起点、端点、角度（N）：通过指定圆弧的起点、端点、包含角绘制圆弧，如图 3-137 所示。

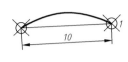

```
命令:_arc
指定圆弧的起点或[圆心(C)]:              //指定圆弧的起点 1
指定圆弧的第二个点或[圆心(C)/端点(E)]:_c
                                        //系统自动选择
指定圆弧的圆心:                          //指定圆弧的圆心 2
指定圆弧的端点(按住 Ctrl 键以切换方向)或[角度(A)/弦长(L)]:_l
                                        //系统自动选择
指定弦长(按住 Ctrl 键以切换方向):10 //输入弦长
```

图 3-136　"起点、圆心、长度（A）"画圆弧

```
命令:_arc
指定圆弧的起点或[圆心(C)]:              //指定圆弧的起点 1
指定圆弧的第二个点或[圆心(C)/端点(E)]:_e
                                        //系统自动选择
指定圆弧的端点:                          //指定圆弧的端点 2
指定圆弧的中心点(按住 Ctrl 键以切换方向)或[角度(A)/方向
(D)/半径(R)]:_a                         //系统自动选择
指定夹角(按住 Ctrl 键以切换方向):60
                                        //输入圆弧夹角角度
```

图 3-137　"起点、端点、角度（N）"画圆弧

➢ 起点、端点、方向（D）：通过指定圆弧的起点、端点和圆弧的起点切向绘制圆弧，如图 3-138 所示。命令执行过程中会出现"指定圆弧的起点切向"提示信息，此时拖动鼠标动态地确定圆弧在起始点处的切线方向和水平方向的夹角。拖动鼠标时，AutoCAD 会在当前光标与圆弧起始点之间形成一条线，即圆弧在起始点处的切线。确定切线方向后，单击拾取键即可得到相应的圆弧。

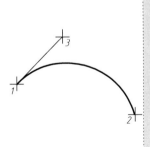

```
命令:_arc
指定圆弧的起点或[圆心(C)]:              //指定圆弧的起点 1
指定圆弧的第二个点或[圆心(C)/端点(E)]:_e
                                        //系统自动选择
指定圆弧的端点:                          //指定圆弧的端点 2
指定圆弧的中心点(按住 Ctrl 键以切换方向)或[角度(A)/方向
(D)/半径(R)]:_d
                                        //系统自动选择
指定圆弧起点的相切方向(按住 Ctrl 键以切换方向):
                                        //指定点 3 确定方向
```

图 3-138　"起点、端点、方向（D）"画圆弧

➢ 起点、端点、半径（R）：通过指定圆弧的起点、端点和圆弧半径绘制圆弧，如图 3-139 所示。

```
命令:_arc
指定圆弧的起点或[圆心(C)]:          //指定圆弧的起点 1
指定圆弧的第二个点或[圆心(C)/端点(E)]:_e
                                  //系统自动选择
指定圆弧的端点:                     //指定圆弧的端点 2
指定圆弧的中心点(按住 Ctrl 键以切换方向)或[角度(A)/方
向(D)/半径(R)]:_r
                                  //系统自动选择
指定圆弧的半径(按住 Ctrl 键以切换方向):10
                                  //输入圆弧的半径
```

图 3-139　"起点、端点、半径（R）"画圆弧

➢ 圆心、起点、端点（C）：以圆弧的圆心、起点、端点方式绘制圆弧，如图 3-140
所示。

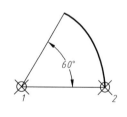

```
命令:_arc
指定圆弧的起点或[圆心(C)]:_c       //系统自动选择
指定圆弧的圆心:                    //指定圆弧的圆心 1
指定圆弧的起点:                    //指定圆弧的起点 2
指定圆弧的端点(按住 Ctrl 键以切换方向)或[角度(A)/弦长
(L)]:
                                 //指定圆弧的端点 3
```

图 3-140　"圆心、起点、端点（C）"画圆弧

➢ 圆心、起点、角度（E）：以圆弧的圆心、起点、圆心角方式绘制圆弧，如图 3-141
所示。

```
命令:_arc
指定圆弧的起点或[圆心(C)]:_c      //系统自动选择
指定圆弧的圆心:                   //指定圆弧的圆心 1
指定圆弧的起点:                   //指定圆弧的起点 2
指定圆弧的端点(按住 Ctrl 键以切换方向)或[角度(A)/弦长
(L)]:_a
                                //系统自动选择
指定夹角(按住 Ctrl 键以切换方向):60
                                //输入圆弧的夹角角度
```

图 3-141　"圆心、起点、角度（E）"画圆弧

➢ 圆心、起点、长度（L）：以圆弧的圆心、起点、弧长方式绘制圆弧，如图 3-142
所示。

➢ 连续（O）：绘制其他直线与非封闭曲线后选择"绘图"|"圆弧"|"继续"命令，系统
将自动以刚才绘制的对象的终点作为即将绘制的圆弧的起点。

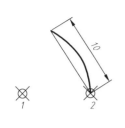

```
命令:_arc
指定圆弧的起点或[圆心(C)]:_c        //系统自动选择
指定圆弧的圆心:                     //指定圆弧的圆心 1
指定圆弧的起点:                     //指定圆弧的起点 2
指定圆弧的端点(按住 Ctrl 键以切换方向)或[角度(A)/弦长
(L)]:_l                            //系统自动选择
指定弦长(按住 Ctrl 键以切换方向):10 //输入弦长
```

图 3-142 "圆心、起点、长度（L）"画圆弧

【练习 3-13】 绘制梅花图案

本例的梅花图形由 5 段首尾相接的圆弧组成，每段圆弧的包含角都为 180°，且给出了各圆弧的起点和端点，但圆弧的圆心却是未知的。绘制此图案的关键便是要会利用指定起点和端点来绘制圆弧，同时使用"两点之间的中点"这个临时捕捉命令来确定圆心，只有掌握了这两个方法才能绘制得既快且准，否则极为麻烦。

① 打开素材文件"第 3 章 \ 3-13 绘制梅花图案.dwg"，素材中已经创建好了 5 个点，如图 3-143 所示。

② 绘制第一段圆弧。输入"A"执行"圆弧"命令，然后根据命令行提示选择点 1 为第一段圆弧的起点，接着输入"E"，启用"端点"延伸选项，再指定点 2 为第一段圆弧的端点，如图 3-144 所示。

图 3-143 素材文件   图 3-144 绘制中心线

③ 指定了圆弧的起点和端点后，命令行会提示指定圆弧的圆心，此时按住 Shift 键然后单击鼠标右键，在弹出的临时捕捉菜单中选择"两点之间的中点"选项，接着分别捕捉点 1 和点 2，即可创建如图 3-145 所示的第一段圆弧。

④ 接着使用相同的方法，以点 2 和点 3 为起点和端点，然后捕捉这两点之间的中点为圆心，创建第二段圆弧，以此类推，即可绘制最终的梅花图案，如图 3-146 所示。

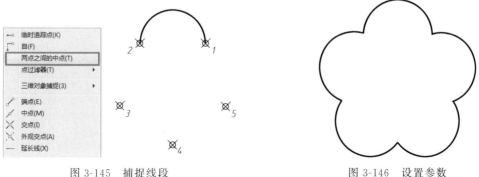

图 3-145 捕捉线段   图 3-146 设置参数

在建筑绘图中，很多图形都是椭圆或椭圆弧形的，比如地面拼花、室内吊顶造型等，在机械制图中一般用椭圆来绘制轴测图上的圆。

3.3.3 椭圆

椭圆是到两定点（焦点）的距离之和为定值的所有点的集合，与圆相比，椭圆的半径长度不一，形状由定义其长度和宽度的两条轴决定，较长的称为长轴，较短的称为短轴，如图3-147所示。椭圆和椭圆弧命令位于"绘图"面板的右上角，"矩形"和"多边形"按钮的下方，如图3-148所示。

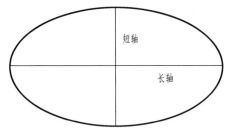

图 3-147　椭圆的长轴和短轴

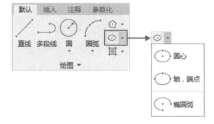

图 3-148　"椭圆"和"椭圆弧"相关命令按钮

在 AutoCAD 2022 中启动绘制"椭圆"命令有以下几种常用方法。

➢ 功能区：单击"绘图"面板中的"椭圆"按钮，即图3-147所示椭圆的长轴和短轴中的"圆心"或"轴，端点"。

➢ 菜单栏：执行"绘图"|"椭圆"命令。

➢ 命令行：在命令行中输入"ELLIPSE"或"EL"。

执行命令后命令行的显示如下所示。

```
命令:_ellipse                    //执行"椭圆"命令
指定椭圆的轴端点或[圆弧(A)/中心点(C)]:_c
                                 //系统自动选择绘制对象为椭圆
指定椭圆的中心点:                //在绘图区中指定椭圆的中心点
指定轴的端点:                    //在绘图区中指定一点
指定另一条半轴长度或[旋转(R)]:   //在绘图区中指定一点或输入数值
```

在"绘图"面板"椭圆"按钮的下拉列表中有"圆心"和"轴，端点"2种绘制方法，各方法含义介绍如下。

➢ 圆心：通过指定椭圆的中心点、一条轴的一个端点及另一条轴的半轴长度来绘制椭圆，如图3-149所示，即命令行中的"中心点（C）"选项。

```
命令:_ellipse                    //执行"椭圆"命令
指定椭圆的轴端点或[圆弧(A)/中心点(C)]:_c
                                 //系统自动选择椭圆的绘制方法
指定椭圆的中心点:                //指定中心点1
指定轴的端点:                    //指定轴端点2
指定另一条半轴长度或[旋转(R)]:15  //输入另一半轴长度
```

图 3-149　"圆心"画椭圆

➢ 轴，端点：通过指定椭圆一条轴的两个端点及另一条轴的半轴长度来绘制椭圆，如图 3-150 所示。即命令行中的"圆弧（A）"选项。

```
命令:_ellipse                          //执行"椭圆"命令
指定椭圆的轴端点或[圆弧(A)/中心点(C)]:
                                       //指定点 1
指定轴的另一个端点:                     //指定点 2
指定另一条半轴长度或[旋转(R)]:15↙//输入另一半轴的长度
```

图 3-150　"轴，端点"画椭圆

【练习 3-14】　绘制爱心标志

① 启动 AutoCAD 2022，新建一空白文档。

② 单击"绘图"面板中的"椭圆"按钮，以默认的"圆心"方式绘制椭圆。在绘图区中任意指定一点为椭圆圆心，在命令行提示指定轴的端点时输入"@20＜60"，即表示绘制的椭圆半轴长 20，且与水平线成 60°夹角，如图 3-151 所示。

③ 输入另外半轴的长度为 12，得到第一个椭圆，如图 3-152 所示。

图 3-151　指定椭圆圆心和轴的端点

图 3-152　指定椭圆另一个轴的端点

④ 单击"绘图"面板中的"直线"按钮，以椭圆圆心为起点，向左绘制一条长度为 12 的水平线，如图 3-153 所示。

⑤ 单击"绘图"面板中的"椭圆"按钮，以直线的左端点为圆心，然后在命令行提示指定轴的端点时输入"@20＜120"，即表示绘制的椭圆半轴长 20，且与水平线成 120°夹角，如图 3-154 所示。

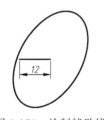

图 3-153　绘制辅助线

图 3-154　指定第二个椭圆圆心和轴的端点

⑥ 输入另外半轴的长度为 12，得到第二个椭圆，然后删除辅助直线，效果如图 3-155 所示。

⑦ 在命令行中输入"TR"，再连续单击两次空格键，将两个椭圆中间重叠的地方删除，即可得到爱心图标，如图 3-156 所示。

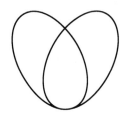

图 3-155　绘制好的第二个椭圆

图 3-156　爱心效果

3.3.4　椭圆弧

椭圆弧是椭圆的一部分。绘制椭圆弧需要确定的参数有：椭圆弧所在椭圆的两条轴及椭圆弧的起点和终点的角度。执行"椭圆弧"命令的方法有以下两种。

➤ 面板：单击"绘图"面板中的"椭圆弧"按钮⊙。
➤ 菜单栏：选择"绘图"|"椭圆"|"椭圆弧"命令。

执行命令后命令行的显示如下所示。

```
命令：_ellipse                   //执行"椭圆弧"命令
指定椭圆的轴端点或[圆弧(A)/中心点(C)]：_a
                                //系统自动选择绘制对象为椭圆弧
指定椭圆弧的轴端点或[中心点(C)]：//在绘图区指定椭圆一轴的端点
指定轴的另一个端点：            //在绘图区指定该轴的另一端点
指定另一条半轴长度或[旋转(R)]：//在绘图区中指定一点或输入数值
指定起点角度或[参数(P)]：      //在绘图区中指定一点或输入椭圆弧的起始角度
指定端点角度或[参数(P)/夹角(I)]：//在绘图区中指定一点或输入椭圆弧的终止角度
```

"椭圆弧"中各选项含义与"椭圆"一致，唯有在指定另一半轴长度后，才会提示指定起点角度与端点角度来确定椭圆弧的大小，即"角度（A）""参数（P）"和"夹角（I）"，分别介绍如下。

➤ 角度（A）：输入起点与端点角度来确定椭圆弧，角度以椭圆轴中较长的一条为基准进行确定，如图 3-157 所示。

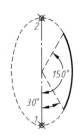

```
命令：_ellipse                       //执行"椭圆"命令
指定椭圆的轴端点或[圆弧(A)/中心点(C)]：_a
                                    //系统自动选择绘制椭圆弧
指定椭圆弧的轴端点或[中心点(C)]：   //指定轴端点1
指定轴的另一个端点：                //指定轴端点2
指定另一条半轴长度或[旋转(R)]：6↙  //输入另一半轴长度
指定起点角度或[参数(P)]：30↙       //输入起始角度
指定端点角度或[参数(P)/夹角(I)]：150↙ //输入终止角度

                                    //输入终止角度
```

图 3-157　"角度（A）"绘制椭圆弧

➤ 参数（P）：用参数化矢量方程式（$p(n)=c+a\cos n+b\sin n$，其中，n 是用户输入的参数；c 是椭圆弧的半焦距；a 和 b 分别是椭圆长轴与短轴的半轴长）定义椭圆弧的端点角度。使用"起点参数"选项可以从角度模式切换到参数模式。模式用于控制计算椭圆的方法。

> 夹角（I）：指定椭圆弧的起点角度后，可选择该选项，然后输入夹角角度来确定圆弧，如图 3-158 所示。值得注意的是，89.4°～90.6°之间的夹角值无效，因为此时椭圆将显示为一条直线，如图 3-159 所示。这些角度值的倍数将每隔 90°产生一次镜像效果。

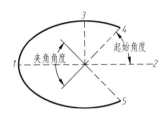

图 3-158　"夹角（I）"绘制椭圆弧

图 3-159　89.4°～90.6°之间的夹角不显示椭圆弧

提示：椭圆弧的起始角度从长轴开始计算。

3.4　矩形与多边形

多边形图形包括矩形和正多边形，也是在绘图过程中使用较多的一类图形，它们在 AutoCAD 中位于"绘图"面板的右上角，如图 3-160 所示。

3.4.1　矩形

矩形就是我们通常说的长方形，是通过输入矩形的任意两个对角位置来确定的，在 AutoCAD 中绘制矩形可以为其设置倒角、圆角以及宽度和厚度值，如图 3-161 所示。

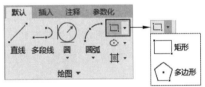

图 3-160　"矩形"和"多边形"命令相关按钮

(a) 直角矩形　　(b) 倒角矩形　　(c) 圆角矩形　　(d) 有宽度的矩形　　(e) 有厚度的矩形

图 3-161　各种样式的矩形

调用"矩形"命令的方法如下。

> 功能区：在"默认"选项卡中，单击"绘图"面板中的"矩形"按钮□。
> 菜单栏：执行"绘图"|"矩形"菜单命令。
> 命令行：在命令行中输入"RECTANG"或"REC"。

执行该命令后，命令行提示如下。

```
命令：_rectang                                 //执行"矩形"命令
指定第一个角点或[倒角(C)/标高(E)/圆角(F)/厚度(T)/宽度(W)]:
                                               //指定矩形的第一个角点
指定另一个角点或[面积(A)/尺寸(D)/旋转(R)]:     //指定矩形的对角点
```

在指定第一个角点前，有 5 个延伸选项，而指定第二个对角点的时候有 3 个，各选项含义具体介绍如下。

➢ 倒角（C）：用来绘制倒角矩形，选择该选项后可指定矩形的倒角距离，如图 3-162 所示。设置该选项后，执行矩形命令时此值成为当前的默认值，若不需设置倒角，则要再次将其设置为 0。

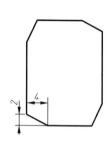

```
命令:_rectang
指定第一个角点或[倒角(C)/标高(E)/圆角(F)/厚度(T)/宽度
(W)]:C                           //选择"倒角"选项
指定矩形的第一个倒角距离 <0.0000>:2
                                 //输入第一个倒角距离
指定矩形的第二个倒角距离 <2.0000>:4
                                 //输入第二个倒角距离
指定第一个角点或[倒角(C)/标高(E)/圆角(F)/厚度(T)/宽度(W)]:
                                 //指定第一个角点
指定另一个角点或[面积(A)/尺寸(D)/旋转(R)]:
                                 //指定第二个角点
```

图 3-162 "倒角（C）"画矩形

➢ 标高（E）：指定矩形的标高，即 Z 方向上的值。选择该选项后可在高为标高值的平面上绘制矩形，如图 3-163 所示。

```
命令:_rectang
指定第一个角点或[倒角(C)/标高(E)/圆角(F)/厚度(T)/宽度
(W)]:E                           //选择"标高"选项
指定矩形的标高 <0.0000>:10        //输入标高
指定第一个角点或[倒角(C)/标高(E)/圆角(F)/厚度(T)/宽度
(W)]:                            //指定第一个角点
指定另一个角点或[面积(A)/尺寸(D)/旋转(R)]:
                                 //指定第二个角点
```

图 3-163 "标高（E）"画矩形

➢ 圆角（F）：用来绘制圆角矩形。选择该选项后可指定矩形的圆角半径，绘制带圆角的矩形，如图 3-164 所示。

```
命令:_rectang
指定第一个角点或[倒角(C)/标高(E)/圆角(F)/厚度(T)/宽度
(W)]:F           //选择"圆角"选项
指定矩形的圆角半径 <0.0000>:5
                 //输入圆角半径值
指定第一个角点或[倒角(C)/标高(E)/圆角(F)/厚度(T)/宽度(W)]:
                 //指定第一个角点
指定另一个角点或[面积(A)/尺寸(D)/旋转(R)]:
                 //指定第二个角点
```

图 3-164 "圆角（F）"画矩形

提示：如果矩形的长度和宽度太小而无法使用当前设置创建矩形时，绘制出来的矩形将不进行圆角或倒角。

➤ 厚度（T）：用来绘制有厚度的矩形，该选项为要绘制的矩形指定 Z 轴上的厚度值，如图 3-165 所示。

命令：_rectang
指定第一个角点或[倒角(C)/标高(E)/圆角(F)/厚度(T)/宽度(W)]:T　　　　　　　　　　　　//选择"厚度"选项
指定矩形的厚度 < 0.0000> :2　　//输入矩形厚度值
指定第一个角点或[倒角(C)/标高(E)/圆角(F)/厚度(T)/宽度(W)]:　　　　　　　　　　　　//指定第一个角点
指定另一个角点或[面积(A)/尺寸(D)/旋转(R)]:
　　　　　　　　　　　　　　　//指定第二个角点

图 3-165　"厚度（T）"画矩形

➤ 宽度（W）：用来绘制有宽度的矩形，该选项为要绘制的矩形指定线的宽度，效果如图 3-166 所示。

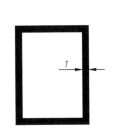

命令：_rectang
指定第一个角点或[倒角(C)/标高(E)/圆角(F)/厚度(T)/宽度(W)]:W　　　　　　　　　　　　//选择"宽度"选项
指定矩形的线宽 < 0.0000> :1　//输入线宽值
指定第一个角点或[倒角(C)/标高(E)/圆角(F)/厚度(T)/宽度(W)]:　　　　　　　　　　　　//指定第一个角点
指定另一个角点或[面积(A)/尺寸(D)/旋转(R)]:
　　　　　　　　　　　　　　　//指定第二个角点

图 3-166　"宽度（W）"画矩形

➤ 面积：该选项提供另一种绘制矩形的方式，即通过确定矩形面积大小的方式绘制矩形。

➤ 尺寸：该选项通过输入矩形的长和宽确定矩形的大小。

➤ 旋转：选择该选项，可以指定绘制矩形的旋转角度。

【练习 3-15】　使用矩形绘制电视机

在室内设计中，大多数家具外形都是矩形或矩形的衍生体，如电视、沙发等，因此在 AutoCAD 中推荐使用"矩形"命令来绘制这类图形，并创建图块。

① 启动 AutoCAD 2022，打开"第 3 章 \ 3-15 使用矩形绘制电视机 .dwg"素材文件，如图 3-167 所示。

② 在"默认"选项卡中，单击"绘图"面板中的"矩形"按钮□，绘制出圆角的电视机屏幕矩形，如图 3-168 所示，命令行提示如下。

命令：_RECTANG↙　　　　　　　　　　//调用"矩形"命令
指定第一个角点或[倒角(C)/标高(E)/圆角(F)/厚度(T)/宽度(W)]:F↙
　　　　　　　　　　　　　　　//激活"圆角"选项
指定矩形的圆角半径 < 30.0000> :↙　　//按 Enter 键默认半径尺寸

```
指定第一个角点或[倒角(C)/标高(E)/圆角(F)/厚度(T)/宽度(W)]: ────
                    //在绘图区合适位置单击一点确定矩形的第一角点
指定另一个角点或[面积(A)/尺寸(D)/旋转(R)]:D↙
                    //激活"尺寸"选项
指定矩形的长度 <500.0000>:550↙
                    //指定矩形的长度
指定矩形的宽度 <500.0000>:400↙
                    //指定矩形的宽度
指定另一个角点或[面积(A)/尺寸(D)/旋转(R)]:
                    //鼠标单击指定矩形的另一个角点,完成矩形的绘制
```

图 3-167　素材文件

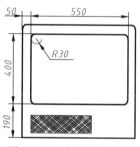

图 3-168　绘制圆角矩形

③ 重复调用矩形命令,激活"倒角"选项,运用倒角模式绘制矩形按钮,如图 3-169 所示,命令行提示如下。

```
命令:_RECTANG↙                    //调用"矩形"命令
当前矩形模式:　圆角=30.0000
指定第一个角点或[倒角(C)/标高(E)/圆角(F)/厚度(T)/宽度(W)]:C↙
                    //激活"倒角"选项
指定矩形的第一个倒角距离 <30.0000>:10↙
                    //指定第一个倒角距离10
指定矩形的第二个倒角距离 <30.0000>:10↙
                    //指定第二个倒角距离10
指定第一个角点或[倒角(C)/标高(E)/圆角(F)/厚度(T)/宽度(W)]:
                    //鼠标在绘图区合适位置单击一点指定矩形
                      的第一角点
指定另一个角点或[面积(A)/尺寸(D)/旋转(R)]:D↙
                    //激活"尺寸"选项
指定矩形的长度 <550.0000>:100↙  //输入矩形的长度100
指定矩形的宽度 <400.0000>:50↙   //输入矩形的宽度50
指定另一个角点或[面积(A)/尺寸(D)/旋转(R)]:
                    //鼠标在绘图区单击一点指定矩形的另一个
                      角点
```

④ 重复调用"矩形"命令,在图中位置绘制尺寸为 50×25 的倒角矩形,最终结果如图 3-170 所示。

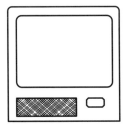

图 3-169　绘制倒角矩形

图 3-170　绘制其他矩形按钮

3.4.2　多边形

正多边形是由三条或三条以上长度相等且线段首尾相接的线段组成的闭合图形，其边数范围值为 3～1024，如图 3-171 所示为各种正多边形效果。

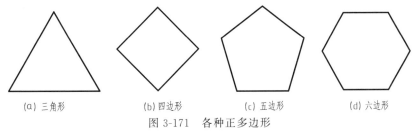

(a) 三角形　　　　　(b) 四边形　　　　　(c) 五边形　　　　　(d) 六边形

图 3-171　各种正多边形

启动"多边形"命令有以下 3 种方法。

➤ 功能区：在"默认"选项卡中，单击"绘图"面板中的"多边形"按钮⬠。

➤ 菜单栏：选择"绘图"|"多边形"菜单命令。

➤ 命令行：在命令行中输入"POLYGON"或"POL"。

执行"多边形"命令后，命令行将出现如下提示。

```
命令：POLYGON↙              //执行"多边形"命令
输入侧面数 <4>：             //指定多边形的边数，默认状态为四边形
指定正多边形的中心点或[边(E)]：//确定多边形的一条边来绘制正多边形，由边数
                             和边长确定
输入选项[内接于圆(I)/外切于圆(C)] <I>：
                            //选择正多边形的创建方式
指定圆的半径：               //指定创建正多边形时的内接于圆或外切于圆的
                             半径
```

执行"多边形"命令时，在命令行中共有 4 种绘制方法，各方法具体介绍如下。

➤ 中心点：通过指定正多边形中心点的方式来绘制正多边形，为默认方式，如图 3-172 所示。

➤ 边（E）：通过指定多边形边的方式来绘制正多边形。该方式将通过边的数量和长度确定正多边形，如图 3-173 所示。选择该方式后不可指定"内接于圆"或"外切于圆"选项。

➤ 内接于圆（I）：该选项表示以指定正多边形内接圆半径的方式来绘制正多边形，如图 3-174 所示。

➤ 外切于圆（C）：外切于圆表示以指定正多边形外切圆半径的方式来绘制正多边形，如图 3-175 所示。

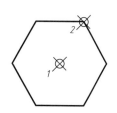

```
命令：_polygon
输入侧面数 <5> : 6                          //指定边数
指定正多边形的中心点或[边(E)]: //指定中心点 1
输入选项[内接于圆(I)/外切于圆(C)]< I > :
                                           //选择多边形创建方式
指定圆的半径：100                            //输入圆半径或指定端点 2
```

图 3-172 "中心点"绘制多边形

```
命令：_polygon
输入侧面数 <5> :6                           //指定边数
指定正多边形的中心点或[边(E)]:E //选择"边"选项
指定边的第一个端点：                         //指定多边形某条边的端点 1
指定边的第一个端点：                         //指定多边形某条边的端点 2
```

图 3-173 "边（E）"绘制多边形

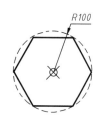

```
命令：_polygon
输入侧面数 <5> : 6                          //指定边数
指定正多边形的中心点或[边(E)]:     //指定中心点
输入选项[内接于圆(I)/外切于圆(C)]<I> :
                                           //选择"内接于圆"方式
指定圆的半径：100                            //输入圆半径
```

图 3-174 "内接于圆（I）"绘制多边形

```
命令：_polygon
输入侧面数 <5> : 6                          //指定边数
指定正多边形的中心点或[边(E)]: //指定中心点
输入选项[内接于圆(I)/外切于圆(C)] <I> :C
                                           //选择"外切于圆"方式
指定圆的半径:100                             //输入圆半径
```

图 3-175 "外切于圆（C）"绘制多边形

【练习 3-16】 多边形绘制图形

正多边形是各边长和各内角都相等的多边形。运用正多边形命令直接绘制正多边形可提高绘图效率，且易保证图形的准确。

① 单击"绘图"面板中的"圆"按钮，绘制一个半径为 20 和一个半径为 40 的圆，如图 3-176 所示。

② 单击"绘图"面板中的"多边形"按钮，设置侧面数为 6，选择中心为圆心，端点在圆上，如图 3-177 所示。

③ 单击空格键或者 Enter 键，即可重复执行"正多边形"命令，设置侧面数为 3，在小圆中绘制一个正三角形，如图 3-178 所示。

④ 利用"直线"命令连接六边形内的端点，即可得到最终的图形，效果如图 3-179 所示。

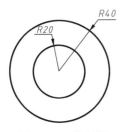

图 3-176　绘制圆

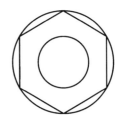

图 3-177　绘制正六边形

图 3-178　绘制正三角形

图 3-179　最终效果

3.5　图案填充与渐变色填充

使用 AutoCAD 的图案和渐变色填充功能，可以方便地对图形进行填充，以区别图形中的各个组成部分。它们在 AutoCAD 中位于"绘图"面板的右下角"椭圆"和"椭圆弧"按钮的下方，如图 3-180 所示。

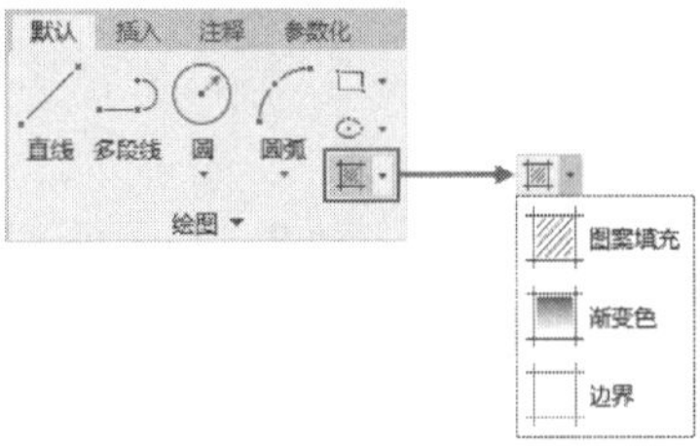

3.5.1　图案填充

在图案填充过程中，用户可以根据实际需求选择不同的填充样式，也可以对已填充的图案进行编辑。执行"图案填充"命令的常用方法有以下 3 种。

图 3-180　"图案填充"相关命令按钮

- ➤ 功能区：在"默认"选项卡中，单击"绘图"面板中的"图案填充"按钮▨。
- ➤ 菜单栏：选择"绘图"|"图案填充"菜单命令。
- ➤ 命令行：在命令行中输入"BHATCH"或"CH"或"H"。

在 AutoCAD 中执行"图案填充"命令后，将显示"图案填充创建"选项卡，如图 3-181 所示。选择所选的填充图案，在要填充的区域中单击，生成效果预览，然后于空白处单击或单击"关闭"面板上的"关闭图案填充"按钮即可创建。

图 3-181　"图案填充创建"选项卡

该选项卡由"边界""图案""特性""原点""选项"和"关闭"6 个面板组成，分别介绍如下。

（1）"边界"面板

"边界"面板中各选项的含义介绍如下。

➤ "拾取点"⊕：单击此按钮，命令行提示"拾取内部点"，然后移动光标至要填充的区域，会出现填充的预览效果，接着单击鼠标左键即可创建预览的填充效果，如图 3-182 所示。移动光标至其他区域可继续进行填充，直到按 Esc 键退出填充命令。该操作是最常用和简便的填充操作。

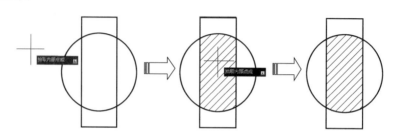

图 3-182 "拾取点"填充操作

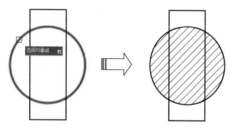

图 3-183 "选择"填充操作

➤ "选择"：单击此按钮，命令行提示"选择对象"，然后选择要填充的封闭图形对象，如圆、矩形等，即可对所选的封闭图形内部进行填充，如图 3-183 所示。

➤ "删除"：用于取消边界，边界即为在一个大的封闭区域内存在的一个独立的小区域。该按钮只有在创建图案填充的过程中才可用。

➤ "重新创建"：编辑填充图案时，可利用此按钮生成与图案边界相同的多段线或面域。

（2）"图案"面板

该面板用来选择图案填充时的填充图案效果。单击右侧的按钮▼可展开"图案"面板，拖动滚动条选择所需的填充图案，如图 3-184 所示。常用的几种图案介绍如下。

➤ SOLID■：实体填充，此图案填充效果为一整块色块，一般用于细微零件或实体截面的填充。

➤ ANSI31▨：最常用的细斜线图案，也是默认的填充图案，本书在不特别说明的情况下，以这种图案作为默认填充效果。

➤ ANSI37▨：填充效果为网格线，一般用于塑料、橡胶、织物等非金属图形的填充。

➤ AR-CONC▨：用于建筑图中的混凝土部分填充。

（3）"特性"面板

如图 3-185 所示为展开的"特性"面板中的隐藏选项，其各选项含义如下。

➤ "图案" ▨ 图案 ▼：单击下拉按钮▼，下拉列表中包括"实体""渐变色""图案""用户定义"4 个选项。若选择"实体"选项，则填充效果同 SOLID 图案效果；若选择"渐变色"选项，则按渐变的颜色效果进行填充；若选择"图案"选项，则使用 AutoCAD 预定义的图案，这些图案保存在"acad.pat"和"acadiso.pat"文件中；若选择"用户定义"选项，则采用用户定制的图案，这些图案保存在".pat"类型文件中，需要加载才可以使用。

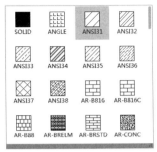

图 3-184　"图案"面板

图 3-185　"特性"面板

➤"颜色" （图案填充颜色）/ （背景色）：单击下拉按钮 ，在弹出的下拉列表中选择需要的图案颜色和背景颜色，默认状态为无背景颜色，如图 3-186 与图 3-187 所示。

➤"图案填充透明度" 图案填充透明度：通过拖动滑块，可以设置填充图案的透明度，如图 3-188 所示。设置完透明度之后，需要单击状态栏中的"显示/隐藏透明度"按钮 ，透明度才能显示出来。

图 3-186　选择图案颜色

图 3-187　选择背景颜色

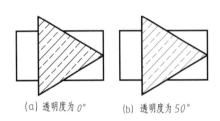

(a) 透明度为 0°　　(b) 透明度为 50°

图 3-188　设置图案填充的透明度

➤"角度" 角度　　　2 ：通过拖动滑块，可以设置图案的填充角度，如图 3-189 所示。

➤"比例" 5 ：通过在文本框中输入比例值，可以设置缩放图案的比例，如图 3-190 所示。

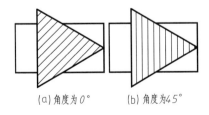

(a) 角度为 0°　　(b) 角度为 45°

图 3-189　设置图案填充的角度

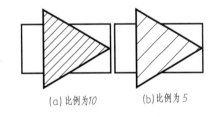

(a) 比例为 10　　(b) 比例为 5

图 3-190　设置图案填充的比例

（4）"原点"面板

图 3-191 所示是"原点"展开隐藏的面板选项，指定原点的位置有"左下" 、"右下" 、"左上" 、"右上" 、"中心" 和"使用当前原点" 6 种方式。不同的原点效果如图 3-192 所示，可见填充图案会随着原点位置的不同而不同。

（5）"选项"面板

图 3-193 所示为展开的"选项"面板中的隐藏选项，各选项含义如下。

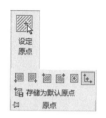

图 3-191　"原点"面板

　　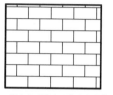

(a) 使用默认原点　　(b) 指定矩形的左下角点为原点

图 3-192　设置图案填充的原点

图 3-193　"选项"面板

➤ "关联" ：控制用户修改当前图案时是否自动更新图案填充。

➤ "注释性" ：指定图案填充为可注释特性。单击信息图标可以了解相关注释性对象的更多信息。

➤ "特性匹配" ：使用选定图案填充对象的特性设置图案填充的特性，图案填充原点除外。单击下拉按钮 ，在下拉列表中包括"使用当前原点"和"使用原图案原点"。

➤ 允许的间隙：指定要在几何对象之间桥接最大的间隙，这些对象经过延伸后将闭合边界。

➤ "创建独立的图案填充" ：在多个闭合边界一次创建的填充图案是各自独立的。选择时，这些图案是单一对象。

➤ 外部孤岛检测：在闭合区域内检测另一个闭合区域。单击下拉按钮 ，在下拉列表中包含"无孤岛检测""普通孤岛检测""外部孤岛检测"和"忽略孤岛检测"，如图 3-194 所示。

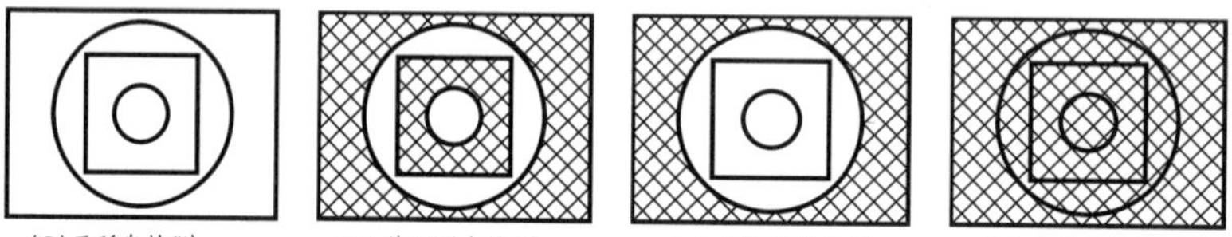

(a)无孤岛检测　　(b)普通孤岛检测　　(c)外部孤岛检测　　(d)忽略孤岛检测

图 3-194　孤岛的 4 种显示方式

➤ 置于边界之后 ：指定图案填充的创建顺序。单击下拉按钮 ，在下拉列表中包括"不指定""后置""前置""置于边界之后""置于边界之前"。默认情况下，图案填充绘制次序是置于边界之后。

➤ "图案填充和渐变色"对话框：单击"选项"面板上的按钮 ，打开"图案填充与渐变色"对话框，如图 3-195 所示。其中的选项与"图案填充创建"选项卡中的选项基本相同。

（6）"关闭"面板

单击面板上的"关闭图案填充创建"按钮，可退出图案填充，也可按 Esc 键代替此按钮操作。

在弹出"图案填充创建"选项卡之后，在命令行中输入"T"，即可进入设置界面，打开"图案填充和渐变色"对话框。单击该对话框右下角的"更多选项"按钮 ，展开如图

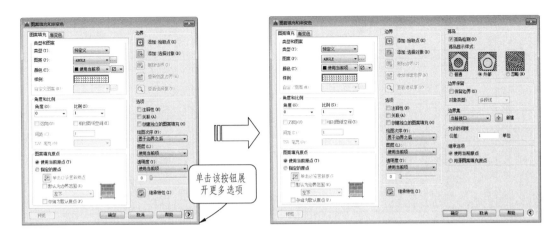

图 3-195 "图案填充和渐变色"对话框

3-195 所示的对话框，显示出更多选项。对话框中的选项含义与"图案填充创建"选项卡基本相同，不再赘述。

【练习 3-17】 填充室内鞋柜立面

室内设计是否美观，很大程度上取决于它在主要立面上的艺术处理。在设计阶段，立面图主要是用来研究这种艺术处理的，主要反映房屋的外貌和立面装修的做法。因此室内立面图的绘制，很大程度上需要通过填充来表达这种装修做法。本例通过填充室内鞋柜立面，让读者熟练掌握图案填充的方法。

① 启动 AutoCAD 2022，打开"第 3 章\3-17 填充室内鞋柜立面.dwg"素材文件，如图 3-196 所示。

② 填充墙体结构图案。在命令行中输入"H"（图案填充）命令并按 Enter 键，系统在面板上弹出"图案填充创建"选项卡，如

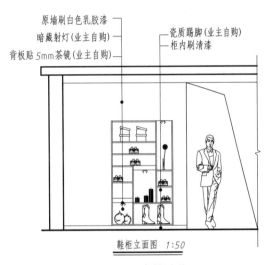

原墙刷白色乳胶漆
暗藏射灯(业主自购)
背板贴 5mm 茶镜(业主自购)
瓷质踢脚(业主自购)
柜内刷清漆

鞋柜立面图 1:50

图 3-196 素材图形

图 3-197 所示，在"图案"面板中设置"ANSI31"，在"特性"面板中设置"填充图案颜色"为 8，"填充图案比例"为 10，设置完成后，拾取墙体为内部拾取点填充，按空格键退出，填充效果如图 3-198 所示。

图 3-197 "图案填充创建"选项卡

③ 继续填充墙体结构图案。按空格键再次调用"图案填充"命令，选择"图案"为"AR-CON"，"填充图案颜色"为 8，"填充图案比例"为 1，填充效果如图 3-199 所示。

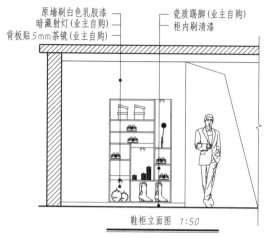

图 3-198　填充墙体钢筋

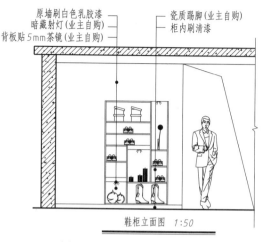

图 3-199　填充墙体混凝土

④ 填充鞋柜背景墙面。按空格键再次调用"图案填充"命令，选择"图案"为"AR-SAND"，"填充图案颜色"为 8，"填充图案比例"为 3，填充效果如图 3-200 所示。

⑤ 填充鞋柜玻璃。按空格键再次调用"图案填充"命令，选择"图案"为"AR-RROOF"，"填充图案颜色"为 8，"填充图案比例"为 10，最终填充效果如图 3-201 所示。

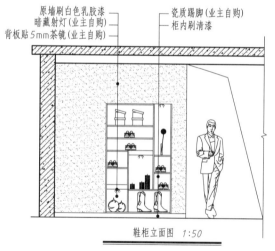

图 3-200　鞋柜背景墙面

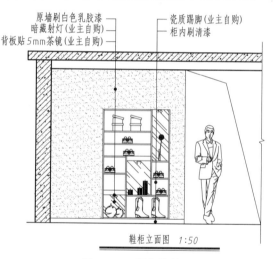

图 3-201　最终效果

【练习 3-18】　边界不封闭时进行填充

如果图形不封闭，那么在创建图案填充时就会弹出"边界定义错误"对话框，如图 3-202 所示，而且在图纸中会用圆圈标示出没有封闭的区域，如图 3-203 所示。如要解决这类问题，除了补画线段封闭图形之外，还可以通过修改参数来让软件忽略间隙，从而成功创建图案填充，本例便介绍这一操作过程。

① 打开素材文件"第 3 章 \ 3-18 边界不封闭时进行填充 .dwg"，图形中已经创建好了一矩形框，如果对其中创建图案填充，那么就会出现图 3-202 和图 3-203 所示的情况。

② 可以在命令行中输入"Hpgaptol"，即可输入一个新的数值，用以指定图案填充时可忽略的最小间隙，小于输入数值的间隙都不会影响填充效果。如本例输入 1，那么小于 1 的图形间隙都不会影响图案填充。

图 3-202　"边界定义错误"对话框

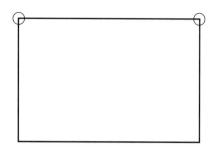
图 3-203　红色圆圈圈出未封闭区域

③ 此时再创建图案填充结果如图 3-204 所示。

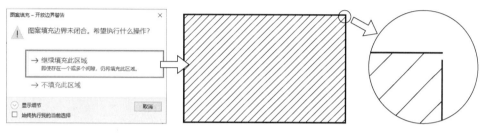
图 3-204　忽略微小间隙进行填充

【练习 3-19】　无边界创建混凝土填充

在绘制建筑设计的剖面图时，常需要使用"图案填充"命令来表示混凝土或实体地面等。这类填充的一个特点就是范围大、边界不规则甚至无边界，但是在"图案填充创建"选项卡中是无法创建无边界填充图案的，它要求填充区域是封闭的。有的用户会想到创建填充后删除边界线或隐藏边界线的显示来达成效果，这样做是可行的。不过还有一种更正规的方法，下面通过一个例子来进行说明。

① 打开"第 3 章 \ 3-19 无边界创建混凝土填充 .dwg"素材文件。

② 在命令行中输入"-HATCH"命令回车，命令行操作提示如下。

```
命令:-HATCH                          //执行完整的"图案填充"命令
当前填充图案:  SOLID                 //当前的填充图案
指定内部点或[特性(P)/选择对象(S)/绘图边界(W)/删除边界(B)/高级(A)/绘图次
序(DR)/原点(O)/注释性(AN)/图案填充颜色(CO)/图层(LA)/透明度(T)]:P↙
                                     //选择"特性"命令
输入图案名称或[? /实体(S)/用户定义(U)/渐变色(G)]:AR-CONC↙
                                     //输入混凝土填充的名称
指定图案缩放比例< 1.0000> :10↙        //输入填充的缩放比例
指定图案角度< 0> :45↙                 //输入填充的角度
当前填充图案:  AR-CONC
指定内部点或[特性(P)/选择对象(S)/绘图边界(W)/删除边界(B)/高级(A)/绘图次
序(DR)/原点(O)/注释性(AN)/图案填充颜色(CO)/图层(LA)/透明度(T)]:W↙
                                     //选择"绘图编辑"命令,手动绘制边界
```

③ 在绘图区依次捕捉点，注意打开捕捉模式，如图 3-205 所示。捕捉完之后按两次 Enter 键。

④ 系统提示指定内部点，点选绘图区的封闭区域回车，绘制结果如图 3-206 所示。

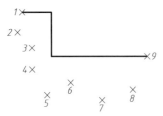

图 3-205　指定填充边界参考点

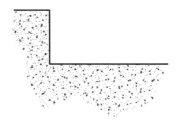

图 3-206　创建的填充图案结果

3.5.2　渐变色填充

在绘图过程中，有些图形在填充时需要用到一种或多种颜色，例如绘制装潢、美工图纸等。在 AutoCAD 2022 中调用"图案填充"的方法有如下几种。

- ➢ 功能区：在"默认"选项卡中，单击"绘图"面板"渐变色"按钮 。
- ➢ 菜单栏：执行"绘图"|"图案填充"命令。

执行"渐变色"填充操作后，将弹出如图 3-207 所示的"图案填充创建"选项卡。该选项卡同样由"边界""图案"等 6 个面板组成，只是图案换成了渐变色，各面板功能与之前介绍过的图案填充一致，在此不重复介绍。

图 3-207　渐变色的"图案填充创建"选项卡

提示：在执行"图案填充"命令时，如果在"特性"面板中的"图案"下拉列表选择"渐变色"，也会切换至渐变填充效果。

如果在命令行提示"拾取内部点或［选择对象（S）/放弃（U）/设置（T）］；"时，激活"设置（T）"选项，将打开如图 3-208 所示的"图案填充和渐变色"对话框，并自动切换到"渐变色"选项卡。该对话框中常用选项含义如下。

- ➢ 单色：指定的颜色将从高饱和度的单色平滑过渡到透明的填充方式。
- ➢ 双色：指定的两种颜色进行平滑过渡的填充方式，如图 3-209 所示。

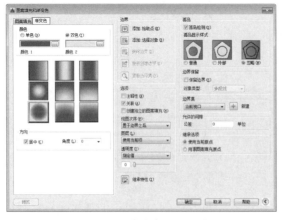

图 3-208　"渐变色"选项卡

图 3-209　渐变色填充效果

➤ 颜色样本：设定渐变填充的颜色。单击浏览按钮打开"选择颜色"对话框，从中选择 AutoCAD 索引颜色（AIC）、真彩色或配色系统颜色。显示的默认颜色为图形的当前颜色。

➤ 渐变样式：在渐变区域有 9 种固定渐变填充的图案，这些图案包括径向渐变、线性渐变等。

➤ 向列表框：在该列表框中，可以设置渐变色的角度以及其是否居中。

3.5.3 边界

"边界"命令可以将封闭区域转换为面域，面域是 AutoCAD 中用来创建三维模型的基础，其大致可以理解为如图 3-210 所示的过程。"边界"命令主要用来辅助创建三维模型，与二维绘图关系不大，便不在此处进行讲解，在本书的三维篇中进行详细介绍。

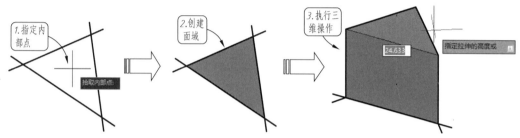

图 3-210 AutoCAD 中创建三维模型的过程

3.6 其他绘图命令

除了上面介绍的命令之外，"绘图"面板下面还提供了扩展区域，单击"绘图"右侧的三角箭头 ▼ 即可展开，如图 3-211 所示，其中提供了一些不太常用的命令，读者稍做了解即可。

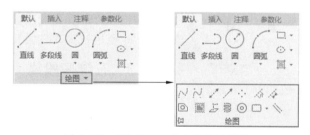

图 3-211 "绘图"面板中的扩展区域

3.6.1 面域

"面域"命令和前面介绍的"边界"命令一样，都是用来进行三维建模的基础命令，与"边界"命令不同的是，"面域"命令是通过直接选择封闭对象来创建面域的，如图 3-212 所示。"面域"命令同样与二维绘图关系不大，便不在此处进行讲解，在本书的三维篇中进行详细介绍。

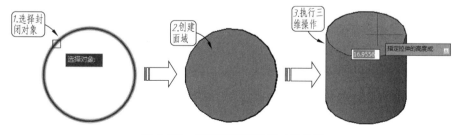

图 3-212 创建面域再进行三维建模

3.6.2　区域覆盖

该命令可以创建一个多边形区域，该区域将使用当前背景的颜色屏蔽其下面的图形对象。覆盖区域由边框进行绑定，用户可以打开或关闭该边框，也可以选择在屏幕上显示边框并只在打印时将其隐藏。

执行"区域覆盖"命令的方法有以下 3 种。

> 功能区：在"默认"选项卡中，单击"绘图"面板中的"区域覆盖"按钮 。
> 菜单栏：选择"绘图"｜"区域覆盖"菜单命令。
> 命令行：在命令行中输入"WIPEOUT"。

执行"区域覆盖"后，命令行会提示"指定第一点"，指定后操作类似于绘制多段线，但起点与终点始终是相连的。因此按 Esc 键结束绘制后，会得到一个封闭区域，如果移动该封闭区域至其他图形上方，则会遮盖其他图形，如图 3-213 所示。

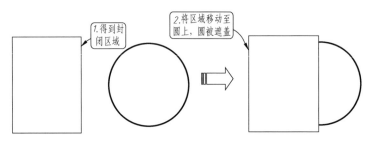

图 3-213　遮盖效果

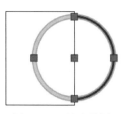

图 3-214　被遮盖图形的显示效果

要注意的是，被遮盖的图形并不是被删除或者修剪，只是相当于上面被盖了一层东西隐藏了起来而已，如图 3-213 中的圆，当被选择时仍然可以看到被遮盖的左半部分，如图 3-214 所示。"区域覆盖"命令使用较少，只做简单了解即可。

3.6.3　三维多段线

在二维的平面直角坐标系中，使用"PL"（多段线）命令可以绘制多段线，尽管各线条可以设置宽度和厚度，但它们必须共面。使用"三维多段线"命令可以绘制不共面的三维多段线。但这样绘制的三维多段线是作为单个对象创建的直线段相互连接而成的序列，因此它只有直线段，没有圆弧段，如图 3-215 所示。

调用"三维多段线"命令的方式如下。

> 功能区：单击"绘图"面板中的"三维多段线"按钮 。
> 菜单栏：调用"绘图"｜"多段线"菜单命令。
> 命令行：在命令行中输入"3DPOLY"。

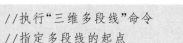

图 3-215　三维多段线不含圆弧

三维多段线的操作十分简单，执行命令后依次指定点即可绘制。命令行操作过程如下。

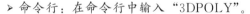
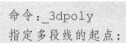

```
命令：_3dpoly                      //执行"三维多段线"命令
指定多段线的起点：                  //指定多段线的起点
```

指定直线的端点或[放弃(U)]:	//指定多段线的下一个点
指定直线的端点或[放弃(U)]:	//指定多段线的下一个点
指定直线的端点或[闭合(C)/放弃(U)]:	//指定多段线的下一个点。输入"C"使图形闭合,或按 Enter 键结束命令

"三维多段线"不能像二维多段线一样添加线宽或圆弧,因此功能非常简单,命令行中也只有"闭合（C）"选项,同"直线"命令,在此不重复介绍。

3.6.4 螺旋线

在日常生活中,随处可见各种螺旋线,如弹簧、发条、螺纹、旋转楼梯等,如图 3-216 所示。如果要绘制这些图形,仅使用"圆弧""样条曲线"等命令是很难的,因此 AutoCAD 2022 中提供了一项专门用来绘制螺旋线的命令——"螺旋"。

(a)弹簧　　　　　　　(b)发条　　　　　　(c)旋转楼梯

图 3-216　各种螺旋图形

绘制螺旋线的方法有以下几种。

➤ 功能区:在"默认"选项卡中,单击"绘图"面板中的"螺旋"按钮 。
➤ 菜单栏:执行"绘图"|"螺旋"菜单命令。
➤ 命令行:在命令行中输入"HELIX"。

执行"螺旋"命令后,根据命令行提示设置各项参数,即可绘制螺旋线,如图 3-217 所示。命令行提示如下。

命令:_Helix	//执行"螺旋"命令
圈数= 3.0000　　扭曲= CCW	//当前螺旋线的参数设置
指定底面的中心点:	//指定螺旋线的中心点
指定底面半径或[直径(D)]< 1.0000> :10↙	//输入最里层的圆半径值
指定顶面半径或[直径(D)]< 10.0000> :30↙	//输入最外层的圆半径值
指定螺旋高度或[轴端点(A)/圈数(T)/圈高(H)/扭曲(W)]< 1.0000> :	
	//输入螺旋线的高度值,绘制三维的螺旋线,或单击 Enter 键完成操作

螺旋线的绘制与"螺旋"命令中各项参数设置有关,因此命令行中各选项说明解释如下。

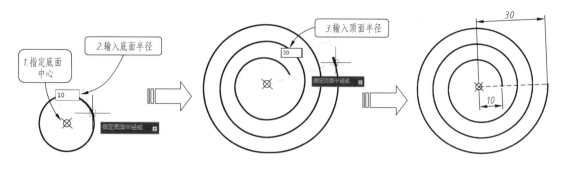

图 3-217　创建螺旋线

➢ 底面中心点：即设置螺旋基点的中心。

➢ 底面半径：指定螺旋底面的半径。初始状态下，默认的底面半径设定为 1。以后在执行"螺旋"命令时，底面半径的默认值则始终是先前输入的任意实体图元或螺旋的底面半径值。

➢ 顶面半径：指定螺旋顶面的半径。默认值与底面半径相同。底面半径和顶面半径可以相等（但不能都设定为 0），这时创建的螺旋线在二维视图下外观就为一个圆，但三维状态下则为一标准的弹簧型螺旋线，如图 3-218 所示。

➢ 螺旋高度：为螺旋线指定高度，即 Z 轴方向上的值，从而创建三维的螺旋线。各种不同底面半径和顶面半径值，在相同螺旋高度下的螺旋线如图 3-219 所示。

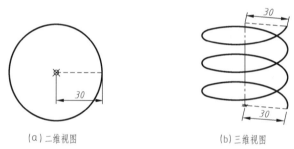

（a）二维视图　　　　（b）三维视图

图 3-218　不同视图下的螺旋线显示效果

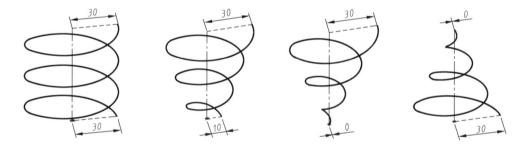

图 3-219　不同半径、相同高度的螺旋线效果

➢ 轴端点（A）：通过指定螺旋轴的端点位置来确定螺旋线的长度和方向。轴端点可以位于三维空间的任意位置，因此可以通过该选项创建指向各方向的螺旋线，效果如图 3-220 所示。

➢ 圈数（T）：通过指定螺旋的圈（旋转）数来确定螺旋线的高度。螺旋的圈数最大不能超过 500。在初始状态下，圈数的默认值为 3。圈数指定后，再输入螺旋的高度值，则只会实时调整螺旋的间距值（即"圈高"），效果如图 3-221 所示。

提示：一旦执行"螺旋"命令，则圈数的默认值始终是先前输入的圈数值。

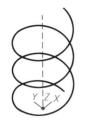

(a) 沿 Z 轴指向的螺旋线

(b) 沿 X 轴指向的螺旋线

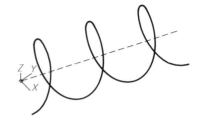

(c) 指向任意方向的螺旋线

图 3-220　通过轴端点可以指定螺旋线的指向

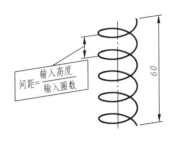

```
命令:HELIX                        //执行"螺旋"命令
    ……
指定螺旋高度或[轴端点(A)/圈数(T)/圈高(H)/扭曲
(W)]<60.0000>:T↙              //选择"圈数"选项
输入圈数<3.0000>:5↙           //输入圈数
指定螺旋高度或[轴端点(A)/圈数(T)/圈高(H)/扭曲
(W)]<44.6038>:60↙             //输入螺旋高度
```

图 3-221　"圈数（T）"绘制螺旋线

➢ 圈高（H）：指定螺旋内一个完整圈的高度。如果已指定螺旋的圈数，则不能输入圈高。选择该选项后，会提示"指定圈间距"，指定该值后，再调整总体高度时，螺旋中的圈数将相应地自动更新，如图 3-222 所示。

```
命令:HELIX                        //执行"螺旋"命令
    ……
指定螺旋高度或[轴端点(A)/圈数(T)/圈高(H)/扭曲
(W)]<60.0000>:H↙              //选择"圈高"选项
指定圈间距<15.0000>:18↙       //输入圈间距
指定螺旋高度或[轴端点(A)/圈数(T)/圈高(H)/扭曲
(W)]<44.6038>:60↙             //输入螺旋高度
```

图 3-222　"圈高（H）"绘制螺旋线

➢ 扭曲（W）：可指定螺旋扭曲的方向，有"顺时针"和"逆时针"两个延伸选项，默认为"逆时针"方向。

3.6.5　圆环

圆环是由同一圆心、不同直径的两个同心圆组成的，控制圆环的参数是圆心、内直径和外直径。圆环可分为"填充环"（两个圆形中间的面积填充，可用于绘制电路图中的各接点）和"实体填充圆"（圆环的内直径为 0，可用于绘制各种标识 099）。圆环的典型示例如图 3-223 所示。

执行"圆环"命令的方法有以下 3 种。

➢ 功能区：在"默认"选项卡中，单击"绘图"面板中的"圆环"按钮◎。
➢ 菜单栏：选择"绘图"｜"圆环"菜单命令。

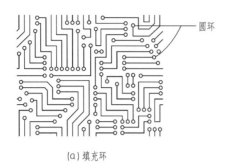

(a) 填充环　　　　　　　　　　　　　　　(b) 实体填充圆

图 3-223　圆环的典型示例

➤ 命令行：在命令行中输入"DONUT"或"DO"。

执行命令后命令行的显示如下所示。

命令：_donut	//执行"圆环"命令
指定圆环的内径< 0.5000> :10↙	//指定圆环内径
指定圆环的外径< 1.0000> :20↙	//指定圆环外径
指定圆环的中心点或< 退出> :	//在绘图区中指定一点放置圆环,放置位置为圆心
指定圆环的中心点或< 退出> :* 取消*	//按 Esc 键退出圆环命令

在绘制圆环时,命令行提示指定圆环的内径和外径,正常圆环的内径小于外径,且内径不为零,则效果如图 3-224 所示;若圆环的内径为 0,则圆环为一黑色实心圆,如图 3-225所示;如果圆环的内径与外径相等,则圆环就是一个普通圆,如图 3-226 所示。

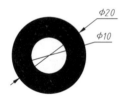

图 3-224　内、外径不相等

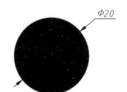

图 3-225　内径为 0,外径为 20

图 3-226　内径与外径均为 20

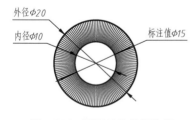

图 3-227　圆环对象的标注值

此外,执行"直径"标注命令,可以对圆环进行标注。但标注值为外径与内径之和的一半,如图 3-227所示。

3.6.6　修订云线

修订云线是一类特殊的线条,它的形状类似于云朵,主要用于突出显示图纸中已修改的部分,或用来添加部分图纸批注文字,也常在园林绘图中用于绘制灌木,如图 3-228 所示。其组成参数包括多个控制点、最大弧长和最小弧长。

绘制修订云线的方法有以下几种。

➤ 功能区:单击"绘图"面板中的"矩形"按钮 、"多边形"按钮 、"徒手画"按钮 ,如图 3-229 所示。

➤ 菜单栏:"绘图"|"修订云线"菜单命令。

➢ 命令行：在命令行中输入"REVCLOUD"。

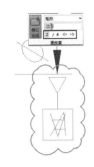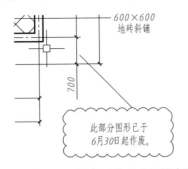

图 3-228　修订云线的应用场合举例

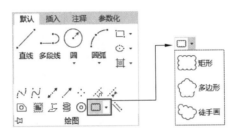

图 3-229　"绘图"面板中的"修订云线"按钮

使用任意方法执行该命令后，命令行都会在前几行出现如下提示。

```
命令:_revcloud                    //执行"修订云线"命令
最小弧长:3　最大弧长:5　样式:普通　类型:多边形
                                  //显示当前修订云线的设置
指定起点或[弧长(A)/对象(O)/矩形(R)/多边形(P)/徒手画(F)/样式(S)/修改(M)]
<对象>:_F
                                  //选择修订云线的创建方法或修改设置
```

其各选项含义如下。

➢ 弧长（A）：指定修订云线的弧长，选择该选项后可指定最小与最大弧长，其中最大弧长不能超过最小弧长的 3 倍。

➢ 对象（O）：指定要转换为修订云线的单个闭合对象，如图 3-230 所示。

图 3-230　对象转换

➢ 矩形（R）：通过绘制矩形创建修订云线，如图 3-231 所示。

➢ 多边形（P）：通过绘制多段线创建修订云线，如图 3-232 所示。

➢ 徒手画（F）：通过绘制自由形状的多段线创建修订云线，如图 3-233 所示。

提示：在绘制修订云线时，若不希望它自动闭合，可在绘制过程中将鼠标移动到合适的位置后，单击鼠标右键来结束修订云线的绘制。

```
命令:_revcloud
最小弧长:3最大弧长:5样式:普通类型:矩形
指定第一个角点或[弧长(A)/对象(O)/矩形(R)/多边形
(P)/徒手画(F)/样式(S)/修改(M)]<对象>:_R
                        //选择"矩形"选项
指定第一个角点或[弧长(A)/对象(O)/矩形(R)/多边形
(P)/徒手画(F)/样式(S)/修改(M)]<对象>:
                        //指定矩形的一个角点1
指定对角点:              //指定矩形的对角点2
```

图 3-231 "矩形（R）"绘制修订云线

```
命令:_revcloud
指定起点或[弧长(A)/对象(O)/矩形(R)/多边形(P)/徒
手画(F)/样式(S)/修改(M)]<对象>:_P
                        //选择"多边形"选项
指定起点或[弧长(A)/对象(O)/矩形(R)/多边形(P)/徒
手画(F)/样式(S)/修改(M)]<对象>:
                        //指定多边形的起点1
指定下一点:              //指定多边形的第二点2
指定下一点或[放弃(U)]:   //指定多边形的第三点3
```

图 3-232 "多边形（P）"绘制修订云线

```
命令:_revcloud
指定起点或[弧长(A)/对象(O)/矩形(R)/多边形(P)/徒
手画(F)/样式(S)/修改(M)]<对象>:_F
                        //选择"徒手画"选项
最小弧长:3最大弧长:5样式:普通类型:徒手画
指定第一个点或[弧长(A)/对象(O)/矩形(R)/多边形
(P)/徒手画(F)/样式(S)/修改(M)]<对象>:
                        //指定多边形的起点
沿云线路径引导十字光标...指定下一点或[放弃(U)]:
```

图 3-233 "徒手画（F）"绘制修订云线

图 3-234 样式效果

➢ 样式（S）：用于选择修订云线的样式，选择该选项后，命令提示行将出现"选择圆弧样式［普通（N）/（C）］＜普通＞:"的提示信息，默认为"普通"选项，如图3-234所示。

➢ 修改（M）：对绘制的云线进行修改。

第4章

图形修改

扫码全方位学习

AutoCAD 2022

前面章节介绍了各种图形对象的绘制方法，为了创建图形的更多细节特征以及提高绘图效率，Auto-CAD 提供了许多修改命令，如"移动""复制""修剪""倒角"与"圆角"等。本章讲解这些命令的使用方法，以进一步提高读者绘制复杂图形的能力。修改命令均集中在"默认"选项卡的"修改"面板中，如图 4-1 所示。

图 4-1 "修改"面板中的修改命令

4.1 图形修剪类

图形修剪类命令是绘图时非常常用的命令类型，主要包括"修剪"和"延伸"。需要注意的是，"修剪"和"延伸"在 AutoCAD 中是一对互为可逆的命令，即在执行任意命令的

图 4-2 "修剪"和"延伸"命令相关按钮

过程中，都能按 Shift 键切换为另一个命令。它们位于"修改"面板的右上方，如图 4-2 所示。

4.1.1 修剪

"修剪"命令的作用是将超出边界的多余部分修剪删除掉。"修剪"可以用来修剪直线、圆、弧、多段线、样条曲线和射线等多种对象，

是 AutoCAD 中使用频率极高的命令之一。在调用命令的过程中，需要设置的参数有"修剪边界"和"修剪对象"两类。要注意的是，在选择修剪对象时，需要删除哪一部分，则在该部分上单击。

在 AutoCAD 2022 中，"修剪"命令有以下几种常用调用方法。

➢ 功能区：单击"修改"面板中的"修剪"按钮 ✂。

➢ 菜单栏：执行"修改"|"修剪"命令。

➢ 命令行：在命令行中输入"TRIM"或"TR"。

执行上述任一命令后，选择要修剪的对象，就能预览到修剪效果，只需单击鼠标左键便能进行修剪，会自动以所选对象最接近的图形线为边界，效果如图 4-3 所示。命令行提示如下。

```
当前设置:投影= UCS,边= 无
选择要修剪的对象,或按住 Shift 键选择要延伸的对象或    //鼠标选择要修剪的对象
[剪切边(T)/窗交(C)/模式(O)/投影(P)/删除(R)]:            //可以选择其他扩展选项
```

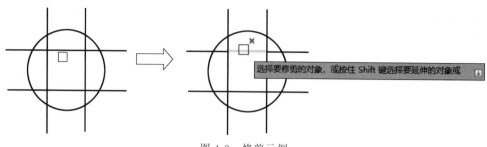

图 4-3　修剪示例

执行"修剪"命令并选择对象之后，在命令行中会出现一些选择类的选项，这些选项的含义如下。

➤ 剪切边（T）：该方式是旧版 AutoCAD 所使用的修剪方式，即先指定修剪的边界，然后修剪边界内的图形。相比于默认的修剪方法，该方法在指定明确边界的情况下，可一次性修剪大量的图形，对比效果如图 4-4 所示。

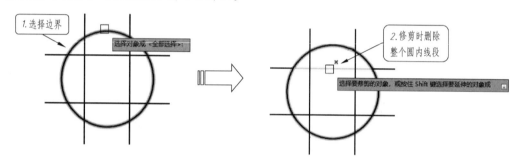

图 4-4　使用"栏选（F）"进行修剪

➤ 窗交（C）：用窗交方式选择要修剪的对象，如图 4-5 所示。

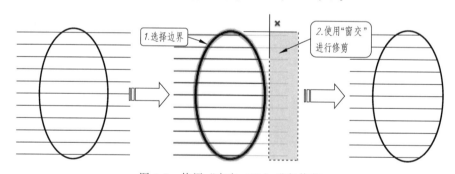

图 4-5　使用"窗交（C）"进行修剪

➤ 模式（O）：选择该选项后有"快速"和"标准"两个选项，默认为"快速"，即不需要指定修剪边界，执行命令后可立即进行修剪；"标准"则是旧版 AutoCAD 的修剪方式，执行命令后需先指定边界再进行修剪。

➤ 投影（P）：用以指定修剪对象时使用的投影方式，即选择进行修剪的空间。

【练习 4-1】　修剪零件图形

任何一个符合尺寸和结构要求的零件图，都不可能只通过一些点、线、圆等基本图元简单地拼接组合而成，而是在这些基本图元的基础上，经过众多修改工具的编辑细化，进一步处理为符合设计意图和现场加工要求的图纸。其中"修剪"就是使用最为频繁的命令之一，本例便介绍如何通过"修剪"命令来完善图形。

① 打开素材文件"第 4 章 \ 4-1 修剪零件图形 .dwg",其中已经绘制好了一零件草图,如图 4-6 所示。

② 单击"修改"面板中的"修剪"按钮 ✂️ ,对图形进行修剪,命令行操作过程如下。

```
命令:_trim
当前设置:投影＝ UCS,边＝ 无
选择要修剪的对象,或按住 Shift 键选择要延伸的对象或
[剪切边(T)/窗交(C)/模式(O)/投影(P)/删除(R)]。
选择要修剪的对象,或按住 Shift 键选择要延伸的对象或
                    //选择半径为 80 的圆(在右侧拾取该圆)作为被修剪对象,修剪结果如图 4-7 所示
```

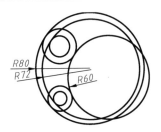

图 4-6　绘制辅助圆

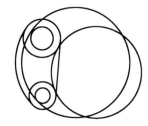

图 4-7　修剪最外侧半径为 80 的圆

③ 重复"修剪"命令,对图形进行进一步的修剪。命令行操作过程如下。

```
命令:trim
当前设置:投影＝ UCS,边＝ 无
选择剪切边…
选择对象或＜全部选择＞:          //选择直径为 50 和 20 的圆
选择要修剪的对象,或按住 Shift 键选择要延伸的对象,或[栏选(F)/窗交(C)/投影
(P)/边(E)/删除(R)/放弃(U)]:          //在右侧拾取半径为 72 的圆作为被修剪对象,结
                                果如图 4-8 所示
```

④ 以同样的方法,对图形进行修剪,最终得到如图 4-9 所示的结果。

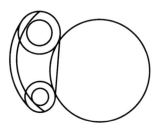

图 4-8　修剪半径为 72 的圆

图 4-9　最终结果

4.1.2　延伸

"延伸"命令是将没有和边界相交的部分延伸补齐,它和"修剪"命令是一组相对的命令。在调用命令的过程中,需要设置的参数有延伸边界和延伸对象两类。"延伸"命令的使用方法与"修剪"命令的使用方法相似。在使用延伸命令时,如果在按下 Shift 键的同时选

择对象，则可以切换执行"修剪"命令。

在 AutoCAD 2022 中，"延伸"命令有以下几种常用调用方法。

➤ 功能区：单击"修改"面板中的"延伸"按钮 ⤏。
➤ 菜单栏：单击"修改"|"延伸"命令。
➤ 命令行：在命令行中输入"EXTEND"或"EX"。

执行"延伸"命令后，选择要延伸的对象（可以是多个对象），命令行提示如下。

选择要延伸的对象,或按住 Shift 键选择要修剪的对象,或[栏选 (F) /窗交 (C) /投影
(P) /边 (E) /删除 (R) /放弃 (U)]。

图 4-10　使用"延伸"命令延伸直线

选择延伸对象时，需要注意延伸方向的选择。朝哪个边界延伸，则在靠近边界的那部分上单击。如图 4-10 所示，将直线 AB 延伸至边界直线 M 时，需要在 A 端单击直线；将直线 AB 延伸到直线 N 时，则在 B 端单击直线。

提示：命令行中各选项的含义与"修剪"命令相同，在此不多加赘述。

【练习 4-2】　使用延伸完善熔断器箱图形

熔断器是根据电流超过规定值一定时间后，以其自身产生的热量使熔体熔化，从而使电路断开的原理制成的一种电流保护器。熔断器广泛应用于低压配电系统和控制系统及用电设备中，作为短路和过电流保护，是应用最普遍的保护器件之一。

① 打开"第 4 章 \ 4-2 使用'延伸'完善熔断器箱图形 .dwg"素材文件，如图 4-11 所示。

② 调用"延伸"命令，延伸水平直线，命令行操作过程如下。

```
命令:EX↙  EXTEND          //调用延伸命令
当前设置:投影= UCS,边= 无
选择边界的边 ...
选择对象或< 全部选择> :      //选择如图 4-12 所示的边作为延伸边界
找到 1 个
选择对象:↙               //按 Enter 键结束选择
选择要延伸的对象,或按住 Shift 键选择要修剪的对象,或[栏选 (F) /窗交 (C) /投影
(P) /边 (E) /放弃 (U)]:        //选择如图 4-13 所示的线条
选择要延伸的对象,或按住 Shift 键选择要修剪的对象,或[栏选 (F) /窗交 (C) /投影
(P) /边 (E) /放弃 (U)]:        //选择第二条同样的线条
选择要延伸的对象,或按住 Shift 键选择要修剪的对象,或[栏选 (F) /窗交 (C) /投影
(P) /边 (E) /放弃 (U)]:        //使用同样的方法,延伸其他直线,如图 4-14 所示
```

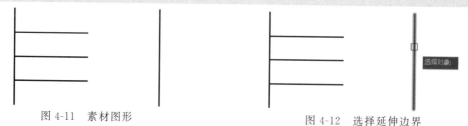

图 4-11　素材图形　　　　　　　　　　　　　图 4-12　选择延伸边界

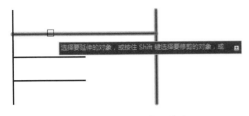

图 4-13　需要延伸的线条

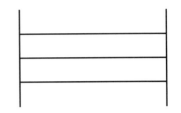

图 4-14　延伸结果

4.2　图形变化类

在绘图的过程中，可能要对某一图元进行移动、旋转或拉伸等操作来辅助绘图，因此该类命令也是使用极为频繁的一类编辑命令。

4.2.1　移动

"移动"命令是将图形从一个位置平移到另一位置，移动过程中图形的大小、形状和倾斜角度均不改变。在调用命令的过程中，需要确定的参数有：需要移动的对象、移动基点和第二点。

"移动"命令有以下几种调用方法。

> 功能区：单击"修改"面板中的"移动"按钮✥。
> 菜单栏：执行"修改"|"移动"命令。
> 命令行：在命令行中输入"MOVE"或"M"。

调用"移动"命令后，根据命令行提示，在绘图区中拾取需要移动的对象后按右键确定，然后拾取移动基点，最后指定第二个点（目标点）即可完成移动操作，如图 4-15 所示。命令行操作如下。

```
命令：_move                              //执行"移动"命令
选择对象：找到 1 个                        //选择要移动的对象
指定基点或[位移(D)]<位移>：               //选取移动的参考点
指定第二个点或<使用第一个点作为位移>：      //选取目标点，放置图形
```

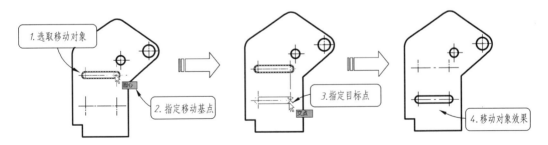

图 4-15　移动对象

执行"移动"命令时，命令行中只有一个延伸选项："位移（D）"，该选项可以输入坐标以表示矢量。输入的坐标值将指定相对距离和方向，图 4-16 所示为输入坐标（500，100）的位移结果。

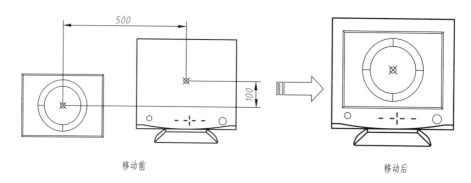

图 4-16　位移移动效果图

【练习 4-3】　使用移动完善卫生间图形

室内设计时，有很多装饰图形都有现成的图块，如马桶、书桌、门等。因此在绘制室内平面图时，可以先直接插入图块，然后使用"移动"命令将其放置在图形的合适位置上。

① 启动 AutoCAD 2022 软件，打开"第 4 章 \ 4-3 使用'移动'完善卫生间图形.dwg"素材文件，如图 4-17 所示。

② 在"默认"选项卡中，单击"修改"面板的"移动"按钮，选择浴缸，按空格或按 Enter 键确定。

③ 选择浴缸的右上角作为移动基点，拖至厕所的右上角，如图 4-18 所示。

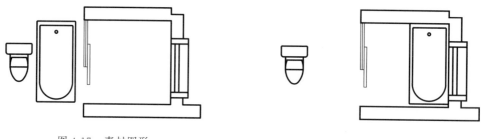

图 4-17　素材图形　　　　　　　　　　　　　　　　图 4-18　移动浴缸

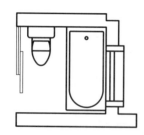

图 4-19　移动马桶

④ 重复调用"移动"命令，将马桶移至厕所的上方，最终效果如图 4-19 所示。

4.2.2　旋转

"旋转"命令是将图形对象绕一个固定的点（基点）旋转一定的角度。在调用命令的过程中，需要确定的参数有：旋转对象、旋转基点和旋转角度。默认情况下逆时针旋转的角度为正值，顺时针旋转的角度为负值。

在 AutoCAD 2022 中，"旋转"命令有以下几种常用调用方法。

➤ 功能区：单击"修改"面板中的"旋转"按钮。

➤ 菜单栏：执行"修改"|"旋转"命令。

➤ 命令行：在命令行中输入"ROTATE"或"RO"。

按上述方法执行"旋转"命令后，命令后提示如下。

```
命令： ROTATE                                    //执行"旋转"命令
UCS 当前的正角方向： ANGDIR= 逆时针  ANGBASE= 0
                                                //当前的角度测量方式和基准
选择对象:找到 1 个                               //选择要旋转的对象
指定基点：                                       //指定旋转的基点
指定旋转角度,或[复制(C)/参照(R)]< 0> ： 45      //输入旋转的角度
```

在命令行提示"指定旋转角度"时，除了默认的旋转方法，还有"复制（C）"和"参照（R）"两种旋转，分别介绍如下。

➢ 默认旋转：利用该方法旋转图形时，源对象将按指定的旋转中心和旋转角度旋转至新位置，不保留对象的原始副本。执行上述任一命令后，选取旋转对象，然后指定旋转中心，根据命令行提示输入旋转角度，按 Enter 键即可完成旋转对象操作，如图 4-20 所示。

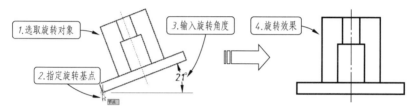

图 4-20　默认方式旋转图形

➢ 复制（C）：使用该旋转方法进行对象的旋转时，不仅可以将对象的放置方向调整一定的角度，还保留源对象。执行"旋转"命令后，选取旋转对象，然后指定旋转中心，在命令行中激活复制（C）延伸选项，并指定旋转角度，按 Enter 键退出操作，如图 4-21 所示。

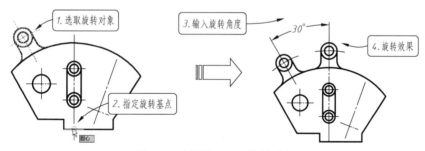

图 4-21　"复制（C）"旋转对象

➢ 参照（R）：可以将对象从指定的角度旋转到新的绝对角度，特别适合于旋转那些角度值为非整数或未知的对象。执行"旋转"命令后，选取旋转对象然后指定旋转中心，在命令行中激活参照（R）延伸选项，再指定参照第一点、参照第二点，这两点的连线与 X 轴的夹角即为参照角，接着移动鼠标即可指定新的旋转角度，如图 4-22 所示。

【练习 4-4】　使用旋转修改门图形

室内设计图中有许多图块是相同且重复的，如门、窗等图形的图块。"移动"命令可以将这些图块放置在所设计的位置，但某些情况下却不能直接放置，如旋转了一定角度的位置。这时就可使用"旋转"命令来辅助绘制。

① 启动 AutoCAD 2022 软件，打开"第 4 章 \ 4-4 使用'旋转'修改门图形 .dwg"素材文件，如图 4-23 所示。

② 在"默认"选项卡中，单击"修改"面板中的"复制"按钮，复制一个门，拖至

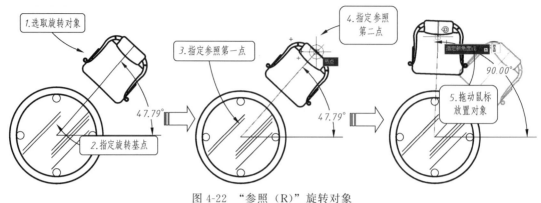

图 4-22　"参照（R）"旋转对象

另一个门口处，如图 4-24 所示。命令行的提示如下。

命令：CO✓　　　COPY	//调用"复制"命令
选择对象：指定对角点：找到 3 个	
选择对象：	//选择门图形
当前设置：复制模式=多个	
指定基点或[位移(D)/模式(O)]<位移>：	//指定门右侧的基点
指定第二个点或[阵列(A)]<使用第一个点作为位移>：	//指定墙体中点为目标点
指定第二个点或[阵列(A)/退出(E)/放弃(U)]<退出>：*取消*	
	//按 ESC 键退出

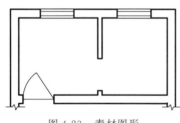

图 4-23　素材图形

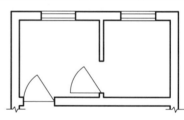

图 4-24　移动门

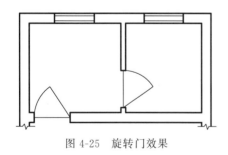

图 4-25　旋转门效果

③ 在"默认"选项卡中，单击"修改"面板中的"旋转"按钮 ⟳，对第二个门进行旋转，角度为 -90°，如图 4-25 所示。

【练习 4-5】　参照旋转图形

如果图形在基准坐标系上的初始角度为无理数或者未知数，那么可以使用"参照"旋转的方法，将对象从指定的角度旋转到新的绝对角度。特别适合于旋转那些角度值为非整数的对象。

① 打开素材文件"第 4 章\4-5 参照旋转图形.dwg"，如图 4-26 所示，图中指针指在下午一点半多的位置，可见其水平夹角为一无理数。

② 在命令行中输入"RO"，单击 Enter 键确认，执行旋转命令。

③ 选择指针为旋转对象，然后指定圆心为旋转中心，接着在命令行中输入"R"，选择"参照"延伸选项，再指定参照第一点、参照第二点，这两点的连线与 X 轴的夹角即为参照

角，如图 4-27 所示。

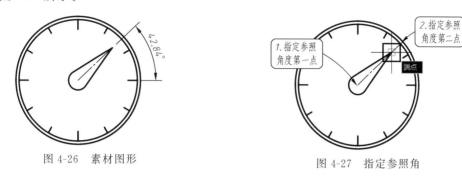

图 4-26　素材图形　　　　　　　　　图 4-27　指定参照角

④ 在命令行中输入新的角度值"60"，即可替代原参照角度，成为新的图形，结果如图 4-28 所示。

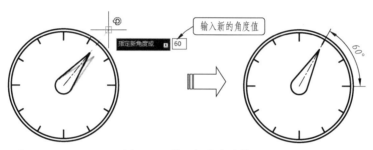

图 4-28　输入新的角度值

提示：最后所输入的新角度值，为图形与世界坐标系 X 轴夹角的绝对角度值。

4.2.3　缩放

利用"缩放"工具可以将图形对象以指定的缩放基点为缩放参照，放大或缩小一定比例，创建出与源对象成一定比例且形状相同的新图形对象。在命令执行过程中，需要确定的参数有"缩放对象""基点"和"比例因子"。比例因子也就是缩小或放大的比例值，比例因子大于 1 时，缩放结果是使图形变大，反之则使图形变小。

在 AutoCAD 2022 中，"缩放"命令有以下几种调用方法。

➢ 功能区：单击"修改"面板中的"缩放"按钮◻。
➢ 菜单栏：执行"修改"｜"缩放"命令。
➢ 命令行：在命令行中输入"SCALE"或"SC"。

执行以上任一方式启用"缩放"命令后，命令行操作提示如下。

```
命令:_scale              //执行"缩放"命令
选择对象:找到 1 个        //选择要缩放的对象
指定基点:                //选取缩放的基点
指定比例因子或[复制(C)/参照(R)]:2    //输入比例因子
```

"缩放"命令与"旋转"差不多，除了默认的操作之外，同样有"复制（C）"和"参照（R）"两个延伸选项，介绍如下。

➢ 默认缩放：指定基点后直接输入比例因子进行缩放，不保留对象的原始副本，如图 4-29 所示。

119

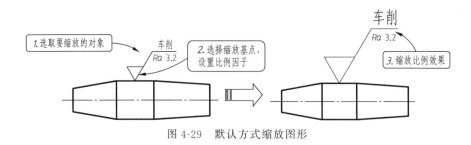

图 4-29　默认方式缩放图形

> 复制（C）：在命令行输入"C"，选择该选项进行缩放后可以在缩放时保留原图形，如图 4-30 所示。

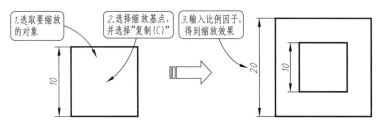

图 4-30　"复制（C）"缩放图形

> 参照（R）：如果选择该选项，则命令行会提示用户需要输入"参照长度"和"新长度"数值，由系统自动计算出两长度之间的比例数值，从而定义出图形的缩放因子，对图形进行缩放操作，如图 4-31 所示。

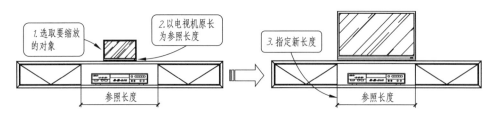

图 4-31　"参照（R）"缩放图形

【练习 4-6】　参照缩放树形图

在园林设计中，经常会用到各种植物图形，如松树、竹林等，这些图形可以下载所得，也可以自行绘制。在实际应用过程中，往往会根据具体的设计要求来调整这些图块的大小，这时就可以使用"缩放"命令中的"参照（R）"功能来进行实时缩放，从而获得大小合适的图形。本案例便将一任意高度的松树缩放至 5000 高度的大小。

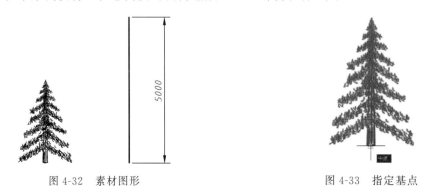

图 4-32　素材图形　　　　　　　　图 4-33　指定基点

① 打开"第 4 章 \ 4-6 参照缩放树形图 .dwg"素材文件，如图 4-32 所示，其中有一绘制的树形图和一长 5000 的垂直线。

② 在"默认"选项卡中，单击"修改"面板中的"缩放"按钮 🔲，选择树形图，并指定树形图块的最下方中点为基点，如图 4-33 所示。

③ 此时根据命令行提示，选择"参照（R）"选项，然后指定参照长度的测量起点，再指定测量终点，即指定原始的树高，接着输入新的参照长度，即最终的树高 5000，操作如图 4-34 所示，命令行操作如下。

```
指定比例因子或[复制(C)/参照(R)]:R↙       //选择"参照"选项
                                        //以树桩处中点为参照长度的测量
                                           起点
指定参照长度< 2839.9865> :指定第二点：     //以树梢处端点为参照长度的测量
                                           终点
指定新的长度或[点(P)]< 1.0000> ： 5000    //输入或指定新的参照长度
```

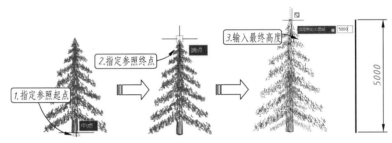

图 4-34　参照缩放

【练习 4-7】　参照缩放解绘图题

在初学 AutoCAD 的过程中，读者难免会碰到一些构思巧妙的绘图题，如图 4-35 所示。这些题型的一大特点就是要绘制的图形看似简单，但是给出的尺寸却很少，真绘制起来其实很难确定图形的各种位置关系。其实这些图形都可以通过参照缩放来绘制，本例便通过绘制其中典型的一个图形，如图 4-36 所示，来介绍这一类图形的破解方法。

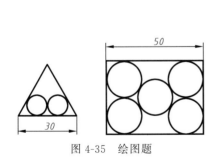

图 4-35　绘图题

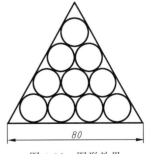

图 4-36　图形效果

① 启动 AutoCAD 2022，新建一个空白文件。

② 此图形使用常规方法是绘制不了的，因此绘制时需要一定的创造思维。所以本题先绘制里面的小圆，单击"绘图"面板中的"圆"按钮 ⊙，任意指定一点为圆心，然后可以输入任意值为半径，如 5，如图 4-37 所示。

③ 绘制第一排的圆。绘制完成后，单击"修改"面板中的"复制"按钮，捕捉圆左侧的象限点为基点，依次向右复制出 3 个圆，如图 4-38 所示。

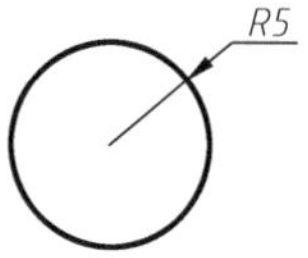

图 4-37　绘制 R5 的圆

图 4-38　复制其余 3 个圆

④ 绘制第二排的圆。单击"绘图"面板中的"圆"按钮⊘，在下拉列表中选择"相切、相切、半径"选项，然后分别在第一排的前两个圆上选择切点，接着输入半径为 5，这样即可得到第二排的第一个圆，如图 4-39 所示。

⑤ 以相同方法，绘制出第二排剩下的圆，乃至第三和第四排的圆，如图 4-40 所示。

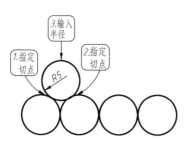

图 4-39　利用"相切、相切、半径"绘圆

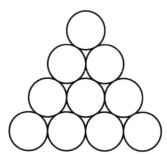

图 4-40　绘制其余的圆

⑥ 绘制下方公切线。单击"绘图"面板中的"直线"按钮，捕捉第一排圆的下象限点，得到下方公切线，如图 4-41 所示。

⑦ 绘制左侧公切线。重复执行"直线"命令，在命令行提示指定点时，按 Shift＋鼠标右键，然后在弹出的快捷菜单中选择"切点"选项，然后在第一排第一个圆上指定切点，接着在指定下一点时，同样按 Shift＋鼠标右键，在快捷菜单中选择"切点"选项，在最上端的圆上指定切点，即可得到左侧的公切线，如图 4-42 所示。

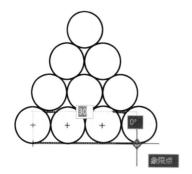

图 4-41　绘制下方公切线

图 4-42　绘制左侧公切线

⑧ 参照左侧公切线的绘制方法，绘制右侧的公切线，如图 4-43 所示。

⑨ 单击"修改"面板中的"延伸"按钮，延伸各公切线，得到如图 4-44 所示的图形。

⑩ 至此图形的形状已经绘制完成，但是如果执行标注命令的话可知图形的尺寸并不

符合要求，如图 4-45 所示，因此接下来就可以用到参照缩放来将其缩放至要求的尺寸大小。

⑪ 单击"修改"面板中的"缩放"按钮，选择整个图形，指定图形左下方的端点为缩放基点，如图 4-46 所示。

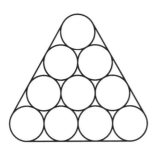

图 4-43　绘制右侧公切线

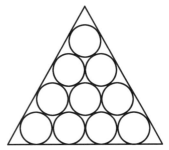

图 4-44　延伸各公切线

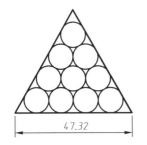

图 4-45　图形大小不符合要求

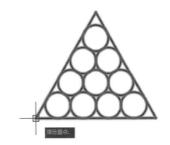

图 4-46　指定缩放基点

⑫ 选择"参照（R）"选项，同样指定左下方的端点为参照缩放的测量起点，然后捕捉直线的另一端为测量终点，指定完毕后输入所要求的尺寸 80，即可得到所需的图形，如图 4-47 所示。

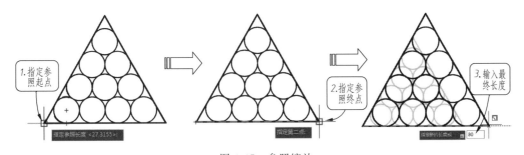

图 4-47　参照缩放

4.2.4　拉伸

"拉伸"命令通过沿拉伸路径平移图形夹点的位置，使图形产生拉伸变形的效果。它可以对选择的对象按规定方向和角度拉伸或缩短，并且使对象的形状发生改变。

"拉伸"命令有以下几种常用调用方法。

➢ 功能区：单击"修改"面板中的"拉伸"按钮。
➢ 菜单栏：执行"修改"|"拉伸"命令。

> 命令行：在命令行中输入"STRETCH"或"S"。

拉伸命令需要设置的主要参数有"拉伸对象""拉伸基点"和"拉伸位移"三项。"拉伸位移"决定了拉伸的方向和距离，如图4-48所示，命令行操作如下。

```
命令:_stretch                        //执行"拉伸"命令
以交叉窗口或交叉多边形选择要拉伸的对象...
选择对象:指定对角点:找到 1 个
选择对象:                            //以窗交、圈围等方式选择拉伸对象
指定基点或[位移(D)]<位移>:           //指定拉伸基点
指定第二个点或<使用第一个点作为位移>: //指定拉伸终点
```

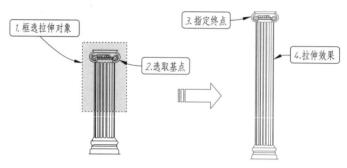

图 4-48　拉伸对象

拉伸遵循以下原则。

> 通过单击选择和窗口选择获得的拉伸对象将只被平移，不被拉伸。

> 通过框选选择获得的拉伸对象，如果所有夹点都落入选择框内，图形将发生平移，如图 4-49 所示；如果只有部分夹点落入选择框，图形将沿拉伸位移拉伸，如图 4-50 所示；如果没有夹点落入选择窗口，图形将保持不变，如图 4-51 所示。

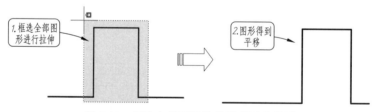

图 4-49　框选全部图形拉伸得到平移效果

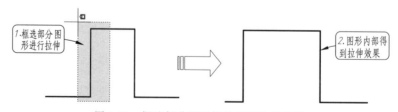

图 4-50　框选部分图形拉伸得到拉伸效果

"拉伸"命令同"移动"命令一样，命令行中只有一个延伸选项："位移（D）"，该选项可以输入坐标以表示矢量。输入的坐标值将指定拉伸相对于基点的距离和方向，如图 4-52 为输入坐标（1000，200）的位移结果。

图 4-51 未框选图形拉伸无效果

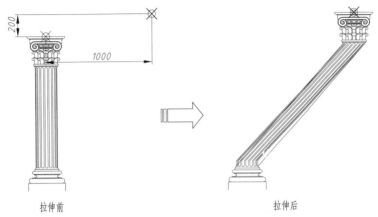

拉伸前　　　　　　　　　　　　　　　　拉伸后

图 4-52 位移拉伸效果图

【练习 4-8】 拉伸修改门的位置

在室内设计中，有时需要对大门或其他图形的位置进行调整，而用不能破坏原图形的结构。这时就可以使用"拉伸"命令来进行修改。

① 打开"第 4 章 \ 4-8 拉伸修改门的位置 .dwg"素材文件，如图 4-53 所示。

② 在"默认"选项卡中，单击"修改"面板上的"拉伸"按钮，将门沿水平方向拉伸 1800，操作如图 4-54 所示，命令行提示如下。

图 4-53 素材图形

```
命令:_stretch                    //调用"拉伸"命令
以交叉窗口或交叉多边形选择要拉伸的对象...
选择对象:指定对角点:找到 11 个      //框选对象
选择对象:↙                        //按 Enter 键结束选择
指定基点或[位移(D)]<位移>:         //选择顶边上任意一点
指定第二个点或<使用第一个点作为位移>:<正交 开> 1800↙
                                 //打开正交功能,在竖直方向拖动指针并输入
                                   拉伸距离
```

4.2.5 拉长

拉长图形就是改变原图形的长度，可以把原图形变长，也可以将其缩短。用户可以通过指定一个长度增量、角度增量（对于圆弧）、总长度或者相对于原长的百分比增量来改变原

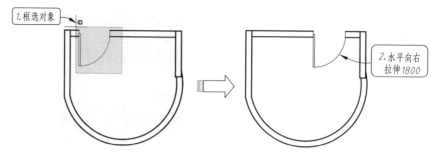

图 4-54 拉伸门图形

图形的长度，也可以通过动态拖动的方式直接改变原图形的长度。

调用"拉长"命令的方法如下。

➢ 功能区：单击"修改"面板中的"拉长"按钮 ⟋。

➢ 菜单栏：调用"修改"｜"拉长"菜单命令。

➢ 命令行：在命令行中输入"LENGTHEN"或"LEN"。

调用该命令后，命令行显示如下提示。

选择要测量的对象或[增量(DE)/百分比(P)/总计(T)/动态(DY)]< 总计(T)>

只有选择了各延伸选项确定了拉长方式后，才能对图形进行拉长，因此各操作需结合不同的选项进行说明。命令行中各延伸选项含义如下。

➢ 增量（DE）：表示以增量方式修改对象的长度。可以直接输入长度增量来拉长直线或者圆弧，长度增量为正时拉长对象，如图 4-55 所示，为负时缩短对象；也可以输入"A"，通过指定圆弧的长度和角增量来修改圆弧的长度，如图 4-56 所示。

```
命令:_lengthen
选择要测量的对象或[增量(DE)/百分比(P)/总计(T)/动态(DY)]:
DE                              //输入 DE,选择"增量"选项
输入长度增量或[角度(A)]< 0.0000> :10
                                //输入增量数值
选择要修改的对象或[放弃(U)]:
                                //按 Enter 键完成操作
```

图 4-55　长度增量效果

```
命令:_lengthen
选择要测量的对象或[增量(DE)/百分比(P)/总计(T)/动态(DY)]:
DE                              //输入 DE,选择"增量"选项
输入长度增量或[角度(A)]< 0.0000> :A
                                //输入 A 执行角度方式
输入角度增量< 0> :30            //输入角度增量
选择要修改的对象或[放弃(U)]:    //按 Enter 键完成操作
```

图 4-56　角度增量效果

➢ 百分数（P）：通过输入百分比来改变对象的长度或圆心角大小，百分比的数值以原长

度为参照。若输入"50",则表示将图形缩短至原长度的 50%,如图 4-57 所示。

命令:_lengthen
选择要测量的对象或[增量(DE)/百分比(P)/总计(T)/动态(DY)]:P
　　　　　　　　　　　　　　//输入 P,选择"百分比"选项
输入长度百分数< 0.0000> :50　　//输入百分比数值
选择要修改的对象或[放弃(U)]:　　//按 Enter 键完成操作

图 4-57 "百分数(P)"增量效果

➤ 全部(T):将对象从离选择点最近的端点拉长到指定值,该指定值为拉长后的总长度,因此该方法特别适合对一些尺寸为非整数的线段(或圆弧)进行操作,如图 4-58 所示。

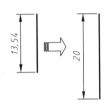

命令:_lengthen
选择要测量的对象或[增量(DE)/百分比(P)/总计(T)/动态(DY)]:
T　　　　　　　　　　　　　　//输入 T,选择"总计"选项
指定总长度或[角度(A)]< 0.0000> :20　//输入总长数值
选择要修改的对象或[放放(U)]:　　//按 Enter 键完成操作

图 4-58 "全部(T)"增量效果

➤ 动态(DY):用动态模式拖动对象的一个端点来改变对象的长度或角度,如图 4-59 所示。

命令:_lengthen
选择要测量的对象或[增量(DE)/百分比(P)/总计(T)/动态(DY)]:
DY　　　　　　　　　　　　　//输入 DY,选择"动态"选项
选择要修改的对象或[放弃(U)]:　　//选择要拉长的对象
指定新端点:　　　　　　　　//指定新的端点
选择要修改的对象或[放弃(U)]:　　//按 Enter 键完成操作

图 4-59 "动态(DY)"增量效果

【练习 4-9】 使用拉长修改中心线

大部分图形(如圆、矩形)均需要绘制中心线,而在绘制中心线的时候,通常需要将中心线延长至图形外,且伸出长度相等。如果一根根去拉伸中心线的话,就略显麻烦,这时就可以使用"拉长"命令来快速延伸中心线,使其符合设计规范。

① 打开"第 4 章 \ 4-9 使用拉长修改中心线 .dwg"素材文件,如图 4-60 所示。

② 单击"修改"面板中的"拉长"按钮，激活"拉长"命令,在两条中心线的各个端点处单击,向外拉长 3 个单位,命令行操作如下。

```
命令:_lengthen
选择对象或[增量(DE)/百分数(P)/全部(T)/动态(DY)]:DE↙
　　　　　　　　　　　　　//选择"增量"选项
输入长度增量或[角度(A)]< 0.5000> :3↙//输入每次拉长增量
选择要修改的对象或[放弃(U)]。
选择要修改的对象或[放弃(U)]。
选择要修改的对象或[放弃(U)]。
选择要修改的对象或[放弃(U)]:　　//依次在两中心线 4 个端点附近单击,完
　　　　　　　　　　　　　　成拉长
```

选择要修改的对象或[放弃(U)]:↙	//按 Enter 结束拉长命令,拉长结果如图 4-61 所示

图 4-60 素材文件

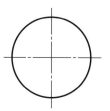

图 4-61 拉长结果

4.3 图形复制类

如果设计图中含有大量重复或相似的图形,就可以使用图形复制类命令进行快速绘制,如"复制""偏移""镜像""阵列"等。

4.3.1 复制

"复制"命令是指在不改变图形大小、方向的前提下,重新生成一个或多个与源对象一模一样的图形。在命令执行过程中,需要确定的参数有复制对象、基点和第二点,配合坐标、对象捕捉、栅格捕捉等其他工具,可以精确复制图形。

在 AutoCAD 2022 中,调用"复制"命令有以下几种常用方法。

➢ 功能区:单击"修改"面板中的"复制"按钮。

➢ 菜单栏:执行"修改"|"复制"命令。

➢ 命令行:在命令行中输入"COPY"或"CO"或"CP"。

执行"复制"命令后,选取需要复制的对象,指定复制基点,然后拖动鼠标指定新基点即可完成复制操作,继续单击,还可以复制多个图形对象,如图 4-62 所示。命令行操作如下。

命令:_copy	//执行"复制"命令
选择对象:找到 1 个	//选择要复制的图形
当前设置: 复制模式= 多个	//当前的复制设置
指定基点或[位移(D)/模式(O)]<位移>:	//指定复制的基点
指定第二个点或[阵列(A)]<使用第一个点作为位移>:	//指定放置点 1
指定第二个点或[阵列(A)/退出(E)/放弃(U)]<退出>:	//指定放置点 2
指定第二个点或[阵列(A)/退出(E)/放弃(U)]<退出>:	//单击 Enter 键完成操作

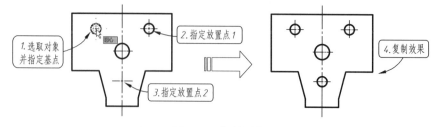

图 4-62 复制对象

执行"复制"命令时，命令行中出现的各选项介绍如下。

➤ 位移（D）：使用坐标指定相对距离和方向。指定的两点定义一个矢量，指示复制对象的放置离原位置有多远以及以哪个方向放置。基本与"移动""拉伸"命令中的"位移（D）"选项一致，在此不加赘述。

➤ 模式（O）：该选项可控制"复制"命令是否自动重复。选择该选项后会有"单一（S）""多个（M）"两个延伸选项，"单一（S）"可创建选择对象的单一副本，执行一次复制后便结束命令；而"多个（M）"则可以自动重复。

➤ 阵列（A）：选择该选项，可以以线性阵列的方式快速大量复制对象，如图 4-63 所示。命令行操作如下。

```
命令:_copy                                          //执行"复制"命令
选择对象:找到 1 个                                    //选择复制对象
当前设置：  复制模式= 多个
指定基点或[位移(D)/模式(O)]<位移>：                   //指定复制基点
指定第二个点或[阵列(A)]<使用第一个点作为位移>:A        //输入 A,选择"阵列"选项
输入要进行阵列的项目数:4                              //输入阵列的项目数
指定第二个点或[布满(F)]:10                            //移动鼠标确定阵列间距
指定第二个点或[阵列(A)/退出(E)/放弃(U)]<退出>：       //按 Enter 键完成操作
```

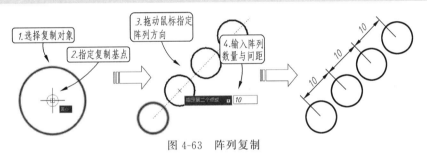

图 4-63　阵列复制

【练习 4-10】　使用复制补全螺纹孔

在机械制图中，螺纹孔、沉头孔、通孔等孔系图形十分常见，在绘制这类图形时，可以先单独绘制出一个，然后使用"复制"命令将其放置在其他位置上。

① 打开素材文件"第 4 章 \ 4-10 使用复制补全螺纹孔 .dwg"，素材图形如图 4-64 所示。

② 单击"修改"面板中的"复制"按钮，复制螺纹孔到 A、B、C 点，如图 4-65 所示。命令行操作如下。

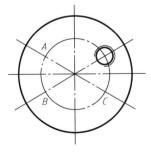

图 4-64　素材图形

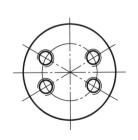

图 4-65　复制的结果

```
命令:_copy                                          //执行"复制"命令
选择对象:指定对角点:找到 2 个                       //选择螺纹孔内、外圆弧
选择对象:                                           //按 Enter 键结束选择
当前设置: 复制模式= 多个
指定基点或[位移(D)/模式(O)]<位移>:                 //选择螺纹孔的圆心作为基点
指定第二个点或[阵列(A)]<使用第一个点作为位移>:    //选择 A 点
指定第二个点或[阵列(A)/退出(E)/放弃(U)]<退出>:    //选择 B 点
指定第二个点或[阵列(A)/退出(E)/放弃(U)]<退出>:    //选择 C 点
指定第二个点或[阵列(A)/退出(E)/放弃(U)]<退出>:*取消*
                                                    //按 Esc 键退出复制
```

4.3.2　偏移

使用"偏移"工具可以创建与源对象成一定距离且形状相同或相似的新图形对象。可以

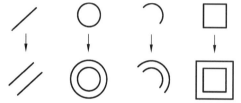

图 4-66　各图形偏移示例

进行偏移的图形对象包括直线、曲线、多边形、圆、圆弧等，如图 4-66 所示。

在 AutoCAD 2022 中，调用"偏移"命令有以下几种常用方法。

➤ 功能区：单击"修改"面板中的"偏移"按钮 ⊏。

➤ 菜单栏：执行"修改"|"偏移"命令。

➤ 命令行：在命令行中输入"OFFSET"或"O"。

偏移命令需要输入的参数有需要偏移的"源对象""偏移距离"和"偏移方向"。只要在需要偏移的一侧的任意位置单击即可确定偏移方向，也可以指定偏移对象通过已知的点。执行"偏移"命令后命令行操作如下。

```
命令:_OFFSET↙                                      //调用"偏移"命令
指定偏移距离或[通过(T)/删除(E)/图层(L)]<通过>:    //输入偏移距离
选择要偏移的对象,或[退出(E)/放弃(U)]<退出>:        //选择偏移对象
指定通过点或[退出(E)/多个(M)/放弃(U)]<退出>:       //输入偏移距离或指定目标点
```

命令行中各选项的含义如下。

➤ 通过（T）：指定一个通过点定义偏移的距离和方向，如图 4-67 所示。

➤ 删除（E）：偏移源对象后将其删除。

➤ 图层（L）：确定将偏移对象创建在当前图层上还是源对象所在的图层上。

图 4-67　"通过（T）"偏移效果

【练习 4-11】　通过偏移绘制弹性挡圈

弹性挡圈的规格与安装槽标准可参阅 GB/T 893（孔用）与 GB/T 894（轴用），本例便

利用"偏移"命令绘制如图 4-68 所示的轴用弹性挡圈。

① 打开素材文件"第 4 章\ 4-11 通过偏移绘制弹性挡圈 .dwg",素材图形如图 4-69 所示,已经绘制好了三条中心线。

② 绘制圆弧。单击"绘图"面板中的"圆"按钮，分别在上方的中心线交点处绘制半径为 R115、R129 的圆,下方的中心线交点处绘制半径 R100 的圆,结果如图 4-70 所示。

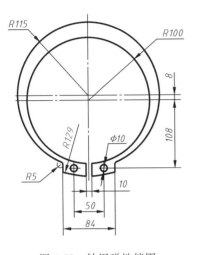

图 4-68　轴用弹性挡圈

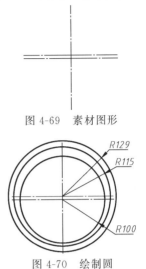

图 4-69　素材图形

图 4-70　绘制圆

③ 修剪图形。单击"修改"面板中的"修剪"按钮，修剪左侧的圆弧,如图 4-71 所示。

④ 偏移图形。单击"修改"面板中的"偏移"按钮，将垂直中心线分别向右偏移 5、42,结果如图 4-72 所示。

图 4-71　修剪图形

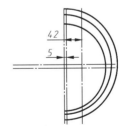

图 4-72　偏移复制

⑤ 绘制直线。单击"绘图"面板中的"直线"按钮，绘制直线,删除辅助线,结果如图 4-73 所示。

⑥ 偏移中心线。单击"修改"面板中的"偏移"按钮，将竖直中心线向右偏移 25,将下方的水平中心线向下偏移 108,如图 4-74 所示。

⑦ 绘制圆。单击"绘图"面板中的"圆"按钮，在偏移出的辅助中心线交点处绘制直径为 10 的圆,如图 4-75 所示。

⑧ 修剪图形。单击"修改"面板中的"修剪"按钮，修剪出右侧图形,如图 4-76 所示。

⑨ 镜像图形。单击"修改"面板中的"镜像"按钮，以垂直中心线作为镜像线,镜像图形,结果如图 4-77 所示。

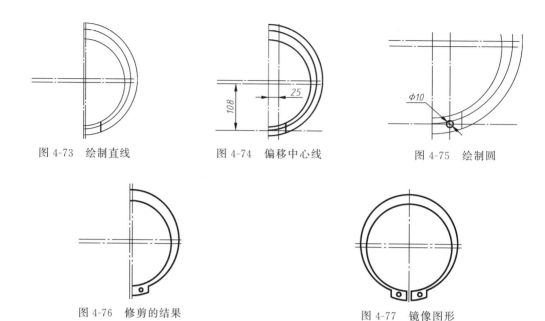

图 4-73　绘制直线　　　　　图 4-74　偏移中心线　　　　　图 4-75　绘制圆

图 4-76　修剪的结果　　　　　　　　　图 4-77　镜像图形

4.3.3　镜像

"镜像"命令是指将图形绕指定轴（镜像线）镜像复制，常用于绘制结构规则且有对称特点的图形，如图 4-78 所示。在 AutoCAD 2022 中，通过指定临时镜像线镜像对象，镜像时可选择删除或保留源对象。

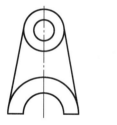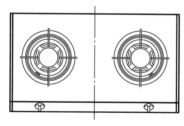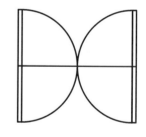

图 4-78　对称图形

在 AutoCAD 2022 中"镜像"命令的调用方法如下。

➤ 功能区：单击"修改"面板中的"镜像"按钮 ⚠。

➤ 菜单栏：执行"修改"｜"镜像"命令。

➤ 命令行：在命令行中输入"MIRROR"或"MI"。

在命令执行过程中，需要确定镜像复制的对象和对称轴。对称轴可以是任意方向的，所选对象将根据该轴线进行对称复制，并且可以选择删除或保留源对象。在实际工程设计中，许多对象都为对称形式，如果绘制了这些图例的一半，就可以通过"镜像"命令迅速得到另一半，如图 4-79 所示。

调用"镜像"命令，命令行提示如下。

```
命令:_MIRROR↙                        //调用"镜像"命令
选择对象:指定对角点:找到 14 个        //选择镜像对象
指定镜像线的第一点:                   //指定镜像线第一点 A
```

指定镜像线的第二点：　　　　　　　　//指定镜像线第二点 B

要删除源对象吗？[是(Y)/否(N)]< N> :↙　//选择是否删除源对象,或按 Enter
　　　　　　　　　　　　　　　　　　　键结束命令

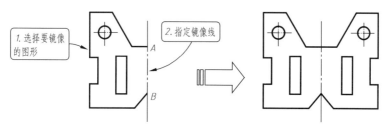

图 4-79　镜像图形

提示：如果是水平或者竖直方向镜像图形，可以使用"正交"功能快速指定镜像轴。

"镜像"操作十分简单，命令行中的延伸选项不多，在结束命令前可选择是否删除源对象。如果选择"是"，则删除选择的镜像图形，效果如图 4-80 所示。

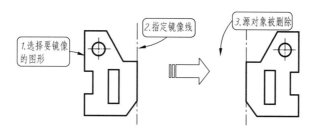

图 4-80　删除源对象的镜像

【练习 4-12】　镜像绘制篮球场图形

一些体育运动场所，如篮球场、足球场、网球场等，通常都具有对称的效果，因此在绘制这部分图形时，就可以先绘制一半，然后利用"镜像"命令快速完成余下部分。

① 打开"第 4 章 \ 4-12 镜像绘制篮球场图形 . dwg"素材文件，素材图形如图 4-81 所示。

② 镜像复制图形。在"默认"选项卡中，单击"修改"面板中的"镜像"按钮 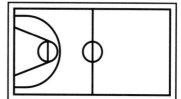，以 A、B 两个中点为镜像线，镜像复制篮球场，操作如图 4-82 所示，命令行提示如下。

图 4-81　素材图形

命令:_mirror↙　　　　　　　　　　//执行"镜像"命令

选择对象:指定对角点:找到 11 个　　//框选左侧图形

选择对象:　　　　　　　　　　　　//按 Enter 键确定

指定镜像线的第一点:　　　　　　　//捕捉确定对称轴第一点 A

指定镜像线的第二点:　　　　　　　//捕捉确定对称轴第二点 B

要删除源对象吗？[是(Y)/否(N)]< N> :N↙　//选择不删除源对象,按 Enter
　　　　　　　　　　　　　　　　　　　键确定完成镜像

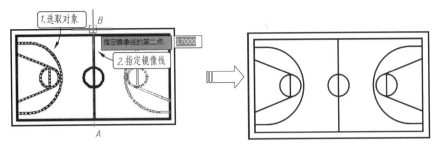

图 4-82　镜像绘制篮球场

4.3.4　图形阵列

复制、镜像和偏移等命令，一次只能复制得到一个对象副本。如果想要按照一定规律大量复制图形，可以使用 AutoCAD 2022 提供的"阵列"命令。"阵列"是一个功能强大的多重复制命令，它可以一次将选择的对象复制多个并按指定的规律进行排列。

AutoCAD 2022 提供了 3 种"阵列"方式：矩形阵列、极轴（即环形）阵列、路径阵列，可以按照矩形、环形（极轴）和路径的方式，以定义的距离、角度和路径复制出源对象的多个对象副本，如图 4-83 所示。

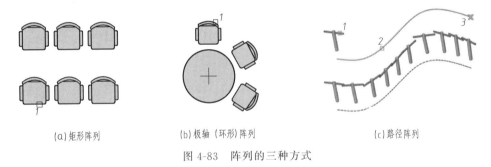

(a) 矩形阵列　　　　　　　(b) 极轴（环形）阵列　　　　　　　(c) 路径阵列

图 4-83　阵列的三种方式

（1）矩形阵列

矩形阵列就是将图形呈行列进行排列，如园林平面图中的道路绿化、建筑立面图的窗格、规律摆放的桌椅等。调用"阵列"命令的方法如下。

➤ 功能区：在"默认"选项卡中，单击"修改"面板中的"矩形阵列"按钮▢▢，如图 4-84 所示。

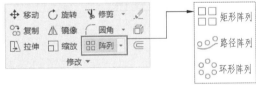

➤ 菜单栏：执行"修改"|"阵列"|"矩形阵列"命令。

➤ 命令行：在命令行中输入"ARRAY-RECT"。

图 4-84　"功能区"调用"矩形阵列"命令

使用矩形阵列需要设置的参数有阵列的"源对象""行"和"列"的数目、"行距"和"列距"。行和列的数目决定了需要复制的图形对象有多少个。

调用"阵列"命令，功能区显示矩形方式下的"阵列创建"选项卡，如图 4-85 所示，命令行提示如下。

```
命令：_arrayrect                    //调用"矩形阵列"命令
```

```
选择对象:找到 1 个                      //选择要阵列的对象
类型= 矩形   关联= 是                   //显示当前的阵列设置
选择夹点以编辑阵列或[关联(AS)/基点(B)/计数(COU)/间距(S)/列数(COL)/行数
(R)/层数(L)/退出(X)]:↙                //设置阵列参数,按 Enter 键退出
```

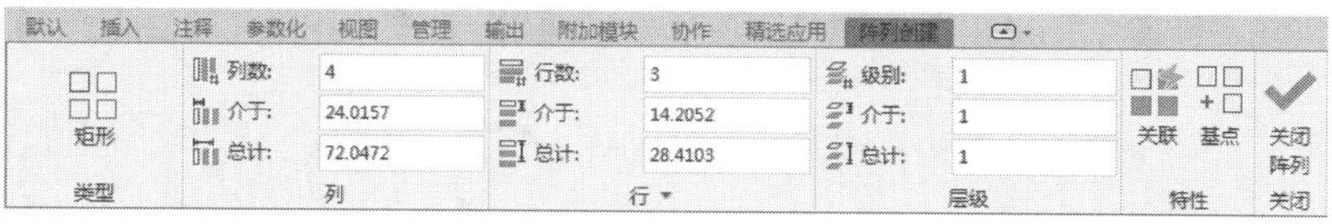

图 4-85　"阵列创建"选项卡

命令行中主要选项介绍如下。

➢ 关联（AS）：指定阵列中的对象是关联的还是独立的。选择"是"，则单个阵列对象中的所有阵列项目皆关联，类似于块，更改源对象则所有项目都会更改，如图 4-86 所示；选择"否"，则创建的阵列项目均作为独立对象，更改一个项目不影响其他项目，如图 4-85 所示。"阵列创建"选项卡中的"关联"按钮亮显则为"是"，反之为"否"。

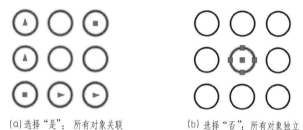

(a)选择"是"：所有对象关联　　　　(b)选择"否"：所有对象独立

图 4-86　阵列的关联效果

➢ 基点（B）：定义阵列基点和基点夹点的位置，默认为质心，如图 4-87 所示。该选项只有在启用"关联"时才有效。效果同"阵列创建"选项卡中的"基点"按钮。

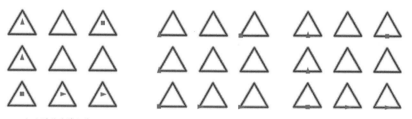

(a)默认为质心处　　　　　　　　(b)其余位置

图 4-87　不同的基点效果

➢ 计数（COU）：可指定行数和列数，并使用户在移动光标时可以动态观察阵列结果，如图 4-88 所示。效果同"阵列创建"选项卡中的"列数""行数"文本框。

提示：在矩形阵列的过程中，如果希望阵列的图形往相反的方向复制，在列数或行数前面加"—"符号即可，也可以向反方向拖动夹点。

➢ 间距（S）：指定行间距和列间距并使用户在移动光标时可以动态观察结果，如图 4-89 所示。效果同"阵列创建"选项卡中的两个"介于"文本框。

➢ 列数（COL）：依次编辑列数和列间距，效果同"阵列创建"选项卡中的"列"面板。

➢ 行数（R）：依次指定阵列中的行数、行间距以及行之间的增量标高。"增量标高"即

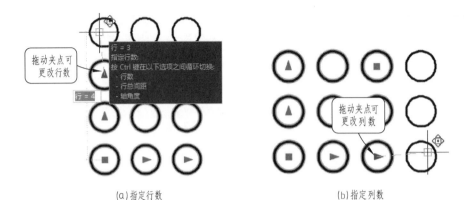

(a)指定行数　　　　　　　　　　　(b)指定列数

图 4-88　更改阵列的行数与列数

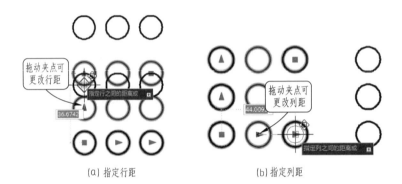

(a)指定行距　　　　　　　　　　　(b)指定列距

图 4-89　更改阵列的行距与列距

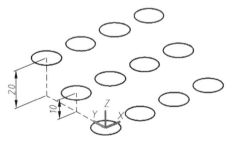

图 4-90　阵列的增量标高效果

相当于本书第 5 章 5.6.1 矩形章节中的"标高"选项，指三维效果中 Z 方向上的增量，如图 4-90 所示即为"增量标高"为 10 的效果。

➤ 层数（L）：指定三维阵列的层数和层间距，效果同"阵列创建"选项卡中的"层级"面板，二维情况下无需设置。

【练习 4-13】　矩形阵列快速绘制行道路

园林设计中需要为园路布置各种植被、绿化图形，此时就可以灵活使用"阵列"命令来快速大量地放置。

① 启动 AutoCAD 2022 软件，打开"第 4 章\4-13 矩形阵列快速绘制行道路.dwg"文件，如图 4-91 所示。

② 在"默认"选项卡中，单击"修改"面板中的"矩形阵列"按钮 ⊞，选择树图形作为阵列对象，设置行、列间距为 6000，阵列结果如图 4-92 所示。

（2）路径阵列

路径阵列可沿曲线（可以是直线、多段线、三维多段线、样条曲线、螺旋、圆弧、圆或椭圆）阵列复制图形，通过设置不同的基点，能得到不同的阵列结果。在园林设计中，使用路径阵列可快速复制园路与街道旁的树木，或者草地中的汀步图形。

调用"路径阵列"命令的方法如下。

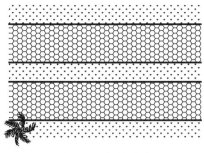

图 4-91　素材图形

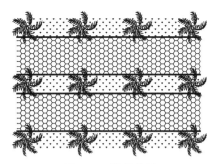

图 4-92　阵列结果

➤ 功能区：在"默认"选项卡中，单击"修改"面板中的"路径阵列"按钮 。

➤ 菜单栏：执行"修改"|"阵列"|"路径阵列"命令。

➤ 命令行：在命令行中输入"ARRAYPATH"。

路径阵列需要设置的参数有"阵列路径""阵列对象"和"阵列数量""方向"等。调用"阵列"命令，功能区显示路径方式下的"阵列创建"选项卡，如图 4-93 所示，命令行提示如下。

```
命令:_arraypath                          //调用"路径阵列"命令
选择对象:找到 1 个                        //选择要阵列的对象
选择对象。
类型 = 路径　关联 = 是                     //显示当前的阵列设置
选择路径曲线:                            //选取阵列路径
选择夹点以编辑阵列或[关联(AS)/方法(M)/基点(B)/切向(T)/项目(I)/行(R)/层
(L)/对齐项目(A)/Z 方向(Z)/退出(X)]< 退出 >:↙//设置阵列参数,按 Enter 键退出
```

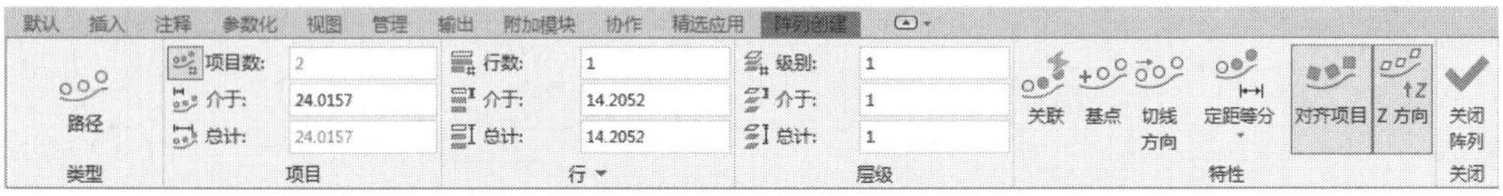

图 4-93　"阵列创建"选项卡

命令行中主要选项介绍如下。

➤ 关联（AS）：与"矩形阵列"中的"关联"选项相同，这里不重复讲解。

➤ 方法（M）：控制如何沿路径分布项目，有"定数等分（D）"和"定距等分（M）"两种方式。效果与本书第 3 章的 3.8.5 定数等分、3.8.6 定距等分中的"块"一致，只是阵列方法较灵活，对象不限于块，可以是任意图形。

➤ 基点（B）：定义阵列的基点。路径阵列中的项目相对于基点放置，选择不同的基点，

(a)原图形　　　　　　　(b)以点 A 为基点　　　　　　　(c)以点 B 为基点

图 4-94　不同基点的路径阵列

进行路径阵列的效果也不同，如图 4-94 所示。效果同"阵列创建"选项卡中的"基点"按钮。

> 切向（T）：指定阵列中的项目如何相对于路径的起始方向对齐，不同基点、切向的阵列效果如图 4-95 所示。效果同"阵列创建"选项卡中的"切线方向"按钮。

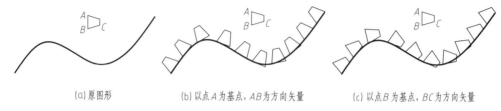

（a）原图形　　　　　（b）以点 A 为基点，AB 为方向矢量　　　　（c）以点 B 为基点，BC 为方向矢量

图 4-95　不同基点、切向的路径阵列

> 项目（I）：根据"方法"设置，指定项目数（方法为定数等分）或项目之间的距离（方法为定距等分），如图 4-96 所示。效果同"阵列创建"选项卡中的"项目"面板。

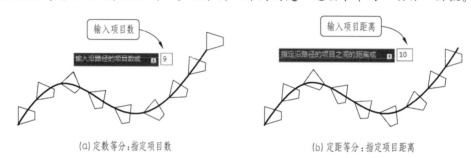

（a）定数等分：指定项目数　　　　　　（b）定距等分：指定项目距离

图 4-96　根据所选方法输入阵列的项目数

> 行（R）：指定阵列中的行数、它们之间的距离以及行之间的增量标高，如图 4-97 所示。效果同"阵列创建"选项卡中的"行"面板。

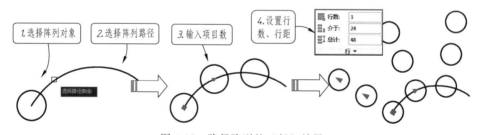

图 4-97　路径阵列的"行"效果

> 层（L）：指定三维阵列的层数和层间距，效果同"阵列创建"选项卡中的"层级"面板，二维情况下无需设置。

> 对齐项目（A）：指定是否对齐每个项目以与路径的方向相切，对齐相对于第一个项目的方向，效果对比如图 4-98 所示。"阵列创建"选项卡中的"对齐项目"按钮亮显则开启，反之关闭。

> Z 方向：控制是否保持项目的原始 Z 方向或沿三维路径自然倾斜项目。

【练习 4-14】　路径阵列绘制园路汀步

在中国古典园林中，常以零散的叠石点缀于窄而浅的水面上，如图 4-99 所示，使人易于蹍步而行，名为"汀步"，或叫"掇步""踏步"，日本又称为"泽飞"。汀步在园林中虽属小景，但并不是指可有可无，恰恰相反，却是更见匠心。这种古老渡水设施，质朴自然，别

(a) 开启 "对齐项目" 效果　　　　　　　(b) 关闭 "对齐项目" 效果

图 4-98　对齐项目效果

有情趣，因此在当代园林设计中得到了大量运用。本例便通过 "路径阵列" 方法创建一园林汀步。

① 启动 AutoCAD 2022，打开 "第 4 章 \ 4-14 路径阵列绘制园路汀步 .dwg" 文件，如图 4-100 所示。

图 4-99　汀步

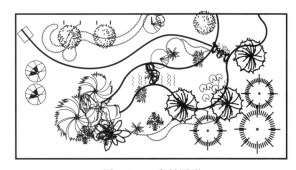

图 4-100　素材图形

② 单击 "修改" 面板中的 "路径阵列" 按钮 ，选择阵列对象和阵列曲线进行阵列，命令行操作如下。

```
命令:_arraypath                        //执行"路径阵列"命令
选择对象:找到 1 个                      //选择矩形汀步图形,按 Enter 确认
类型 = 路径　关联 = 是
选择路径曲线:                          //选择样条曲线作为阵列路径,按 En-
                                        ter 确认
选择夹点以编辑阵列或[关联(AS)/方法(M)/基点(B)/切向(T)/项目(I)/行(R)/层
(L)/对齐项目(A)/z 方向(Z)/退出(X)]< 退出 >:I↙
                                       //选择"项目"选项
指定沿路径的项目之间的距离或[表达式(E)]< 126> :700↙//输入项目距离
最大项目数 = 16
指定项目数或[填写完整路径(F)/表达式(E)]< 16> :↙
                                       //按 Enter 键确认阵列数量
选择夹点以编辑阵列或[关联(AS)/方法(M)/基点(B)/切向(T)/项目(I)/行(R)/层
(L)/对齐项目(A)/z 方向(Z)/退出(X)]< 退出 >:↙
                                       //按 Enter 键完成操作
```

③ 路径阵列完成后，删除路径曲线，园路汀步绘制完成，最终效果如图 4-101 所示。

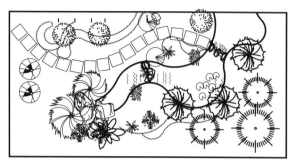

图 4-101　路径阵列结果

（3）环形阵列

"环形阵列"即极轴阵列，是以某一点为中心点进行环形复制，阵列结果是使阵列对象沿中心点的四周均匀排列成环形。调用"极轴阵列"命令的方法如下。

➤ 功能区：在"默认"选项卡中，单击"修改"面板中的"环形阵列"按钮 ⬚。

➤ 菜单栏：执行"修改"｜"阵列"｜"环形阵列"命令。

➤ 命令行：在命令行中输入"ARRAYPOLAR"。

"环形阵列"需要设置的参数有阵列的"源对象""项目总数""中心点位置"和"填充角度"。填充角度是指全部项目排成的环形所占的角度。例如，对于 360° 填充，所有项目将排满一圈，如图 4-102 所示；对于 240° 填充，所有项目只排满三分之二圈，如图 4-103 所示。

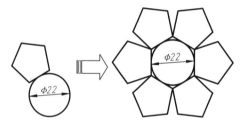

图 4-102　指定项目总数和填充角度阵列

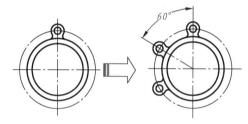

图 4-103　指定项目总数和项目间的角度阵列

调用"阵列"命令，功能区面板显示"阵列创建"选项卡，如图 4-104 所示，命令行提示如下。

```
命令:_arraypolar                              //调用"环形阵列"命令
选择对象:找到 1 个                             //选择阵列对象
选择对象。
类型=极轴  关联=是                            //显示当前的阵列设置
指定阵列的中心点或[基点(B)/旋转轴(A)]：      //指定阵列中心点
选择夹点以编辑阵列或[关联(AS)/基点(B)/项目(I)/项目间角度(A)/填充角度
(F)/行(ROW)/层(L)/旋转项目(ROT)/退出(X)]<退出>：↵
                                              //设置阵列参数并按 Enter 键退出
```

类型	项目			行 ▾			层级			特性				关闭
极轴	项目数：6	介于：60	填充：360	行数：1	介于：14.2052	总计：14.2052	级别：1	介于：1	总计：1	关联	基点	旋转项目	方向	关闭阵列

图 4-104　"阵列创建"选项卡

命令行主要选项介绍如下。

> 关联（AS）：与"矩形阵列"中的"关联"选项相同，这里不重复讲解。

> 基点（B）：指定阵列的基点，默认为质心，效果同"阵列创建"选项卡中的"基点"按钮。

> 项目（I）：使用值或表达式指定阵列中的项目数，默认为 360°填充下的项目数，如图 4-105 所示。

> 项目间角度（A）：使用值表示项目之间的角度，如图 4-106 所示。同"阵列创建"选项卡中的"项目"面板。

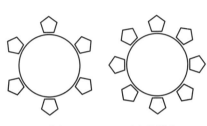

（a）项目数为6　　（b）项目数为8

图 4-105　不同的项目数效果

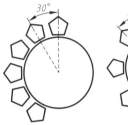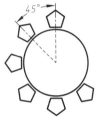

（a）项目间角度为30°　（b）项目间角度为45°

图 4-106　不同的项目间角度效果

> 填充角度（F）：使用值或表达式指定阵列中第一个和最后一个项目之间的角度，即环形阵列的总角度。

> 行（ROW）：指定阵列中的行数、它们之间的距离以及行之间的增量标高，效果与"路径阵列"中的"行（R）"选项一致，在此不重复讲解。

> 层（L）：指定三维阵列的层数和层间距，效果同"阵列创建"选项卡中的"层级"面板，二维情况下无需设置。

> 旋转项目（ROT）：控制在阵列项时是否旋转项，效果对比如图 4-107 所示。"阵列创建"选项卡中的"旋转项目"按钮亮显则开启，反之关闭。

（a）开启"旋转项目"效果　　（b）关闭"旋转项目"效果

图 4-107　旋转项目效果

【练习 4-15】　环形阵列绘制树池

在有铺装的地面上栽种树木时，应在树木的周围保留一块没有铺装的土地，通常把它叫"树池"或"树穴"，是景观设计中较为常见的图形。根据设计的总体效果，树池周围的铺装多为矩形或环形，如图 4-108 所示。本例便通过"环形阵列"绘制一环形树池。

（a）矩形树池　　　　　　　　　　　　　（b）环形树池

图 4-108　树池

① 启动 AutoCAD 2022 软件，打开"第 4 章 \ 4-15 环形阵列绘制树池 . dwg"文件，如图 4-109 所示。

② 在"默认"选项卡中，单击"修改"面板中的"环形阵列"按钮 ，启动环形阵列。

③ 选择图形下侧的矩形作为阵列对象，命令行操作如下。

> 类型= 极轴　关联= 是
>
> 指定阵列的中心点或[基点(B)/旋转轴(A)]：　　//指定树池圆心作为阵列的中心点进行阵列
>
> 选择夹点以编辑阵列或[关联(AS)/基点(B)/项目(I)/项目间角度(A)/填充角度(F)/行(ROW)/层(L)/旋转项目(ROT)/退出(X)]< 退出 > : I↙
>
> 输入阵列中的项目数或[表达式(E)]< 6 > : 70↙
>
> 选择夹点以编辑阵列或[关联(AS)/基点(B)/项目(I)/项目间角度(A)/填充角度(F)/行(ROW)/层(L)/旋转项目(ROT)/退出(X)]< 退出 > :

④ 环形阵列结果如图 4-110 所示。

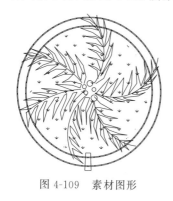

图 4-109　素材图形　　　　　　　　　　图 4-110　环形阵列结果

4.4　细节修改类

图形绘制完成后，有时还需要对细节部分做一定的处理，这些细节处理包括倒角、倒圆、曲线及多段线的调整等；此外部分图形可能还需要分解或打断进行二次编辑，如矩形、多边形等。

4.4.1　圆角、倒角与光顺曲线

倒角是指把工件的棱角切削成一定斜面或圆面的加工工艺，这样做既能避免锐角伤人，又有利于装配，如图 4-111 所示。切削成斜面的叫作倒斜角，而切削成圆面的则叫倒圆角。AutoCAD 中，"圆角"和"倒斜角"命令便是用来创建这类倒角特征的，而光顺曲线则是用来调整样条曲线的顺滑程度。

（1）圆角

利用"圆角"命令可以将两条相交的直线通过一个圆弧连接起来，通常用来表示在机械加工中把工件的棱角切削成圆弧面，是倒钝、去毛刺的常用手段，因此多见于机械制图中，如图 4-112 所示。

在 AutoCAD 2022 中，"圆角"命令有以下几种调用方法。

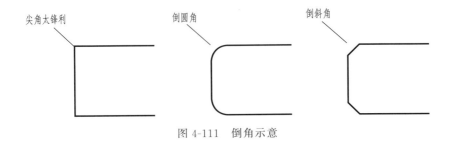

图 4-111　倒角示意

➤ 功能区：单击"修改"面板中的"圆角"按钮 ，如图 4-113 所示。
➤ 菜单栏：执行"修改"|"圆角"命令。
➤ 命令行：在命令行中输入"FILLET"或"F"。

图 4-112　绘制圆角　　　　　　　　图 4-113　"修改"面板中的"圆角"按钮

执行"圆角"命令后，命令行显示如下。

```
命令:_fillet                    //执行"圆角"命令
当前设置:模式= 修剪,半径= 3.0000   //当前圆角设置
选择第一个对象或[放弃(U)/多段线(P)/半径(R)/修剪(T)/多个(M)]:
                               //选择要倒圆的第一个对象
选择第二个对象,或按住 Shift 键选择对象以应用角点或[半径(R)]:
                               //选择要倒圆的第二个对象
```

创建的圆弧的方向和长度由选择对象所拾取的点确定，始终在距离所选位置的最近处创建圆角，如图 4-114 所示。

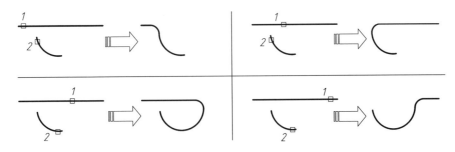

图 4-114　所选对象位置与所创建圆角的关系

重复"圆角"命令之后，圆角的半径和修剪选项无需重新设置，直接选择圆角对象即可，系统默认以上一次圆角的参数创建之后的圆角。命令行中各选项的含义如下。
➤ 放弃（U）：放弃上一次的圆角操作。
➤ 多段线（P）：选择该项将对多段线中每个顶点处的相交直线进行圆角，并且圆角后的圆弧线段将成为多段线的新线段（除非"修剪（T）"选项设置为"不修剪"），如图 4-115 所示。

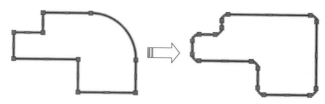

图 4-115　"多段线（P）"倒圆

➤ 半径（R）：选择该项，可以设置圆角的半径，更改此值不会影响现有圆角。0 半径值可用于创建锐角，还原已倒圆的对象，或为两条直线、射线、构造线、二维多段线创建半径为 0 的圆角会延伸或修剪对象以使其相交，如图 4-116 所示。

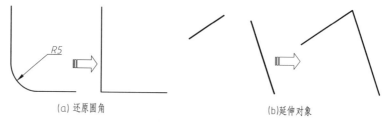

(a) 还原圆角　　　　　　　　　(b)延伸对象

图 4-116　半径值为 0 的倒圆角作用

提示：在 AutoCAD 2022 中，两条平行直线也可进行倒圆角，但圆角直径需为两条平行线的距离，如图 4-117 所示。

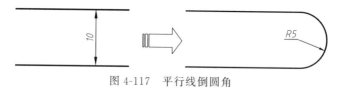

图 4-117　平行线倒圆角

➤ 修剪（T）：选择该项，设置是否修剪对象。修剪与不修剪的效果对比如图 4-118 所示。

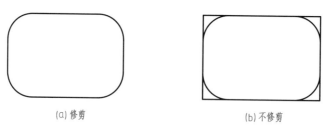

(a) 修剪　　　　　　　　　(b) 不修剪

图 4-118　倒圆角的修剪效果

➤ 多个（M）：选择该选项，可以在依次调用命令的情况下对多个对象进行倒圆角。

【练习 4-16】　机械轴零件倒圆角

在机械设计中，倒圆角的作用有：去除锐边（安全着想）、工艺圆角（铸造件在尺寸发生剧变的地方，必须有圆角过渡）、防止工件的引力集中。本例通过对一轴零件的局部图形进行倒圆角操作，可以进一步帮助读者理解倒圆角的操作及含义。

① 打开"第 4 章 \ 4-16 机械轴零件倒圆角 .dwg"素材文件，素材图形如图 4-119 所示。

② 轴零件的左侧为方便装配设计成一锥形段，因此还可对左侧进行倒圆角，使其更为

圆润，此处的倒圆角半径可适当增大。单击"修改"面板中的"圆角"按钮 ，设置圆角半径为 3，对轴零件最左侧进行倒圆角，如图 4-120 所示。

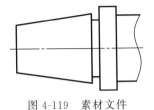

图 4-119　素材文件

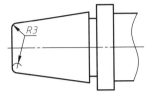

图 4-120　方便装配倒圆角

③ 锥形段的右侧截面处较尖锐，需进行倒圆角处理。重复倒圆角命令，设置倒圆角半径为 1，操作结果如图 4-121 所示。

④ 退刀槽倒圆角。为在加工时便于退刀，且在装配时与相邻零件保证靠紧，通常会在台肩处加工出退刀槽。该槽也是轴类零件的危险截面，如果轴失效发生断裂，多半是断于该处。因此为了避免退刀槽处的截面变化太大，会在此处设计有圆角，以防止应力集中。本例便在退刀槽两端处进行倒圆角处理，圆角半径为 1，效果如图 4-122 所示。

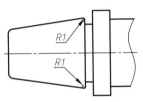

图 4-121　尖锐截面倒圆

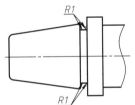

图 4-122　退刀槽倒圆

（2）倒角

"倒角"命令用于将两条非平行直线或多段线以一斜线相连，在机械、室内等设计图中均有应用。默认情况下，需要选择进行倒角的两条相邻的直线，然后按当前的倒角大小对这两条直线倒角。图 4-123 所示为绘制倒角的图形。

在 AutoCAD 2022 中，"倒角"命令有以下几种调用方法。

➢ 功能区：单击"修改"面板中的"倒角"按钮 ，如图 4-124 所示。

➢ 菜单栏：执行"修改"｜"倒角"命令。

➢ 命令行：在命令行中输入"CHAMFER"或"CHA"。

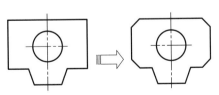

图 4-123　绘制倒斜角

图 4-124　"修改"面板中的"倒角"按钮

倒角命令使用分两个步骤，第一步确定倒角的大小，通过命令行里的"距离"选项实现；第二步是选择需要倒角的两条边。调用"倒角"命令，命令行提示如下。

```
命令:_chamfer                    //调用"倒角"命令
("修剪"模式) 当前倒角距离 1= 0.0000,距离 2= 0.0000
```

　　选择第一条直线或［放弃(U)/多段线(P)/距离(D)/角度(A)/修剪(T)/方式(E)/多个(M)］。
　　　　　　　　　　　　　　　　//选择倒角的方式,或选择第一条倒角边
　　选择第二条直线,或按住 Shift 键选择直线以应用角点或［距离(D)/角度(A)/方法(M)］。
　　　　　　　　　　　　　　　　//选择第二条倒角边

执行该命令后，命令行显示如下。

➤ 放弃（U）：放弃上一次的倒角操作。

➤ 多段线（P）：对整个多段线每个顶点处的相交直线进行倒角，并且倒角后的线段将成为多段线的新线段。如果多段线包含的线段过短导致无法容纳倒角距离，则不对这些线段倒角，如图 4-125 所示（倒角距离为 3）。

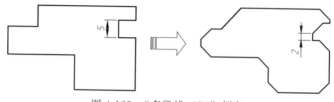

图 4-125　"多段线（P）"倒角

➤ 距离（D）：通过设置两个倒角边的倒角距离来进行倒角操作，第二个距离默认与第一个距离相同。如果将两个距离均设定为零，CHAMFER 将延伸或修剪两条直线，以使它们终止于同一点，同半径为 0 的倒圆角，如图 4-126 所示。

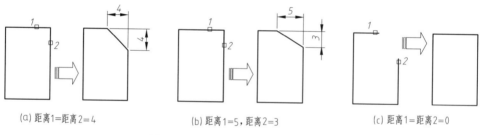

（a）距离1=距离2=4　　　　（b）距离1=5,距离2=3　　　　（c）距离1=距离2=0

图 4-126　不同"距离（D）"的倒角

➤ 角度（A）：用第一条线的倒角距离和第二条线的角度设定倒角距离，如图 4-127 所示。

➤ 修剪（T）：设定是否对倒角进行修剪，如图 4-128 所示。

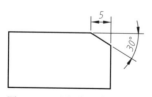

图 4-127　"角度"倒角方式

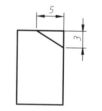

图 4-128　不修剪的倒角效果

➤ 方式（E）：选择倒角方式，与选择"距离（D）"或"角度（A）"的作用相同。

➤ 多个（M）：选择该项，可以对多组对象进行倒角。

【练习 4-17】　家具倒斜角处理

在家具设计中，随处可见倒斜角，如洗手池、八角桌、方凳等。

① 按 Ctrl＋O 快捷键，打开"第 4 章 \ 4-17 家具倒斜角处理 .dwg"素材文件，如图 4-129 所示。

② 单击"修改"面板中的"倒角"按钮，对图形外侧轮廓进行倒角，命令行提示如下。

```
命令：_CHAMFER
("修剪"模式) 当前倒角距离 1= 0.0000,距离 2= 0.0000
选择第一条直线或[放弃(U)/多段线(P)/距离(D)/角度(A)/修剪(T)/方式(E)/多个
(M)]:D↙                          //输入 D,选择"距离"选项
指定第一个 倒角距离< 0.0000> :55↙    //输入第一个倒角距离
指定第二个 倒角距离< 55.0000> :55↙   //输入第二个倒角距离
选择第一条直线或[放弃(U)/多段线(P)/距离(D)/角度(A)/修剪(T)/方式(E)/多个
(M)]。
选择第二条直线,或按住 Shift 键选择直线以应用角点或[距离(D)/角度(A)/方法
(M)]。                            //分别选择待倒角的线段,完成倒角操
                                   作,结果如图 4-130 所示
```

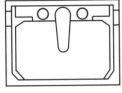

图 4-129　素材图形

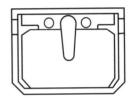

图 4-130　倒角结果

（3）光顺曲线

"光顺曲线"命令是指在两条开放曲线的端点之间，创建相切或平滑的样条曲线，有效对象包括直线、圆弧、椭圆弧、螺线、开放的多段线和开放的样条曲线。

执行"光顺曲线"命令的方法有以下 3 种方法。

➢ 功能区：在"默认"选项卡中，单击"修改"面板中的"光顺曲线"按钮，如图 4-131 所示。

➢ 菜单栏：选择"修改"|"光顺曲线"菜单命令。

➢ 命令行：在命令行中输入"BLEND"。

光顺曲线的操作方法与倒角类似，依次选择要光顺的两个对象即可，效果如图 4-132 所示。

图 4-131　"修改"面板中的"光顺曲线"按钮

图 4-132　光顺曲线

执行上述命令后，命令行提示如下。

```
命令：_BLEND                              //调用"光顺曲线"命令
连续性= 相切
选择第一个对象或[连续性(CON)]：          //要光顺的对象
选择第二个点：CON↙                        //激活"连续性"选项
输入连续性[相切(T)/平滑(S)]<相切>：S↙     //激活"平滑"选项
选择第二个点：                            //单击第二点完成命令操作
```

其中各选项的含义如下。

➤ 连续性（CON）：设置连接曲线的过渡类型，有"相切""平滑"两个延伸选项，含义说明如下。

➤ 相切（T）：创建一条3阶样条曲线，在选定对象的端点处具有相切连续性。

➤ 平滑（S）：创建一条5阶样条曲线，在选定对象的端点处具有曲率连续性。

4.4.2　分解

"分解"命令是将某些特殊的对象分解成多个独立的部分，以便进行更具体的编辑。主要用于将复合对象，如矩形、多段线、块、填充等，还原为一般的图形对象。分解后的对象，其颜色、线型和线宽都可能发生改变。

在 AutoCAD 2022 中，"分解"命令有以下几种调用方法。

➤ 功能区：单击"修改"面板中的"分解"按钮📦。

➤ 菜单栏：选择"修改"｜"分解"命令。

➤ 命令行：在命令行中输入"EXPLODE"或"X"。

执行上述任一命令后，选择要分解的图形对象，按 Enter 键，即可完成分解操作，操作方法与"删除"一致。如图 4-133 所示的微波炉图块被分解后，可以单独选择到其中的任一条边。

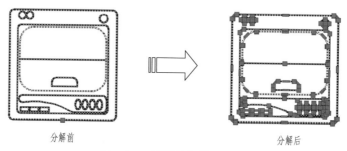

分解前　　　　　　　　　　　　　　　　　　　分解后

图 4-133　图形分解前后对比

提示：在旧版本的 AutoCAD 中，"分解"命令曾被翻译为"爆炸"命令。

根据前面的介绍可知，"分解"命令可用于各复合对象，如矩形、多段线、块等，除此之外该命令还能对三维对象以及文字进行分解，这些对象的分解效果总结如下。

➤ 二维多段线：将放弃所有关联的宽度或切线信息。对于宽多段线将沿多段线中心放置直线和圆弧，如图 4-134 所示。

➤ 三维多段线：将分解成直线段。分解后的直线段线型、颜色等特性将按原三维多段线，如图 4-135 所示。

➤ 阵列对象：将阵列图形分解为原始对象的副本，相对于复制出来的图形，如图 4-136 所示。

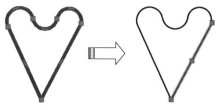

图 4-134 二维多段线分解为单独的线

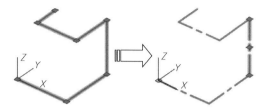

图 4-135 三维多段线分解为单独的线

➢ 填充图案：将填充图案分解为直线、圆弧、点等基本图形，如图 4-137 所示。SOLID 实体填充图形除外。

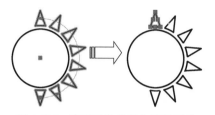

图 4-136 阵列对象分解为原始对象

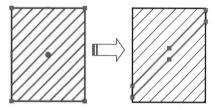

图 4-137 填充图案分解为基本图形

➢ 引线：根据引线的不同，可分解成直线、样条曲线、实体（箭头）、块插入（箭头、注释块）、多行文字或公差对象，如图 4-138 所示。

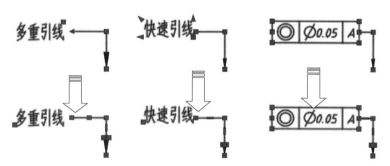

图 4-138 引线分解为单行文字和多段线

➢ 多行文字：将分解成单行文字。如果要将文字彻底分解至直线等图元对象，需使用 TXTEXP "文字分解" 命令，效果如图 4-139 所示。

(a) 原始图形(多行文字) (b) "分解" 效果(单行文字) (c) TXTEXP效果(普通线条)

图 4-139 多行的文字的分解效果

➢ 面域：分解成直线、圆弧或样条曲线，即还原为原始图形，消除面域效果，如图 4-140 所示。

➢ 三维实体：将实体上平整的面分解成面域，不平整的面分解为曲面，如图 4-141 所示。

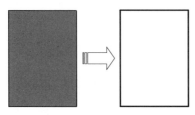
图 4-140　面域对象分解为原始图形

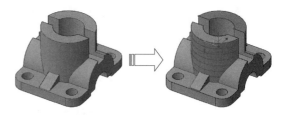
图 4-141　三维实体分解为面

➢ 三维曲面：分解成直线、圆弧或样条曲线，即还原为基本轮廓，消除曲面效果，如图 4-142 所示。

➢ 三维网格：将每个网格面分解成独立的三维面对象，网格面将保留指定的颜色和材质，如图 4-143 所示。

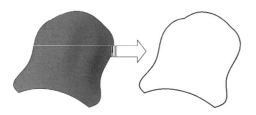
图 4-142　三维曲面分解为基本轮廓

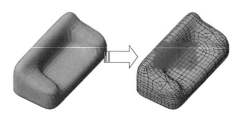
图 4-143　三维网格分解为多个三维面

4.4.3　对齐

"对齐"命令可以使当前的对象与其他对象对齐，既适用于二维对象，又适用于三维对象。在对齐二维对象时，可以指定一对或两对对齐点（源点和目标点），在对齐三维对象时则需要指定三对对齐点。

在 AutoCAD 2022 中，"对齐"命令有以下几种常用调用方法。

➢ 功能区：单击"修改"面板中的"对齐"按钮🔲。
➢ 菜单栏：执行"修改"|"三维操作"|"对齐"命令。
➢ 命令行：在命令行中输入"ALIGN"或"AL"。

执行上述任一命令后，根据命令行提示，依次选择源点和目标点，按 Enter 键结束操作，如图 4-144 所示。

```
命令:_align                            //执行"对齐"命令
选择对象:找到 1 个                       //选择要对齐的对象
指定第一个源点:                         //指定源对象上的一点
指定第一个目标点:                       //指定目标对象上的对应点
指定第二个源点:                         //指定源对象上的一点
指定第二个目标点:                       //指定目标对象上的对应点
指定第三个源点或<继续>:✓                //按 Enter 键完成选择
是否基于对齐点缩放对象？[是(Y)/否(N)]<否>:✓ //按 Enter 键结束命令
```

执行"对齐"命令后，根据命令行提示选择要对齐的对象，并按 Enter 键结束命令。在

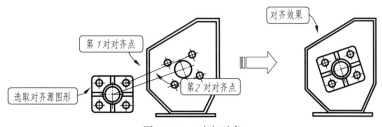

图 4-144　对齐对象

这个过程中，可以指定一对、两对或三对对齐点（一个源点和一个目标点合称为一对对齐点）来对齐选定对象。对齐点的对数不同，操作结果也不同，具体介绍如下。

（1）一对对齐点（一个源点、一个目标点）

当只选择一对源点和目标点时，所选的对象将在二维或三维空间从源点 1 移动到目标点 2，类似于"移动"操作，如图 4-145 所示。

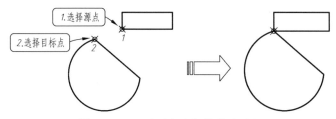

图 4-145　一对对齐点仅能移动对象

该对齐方法的命令行操作如下。

命令:ALIGN	//执行"对齐"命令
选择对象:找到 1 个	//选择图中的矩形
指定第一个源点:	//选择点 1
指定第一个目标点:	//选择点 2
指定第二个源点:↙	//按 Enter 键结束操作,矩形移动至对象上

（2）两对对齐点（两个源点、两个目标点）

当选择两对点时，可以移动、旋转和缩放选定对象，以便与其他对象对齐。第一对源点和目标点定义对齐的基点（点 1、2），第二对对齐点定义旋转的角度（点 3、4），效果如图 4-146 所示。

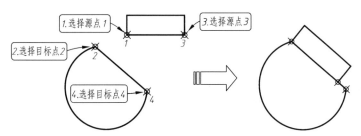

图 4-146　两对对齐点可将对象移动并对齐

该对齐方法的命令行操作如下。

命令:ALIGN	//执行"对齐"命令

```
选择对象:找到 1 个                              //选择图中的矩形
指定第一个源点:                                 //选择点 1
指定第一个目标点:                               //选择点 2
指定第二个源点:                                 //选择点 3
指定第二个目标点:                               //选择点 4
指定第三个源点或< 继续 >:↙                      //按 Enter 键完成选择
是否基于对齐点缩放对象?[是(Y)/否(N)]< 否 >:↙ //按 Enter 键结束操作
```

在输入了第二对点后，系统会给出"缩放对象"的提示。如果选择"是（Y）"，则源对象将进行缩放，使得其上的源点 3 与目标点 4 重合，效果如图 4-147 所示；如果选择"否（N）"，则源对象大小保持不变，源点 3 落在目标点 2、4 的连线上。

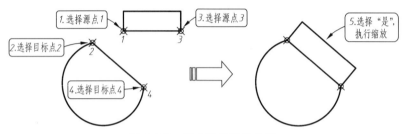

图 4-147　对齐时的缩放效果

提示：只有使用两对点对齐对象时才能使用缩放。

（3）三对对齐点（三个源点、三个目标点）

对于二维图形来说，两对对齐点已可以满足绝大多数的使用需要，只有在三维空间中才会用得上三对对齐点。当选择三对对齐点时，选定的对象可在三维空间中进行移动和旋转，使之与其他对象对齐，如图 4-148 所示。

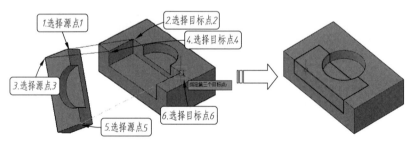

图 4-148　三对对齐点可在三维空间中对齐

【练习 4-18】　使用对齐命令装配三通管

在机械装配图的绘制过程中，如果仍一笔一画地绘制，则效率极为低下，无法体现出 AutoCAD 绘图的强大功能，也不能满足现代设计的需要。因此对 AutoCAD 掌握熟练，熟悉其中的各种绘制、修改命令，对提供工作效率有很大的提高。在本例中，如果使用"移动""旋转"等方法，难免费时费力，而使用"对齐"命令，则可以一步到位，极为简便。

① 打开"第 4 章 \ 4-18 使用对齐命令装配三通管 .dwg"素材文件，其中已经绘制好了一三通管和装配管，但图形比例不一致，如图 4-149 所示。

② 单击"修改"面板中的"对齐"按钮，执行"对齐"命令，选择整个装配管图形，然后根据三通管和装配管的对接方式，按图 4-150 所示选择对应的两对对齐点（点 1 对

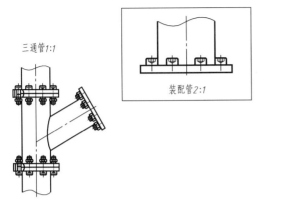

图 4-149　素材图形

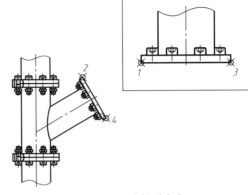

图 4-150　选择对齐点

应点 2、点 3 对应点 4)。

③ 两对对齐点指定完毕后，单击 Enter 键，命令行提示"是否基于对齐点缩放对象"，输入"Y"，选择"是"，再单击 Enter 键，即可将装配管对齐至三通管中，效果如图 4-151 所示。

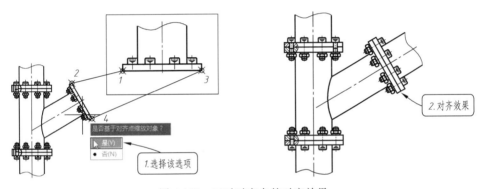

图 4-151　三对对齐点的对齐效果

4.4.4　打断

执行"打断"命令可以在对象上指定两点，然后两点之间的部分会被删除。被打断的对象不能是组合形体，如图块等，只能是单独的线条，如直线、圆弧、圆、多段线、椭圆、样条曲线、圆环等。

在 AutoCAD 2022 中，"打断"命令有以下几种调用方法。

➢ 功能区：单击"修改"面板上的"打断"按钮。

➢ 菜单栏：执行"修改"｜"打断"命令。

➢ 命令行：在命令行中输入"BREAK"或"BR"。

"打断"命令可以在选择的线条上创建两个打断点，从而将线条断开。如果在对象之外指定一点为第二个打断点，系统将以该点到被打断对象的垂直点位置为第二个打断点，除去两点间的线段。图 4-152 所示为打断对象的过程，可以看到利用"打断"命令能快速完成图形效果的调整。对应的命令行操作如下。

```
命令：_break                    //执行"打断"命令
```

选择对象：	//选择要打断的图形
指定第二个打断点 或[第一点(F)]:F↙	//选择"第一点"选项,指定打断的第一点
指定第一个打断点：	//选择 A 点
指定第二个打断点：	//选择 B 点

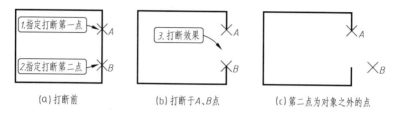

(a)打断前　　　　　(b)打断于A、B点　　　　　(c)第二点为对象之外的点

图 4-152　图形打断效果

　　默认情况下，系统会以选择对象时的拾取点作为第一个打断点。若此时直接在对象上选取另一点，即可去除两点之间的图形线段，但这样的打断效果往往不符要求，因此可在命令行中输入字母"F"，执行"第一点（F）"选项，通过指定第一点来获取准确的打断效果。

4.4.5　打断于点

　　"打断于点"是从"打断"命令派生出来的，"打断于点"是指通过指定一个打断点，将对象从该点处断开成两个对象。在 AutoCAD 2022 中，"打断于点"命令不能通过命令行输入和菜单调用，因此只有一种调用方法，即通过单击"修改"面板中的"打断于点"按钮，如图 4-153 所示。

　　"打断于点"命令在执行过程中，需要输入的参数只有"打断对象"和一个"打断点"。打断之后的对象外观无变化，没有间隙，但选择时可见已在打断点处分成两个对象，如图 4-154 所示。对应命令行操作如下。

命令:_break	//执行"打断于点"命令
选择对象：	//选择要打断的图形
指定第二个打断点 或[第一点(F)]:_f	//系统自动选择"第一点"选项
指定第一个打断点：	//指定打断点
指定第二个打断点:@	//系统自动输入@ 结束命令

图 4-153　"修改"面板中的"打断于点"按钮

图 4-154　打断于点的图形

　　提示：不能在一点打断闭合对象（例如圆）。

　　读者可以发现"打断于点"与"打断"的命令行操作相差无几，甚至在命令行中的代码都是"break"。这是由于"打断于点"可以理解为"打断"命令的一种特殊情况，即第二点与第一点重合。因此，在执行"打断"命令时，要想让输入的第二个点和第一个点相同，那在指定第二点时在命令行输入"@"字符即可——此操作即相当于"打断于点"。

【练习 4-19】　使用打断修改电路图

"打断"命令除了为文字、标注等创建注释空间外，还可以用来修改、编辑图形，尤其适用于修改由大量直线、多段线等线性对象构成的电路图。本例便通过"打断"命令的灵活使用，为某电路图添加电气元件。

① 打开"第 4 章 \ 4-19 使用打断修改电路图 .dwg"素材文件，其中绘制好了一简单电路图和一孤悬在外的电气元件（可调电阻），如图 4-155 所示。

② 在"默认"选项卡中，单击"修改"面板中的"打断"按钮，选择可调电阻左侧的线路作为打断对象，可调电阻的上、下两个端点作为打断点，打断效果如图 4-156 所示。

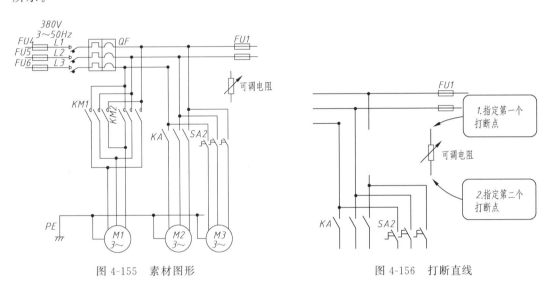

图 4-155　素材图形　　　　　　　　图 4-156　打断直线

③ 按相同方法打断剩下的两条线路，效果如图 4-157 所示。

④ 单击"修改"面板中的"复制"按钮，将可调电阻复制到打断的三条线路上，如图 4-158 所示。

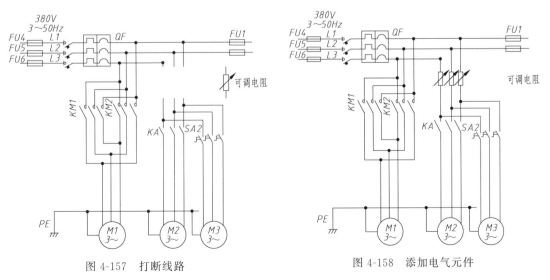

图 4-157　打断线路　　　　　　　　图 4-158　添加电气元件

4.4.6　合并

"合并"命令用于将独立的图形对象合并为一个整体。它可以将多个对象进行合并，对象包括直线、多段线、三维多段线、圆弧、椭圆弧、螺旋线和样条曲线等。

在 AutoCAD 2022 中，"合并"命令有以下几种调用方法。

> 功能区：单击"修改"面板中的"合并"按钮 ➤┿。
> 菜单栏：执行"修改"｜"合并"命令。
> 命令行：在命令行中输入"JOIN"或"J"。

执行以上任一命令后，选择要合并的对象按 Enter 键退出，如图 4-159 所示。命令行操作如下。

```
命令:_join                          //执行"合并"命令
选择源对象或要一次合并的多个对象:找到 1 个  //选择源对象
选择要合并的对象:找到 1 个,总计 2 个   //选择要合并的对象
选择要合并的对象:↙                  //按 Enter 键完成操作
```

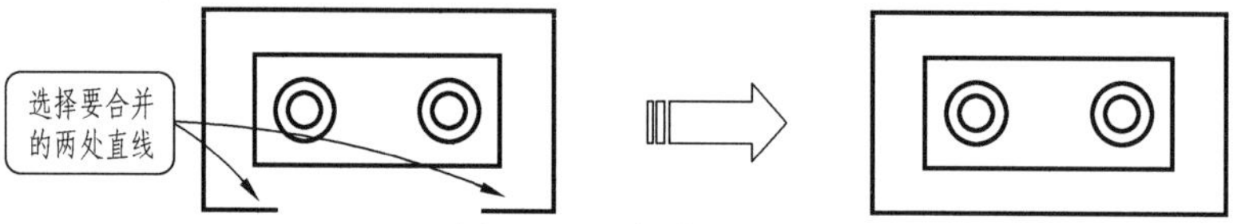

图 4-159　合并图形

"合并"命令产生的对象类型取决于所选定的对象类型、首先选定的对象类型以及对象是否共线（或共面）。"合并"操作的结果与所选对象及选择顺序有关，本书将不同对象的合并效果总结如下。

> 直线：两直线对象必须共线才能合并，它们之间可以有间隙，如图 4-160 所示；如果选择源对象为直线，再选择圆弧，合并之后将生成多段线，如图 4-161 所示。

图 4-160　两直线合并为一根直线　　　　图 4-161　直线、圆弧合并为多段线

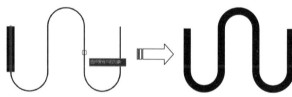

图 4-162　多段线与其他对象合并仍为多段线

> 多段线：直线、多段线和圆弧可以合并到多段线。所有对象必须连续且共面，生成的对象是单条多段线，如图 4-162 所示。

> 三维多段线：所有线性或弯曲对象都可以合并到源三维多段线。所选对象必须是连续的，可以不共面。产生的对象是单条三维多段线或单条样条曲线，分别取决于用户连接到线性对象还是弯曲的对象，如图 4-163 和图 4-164 所示。

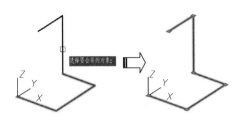
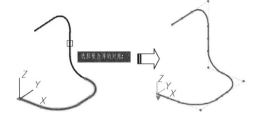

图 4-163　线性的三维多段线合并为单条多段线　　　　图 4-164　弯曲的三维多段线合并为样条曲线

➢ 圆弧：只有圆弧可以合并到源圆弧。所有的圆弧对象必须同心、同半径，之间可以有间隙。合并圆弧时，源圆弧按逆时针方向进行合并，因此不同的选择顺序，所生成的圆弧也有优弧、劣弧之分，如图 4-165 和图 4-166 所示；如果两圆弧相邻，之间没有间隙，则合并时命令行会提示是否转换为圆，选择"是（Y）"，则生成一整圆，如图 4-167 所示，选择"否（N）"，则无效果；如果选择单独的一段圆弧，则可以在命令行提示中选择"闭合（L）"，来生成该圆弧的整圆，如图 4-168 所示。

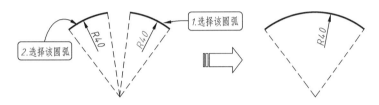

图 4-165　按逆时针顺序选择圆弧合并生成劣弧

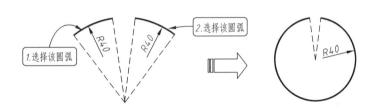

图 4-166　按顺时针顺序选择圆弧合并生成优弧

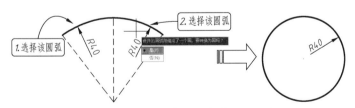

图 4-167　圆弧相邻时可合并生成整圆

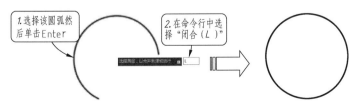

图 4-168　单段圆弧合并可生成整圆

　　➢ 椭圆弧：仅椭圆弧可以合并到源椭圆弧。椭圆弧必须共面且具有相同的主轴和次轴，它们之间可以有间隙。从源椭圆弧按逆时针方向合并椭圆弧。操作基本与圆弧一致，在此不重复介绍。

　　➢ 螺旋线：所有线性或弯曲对象可以合并到源螺旋线。要合并的对象必须是相连的，可以不共面。结果对象是单个样条曲线，如图 4-169 所示。

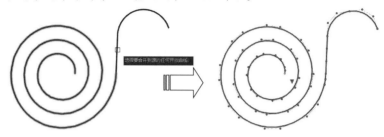

图 4-169　螺旋线的合并效果

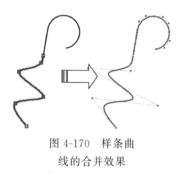

图 4-170　样条曲线的合并效果

　　➢ 样条曲线：所有线性或弯曲对象可以合并到源样条曲线。要合并的对象必须是相连的，可以不共面。结果对象是单个样条曲线，如图 4-170 所示。

【练习 4-20】　使用合并修改电路图

　　在"练习 4-19"中，使用了"打断"命令为电路图中添加了元器件，而如果反过来需要删除元器件，则可以通过本节所学的"合并"命令来完成，具体操作方法如下。

　　① 打开"第 4 章 \ 4-20 使用合并修改电路图 .dwg"素材文件，其中已经绘制好了一完整电路图，如图 4-171 所示。

　　② 删除元器件。在"默认"选项卡中，单击"修改"面板中的"删除"按钮 ，删除在"练习 4-19"中添加的 3 个可调电阻，如图 4-172 所示。

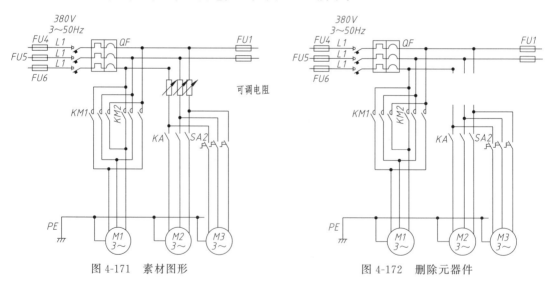

图 4-171　素材图形　　　　　　　　　　　图 4-172　删除元器件

　　③ 单击"修改"面板中的"合并"按钮 ，分别单击打断线路的两端，将直线合并，如图 4-173 所示。

　　④ 按相同方法合并剩下的两条线路，最终效果如图 4-174 所示。

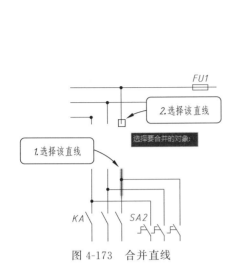

图 4-173 合并直线

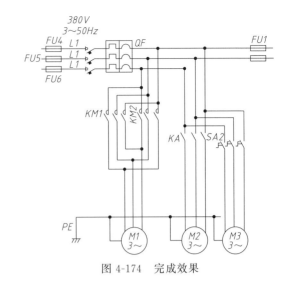

图 4-174 完成效果

4.4.7 删除

"删除"命令可将多余的对象从图形中完全清除,是 AutoCAD 最常用的命令之一,使用也很简单。在 AutoCAD 2022 中执行"删除"命令的方法有以下 4 种。

➤ 功能区:在"默认"选项卡中,单击"修改"面板中的"删除"按钮。

➤ 菜单栏:选择"修改"|"删除"菜单命令。

➤ 命令行:在命令行中输入"ERASE"或"E"。

➤ 快捷操作:选中对象后直接按 Delete。

执行上述命令后,根据命令行的提示选择需要删除的图形对象,按 Enter 键即可删除已选择的对象,如图 4-175 所示。

(a)原对象

(b)选择要删除的对象

(c)删除结果

图 4-175 删除图形

在绘图时如果意外删错了对象,可以使用"UNDO"(撤销)命令或"OOPS"(恢复删除)命令将其恢复。

➤ UNDO(撤销):即放弃上一步操作,快捷键 Ctrl+Z,对所有命令有效。

➤ OOPS(恢复删除):OOPS 可恢复由上一个 ERASE "删除"命令删除的对象,该命令对 ERASE 有效。

此外"删除"命令还有一些隐藏选项,在命令行提示"选择对象"时,除了用选择方法选择要删除的对象外,还可以输入特定字符,执行隐藏操作,介绍如下。

➤ 输入"L":删除绘制的上一个对象。

➤ 输入"P":删除上一个选择集。

➤ 输入"All":从图形中删除所有对象。

> 输入"?": 查看所有选择方法列表。

4.5 通过夹点编辑图形

除了上述介绍的修改命令外,在 AutoCAD 中还有一种非常重要的编辑方法,即通过夹点编辑图形。所谓"夹点"指的是在选择图形对象后出现的一些可供捕捉或选择的特征点,如端点、顶点、中点、中心点等,图形的位置和形状通常是由夹点的位置决定的。在 Auto-CAD 中,夹点是一种集成的编辑模式,利用夹点可以编辑图形的大小、位置、方向以及对图形进行镜像复制操作等。

4.5.1 夹点模式概述

在夹点模式下,图形对象以蓝色线高亮显示,图形上的特征点(如端点、圆心、象限点等)将显示为蓝色的小方框▇,这样的小方框称为夹点。不同对象的夹点如图 4-176 所示。

图 4-176 不同对象的夹点

夹点有未激活和被激活两种状态。蓝色小方框显示的夹点处于未激活状态,单击某个未激活夹点,该夹点以红色小方框显示,处于被激活状态,被称为热夹点。以热夹点为基点,可以对图形对象进行拉伸、平移、复制、缩放和镜像等操作。同时按 Shift 键可以选择激活多个热夹点。

4.5.2 利用夹点拉伸对象

如需利用夹点来拉伸图形,则操作方法如下。

> 快捷操作:在不执行任何命令的情况下选择对象,然后单击其中的一个夹点,系统自动将其作为拉伸的基点,即进入"拉伸"编辑模式。通过移动夹点,就可以将图形对象拉伸至新位置。夹点编辑中的"拉伸"与"STRETCH"(拉伸)命令一致,效果如图 4-177 所示。

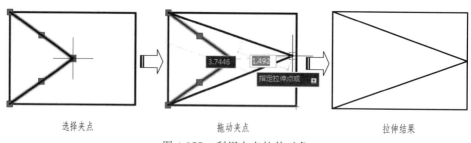

选择夹点　　　　　　　拖动夹点　　　　　　　拉伸结果

图 4-177 利用夹点拉伸对象

提示:对于某些夹点,拖动时只能移动而不能拉伸,如文字、块、直线中点、圆心、椭圆中心和点对象上的夹点。

4.5.3 利用夹点移动对象

如需利用夹点来移动图形,则操作方法如下。

> 快捷操作:选中一个夹点,单击一次 Enter 键,即进入"移动"模式。

➤命令行：在夹点编辑模式下确定基点后，输入"MO"进入"移动"模式，选中的夹点即为基点。

通过夹点进入"移动"模式后，命令行提示如下。

＊＊ MOVE ＊＊
指定移动点或[基点(B)/复制(C)/放弃(U)/退出(X)]。

使用夹点移动对象，可以将对象从当前位置移动到新位置，同"MOVE"（移动）命令，如图 4-178 所示。

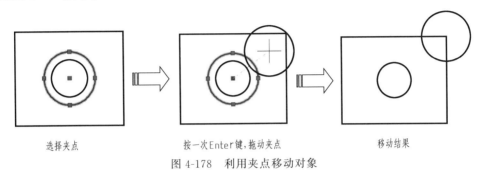

选择夹点   按一次Enter键,拖动夹点   移动结果

图 4-178 利用夹点移动对象

4.5.4 利用夹点旋转对象

如需利用夹点来移动图形，则操作方法如下。

➤快捷操作：选中一个夹点，单击两次 Enter 键，即进入"旋转"模式。

➤命令行：在夹点编辑模式下确定基点后，输入"RO"进入"旋转"模式，选中的夹点即为基点。

通过夹点进入"移动"模式后，命令行提示如下。

＊＊ 旋转 ＊＊
指定旋转角度或[基点(B)/复制(C)/放弃(U)/参照(R)/退出(X)]。

默认情况下，输入旋转角度值或通过拖动方式确定旋转角度后，即可将对象绕基点旋转指定的角度。也可以选择"参照"选项，以参照方式旋转对象。操作方法同"ROTATE"（旋转）命令，利用夹点旋转对象如图 4-179 所示。

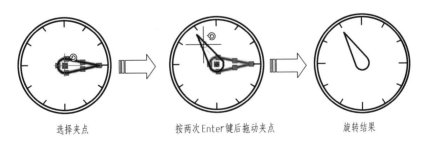

选择夹点   按两次Enter键后拖动夹点   旋转结果

图 4-179 利用夹点旋转对象

4.5.5 利用夹点缩放对象

如需利用夹点来移动图形，则操作方法如下。

➢ 快捷操作：选中一个夹点，单击三次 Enter 键，即进入"缩放"模式。
➢ 命令行：选中的夹点即为缩放基点，输入"SC"进入"缩放"模式。
通过夹点进入"缩放"模式后，命令行提示如下。

★ ★ 比例缩放 ★ ★
指定比例因子或[基点(B)/复制(C)/放弃(U)/参照(R)/退出(X)]。

默认情况下，当确定了缩放的比例因子后，将相对于基点进行缩放对象操作。当比例因子大于 1 时放大对象；当比例因子大于 0 而小于 1 时缩小对象，操作同"SCALE"（缩放）命令，如图 4-180 所示。

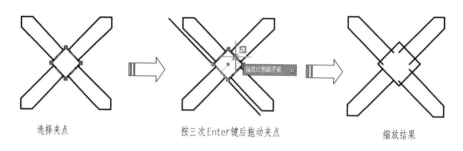

选择夹点   按三次Enter键后拖动夹点   缩放结果

图 4-180 利用夹点缩放对象

4.5.6 利用夹点镜像对象

如需利用夹点来镜像图形，则操作方法如下。
➢ 快捷操作：选中一个夹点，单击四次 Enter 键，即进入"镜像"模式。
➢ 命令行：输入"MI"进入"镜像"模式，选中的夹点即为镜像线第一点。
通过夹点进入"镜像"模式后，命令行提示如下。

★ ★ 镜像 ★ ★
指定第二点或[基点(B)/复制(C)/放弃(U)/退出(X)]。

指定镜像线上的第二点后，AutoCAD 将以基点作为镜像线上的第一点，将对象进行镜像操作并删除源对象。利用夹点镜像对象如图 4-181 所示。

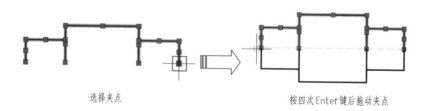

选择夹点   按四次Enter键后拖动夹点

图 4-181 利用夹点镜像对象

4.5.7 利用夹点复制对象

如需利用夹点来复制图形，则操作方法如下。
➢ 命令行：选中夹点后进入"移动"模式，然后在命令行中输入"C"，调用"复制(C)"选项即可，命令行操作如下。

```
＊＊ MOVE ＊＊                                        //进入"移动"模式
指定移动点 或[基点(B)/复制(C)/放弃(U)/退出(X)]:C↙  //选择"复制"选项

＊＊ MOVE (多个) ＊＊                                 //进入"复制"模式
指定移动点 或[基点(B)/复制(C)/放弃(U)/退出(X)]:↙    //指定放置点,并按En-
                                                    ter 键完成操作
```

使用夹点复制功能,选定中心夹点进行拖动时需按住 Ctrl 键,复制效果如图 4-182 所示。

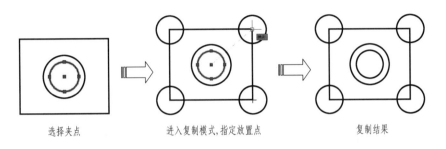

选择夹点　　　　　进入复制模式,指定放置点　　　　　复制结果

图 4-182　夹点复制

【练习 4-21】　夹点编辑调整图形

夹点操作在绘图过程中是一项重要的辅助工具,所以夹点操作的优势只有在绘图过程中才能展现。本例介绍在已有的图形上先进行夹点操作修改图形,然后结合其他命令进一步绘制修改图形,综合运用夹点操作和修改命令绘图,可以大幅提高绘图效率。

① 打开"第 4 章 \ 4-21 夹点编辑调整图形 . dwg"素材文件,如图 4-183 所示。

② 单击细实线矩形两边的竖直线,呈现夹点状态,将直线向下竖直拉伸,如图 4-184 所示。

③ 单击左下端不规则的四边形,光标拖动四边形的右上端点到细实线与矩形的交点,如图 4-185 所示。

④ 仍使用相同的办法拖动不规则四边形的左上端点,如图 4-186 所示。

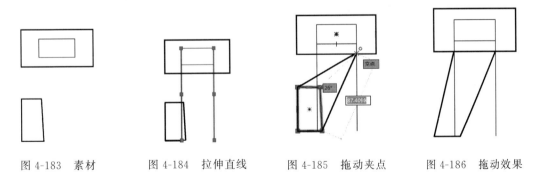

图 4-183　素材　　　　图 4-184　拉伸直线　　　　图 4-185　拖动夹点　　　　图 4-186　拖动效果

⑤ 按 F8 键开启正交模式,选择不规则四边形,水平拖动其下端点连接到竖直细实线,效果如图 4-187 所示。

⑥ 单击细实线矩形两边的竖直线,呈现夹点状态,如图 4-188 所示。

⑦ 分别拖动竖直细线,使其缩短到原来的位置,如图 4-189 所示。

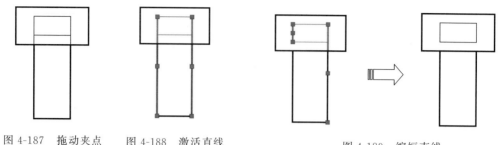

图 4-187　拖动夹点　　　图 4-188　激活直线　　　　　图 4-189　缩短直线

⑧ 单击"修改"面板中的"镜像"按钮 ⚞⚟，以上水平线为镜像线，镜像整个图形，如图 4-190 所示。

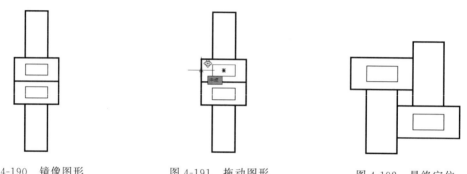

图 4-190　镜像图形　　　　图 4-191　拖动图形　　　　图 4-192　最终定位

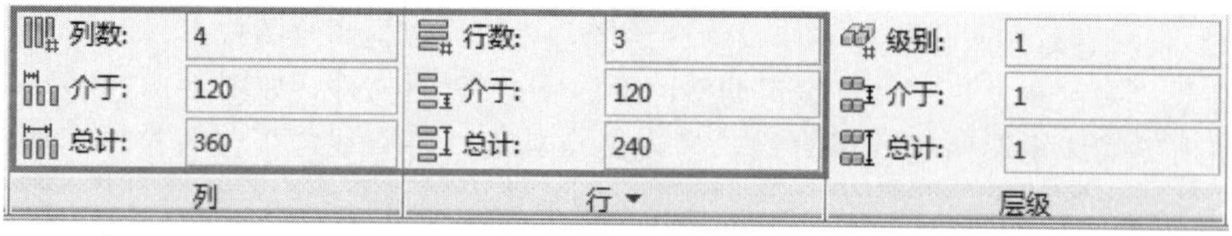

列数:	4	行数:	3	级别:	1
介于:	120	介于:	120	介于:	1
总计:	360	总计:	240	总计:	1
列		行 ▾		层级	

图 4-193　阵列参数

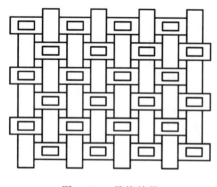

图 4-194　最终效果

⑨ 单击"修改"面板中的"移动"按钮 ✛，选择对象为镜像图形，基点为左端竖直线段的中点，如图 4-191 所示。

⑩ 拖动基点到原图形下矩形右端竖直线的中点，如图 4-192 所示。

⑪ 单击"修改"面板中的"矩形阵列"按钮 ▦，选择阵列对象为整个图形，设置参数如图 4-193 所示。

⑫ 最终效果如图 4-194 所示。

第 **5** 章

创建图形注释

扫码全方位学习
AutoCAD 2022

在 AutoCAD 中，图形注释可以是文字、尺寸标注、引线，或表格说明，创建这些注释的命令都集中于"注释"面板中，如图 5-1 所示。

图 5-1 "注释"面板中的命令

5.1 尺寸标注

使用 AutoCAD 进行设计绘图时，首先要明确的一点就是：图形中的线条长度，并不代表物体的真实尺寸，一切数值应按标注为准。无论是零件加工、还是建筑施工，所依据的是标注的尺寸值，因而尺寸标注是绘图中最为重要的部分。一些成熟的设计师，在现场或无法使用 AutoCAD 的场合，会直接用笔在纸上手绘出一张草图，图不一定要画得好看，但记录的数据却力求准确。

对于不同的对象，其定位所需的尺寸类型不同。AutoCAD 2022 包含了一套完整的尺寸标注的命令，可以标注线性、角度、弧长、半径、直径、坐标等在内的各类尺寸，如图 5-2 所示。

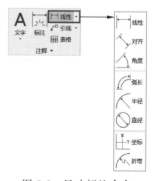

图 5-2 尺寸标注命令

5.1.1 智能标注

"智能标注"可以根据选定的对象类型自动创建相应的标注，例如选择一条线段，则创建线性标注；选择一段圆弧，则创建半径标注。可以看作是以前"快速标注"命令的加强版。

执行"智能标注"命令有以下几种方式。

➢ 功能区：在"默认"选项卡中，单击"注释"面板中的"标注"按钮。

➢ 命令行：在命令行中输入"DIM"。

使用上面任一种方式启动"智能标注"命令，将鼠标置于对应的图形对象上，就会自动创建出相应的标注，如图 5-3 所示。如果需要，可以使用命令行选项更改标注类型。具体操

165

作命令行提示如下。

选择对象或指定第一个尺寸界线原点或[角度(A)/基线(B)/连续(C)/坐标(O)/对齐
(G)/分发(D)/图层(L)/放弃(U)]:　　　　　//选择图形或标注对象

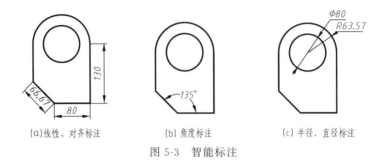

(a)线性、对齐标注　　　　(b)角度标注　　　　(c)半径、直径标注

图 5-3　智能标注

命令行中各选项的含义说明如下。

➤ 角度（A）：创建一个角度标注来显示三个点或两条直线之间的角度，操作方法同
"角度标注"，如图 5-4 所示。

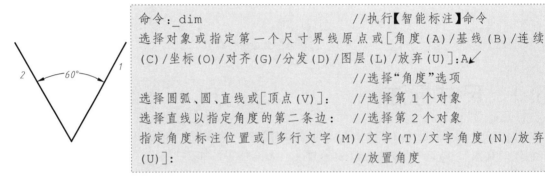

```
命令:_dim                        //执行【智能标注】命令
选择对象或指定第一个尺寸界线原点或[角度(A)/基线(B)/连续
(C)/坐标(O)/对齐(G)/分发(D)/图层(L)/放弃(U)]:A↙
                                //选择"角度"选项
选择圆弧、圆、直线或[顶点(V)]:   //选择第 1 个对象
选择直线以指定角度的第二条边:     //选择第 2 个对象
指定角度标注位置或[多行文字(M)/文字(T)/文字角度(N)/放弃
(U)]:                           //放置角度
```

图 5-4　"角度（A）"标注尺寸

➤ 基线（B）：从上一个或选定标准的第一条界线创建线性、角度或坐标标注，操作方法
同"基线标注"，如图 5-5 所示。

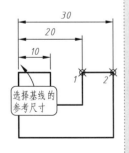

```
命令:_dim                        //执行【智能标注】命令
选择对象或指定第一个尺寸界线原点或[角度(A)/基线(B)/连续
(C)/坐标(O)/对齐(G)/分发(D)/图层(L)/放弃(U)]:B↙
                                //选择"基线"选项
当前设置:偏移(DIMDLI)= 3.750000 //当前的基线标注参数
指定作为基线的第一个尺寸界线原点或[偏移(O)]:
                                //选择基线的参考尺寸
指定第二个尺寸界线原点或[选择(S)/偏移(O)/放弃(U)]<选择>:
标注文字= 20                     //选择基线标注的下一点 1
指定第二个尺寸界线原点或[选择(S)/偏移(O)/放弃(U)]<选择>:
标注文字= 30                     //选择基线标注的下一点 2
……下略……                      //按 Enter 键结束命令
```

图 5-5　"基线（B）"标注尺寸

➢ 连续（C）：从选定标注的第二条尺寸界线创建线性、角度或坐标标注，操作方法同"连续标注"，如图5-6所示。

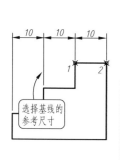

```
命令：_dim                              //执行【智能标注】命令
选择对象或指定第一个尺寸界线原点或[角度(A)/基线(B)/连续
(C)/坐标(O)/对齐(G)/分发(D)/图层(L)/放弃(U)]:C↙
                                       //选择"连续"选项
指定第一个尺寸界线原点以继续：         //选择标注的参考尺寸
指定第二个尺寸界线原点或[选择(S)/放弃(U)]<选择>：
标注文字= 10                           //选择连续标注的下一点1
指定第二个尺寸界线原点或[选择(S)/放弃(U)]<选择>：
标注文字= 10                           //选择连续标注的下一点2
……                                    //按 Enter 键结束命令
```

图5-6 "连续（C）"标注尺寸

➢ 坐标（O）：创建坐标标注，提示选取部件上的点，如端点、交点或对象中心点，如图5-7所示。

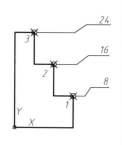

```
命令：_dim                              //执行【智能标注】命令
选择对象或指定第一个尺寸界线原点或[角度(A)/基线(B)/连续
(C)/坐标(O)/对齐(G)/分发(D)/图层(L)/放弃(U)]:O↙
                                       //选择"坐标"选项
指定点坐标或[放弃(U)]：                 //选择点1
指定引线端点或[X基准(X)/Y基准(Y)/多行文字(M)/文字(T)/角度
(A)/放弃(U)]：
标注文字= 8
指定点坐标或[放弃(U)]：                 //选择点2
指定引线端点或[X基准(X)/Y基准(Y)/多行文字(M)/文字(T)/角度
(A)/放弃(U)]：
标注文字= 16
指定点坐标或[放弃(U)]:↙                 //按 Enter 键结束命令
```

图5-7 "坐标（O）"标注尺寸

➢ 对齐（G）：将多个平行、同心或同基准的标注对齐到选定的基准标注，用于调整标注，让图形看起来工整、简洁，如图5-8所示，命令行操作如下。

```
命令：_dim                              //执行"智能标注"命令
选择对象或指定第一个尺寸界线原点或[角度(A)/基线(B)/连续(C)/对齐(G)/分发
(D)/图层(L)/放弃(U)]:G↙                 //选择"对齐"选项
选择基准标注：                          //选择基准标注10
选择要对齐的标注:找到 1 个             //选择要对齐的标注12
选择要对齐的标注:找到 1 个,总计 2 个   //选择要对齐的标注15
选择要对齐的标注:↙                     //按 Enter 键结束命令
```

➢ 分发（D）：指定可用于分发一组选定的孤立线性标注或坐标标注的方法，可将标注按

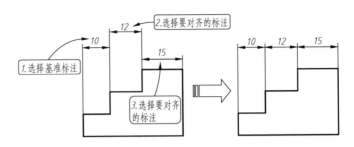

图 5-8　"对齐（G）"选项修改标注

一定间距隔开，如图 5-9 所示。命令行操作如下。

```
命令：_dim                                    //执行"智能标注"命令
选择对象或指定第一个尺寸界线原点或[角度(A)/基线(B)/连续(C)/对齐(G)/分发
(D)/图层(L)/放弃(U)]:D✓                      //选择"分发"选项
当前设置：偏移 (DIMDLI) = 6.000000           //当前"分发"选项的参数设
                                               置,偏移值即为间距值

指定用于分发标注的方法[相等(E)/偏移(O)]< 相等 >:O
                                             //选择"偏移"选项
选择基准标注或[偏移(O)]:                      //选择基准标注 10
选择要分发的标注或[偏移(O)]:找到 1 个        //选择要隔开的标注 12
选择要分发的标注或[偏移(O)]:找到 1 个,总计 2 个 //选择要隔开的标注 15
选择要分发的标注或[偏移(O)]:✓                //按 Enter 键结束命令
```

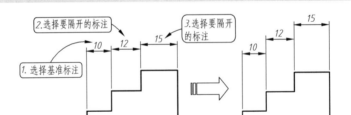

图 5-9　"分发（D）"选项修改标注

➢ 图层（L）：为指定的图层指定新标注，以替代当前图层。输入"Use Current"或
"."以使用当前图层。

【练习 5-1】　使用智能标注注释图形

如果读者在使用 AutoCAD 2022 之前，有用过 UG、SolidWorks 或天正 CAD 等设计软件的话，那对"智能标注"命令的操作肯定不会感到陌生。传统的 AutoCAD 标注方法需要根据对象的类型选择不同的标注命令，这种方式效率低下，已不合时宜。因此，快速选择对象，实现无差别标注的方法就应运而生。本例便仅通过"智能标注"对图形添加标注，读者也可以使用传统方法进行标注，以此来比较二者之间的差异。

① 打开素材文件"第 5 章 \ 5-1 使用智能标注注释图形 .dwg"，其中已绘制好一示例图形，如图 5-10 所示。

② 标注水平尺寸。在"默认"选项卡中，单击"注释"面板上的"标注"按钮🔲，然后移动光标至图形上方的水平线段，系统自动生成线性标注，如图 5-11 所示。

图 5-10　素材文件

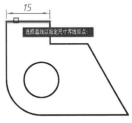

图 5-11　标注水平尺寸

③ 标注竖直尺寸。放置好步骤②创建的尺寸，即可继续执行"智能标注"命令。接着选择图形左侧的竖直线段，即可得到如图 5-12 所示的竖直尺寸。

④ 标注半径尺寸。放置好竖直尺寸，接着选择左下角的圆弧段，即可创建半径标注，如图 5-13 所示。

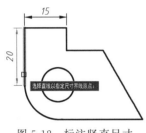

图 5-12　标注竖直尺寸

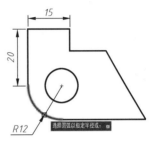

图 5-13　标注半径尺寸

⑤ 标注角度尺寸。放置好半径尺寸，继续执行"智能标注"命令。选择图形底边的水平线，然后不要放置标注，直径选择右侧的斜线，即可创建角度标注，如图 5-14 所示。

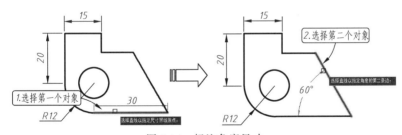

图 5-14　标注角度尺寸

⑥ 创建对齐标注。放置角度标注之后，移动光标至右侧的斜线，得到如图 5-15 所示的对齐标注。

⑦ 单击 Enter 键结束"智能标注"命令，最终标注结果如图 5-16 所示。读者也可自行使用"线性""半径"等传统命令进行标注，以比较两种方法之间的异同，选择自己所习惯的一种。

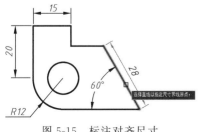

图 5-15　标注对齐尺寸

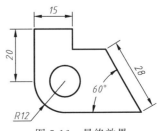

图 5-16　最终效果

5.1.2 线性标注

使用水平、竖直或旋转的尺寸线创建线性的标注尺寸。"线性标注"仅用于标注任意两点之间的水平或竖直方向的距离。执行"线性标注"命令的方法有以下几种。

> 功能区：在"默认"选项卡中，单击"注释"面板中的"线性"按钮 ⊢┤。
> 菜单栏：选择"标注"|"线性"命令。
> 命令行：在命令行中输入"DIMLINEAR"或"DLI"。

执行"线性标注"命令后，依次指定要测量的两点，即可得到线性标注尺寸。命令行操作提示如下。

```
命令：_dimlinear                    //执行"线性标注"命令
指定第一个尺寸界线原点或<选择对象>：  //指定测量的起点
指定第二条尺寸界线原点：             //指定测量的终点
指定尺寸线位置或                     //放置标注尺寸,结束操作
[多行文字(M)/文字(T)/角度(A)/水平(H)/垂直(V)/旋转(R)]：
标注文字
```

执行"线性标注"命令后，有两种标注方式，即"指定原点"和"选择对象"。这两种方式的操作方法与区别介绍如下。

（1）指定原点

默认情况下，在命令行提示下指定第一条尺寸界线的原点，并在"指定第二条尺寸界线原点"提示下指定第二条尺寸界线原点，操作方法示例如图 5-17 所示。

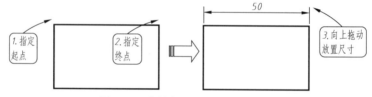

图 5-17 线性标注之"指定原点"

（2）选择对象

执行"线性标注"命令之后，直接按 Enter 键，则要求选择标注尺寸的对象。选择了对象之后，系统便以对象的两个端点作为两条尺寸界线的起点。该标注的操作方法示例如图 5-18 所示，命令行的操作过程如下。

```
命令：_dimlinear                    //执行"线性标注"命令
指定第一个尺寸界线原点或<选择对象>：↙//按 Enter 键选择"选择对象"选项
选择标注对象：                       //单击直线 AB
指定尺寸线位置或
[多行文字(M)/文字(T)/角度(A)/水平(H)/垂直(V)/旋转(R)]：
                                    //水平向右拖动指针,在合适位置放置尺
                                      寸线(若上下拖动,则生成水平尺寸)
标注文字= 30
```

【练习 5-2】 标注零件图的线性尺寸

机械零件上具有多种结构特征，需灵活使用 AutoCAD 中提供的各种标注命令才能为其

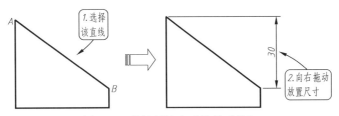

图 5-18　线性标注之"选择对象"

添加完整的注释。本例便先为零件图添加最基本的线性尺寸。

① 打开素材文件"第 5 章 \ 5-2 标注零件图的线性尺寸.dwg"，其中已绘制好一零件图形，如图 5-19 所示。

② 单击"注释"面板中的"线性"按钮，执行"线性标注"命令，具体操作如下。

```
命令：_dimlinear
指定第一个尺寸界线原点或< 选择对象>：          //指定标注对象起点
指定第二条尺寸界线原点：                      //指定标注对象终点
指定尺寸线位置或
[多行文字(M)/文字(T)/角度(A)/水平(H)/垂直(V)/旋转(R)]：
标注文字= 130                               //单击左键,确定尺寸线放置位
                                            置,完成操作
```

③ 用同样的方法标注其他水平或垂直方向的尺寸，标注完成后，其效果如图 5-20 所示。

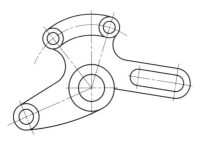

图 5-19　素材图形

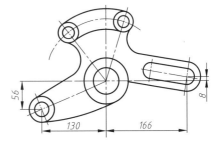

图 5-20　线性标注结果

5.1.3　对齐标注

在对直线段进行标注时，如果该直线的倾斜角度未知，那么使用"线性标注"的方法将无法得到准确的测量结果，这时可以使用"对齐标注"完成如图 5-21 所示的标注效果。

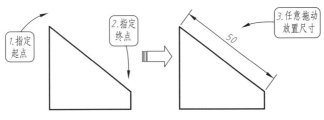

图 5-21　对齐标注

在 AutoCAD 中调用"对齐标注"有如下几种常用方法。

➢ 功能区：在"默认"选项卡中，单击"注释"面板中的"对齐"按钮 ⬚。

➢ 菜单栏：执行"标注"|"对齐"命令。

➢ 命令行：在命令行中输入"DIMALIGNED"或"DAL"。

"对齐标注"的使用方法与"线性标注"相同，指定两目标点后就可以创建尺寸标注，命令行操作如下。

```
命令:_dimaligned
指定第一个尺寸界线原点或< 选择对象> ：      //指定测量的起点
指定第二条尺寸界线原点：                    //指定测量的终点
指定尺寸线位置或                            //放置标注尺寸,结束操作
[多行文字(M)/文字(T)/角度(A)]:
标注文字= 50
```

命令行中各选项含义与"线性标注"中的一致，这里不再赘述。

【练习5-3】　标注零件图的对齐尺寸

在机械零件图中，有许多非水平、垂直的平行轮廓，这类尺寸的标注就需要用到"对齐"命令。本例延续"练习5-2"的结果，为零件图添加对齐尺寸。

① 打开素材文件"第 5 章 \ 5-3 标注零件图的对齐尺寸 .dwg"，如图 5-20 所示。

② 在"默认"选项卡中，单击"注释"面板中的"对齐"按钮 ⬚，执行"对齐标注"命令，具体步骤如下。

```
命令:_dimaligned
指定第一个尺寸界线原点或< 选择对象> ：      //指定横槽的圆心为起点
指定第二条尺寸界线原点：                    //指定横槽的另一圆心为终点
指定尺寸线位置或
[多行文字(M)/文字(T)/角度(A)]:
标注文字= 75                               //单击左键,确定尺寸线放置位置,完
                                             成操作
```

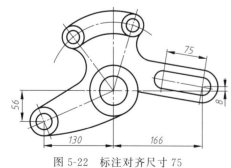

图 5-22　标注对齐尺寸 75

③ 操作完成后，其效果如图 5-22 所示。

5.1.4　角度标注

利用"角度"标注命令可以标注两条呈一定角度的直线或 3 个点之间的夹角，选择圆弧的话，还可以标注圆弧的圆心角。在 AutoCAD 中调用"角度"标注有如下几种方法。

➢ 功能区：在"默认"选项卡中，单击"注释"面板中的"角度"按钮 △。

➢ 菜单栏：执行"标注"|"角度"命令。

➢ 命令行：在命令行中输入"DIMANGULAR"或"DAN"。

通过以上任意一种方法执行该命令后，选择图形上要标注角度尺寸的对象，即可进行标注。操作示例如图 5-23 所示，命令行操作过程如下。

```
命令:_dimangular
选择圆弧、圆、直线或<指定顶点>:          //选择直线 CO
选择第二条直线:                          //选择直线 AO
指定标注弧线位置或[多行文字(M)/文字(T)/角度(A)/象限点(Q)]:
                                        //在锐角内放置圆弧线,结束命令

标注文字 = 45

命令:_dimangular                        //单击 Enter,重复"角度标注"命令
                                        //执行"角度标注"命令
选择圆弧、圆、直线或<指定顶点>:          //选择圆弧 AB
指定标注弧线位置或[多行文字(M)/文字(T)/角度(A)/象限点(Q)]:
                                        //在合适位置放置圆弧线,结束命令

标注文字 = 50
```

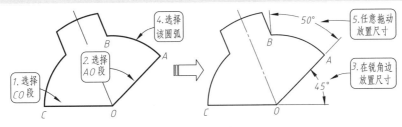

图 5-23　角度标注

提示:"角度标注"的计数仍默认从逆时针开始算起。

"角度标注"同"线性标注"一样,也可以选择具体的对象来进行标注,其他选项含义均一样,在此不重复介绍。

【练习 5-4】　标注零件图的角度尺寸

在机械零件图中,有时会出现一些转角、拐角之类的特征,这部分特征可以通过角度标注并结合旋转剖面图来进行表达,常见于一些叉架类零件图。本例延续"练习 5-3"的结果,为零件图添加角度尺寸。

① 打开素材文件"第 5 章 \ 5-4 标注零件图的角度尺寸 . dwg",如图 5-22 所示。

② 在"默认"选项卡中,单击"注释"面板上的"角度"按钮△,标注角度,其具体步骤如下。

```
命令:_dimangular
选择圆弧、圆、直线或<指定顶点>:                  //选择竖直的中心线
选择第二条直线:                                  //选择过左侧圆的中心线
指定标注弧线位置或[多行文字(M)/文字(T)/角度(A)/象限点(Q)]:
                                                //指定尺寸线位置

标注文字 = 39
```

③ 标注完成后,其效果如图 5-24 所示。

④ 使用相同方法,标注其他的角度尺寸,得到如图 5-25 所示的效果。

5.1.5　弧长标注

弧长标注用于标注圆弧、椭圆弧或者其他弧线的长度。在 AutoCAD 中调用"弧长标注"

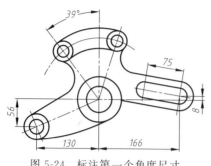

图 5-24　标注第一个角度尺寸

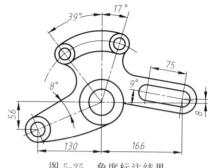

图 5-25　角度标注结果

有如下几种常用方法。

➤ 功能区：在"默认"选项卡中，单击"注释"面板中的"弧长"按钮。

➤ 菜单栏：执行"标注"|"弧长"命令。

➤ 命令行：在命令行中输入"DIMARC"。

"弧长"标注的操作与"半径""直径"标注相同，直接选择要标注的圆弧即可。该标注的操作方法示例如图 5-26 所示，命令行的操作过程如下。

```
命令:_dimarc                          //执行"弧长标注"命令
选择弧线段或多段线圆弧段：              //单击选择要标注的圆弧
指定弧长标注位置或[多行文字(M)/文字(T)/角度(A)/部分(P)/引线(L)]：
标注文字= 67                          //在合适的位置放置标注
```

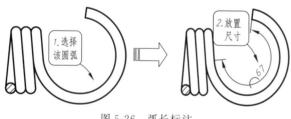

图 5-26　弧长标注

5.1.6　半径标注

利用"半径标注"可以快速标注圆或圆弧的半径大小，系统自动在标注值前添加半径符号"R"。执行"半径标注"命令的方法有以下几种。

➤ 功能区：在"默认"选项卡中，单击"注释"面板中的"半径"按钮。

➤ 菜单栏：执行"标注"|"半径"命令。

➤ 命令行：在命令行中输入"DIMRADIUS"或"DRA"。

执行任一命令后，命令行提示选择需要标注的对象，单击圆或圆弧即可生成半径标注，拖动指针在合适的位置放置尺寸线。该标注方法的操作示例如图 5-27 所示，命令行操作过程如下。

```
命令:_dimradius                       //执行"半径"标注命令
选择圆弧或圆：                         //单击选择圆弧 A
标注文字= 150
指定尺寸线位置或[多行文字(M)/文字(T)/角度(A)]：
                                      //在圆弧内侧合适位置放置尺寸线,结束命令
```

单击 Enter 键可重复上一命令，按此方法重复"半径"标注命令，即可标注圆弧 B 的半径。

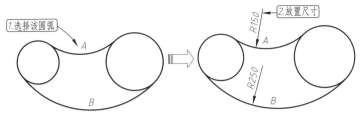

图 5-27 半径标注

在系统默认情况下，系统自动加注半径符号"R"。如果在命令行中选择"多行文字"和"文字"选项重新确定尺寸文字，则只有在输入的尺寸文字加前缀，才能使标注出的半径尺寸有半径符号"R"，否则没有该符号。

【练习 5-5】 标注零件图的半径尺寸

"半径标注"适用于标注图纸上一些未画成整圆的圆弧和圆角。如果为一整圆，宜使用"直径标注"；如果对象的半径值过大，则应使用"折弯标注"。本例延续"练习 5-4"的结果，为零件图添加半径尺寸。

① 打开"第 5 章 \ 5-5 标注零件图的半径尺寸.dwg"素材文件。

② 单击"注释"面板中的"半径"按钮，选择右侧的圆弧为对象，标注半径如图 5-28 所示，命令行操作如下。

```
命令:_dimradius
选择圆弧或圆:                        //选择右侧圆弧
标注文字= 30
指定尺寸线位置或[多行文字(M)/文字(T)/角度(A)]:
                                //在合适位置放置尺寸线,结束命令
```

③ 用同样的方法标注其他不为整圆的圆弧以及倒圆角，效果如图 5-29 所示。

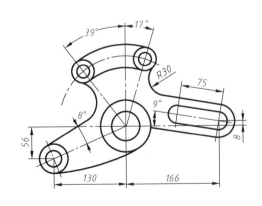

图 5-28 标注第一个半径尺寸 R30

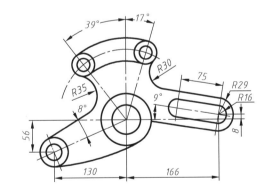

图 5-29 半径标注结果

5.1.7 直径标注

利用直径标注可以标注圆或圆弧的直径大小，系统自动在标注值前添加直径符号"ϕ"。执行"直径标注"命令的方法有以下几种。

➢ 功能区：在"默认"选项卡中，单击"注释"面板中的"直径"按钮。

➢ 菜单栏：执行"标注"｜"角度"命令。

➢ 命令行：在命令行中输入"DIMDIAMETER"或"DDI"。

"直径"标注的方法与"半径"标注的方法相同，执行"直径标注"命令之后，选择要标注的圆弧或圆，然后指定尺寸线的位置即可，如图 5-30 所示，命令行操作如下。

命令：_dimdiameter   //执行"直径"标注命令

选择圆弧或圆：   //单击选择圆

标注文字 = 160

指定尺寸线位置或[多行文字(M)/文字(T)/角度(A)]：

                                           //在合适位置放置尺寸线,结束命令

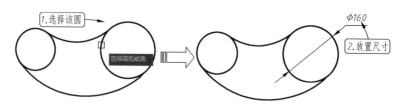

图 5-30　直径标注

【练习 5-6】　标注零件图的直径尺寸

图纸中的整圆一般用"直径标注"命令标注，而不用"半径标注"。本例延续"练习 5-5"的结果，为零件图添加直径尺寸。

① 打开"第 5 章 \ 5-6 标注零件图的直径尺寸 .dwg"素材文件，如图 5-29 所示。

② 单击"注释"面板中的"直径"按钮 ⊘ ，选择中间的大圆为对象，标注直径如图 5-31 所示，命令行操作如下。

命令：_dimdiameter

选择圆弧或圆：   //选择中间的大圆

标注文字 = 91

指定尺寸线位置或[多行文字(M)/文字(T)/角度(A)]：

                                           //在合适位置放置尺寸线,结束命令

③ 用同样的方法标注其他圆的直径尺寸，效果如图 5-32 所示。

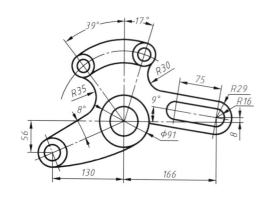

图 5-31　标注第一个直径尺寸 φ91

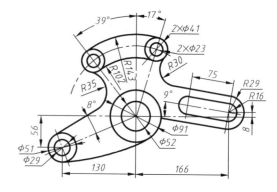

图 5-32　直径标注结果

提示：如果图形中有多个相同尺寸的结构，那么在标注时就可以通过简略方法进行表示，如图 5-32 中 "2×ϕ41" 和 "2×ϕ23"，可表示左侧的两个圆直径分别为 41 和 23。

5.1.8　坐标标注

"坐标"标注是一类特殊的引注，用于标注某些点相对于 UCS 坐标原点的 X 和 Y 坐标。在 AutoCAD 2022 中，调用"坐标"标注有如下几种常用方法。

> 功能区：在"默认"选项卡中，单击"注释"面板上的"坐标"按钮┼。
> 菜单栏：执行"标注"|"坐标"命令。
> 命令行：在命令行中输入"DIMORDINATE"或"DOR"。

按上述方法执行"坐标"命令后，指定标注点，即可进行坐标标注，如图 5-33 所示，命令行提示如下。

```
命令: _dimordinate
指定点坐标:
指定引线端点或[X 基准(X)/Y 基准(Y)/多行文字(M)/文字(T)/角度(A)]:
标注文字 = 100
```

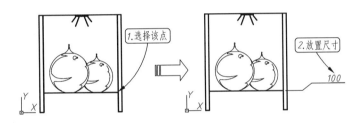

图 5-33　坐标标注

命令行各选项的含义如下。

> 指定引线端点：通过拾取绘图区中的点确定标注文字的位置。
> X 基准（X）：系统自动测量所选择点的 X 轴坐标值并确定引线和标注文字的方向，如图 5-34 所示。
> Y 基准（Y）：系统自动测量所选择点的 Y 轴坐标值并确定引线和标注文字的方向，如图 5-35 所示。

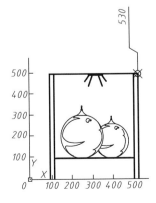

图 5-34　标注 X 轴坐标值

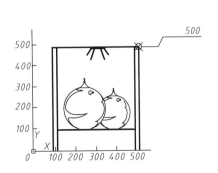

图 5-35　标注 Y 轴坐标值

提示：也可以通过移动光标的方式在"X 基准（X）"和"Y 基准（Y）"中来回切换，光标上、下移动为 X 轴坐标；光标左、右移动为 Y 轴坐标。

➤ 多行文字（M）：选择该选项可以通过输入多行文字的方式输入多行标注文字。

➤ 文字（T）：选择该选项可以通过输入单行文字的方式输入单行标注文字。

➤ 角度（A）：选择该选项可以设置标注文字的方向与 X（Y）轴夹角，系统默认为 0°，与"线性标注"中的选项一致。

5.1.9　折弯标注

当圆弧半径相对于图形尺寸较大时，半径标注的尺寸线相对于图形显得过长，这时可以使用"折弯标注"。该标注方式与"半径""直径"标注方式基本相同，但需要指定一个位置代替圆或圆弧的圆心。

执行"折弯标注"命令的方法有以下几种。

➤ 功能区：在"默认"选项卡中，单击"注释"面板中的"折弯"按钮 。

➤ 菜单栏：选择"标注"|"折弯"命令。

➤ 命令行：在命令行中输入"DIMJOGGED"。

"折弯标注"与"半径标注"的使用方法基本相同，但需要指定一个位置代替圆或圆弧的圆心，操作示例如图 5-36 所示。命令行操作如下。

```
命令:_dimjogged                          //执行"折弯"标注命令
选择圆弧或圆:                            //单击选择圆弧
指定图示中心位置:                        //指定 A 点
标注文字= 250
指定尺寸线位置或[多行文字(M)/文字(T)/角度(A)]:
指定折弯位置:                            //指定折弯位置,结束命令
```

图 5-36　折弯标注

【练习 5-7】　标注零件图的折弯尺寸

机械设计中，有时为追求零件外表面的流线、圆润效果，会设计成大半径的圆弧轮廓。这类图形在标注时如直接采用"半径标注"，则连线过长，影响视图显示效果，因此推荐使用"折弯标注"来注释这部分图形。本例仍延续"练习 5-6"进行操作。

① 打开"第 5 章 \ 5-7 标注零件图的折弯尺寸 .dwg"素材文件，如图 5-32 所示。

② 在"默认"选项卡中，单击"注释"面板中的"折弯"按钮 ，选择左下侧圆弧为对象，标注折弯半径如图 5-37 所示。

5.1.10　引线标注

引线工具可以用来创建带指引线的标注，指引线的一端可以是文字或数字，一般用来作

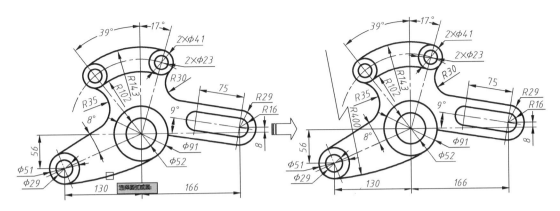

图 5-37 折弯标注结果

为说明性注释。AutoCAD 中存在两种引线工具，即
"多重引线"和"快速引线"，其中"多重引线"使用
较多，"注释"面板中的引线工具均是"多重引线"，
如图 5-38 所示。

在 AutoCAD 2022 中，启用"多重引线"标注有
如下几种常用方法。

➤ 功能区：在"默认"选项卡中，单击"注释"
面板上的"引线"按钮。

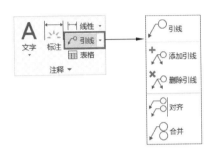

图 5-38 引线工具

➤ 菜单栏：执行"标注"|"多重引线"命令。

➤ 命令行：在命令行中输入"MLEADER"或"MLD"。

执行上述任一命令后，在图形中单击确定引线箭头位置，然后在打开的文字输入窗口中
输入注释内容即可，如图 5-39 所示，命令行提示如下。

```
命令:_mleader                        //执行"多重引线"命令
指定引线箭头的位置或[引线基线优先(L)/内容优先(C)/选项(O)]<选项>：
                                     //指定引线箭头位置
指定引线基线的位置：                  //指定基线位置,并输入注释文字,空白处单
                                       击即可结束命令
```

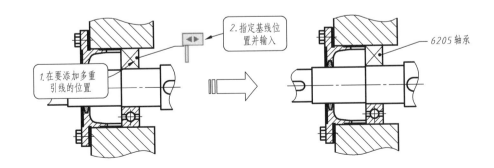

图 5-39 多重引线标注示例

命令行中各选项含义说明如下。

➢ 引线基线优先（L）：选择该选项，可以颠倒多重引线的创建顺序，为先创建基线位置（即文字输入的位置），再指定箭头位置，如图 5-40 所示。

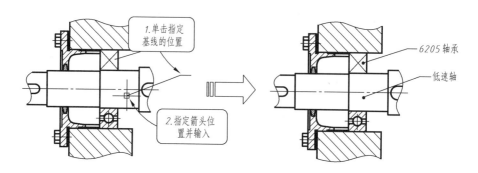

图 5-40　"引线基线优先（L）"标注多重引线

➢ 引线箭头优先（H）：即默认先指定箭头、再指定基线位置的方式。

➢ 内容优先（L）：选择该选项，可以先创建标注文字，再指定引线箭头来进行标注，如图 5-41 所示。该方式下的基线位置可以自动调整，随鼠标移动方向而定。

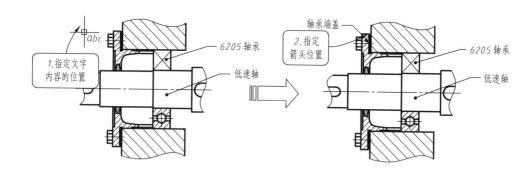

图 5-41　"内容优先（L）"标注多重引线

如果执行"多重引线"中的"选项（O）"命令，则命令行出现如下提示。

输入选项[引线类型(L)/引线基线(A)/内容类型(C)/最大节点数(M)/第一个角度(F)/第二个角度(S)/退出选项(X)]< 退出选项> ：

"引线类型（L）"可以设置多重引线的处理方法，其下还有三个子选项，介绍如下。

➢ 直线（S）：将多重引线设置为直线形式，如图 5-42 所示，为默认的显示状态。

➢ 样条曲线（P）：将多重引线设置为样条曲线形式，如图 5-43 所示，适合在一些凌乱、复杂的图形环境中进行标注。

➢ 无（N）：创建无引线的多重引线，效果就相当于"多行文字"，如图 5-44 所示。

图 5-42　"直线（S）"　　　　图 5-43　"样条曲线（P）"　　　　图 5-44　"无（N）"
　　形式的多重引线　　　　　　形式的多重引线　　　　　　形式的多重引线

"引线基线（A）"选项可以指定是否添加水平基线。如果输入"是"，将提示设置基线的长度，效果同"多重引线样式管理器"中的"设置基线距离"文本框。

"内容类型（C）"选项可以指定要用于多重引线的内容类型，其下同样有 3 个子选项，介绍如下。

➢ 块（B）：将多重引线后面的内容设置为指定图形中的块，如图 5-45 所示。

➢ 多行文字（M）：将多重引线后面的内容设置为多行文字，如图 5-46 所示，为默认设置。

➢ 无（N）：指定没有内容显示在引线的末端，显示效果为一纯引线，如图 5-47 所示。

图 5-45　多重引线后接图块　　　　图 5-46　多重引线后接多行文字　　　　图 5-47　多重引线后不接内容

"最大节点数（M）"选项可以指定新引线的最大点数或线段数。选择该选项后命令行出现如下提示。

输入引线的最大节点数< 2> ：　　　//输入"多行引线"的节点数，默认为 2，即由 2 条线段构成

所谓节点，可简单理解为在创建"多重引线"时鼠标的单击点（指定的起点即为第 1 点）。不同节点数的显示效果如图 5-48 所示；而当选择"样条曲线（P）"形式的多重引线时，节点数即相当于样条曲线的控制点数，效果如图 5-49 所示。

图 5-48　不同节点数的多重引线　　　　　　图 5-49　样条曲线形式下的多节点引线

"第一个角度（F）"选项可以约束新引线中的第一个点的角度；"第二个角度（S）"选项则可以约束新引线中的第二个角度。这两个选项联用可以创建外形工整的多重引线，效果如图 5-50 所示。

【练习 5-8】　多重引线标注机械装配图

在机械装配图中，有时会因为零部件过多，而采用分类编号的方法（如螺钉一类、螺母一类、加工件一类），不同类型的编号在外观上自然也不一样（如外围带圈、带方块），因此就需要灵活使用"多重引线"命令中的"块（B）"选项来进行标注。此外，还需要指定"多重引线"的角度，让引线在装配图中达到工整、整齐的效果。

① 打开素材文件"第 5 章 \ 5-8 多重引线标注装配图 .dwg"，其中已绘制好一球阀的装配图和一名称为"1"的属性图块，如图 5-51 所示。

② 绘制辅助线。单击"修改"面板中的"偏移"按钮，将图形中的竖直中心线向右偏移 50，如图 5-52 所示，用作多重引线的对齐线。

③ 在"默认"选项卡中，单击"注释"面板上的"引线"按钮 ，执行"多重引线"命令，并选择命令行中的"选项（O）"命令，设置内容类型为"块"，指定块"1"；然后选

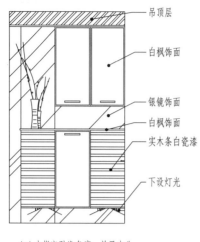

(a) 未指定引线角度，效果凌乱

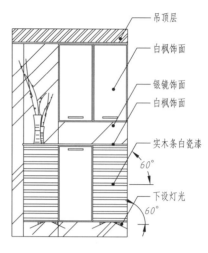

(b) 指定引线角度60°，效果工整

图 5-50 设置多重引线的角度效果

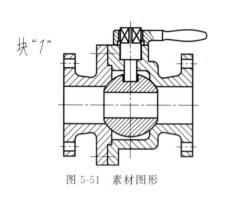

图 5-51 素材图形

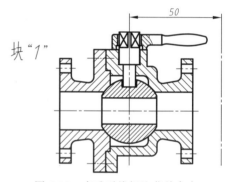

图 5-52 多重引线标注菜单命令

择"第一个角度（F）"选项，设置角度为 60°，再设置"第二个角度（F）"为 180°，在手柄处添加引线标注，如图 5-53 所示，命令行操作如下。

```
命令:_mleader
指定引线箭头的位置或[引线基线优先(L)/内容优先(C)/选项(O)]< 选项 > :
输入选项[引线类型(L)/引线基线(A)/内容类型(C)/最大节点数(M)/第一个角度
(F)/第二个角度(S)/退出选项(X)]< 退出选项 > :C↙        //选择"内容类型"选项
选择内容类型[块(B)/多行文字(M)/无(N)]< 多行文字 > :B↙
                                            //选择"块"选项
输入块名称< 1 > :1                            //输入要调用的块名称
输入选项[引线类型(L)/引线基线(A)/内容类型(C)/最大节点数(M)/第一个角度
(F)/第二个角度(S)/退出选项(X)]< 内容类型 > :F↙   //选择"第一个角度"选项
输入第一个角度约束< 0 > :60                    //输入引线箭头的角度
输入选项[引线类型(L)/引线基线(A)/内容类型(C)/最大节点数(M)/第一个角度
(F)/第二个角度(S)/退出选项(X)]< 第一个角度 > :S↙  //选择"第二个角度"选项
输入第二个角度约束< 0 > :180                   //输入基线的角度
```

输入选项[引线类型(L)/引线基线(A)/内容类型(C)/最大节点数(M)/第一个角度(F)/第二个角度(S)/退出选项(X)]<第二个角度>:X↙　//退出"选项"

指定引线箭头的位置或[引线基线优先(L)/内容优先(C)/选项(O)]<选项>:

　　　　　　　　　　　　　　　　　　　//在手柄处单击放置引线箭头

指定引线基线的位置:　　　　　　　　　//在辅助线上单击放置,结束命令

④ 按相同方法，标注球阀中的阀芯和阀体，分别标注序号2、3，如图5-54所示。

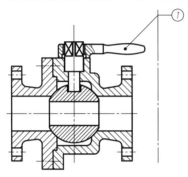

图 5-53　添加第一个多重引线标注

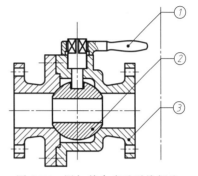

图 5-54　添加其余多重引线标注

5.2　尺寸标注样式

　　"样式"在 AutoCAD 中是一个非常重要的概念，可以理解为一种风格。比如当创建文字时，默认的字体是 Arial，文字高度是 2.5，如果这时需要创建多个字体为宋体、文字高度为 6 的文字，肯定不能创建了之后再一个个进行修改。此时就可以创建一个字体为宋体、文字高度为 6 的文字样式，在该样式下创建的文字，都将符合要求，这便是"样式"的作用。本章介绍的文字、尺寸标注、引线、表格等都具有样式，样式可以在"注释"面板的扩展区域中选择，如图5-55所示。

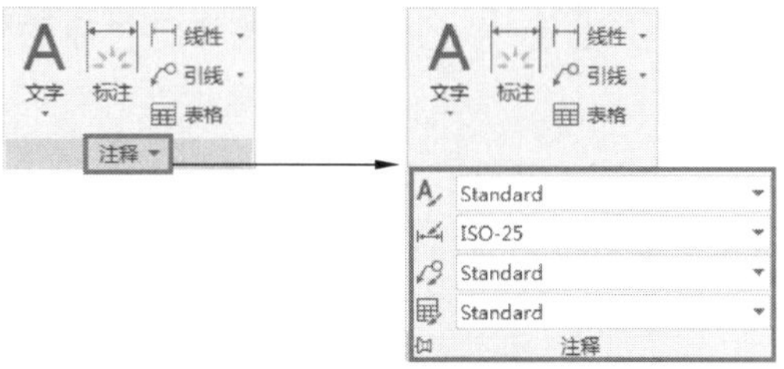

图 5-55　样式列表

　　标注样式的内容相当丰富，涵盖了标注从箭头形状到尺寸线的消隐、伸出距离、文字对齐方式等。因此可以通过在 AutoCAD 中设置不同的标注样式，使其适应不同的绘图环境，如机械标注、建筑标注等。本节以尺寸标注样式为例，介绍样式的创建方法，其余如文字、表格、引线样式，均可按此方法进行创建和修改。

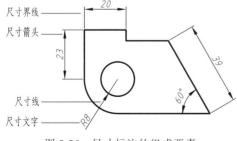

图 5-56　尺寸标注的组成要素

5.2.1　尺寸的组成

　　在学习标注样式之前，可以先了解一下尺寸的组成，这有助于读者更好地理解标注样式。在 AutoCAD 中，一个完整的尺寸标注由"尺寸界线""尺寸线""尺寸箭头"和"尺寸文字"4 个要素构成，如图 5-56 所示。AutoCAD 的尺寸标注命令和样式设置都是围绕着 4 个要素进

行的。

各组成部分的作用与含义分别如下。

➢尺寸界线：也称为投影线，用于标注尺寸的界限，由图样中的轮廓线、轴线或对称中心线引出。标注时，延伸线从所标注的对象上自动延伸出来，它的端点与所标注的对象接近但并未相连。

➢尺寸箭头：也称为标注符号。标注符号显示在尺寸线的两端，用于指定标注的起始位置。AutoCAD默认使用闭合的填充箭头作为标注符号。此外，AutoCAD还提供了多种箭头符号，以满足不同行业的需要，如建筑制图的箭头以45°的粗短斜线表示，而机械制图的箭头以实心三角形箭头表示等。

➢尺寸线：用于表明标注的方向和范围。通常与所标注对象平行，放在两延伸线之间，一般情况下为直线，但在角度标注时，尺寸线呈圆弧形。

➢尺寸文字：表明标注图形的实际尺寸大小，通常位于尺寸线上方或中断处。在进行尺寸标注时，AutoCAD会自动生成所标注对象的尺寸数值，我们也可以对标注的文字进行修改、添加等编辑操作。

5.2.2 新建标注样式

要新建标注样式，可以通过"标注样式和管理器"对话框来完成。在AutoCAD 2022中调用"标注样式管理器"有如下几种常用方法。

➢功能区：在"默认"选项卡中单击"注释"面板下拉列表中的"标注样式"按钮，如图5-57所示。

➢菜单栏：执行"格式"|"标注样式"命令。

➢命令行：在命令行中输入"DIMSTYLE"或"D"。

执行上述任一命令后，系统弹出"标注样式管理器"对话框，如图5-58所示。

图5-57 "注释"面板中的"标注样式"按钮

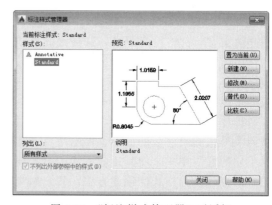

图5-58 "标注样式管理器"对话框

"标注样式管理器"对话框中各按钮的含义介绍如下。

➢置为当前：将在左边"样式"列表框中选定的标注样式设定为当前标注样式。当前样式将应用于所创建的标注。

➢新建：单击该按钮，打开"创建新标注样式"对话框，输入名称后可打开"新建标注样式"对话框，从中可以定义新的标注样式。

➢修改：单击该按钮，打开"修改标注样式"对话框，从中可以修改现有的标注样式。该对话框各选项均与"新建标注样式"对话框一致。

➢ 替代：单击该按钮，打开"替代当前样式"对话框，从中可以设定标注样式的临时替代值。该对话框各选项与"新建标注样式"对话框一致。替代将作为未保存的更改结果显示在"样式"列表中的标注样式下，如图 5-59 所示。

➢ 比较：单击该按钮，打开"比较标注样式"对话框，如图 5-60 所示。从中可以比较所选定的两个标注样式（选择相同的标注样式进行比较，则会列出该样式的所有特性）。

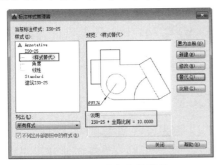

图 5-59　样式替代效果

图 5-60　"比较标注样式"对话框

单击"新建"按钮，系统弹出"创建新标注样式"对话框，如图 5-61 所示。然后在"新样式名"文本框中输入新样式的名称，单击"继续"按钮，即可打开"新建标注样式"对话框进行新建。

"创建新标注样式"对话框中各按钮的含义介绍如下。

图 5-61　"创建新标注样式"对话框

➢ 基础样式：在该下拉列表框中选择一种基础样式，新样式将在该基础样式的基础上进行修改。

➢ 注释性：勾选该"注释性"复选框，可将标注定义成可注释对象。

➢ "用于"下拉列表：选择其中的一种标注，即可创建一种仅适用于该标注类型（如仅用于直径标注、线性标注等）的标注子样式，如图 5-62 所示。

设置了新样式的名称、基础样式和适用范围后，单击该对话框中的"继续"按钮，系统弹出"新建标注样式"对话框，在上方 7 个选项卡中可以设置标注中的直线、符号和箭头、文字、单位等，如图 5-63 所示。

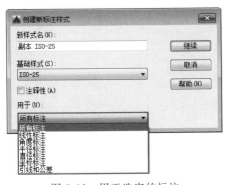

图 5-62　用于选定的标注

图 5-63　"新建标注样式"对话框

提示：AutoCAD 2022 中的标注按类型分的话，只有"线性标注""角度标注""半径标注""直径标注""坐标标注""引线标注"6个类型。

5.3　文字注释

文字注释是绘图过程中很重要的内容。在进行各种设计时，不仅要绘制出图形，而且需要在图形中标注一些注释性的文字，这样可以对不便于表达的图形设计加以说明，使设计表达更加清晰。在 AutoCAD 中文字可以分为"多行文字"和"单行文字"，可以分别通过在"注释"面板中单击各自的命令按钮来进行操作，如图 5-64 所示。

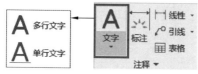

图 5-64　"注释"面板中的文字命令

5.3.1　多行文字

"多行文字"又称为段落文字，是一种更易于管理的文字对象，可以由两行以上的文字组成，而且各行文字都是作为一个整体处理。在制图中常使用多行文字功能创建较为复杂的文字说明，如图样的工程说明或技术要求等。与"单行文字"相比，"多行文字"格式更工整规范，可以对文字进行更为复杂的编辑，如为文字添加下划线，设置文字段落对齐方式，为段落添加编号和项目符号等。

可以通过如下三种方法创建多行文字。

➤ 功能区：在"默认"选项卡中，单击"注释"面板上的"多行文字"按钮 Ａ。
➤ 菜单栏：选择"绘图"｜"文字"｜"多行文字"命令。
➤ 命令行：在命令行中输入"T"或"MT"或"MTEXT"。

调用该命令后，命令行操作如下。

```
命令:MTEXT
当前文字样式:　"景观设计文字样式"　文字高度:　600　注释性:　否
指定第一角点:　　　　　　　　　　//指定多行文字框的第一个角点
指定对角点或[高度(H)/对正(J)/行距(L)/旋转(R)/样式(S)/宽度(W)/栏(C)]:
　　　　　　　　　　　　　　　//指定多行文字框的对角点
```

在指定了输入文字的对角点之后，弹出如图 5-65 所示的"文字编辑器"选项卡和编辑框，用户可以在编辑框中输入、插入文字。

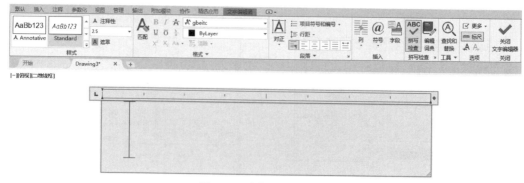

图 5-65　多行文字编辑器

"多行文字编辑器"由"多行文字编辑框"和"文字编辑器"选项卡组成，它们的作用说明如下。

➢ 多行文字编辑框：包含了制表位和缩进，可以十分快捷地对所输入的文字进行调整，各部分功能如图 5-66 所示。

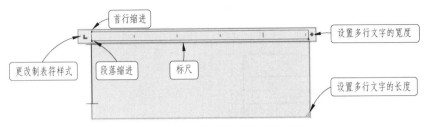

图 5-66 多行文字编辑器标尺功能

➢ "文字编辑器"选项卡：包含"样式"面板、"格式"面板、"段落"面板、"插入"面板、"拼写检查"面板、"工具"面板、"选项"面板和"关闭"面板，如图 5-67 所示。在多行文字编辑框中，选中文字，通过"文字编辑器"选项卡中可以修改文字的大小、字体、颜色等，完成在一般文字编辑中常用的一些操作。

图 5-67 "文字编辑器"选项卡

【练习 5-9】 使用多行文字创建技术要求

技术要求是机械图纸的补充，需要用文字注解说明制造和检验零件时在技术指标上应达到的要求。技术要求的内容包括零件的表面结构要求、零件的热处理和表面修饰的说明、加工材料的特殊性、成品尺寸的检验方法、各种加工细节的补充等。本案例将使用多行文字创建一般性的技术要求，可适用于各类机加工零件。

① 打开素材文件"第 5 章 \ 5-9 使用多行文字创建技术要求 .dwg"，如图 5-68 所示。

② 在"默认"选项卡中，单击"注释"面板中的"文字"下拉列表中的"多行文字"按钮 A，如图 5-69 所示，执行"多行文字"命令。

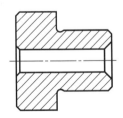

图 5-68 素材文件

图 5-69 "注释"面板中的"多行文字"按钮

③ 系统弹出"文字编辑器"选项卡，然后移动十字光标确定多行文字的范围，操作之后绘图区会显示一个文字输入框，如图 5-70 所示。命令行操作如下。

```
命令:_mtext                      //调用"多行文字"命令
当前文字样式:"Standard"  文字高度: 2.5  注释性: 否
指定第一角点:                     //在绘图区域合适位置拾取一点
指定对角点或[高度(H)/对正(J)/行距(L)/旋转(R)/样式(S)/宽度(W)/栏(C)]:
                                //指定对角点
```

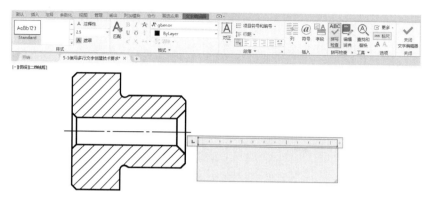

图 5-70 "文字编辑器"选项卡与文字输入框

④ 在文本框内输入文字，每输入一行按 Enter 键输入下一行，输入结果如图 5-71 所示。

⑤ 接着选中"技术要求"这 4 个文字，然后在"样式"面板中修改文字高度为 3.5，如图 5-72 所示。

图 5-71 素材文件

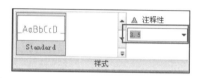

图 5-72 修改"技术要求"4 字的文字高度

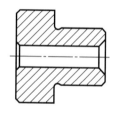

图 5-73 创建的不同字高的多行文字

⑥ 按 Enter 键执行修改，修改文字高度后的效果如图 5-73 所示。

5.3.2 单行文字

"单行文字"是将输入的文字以"行"为单位作为一个对象来处理。即使在单行文字中输入若干行文字，每一行文字仍是单独的对象。"单行文字"的特点就是每一行均可以独立移动、复制或编辑，因此，可以用来创建内容比较简短的文字对象，如图形标签、名称、时间等。

在 AutoCAD 2022 中，启动"单行文字"命令的方法有如下几种。

➤ 功能区：在"默认"选项卡中，单击"注释"面板上的"单行文字"按钮 ![AI]。

➤ 菜单栏：执行"绘图"|"文字"|"单行文字"命令。

➤ 命令行：在命令行中输入"DT"或"TEXT"或"DTEXT"。

调用"单行文字"命令后，就可以根据命令行的提示输入文字，命令行提示如下。

```
命令:_dtext                          //执行"单行文字"命令
当前文字样式:"Standard" 文字高度: 2.5000 注释性: 否
                                     //显示当前文字样式
指定文字的起点或[对正(J)/样式(S)]://在绘图区域合适位置任意拾取一点
指定高度< 2.5000>:3.5↙              //指定文字高度
指定文字的旋转角度< 0>:↙            //指定文字旋转角度，一般默认为 0
```

在调用命令的过程中，需要输入的参数有文字起点、文字高度（此提示只有在当前文字样式的字高为 0 时才显示）、文字旋转角度和文字内容。文字起点用于指定文字的插入位置，是文字对象的左下角点。文字旋转角度指文字相对于水平位置的倾斜角度。

设置完成后，绘图区域将出现一个带光标的矩形框，在其中输入相关文字即可，如图 5-74 所示。

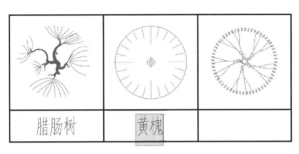

图 5-74　输入单行文字

在输入单行文字时，按 Enter 键不会结束文字的输入，而是表示换行，且行与行之间还是互相独立存在的；在空白处单击左键则会新建另一处单行文字；只有按快捷键 Ctrl＋Enter 才能结束单行文字的输入。

"对正（J）"备选项用于设置文字的缩排和对齐方式。选择该备选项，可以设置文字的对正点，命令行提示如下。

[左(L)/居中(C)/右(R)/对齐(A)/中间(M)/布满(F)/左上(TL)/中上(TC)/右上(TR)/左中(ML)/正中(MC)/右中(MR)/左下(BL)/中下(BC)/右下(BR)]：

要充分理解各对齐位置与单行文字的关系，就需要先了解文字的组成结构。AutoCAD 为"单行文字"的水平文本行规定了 4 条定位线：顶线（T L）、中线（M L）、基线（B L）、底线（B L），如图 5-75 所示。顶线为大写字母顶部所对齐的线，基线为大写字母底部所对齐的线，中线处于顶线与基线的正中间，底线为长尾小字字母底部所在的线，汉字在顶线和基线之间。系统提供了如图 5-75 所示的 13 个对齐点以及 15 种对齐方式。其中，各对齐点即为文本行的插入点，结合前文与该图，即可对单行文字的对齐有充分了解。

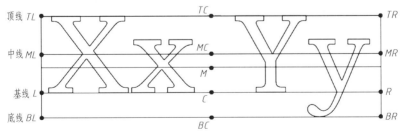

图 5-75　对齐方位示意图

图 5-75 中还有"对齐（A）"和"布满（F）"这两种方式没有示意，分别介绍如下。

➤ 对齐（A）：指定文本行基线的两个端点确定文字的高度和方向。系统将自动调整字符高度使文字在两端点之间均匀分布，而字符的宽高比例不变，如图 5-76 所示。

➤ 布满（F）：指定文本行基线的两个端点确定文字的方向。系统将调整字符的宽高比例，以使文字在两端点之间均匀分布，而文字高度不变，如图 5-77 所示。

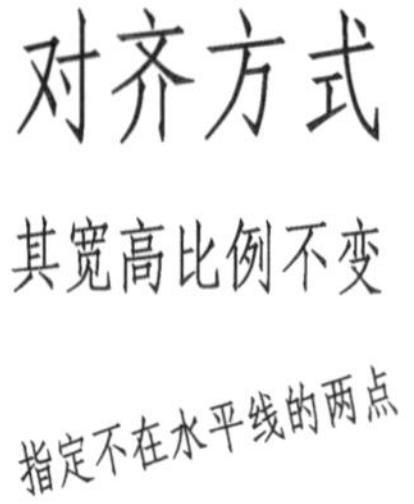

对齐方式

其宽高比例不变

指定不在水平线的两点

文字布满

其文字高度不变

指定不在水平线上的两点

图 5-76　文字"对齐"方式效果 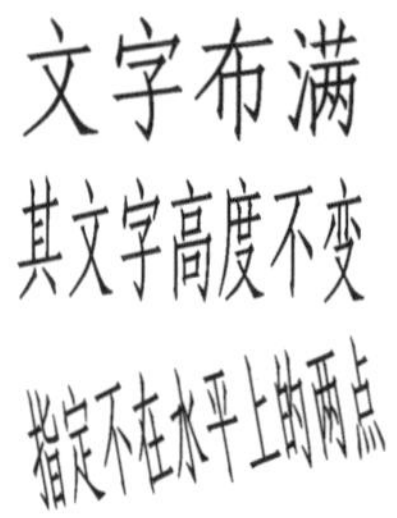　　　　图 5-77　文字"布满"方式效果

【练习 5-10】　使用单行文字注释图形

单行文字输入完成后，可以不退出命令，而直接在另一个要输入文字的地方单击鼠标，同样会出现文字输入框。因此在需要进行多次单行文字标注的图形中使用此方法，可以大大节省时间。如机械制图中的剖切图标识、园林图中的植被统计表，都可以在最后统一使用单行文字进行标注。

① 打开素材文件"第 5 章 \ 5-10 使用单行文字注释图形 .dwg"，其中已绘制好了一植物平面图例，如图 5-78 所示。

② 在"默认"选项卡中，单击"注释"面板中的"文字"下拉列表中的"单行文字"按钮 A ，然后根据命令行提示输入文字："桃花心木"，如图 5-79 所示，命令行提示如下。

```
命令:DTEXT↙
当前文字样式："Standard" 文字高度: 2.5000 注释性: 否
指定文字的起点或[对正(J)/样式(S)]:
指定高度< 2.5000> :600↙                //指定文字高度
指定文字的旋转角度< 0> :↙                //指定文字角度。按 Ctrl+ Enter,
结束命令
命令:_text
当前文字样式："Standard" 文字高度: 2.5000 注释性: 否 对正: 左
指定文字的起点 或[对正(J)/样式(S)]:J↙  //选择"对正"选项
输入选项[左(L)/居中(C)/右(R)/对齐(A)/中间(M)/布满(F)/左上(TL)/中上
(TC)/右上(TR)/左中(ML)/正中(MC)/右中(MR)/左下(BL)/中下(BC)/右下(BR)]:TL↙
                                        //选择"左上"对齐方式
指定文字的左上点:                        //选择表格的左上角点
指定高度< 2.5000> :600↙                 //输入文字高度为 600
指定文字的旋转角度< 0> :↙                //文字旋转角度为 0
                                        //输入文字"桃花心木"
```

③ 输入完成后，可以不退出命令，直接在右边的框格中单击鼠标，同样会出现文字输入框，输入第二个单行文字："麻楝"，如图 5-80 所示。

④ 按相同方法，在各个框格中输入植被名称，效果如图 5-81 所示。

⑤ 使用"移动"命令或通过夹点拖移，将各单行文字对齐，最终结果如图 5-82 所示。

5.3.3　文字的编辑

同 Word、Excel 等办公软件一样，AutoCAD 中也可以对文字进行编辑和修改，只是在

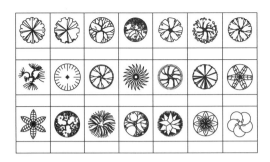

图 5-78　素材文件

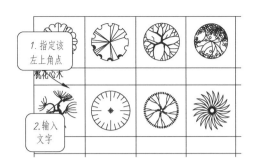

图 5-79　创建第一个单行文字

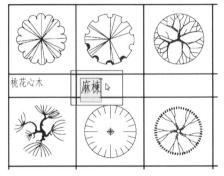

图 5-80　创建第二个单行文字

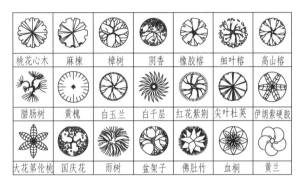

图 5-81　创建其余单行文字

"注释"面板中并没有提供相关的按钮。本节便介绍如何在 AutoCAD 中对文字特性和内容进行编辑与修改。

（1）修改文字内容

修改文字内容的方法如下。

➢ 菜单栏：调用"修改"｜"对象"｜"文字"｜"编辑"菜单命令。

➢ 命令行：在命令行中输入"DDE-DIT"或"ED"。

➢ 快捷操作：直接在要修改的文字上双击。

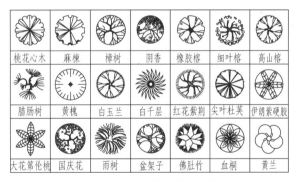

图 5-82　对齐所有单行文字

调用以上任意一种操作后，文字将变成可输入状态，如图 5-83 所示。此时可以重新输入需要的文字内容，然后按 Enter 键退出即可，如图 5-84 所示。

某小区景观设计总平面图

图 5-83　可输入状态

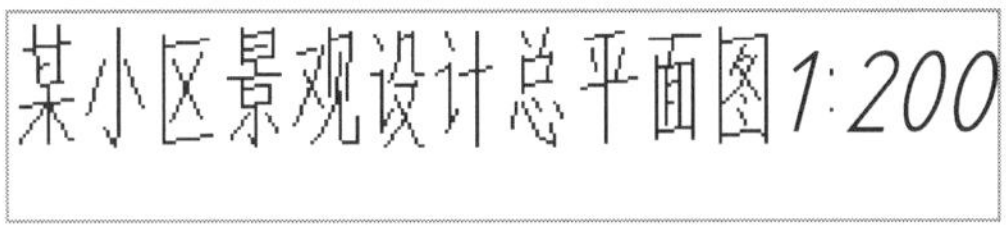

某小区景观设计总平面图1:200

图 5-84　编辑文字内容

（2）单行文字中插入特殊符号

单行文字的可编辑性较弱，只能通过输入控制符的方式插入特殊符号。

AutoCAD 的特殊符号由两个百分号（％％）和一个字母构成，常用的特殊符号输入方法如表 5-1 所示。在文本编辑状态输入控制符时，这些控制符也临时显示在屏幕上。当结束文本编辑之后，这些控制符将从屏幕上消失，转换成相应的特殊符号。

表 5-1　AutoCAD 文字控制符

特殊符号	功能	特殊符号	功能
％％O	打开或关闭文字上划线	％％P	标注正负公差(±)符号
％％U	打开或关闭文字下划线	％％C	标注直径(φ)符号
％％D	标注(°)符号		

在 AutoCAD 的控制符中,％％O 和％％U 分别是上划线与下划线的开关。第一次出现此符号时，可打开上划线或下划线；第二次出现此符号时，则会关掉上划线或下划线。

（3）多行文字中插入特殊符号

与单行文字相比，在多行文字中插入特殊字符的方式更灵活。除了使用控制符的方法外，还有以下两种途径。

➢ 在"文字编辑器"选项卡中，单击"插入"面板上的"符号"按钮，在弹出列表中选择所需的符号即可，如图 5-85 所示。

➢ 在编辑状态下右击，在弹出的快捷菜单中选择"符号"命令，如图 5-86 所示，其子菜单中包括常用的各种特殊符号。

图 5-85　在"符号"下拉列表中选择符号

图 5-86　使用快捷菜单输入特殊符号

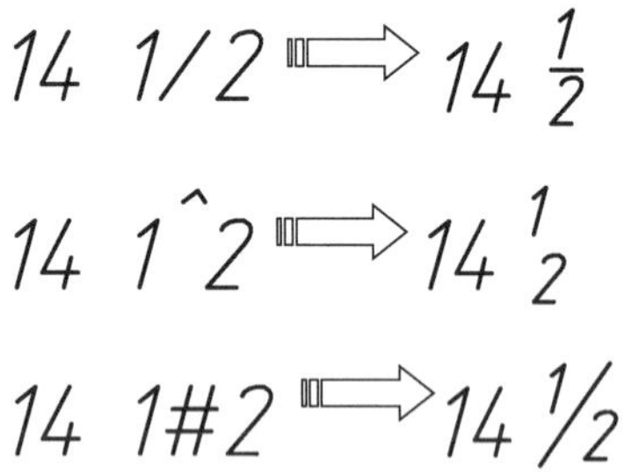

（4）创建堆叠文字

如果要创建堆叠文字（一种垂直对齐的文字或分数），可先输入要堆叠的文字，然后在其间使用"/"
"＃"或"＾"分隔，再选中要堆叠的字符，单击"文字编辑器"选项卡中"格式"面板中的"堆叠"按钮，则文字按照要求自动堆叠。堆叠文字在机械绘图中应用很多，可以用来创建尺寸公差、分数等，如图 5-87 所示。需要注意的是，这些分割符号必须是英文格式的符号。

图 5-87　文字堆叠效果

5.4　表格注释

表格在各类制图中的运用非常普遍，主要用来展示与图形相关的标准、数据信息、材料

和装配信息等内容。不同类型的图形（如机械图形、工程图形、电子线路图形等），对应的
制图标准也不相同，这就需要设置符合产品设计要求的表格样式，并利用表格功能快速、清
晰、醒目地反映设计思想及创意。使用 AutoCAD 的表格功能，能够自动地创建和编辑表
格，其操作方法与 Word、Excel 相似。

5.4.1　创建表格

表格是在行和列中包含数据的对象，在设置表格样式后便可以从空格或表格样式创建表
格对象，还可以给表格链接 Microsoft Excel 电子表格中的数据。在 AutoCAD 2022 中插入
表格有以下几种常用方法。

> 功能区：在"默认"选项卡中，单击"注释"面板中的"表格"按钮 ，如图 5-88
所示。

> 菜单栏：执行"绘图"|"表格"命令。

> 命令行：在命令行中输入"TABLE"或"TB"。

通过以上任意一种方法执行该命令后，系统弹出"插入表格"
对话框，如图 5-89 所示。在"插入表格"面板中包含多个选项组
和对应选项。

图 5-88　"注释"面板
中的"表格"按钮

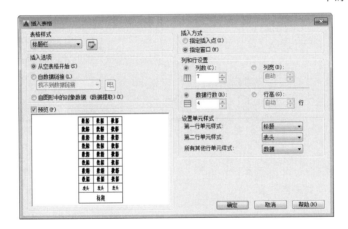

图 5-89　"插入表格"对话框

设置好列数和列宽、行数和行高后，单击"确定"按钮，并在绘图区指定插入点，将会
在当前位置按照表格设置插入一个表格，然后在此表格中添加上相应的文本信息即可完成表
格的创建。

"插入表格"对话框中包含 5 大区域，各区域参数的含义说明如下。

> "表格样式"区域：在该区域中不仅可以从下拉列表框中选择表格样式，也可以单击
右侧的 按钮后创建新表格样式。

> "插入选项"区域：该区域中包含 3 个单选按钮，选中"从空表格开始"单选按钮可
以创建一个空的表格；选中"自数据连接"单选按钮可以从外部导入数据来创建表格，如
Excel；选中"自图形中的对象数据（数据提取）"单选按钮则可以用于从可输出到表格或外
部的图形中提取数据来创建表格。

> "插入方式"区域：该区域中包含两个单选按钮，选中"指定插入点"单选按钮可以
在绘图窗口中的某点插入固定大小的表格；选中"指定窗口"单选按钮可以在绘图窗口中通

过指定表格两对角点的方式来创建任意大小的表格。

　　➢ "列和行设置"区域：在此选项区域中，可以通过改变"列""列宽""数据行"和"行高"文本框中的数值来调整表格的外观大小。

　　➢ "设置单元样式"区域：在此选项组中可以设置"第一行单元样式""第二行单元样式"和"所有其他单元样式"选项。默认情况下，系统均以"从空表格开始"方式插入表格。

【练习5-11】　通过表格创建标题栏

　　与其他技术制图类似，机械制图中的标题栏也配置在图框的右下角。

　　① 打开素材文件"第5章\5-11通过表格创建标题栏.dwg"，其中已经绘制好了一零件图。

　　② 在命令行输入"TB"并按Enter键，系统弹出"插入表格"对话框。选择插入方式为"指定窗口"，然后设置列数为7，行数为2，设置所有行的单元样式均为"数据"，如图5-90所示。

　　③ 单击"插入表格"对话框上的"确定"按钮，然后在绘图区单击确定表格左下角点，向上拖动指针，在合适的位置单击确定表格右下角点。生成的表格如图5-91所示。

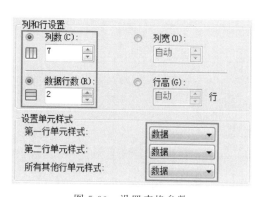

图5-90　设置表格参数

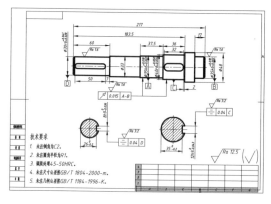

图5-91　插入表格

　　提示：在设置行数的时候需要看清楚对话框中输入的是"数据行数"，这里的数据行数是应该减去标题与表头行数的数值，即"最终行数＝输入行数＋2"。

5.4.2　编辑表格

　　在添加完成表格后，不仅可根据需要对表格整体或表格单元执行拉伸、合并或添加等编辑操作，而且可以对表格的表指示器进行所需的编辑，其中包括编辑表格形状和添加表格颜色等设置。

　　选中整个表格，单击鼠标右键，弹出的快捷菜单如图5-92所示。可以对表格进行剪切、复制、删除、移动、缩放和旋转等简单操作，还可以均匀调整表格的行、列大小，删除所有特性替代。当选择"输出"命令时，还可以打开"输出数据"对话框，以.csv格式输出表格中的数据。

　　当选中表格后，也可以通过拖动夹点来编辑表格，各夹点的含义，如图5-93所示。

5.4.3　编辑表格单元

　　当选中表格单元时，其右键快捷菜单如图5-94所示。而在表格单元格周围也会出现夹点，也可以通过拖动这些夹点来编辑单元格，其各夹点的含义如图 5-95 所示。如果要选择多个单元，可以按鼠标左键并在欲选择的单元上拖动；也可以按住 Shift 键并在欲选择的单元内按鼠标左键，可以同时选中这两个单元以及它们之间的所有单元。

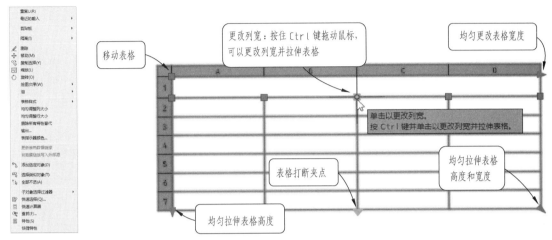

图 5-92　快捷菜单　　　　　　　　　　图 5-93　选中表格时各夹点的含义

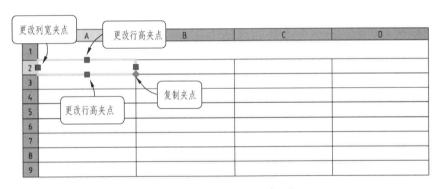

图 5-94　快捷菜单　　　　　　　　　　图 5-95　通过夹点调整单元格

5.4.4　添加表格内容

在 AutoCAD 2022 中，表格的主要作用就是能够清晰、完整、系统地表现图纸中的数据。表格中的数据都是通过表格单元进行添加的，表格单元不仅可以包含文本信息，而且包含多个块。此外，还可以将 AutoCAD 中的表格数据与 Microsoft Excel 电子表格中的数据进行链接。

确定表格的结构之后，最后在表格中添加文字、块、公式等内容。添加表格内容之前，必须了解单元格的选中状态和激活状态。

➢ 选中状态：单元格的选中状态在上一节已经介绍，如图 5-95 所示。单击单元格内部即可选中单元格，选中单元格之后系统弹出"表格单元"选项卡。

➢ 激活状态：在单元格的激活状态，单元格呈灰底显示，并出现闪动光标，如图 5-96 所示。双击单元格可以激活单元格，激活单元格之后系统弹出"文字编辑器"选项卡。

（1）添加数据

创建表格后，系统会自动亮显第一个表格单元，并打开"文字格式"工具栏，此时可以开始输入文字，在输入文字的过程中，单元的行高会随输入文字的高度或行数的增加而增加。要移动到下一单元，可以按 Tab 键或是用箭头键向左、向右、向上和向下移动。通过在选中的单元中按 F2 键可以快速编辑单元格文字。

（2）在表格中添加块

在表格中添加块和方程式需要选中单元格。选中单元格之后，系统将弹出"表格单元"选项卡，单击"插入"面板上的"块"按钮，系统弹出"在表格单元中插入块"对话框，如图 5-97 所示，浏览块文件然后插入块。在表格单元中插入块时，块可以自动适应单元的大小，也可以调整单元以适应块的大小，并且可以将多个块插入到同一个表格单元中。

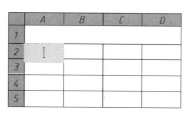

图 5-96　激活单元格

图 5-97　"在表格单元中插入块"对话框

（3）在表格中添加方程式

在表格中添加方程式可以将某单元格的值定义为其他单元格的组合运算值。选中单元格之后，在"表格单元"选项卡中，单击"插入"面板上的"公式"按钮，弹出图 5-98 所示的选项，选择"方程式"选项，将激活单元格，进入文字编辑模式。输入与单元格标号相关的运算公式，如图 5-99 所示。该方程式的运算结果如图 5-100 所示。如果修改方程所引用的单元格，运算结果也随之更新。

图 5-98　"公式"下拉列表　　　图 5-99　输入方程表达式　　　图 5-100　方程运算结果

【练习 5-12】　填写标题栏表格

机械制图中的标题栏一般由更改区、签字区、其他区、名称以及代号区组成。填写的内容主要有零件的名称、材料、数量、比例、图样代号以及设计、审核、批准者的姓名、日期等。本例延续"练习 5-11"的结果，填写已经创建完成的标题栏。

① 打开素材文件"第 5 章/5-12 填写标题栏表格 .dwg"，如图 5-91 所示，其中已经绘制好了零件图形和标题栏。

② 编辑标题栏。框选左上角的 6 个单元格，然后单击"表格单元"选项卡中"合并"面板上的"合并全部"按钮，合并结果如图 5-101 所示。

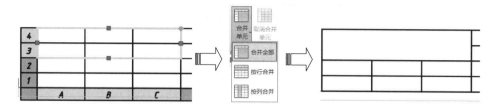

图 5-101　合并单元格

③ 合并其余单元格。使用相同的方法，合并其余的单元格，最终结果如图 5-102 所示。

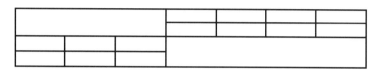

图 5-102　合并其余单元格

④ 输入文字。双击左上角合并之后的大单元格，输入图形的名称："低速传动轴"，如图 5-103 所示。此时输入的文字，其样式为"标题栏"表格样式中所设置的样式。

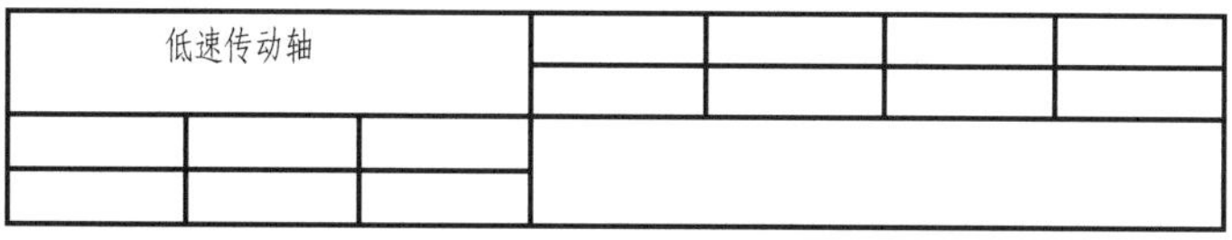

低速传动轴			

图 5-103　输入单元格文字

⑤ 按相同方法，输入其他文字，如"设计""审核"等，如图 5-104 所示。

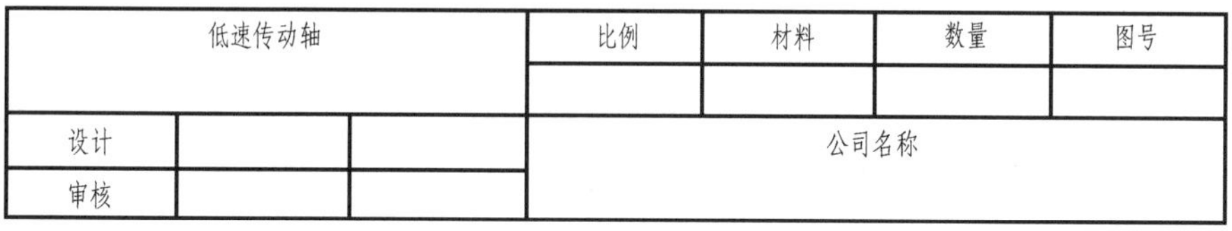

低速传动轴		比例	材料	数量	图号
设计		公司名称			
审核					

图 5-104　在其他单元格中输入文字

⑥ 调整文字内容。单击左上角的大单元格，在"表格单元"选项卡中，选择"单元样式"面板下的"正中"选项，将文字对齐至单元格的中心，如图 5-105 所示。

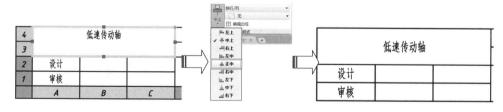

图 5-105　调整单元格内容的对齐方式

⑦ 按相同方法，对齐所有单元格内容（也可以直接选中表格，再单击"正中"，即将表格中所有单元格对齐方式统一为"正中"），再将两处文字字高调整为 8，则最终结果如图 5-106 所示。

低速传动轴			比例	材料	数量	图号
设计			公司名称			
审核						

图 5-106 对齐其他单元格

5.5 其他标注方法

除了"注释"面板中的标注命令外，还有部分标注命令比较常用，它们出现在"注释"选项卡中，如图 5-107 所示。由于篇幅有限，这里仅介绍其中常用的几种。

图 5-107 "注释"选项卡

5.5.1 标注打断

在图纸内容丰富、标注繁多的情况下，过于密集的标注线会影响图纸的观察效果，甚至让用户混淆尺寸，引起疏漏，造成损失。因此为了使图纸尺寸结构清晰，可使用"标注打断"命令在标注线交叉的位置将其打断。

执行"标注打断"命令的方法有以下几种。

➢ 功能区：在"注释"选项卡中，单击"标注"面板中的"打断"按钮，如图 5-108 所示。

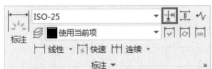

图 5-108 "标注"面板上的"打断"按钮

➢ 菜单栏：选择"标注"|"标注打断"命令。

➢ 命令行：在命令行中输入"DIMBREAK"。

"标注打断"的操作示例如图 5-109 所示，命令行操作过程如下。

```
命令：_DIMBREAK                            //执行"标注打断"命令
选择要添加/删除折断的标注或[多个(M)]：    //选择线性尺寸标注 50
选择要折断标注的对象或[自动(A)/手动(M)/删除(R)]<自动>：✔
                                          //选择多重引线或直接按 Enter 键
1 个对象已修改
```

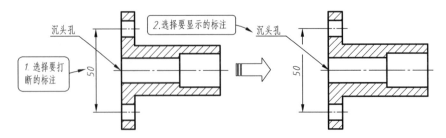

图 5-109 "标注打断"操作示例

命令行中各选项的含义如下。

➤ 多个（M）：指定要向其中添加折断或要从中删除折断的多个标注。

➤ 自动（A）：此选项是默认选项，用于在标注相交位置自动生成打断。普通标注的打断距离为"修改标注样式"对话框中"箭头和符号"选项卡下"折断大小"文本框中的值。

➤ 手动（M）：选择此项，需要用户指定两个打断点，将两点之间的标注线打断。

➤ 删除（R）：选择此项可以删除已创建的打断。

【练习 5-13】　打断标注优化图形

如果图形中孔系繁多，结构复杂，那图形的定位尺寸、定形尺寸就相当丰富，而且互相交叉，对观察图形有一定影响。而且这类图形打印出来之后，如果打印机像素不高，就可能模糊成一团，让加工人员无从下手。因此本例便通过对一定位块的标注进行优化，让读者进一步理解"标注打断"命令的操作。

① 打开素材文件"第 5 章 \ 5-13 打断标注优化图形 . dwg"，如图 5-110 所示，可见各标注相互交叉，有尺寸被遮挡。

② 在"注释"选项卡中，单击"标注"面板中的"打断"按钮 ，然后在命令行中输入"M"，执行"多个（M）"选项，接着选择最上方的尺寸 40，连按两次 Enter 键，完成打断标注的选取，结果如图 5-111 所示，命令行操作如下。

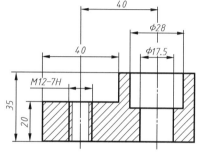

图 5-110　素材图形

```
命令：_DIMBREAK
选择要添加/删除折断的标注或［多个(M)］：M↙      //选择"多个"选项
选择标注：找到 1 个                          //选择最上方的尺寸 40 为要打
                                            断的尺寸
选择标注：↙                                 //按 Enter 键完成选择
选择要折断标注的对象或［自动(A)/删除(R)］＜自动＞：↙
                                            //按 Enter 键完成要显示的标
                                            注选择，即所有其他标注
1 个对象已修改
```

③ 根据相同的方法，打断其余要显示的尺寸，最终结果如图 5-112 所示。

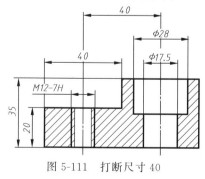

图 5-111　打断尺寸 40

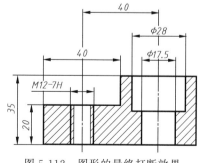

图 5-112　图形的最终打断效果

5.5.2　调整标注间距

在 AutoCAD 中进行基线标注时，如果没有设置合适的基线间距，可能使尺寸线之间的间距过大或过小，如图 5-113 所示。利用"调整间距"命令，可调整互相平行的线性尺寸或角度尺寸之间的距离。

执行"标注打断"命令的方法有以下几种。

➢ 功能区：在"注释"选项卡中，单击"标注"面板中的"调整间距"按钮 ，如图 5-114 所示。

➢ 菜单栏：选择"标注"|"调整间距"命令。

➢ 命令行：在命令行中输入"DIMSPACE"。

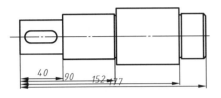

图 5-113　标注间距过小

图 5-114　"标注"面板上的"调整间距"按钮

"调整间距"命令的操作示例如图 5-115 所示，命令行操作如下。

```
命令：_DIMSPACE                                      //执行"标注间距"命令
选择基准标注：                                        //选择尺寸 29
选择要产生间距的标注:找到 1 个                          //选择尺寸 49
选择要产生间距的标注:找到 1 个,总计 2 个                 //选择尺寸 69
选择要产生间距的标注:↙                                //单击 Enter 键,结束选择
输入值或[自动(A)]<自动>:10↙                          //输入间距值
```

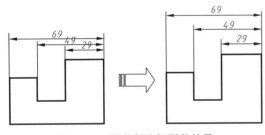

图 5-115　调整标注间距的效果

"调整间距"命令可以通过"输入值"和"自动（A）"这两种方式来创建间距，两种方式的含义解释如下。

➢ 输入值：为默认选项。可以在选定的标注间隔开所输入的间距距离。如果输入的值为 0，则可以将多个标注对齐在同一水平线上，如图 5-116 所示。

➢ 自动（A）：根据所选择的基准标注的标注样式中指定的文字高度自动计算间距。

所得的间距距离是标注文字高度的 2 倍，如图 5-117 所示。

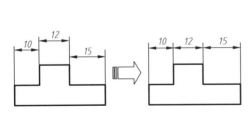

图 5-116　输入间距值为 0 的效果

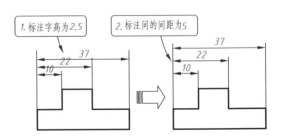

图 5-117　"自动（A）"根据字高自动调整间距

5.5.3　折弯线性标注

在标注一些长度较大的轴类打断视图的长度尺寸时，可以对应地使用折弯线性标注。在 AutoCAD 2022 中调用"折弯线性"标注有如下几种常用方法。

➤ 功能区：在"注释"选项卡中，单击"标注"面板中的"折弯线性"按钮，如图 5-118 所示。

➤ 菜单栏：执行"标注"|"折弯线性"命令。

➤ 命令行：在命令行中输入"DIMJOGLINE"。

执行上述任一命令后，选择需要添加折弯的线性标注或对齐标注，然后指定折弯位置即可，如图 5-119 所示，命令行操作如下。

图 5-118　"标注"面板上的
"折弯线性"按钮

```
命令：_DIMJOGLINE                          //执行"折弯线性"标注命令
选择要添加折弯的标注或［删除(R)］：        //选择要折弯的标注
指定折弯位置 (或按 ENTER 键)：             //指定折弯位置,结束命令
```

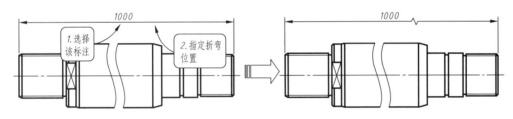

图 5-119　折弯线性标注

5.5.4　连续标注

"连续标注"是以指定的尺寸界线（必须以"线性""坐标"或"角度"标注界限）为基线进行标注，但"连续标注"所指定的基线仅作为与该尺寸标注相邻的连续标注尺寸的基线，依此类推，下一个尺寸标注都以前一个标注与其相邻的尺寸界线为基线进行标注。

在 AutoCAD 2022 中调用"连续"标注有如下几种常用方法：

➤ 功能区：在"注释"选项卡中，单击"标注"面板中的"连续"按钮，如图 5-120 所示。

➤ 菜单栏：执行"标注"|"连续"命令。

➤ 命令行：在命令行中输入"DIMCONTINUE"或"DCO"。

标注连续尺寸前，必须存在一个尺寸界线起点。进行连续标注时，系统默认将上一个尺寸界线终点作为连续标注的起点，提示用户选择第二条延伸线起点，重复指定第二条延伸线起点，则创建出连续标注。连

图 5-120　"标注"面板上
的"连续"按钮

续标注在进行墙体标注时极为方便，其效果如图 5-121 所示，命令行操作如下。

```
命令：_dimcontinue                        //执行"连续标注"命令
选择连续标注：                            //选择作为基准的标注
```

```
指定第二个尺寸界线原点或［选择(S)/放弃(U)］<选择>：
                             //指定标注的下一点,系统自动放置尺寸

标注文字= 2400
指定第二个尺寸界线原点或［选择(S)/放弃(U)］<选择>：
                             //指定标注的下一点,系统自动放置尺寸

标注文字= 1400
指定第二个尺寸界线原点或［选择(S)/放弃(U)］<选择>：
                             //指定标注的下一点,系统自动放置尺寸

标注文字= 1600
指定第二个尺寸界线原点或［选择(S)/放弃(U)］<选择>：
                             //指定标注的下一点,系统自动放置尺寸

标注文字= 820
指定第二个尺寸界线原点或［选择(S)/放弃(U)］<选择>：↙
                             //按 Enter 键完成标注
选择连续标注：＊取消＊↙        //按 Enter 键结束命令
```

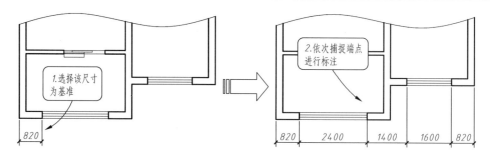

图 5-121　连续标注示例

在执行"连续标注"时，可随时执行命令行中的"选择（S）"选项进行重新选取，也可以执行"放弃（U）"命令回退到上一步进行操作。

5.5.5　基线标注

"基线标注"用于以同一尺寸界线为基准的一系列尺寸标注，即将从某一点引出的尺寸界线为第一条尺寸界线，依次进行多个对象的尺寸标注。

在 AutoCAD 2022 中，调用"基线"标注有如下几种常用方法。

➢ 功能区：在"注释"选项卡中，单击"标注"面板中的"基线"按钮，如图 5-122 所示。

➢ 菜单栏："标注"|"基线"命令。

➢ 命令行：在命令行中输入"DIMBASELINE"或"DBA"。

图 5-122　"标注"面板
上的"基线"按钮

按上述方式执行"基线标注"命令后，将光标移动到第一条尺寸界线起点，单击鼠标左键，即完成一个尺寸标注。重复拾取第二条尺寸界线的终点即可以完成第二个尺寸的标注，依此类推，如图 5-123 所示，命令行操作如下。

命令：_dimbaseline　　　　　　　　//执行"基线标注"命令
选择基准标注：　　　　　　　　　//选择作为基准的标注
指定第二个尺寸界线原点或［选择(S)/放弃(U)］<选择>：
　　　　　　　　　　　　　　//指定标注的下一点,系统自动放置尺寸
标注文字＝20
指定第二个尺寸界线原点或［选择(S)/放弃(U)］<选择>：
　　　　　　　　　　　　　　//指定标注的下一点,系统自动放置尺寸
标注文字＝30
指定第二个尺寸界线原点或［选择(S)/放弃(U)］<选择>：↙
　　　　　　　　　　　　　　//按 Enter 键完成标注
选择基准标注：↙　　　　　　　//按 Enter 键结束命令

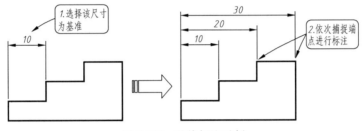

图 5-123　基线标注示例

"基线标注"的各命令行选项与"连续标注"相同，在此不重复介绍。

第6章

图层与图层特性

扫码全方位学习
AutoCAD 2022

AutoCAD 图层相当于传统图纸中使用的重叠图纸。它就如同一张张透明的图纸，整个 AutoCAD 文档就是由若干透明图纸上下叠加而成的，如图 6-1 所示。用户可以根据不同的特征、类别或用途，将图形对象分类组织到不同的图层中。同一个图层中的图形对象具有许多相同的外观属性，如线宽、颜色、线型等。

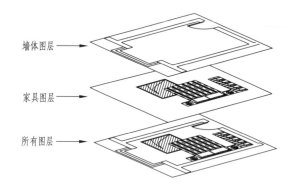

墙体图层

家具图层

所有图层

图 6-1 图层的原理

6.1 图层的创建与设置

图层的新建、设置等操作通常在"图层特性管理器"选项板中进行。"图层特性管理器"选项板中可以控制图层的颜色、线型、线宽、透明度、是否打印等，本节仅介绍常用的三种，后面的设置操作方法与此相同，便不再介绍。

6.1.1 新建并命名图层

在使用 AutoCAD 进行绘图工作前，用户宜先根据自身行业要求创建好对应的图层。AutoCAD 的图层创建和设置都在"图层特性管理器"选项板中进行。

打开"图层特性管理器"选项板有以下几种方法。

➤ 功能区：在"默认"选项卡中，单击"图层"面板中的"图层特性"按钮 ，如图 6-2 所示。

➤ 菜单栏：选择"格式"|"图层"命令。

➤ 命令行：在命令行中输入"LAYER"或"LA"。

执行任一命令后，弹出"图层特性管理器"选项板，如图 6-3 所示，单击对话框上方的"新建"按钮  ，即可新建一个图层项目。默认情况下，创建的图层会以"图层 1""图层 2"等按顺序进行命名，用户也可以自行输入易辨别的名称，如"轮廓线""中心线"等。输入图层名称之后，依次设置该图层对应的颜色、线型、线宽等特性。前面显示符号 的为当前正在使用的图层。

图 6-2　"图层"面板中的
"图层特性"按钮

图 6-4 所示为将粗实线图层置为当前图层，颜色设置为红色，线型为实线，线宽为0.3mm 的结果。

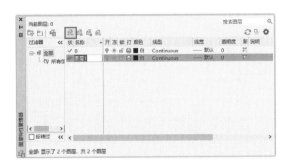

图 6-3　"图层特性管理器"选项板

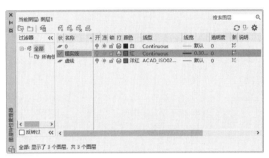

图 6-4　粗实线图层

提示：图层的名称最多可以包含 255 个字符，并且中间可以含有空格，图层名区分大小写字母。图层名不能包含的符号有：<、>、^、"、"；，?、 *、 |、，、 =、'等，如果用户在命名图层时提示失败，可检查是否含有了这些非法字符。

6.1.2　设置图层颜色

为了区分不同的对象，通常为不同的图层设置不同的颜色。设置图层颜色之后，该图层上的所有对象均显示为该颜色（修改了对象特性的图形除外）。

打开"图层特性管理器"选项板，单击某一图层对应的"颜色"项目，如图 6-5 所示，弹出"选择颜色"对话框，如图 6-6 所示。在调色板中选择一种颜色，单击"确定"按钮，即完成颜色设置。

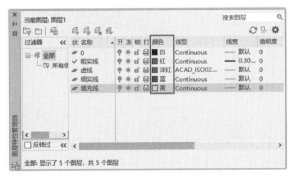

图 6-5　单击图层颜色项目

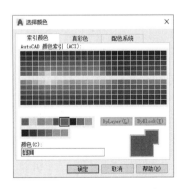

图 6-6　"选择颜色"对话框

6.1.3　设置图层线型

线型是指图形基本元素中线条的组成和显示方式，如实线、中心线、点画线、虚线等。通过线型的区别，可以直观判断图形对象的类别。在 AutoCAD 中，默认的线型是实线（Continuous），其他的线型需要加载才能使用。

在"图层特性管理器"选项板中，单击某一图层对应的"线型"项目，弹出"选择线型"对话框，如图 6-7 所示。在默认状态下，"选择线型"对话框中只有 Continuous 一种线型。如果要使用其他线型，必须将其添加到"选择线型"对话框中。单击"加载"按钮，弹出"加载或重载线型"对话框，如图 6-8 所示，从对话框中选择要使用的线型，单击"确定"按钮，完成线型加载。

图 6-7　"选择线型"对话框

图 6-8　"加载或重载线型"对话框

【练习 6-1】　调整中心线线型比例

有时设置好了非连续线型（如虚线、中心线）的图层，但绘制时仍会显示出实线的效果。这通常是因为线型的"线型比例"值过大，修改数值即可显示出正确的线型效果，如图 6-9 所示。具体操作方法说明如下。

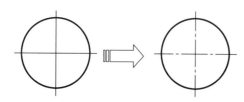

图 6-9　线型比例的变化效果

① 打开素材文件"第 6 章 \ 6-1 调整中心线线型比例.dwg"，如图 6-10 所示，图形的中心线为实线显示。

② 在"默认"选项卡中，单击"特性"面板中"线型"下拉列表中的"其他"按钮，如图 6-11 所示。

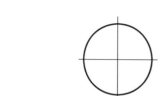

图 6-10　素材图形

图 6-11　"特性"面板中的"其他"按钮

③ 系统弹出"线型管理器"对话框，在中间的线型列表框中选中中心线所在的图层"CENTER"，然后在右下方的"全局比例因子"文本框中输入新值为 0.25，如图 6-12 所示。

④ 设置完成之后，单击对话框中的"确定"按钮返回绘图区，可以看到中心线的效果

发生了变化，为合适的点画线，如图 6-13 所示。

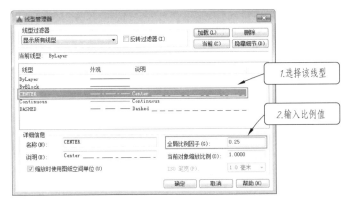

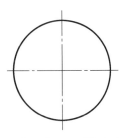

图 6-12　"线型管理器"对话框　　　　　图 6-13　修改线型比例值之后的图形

6.1.4　设置图层线宽

线宽即线条显示的宽度。使用不同宽度的线条表现对象的不同部分，可以提高图形的表达能力和可读性，如图 6-14 所示。

在"图层特性管理器"选项板中，单击某一图层对应的"线宽"项目，弹出"线宽"对话框，如图 6-15 所示，从中选择所需的线宽即可。

如果需要自定义线宽，在命令行中输入"LWEIGHT"或"LW"并按 En-ter 键，弹出"线宽设置"对话框，如图 6-16 所示，通过调整线宽比例，可使图形中的线宽显示得更宽或更窄。

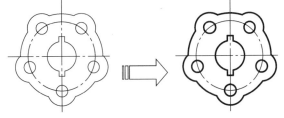

图 6-14　线宽变化

机械、建筑制图中通常采用粗、细两种线宽，在 AutoCAD 中常设置粗细比例为 2∶1。共有 0.25/0.13、0.35/0.18、0.5/0.25、0.7/0.35、1/0.5、1.4/0.7、2/1（单位均为mm）这 7 种组合，同一图纸只允许采用一种组合。其余行业制图请查阅相关标准。

图 6-15　"线宽"对话框

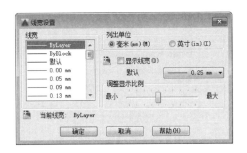

图 6-16　"线宽设置"对话框

【练习 6-2】　创建绘图基本图层并存为样板

本案例介绍绘图基本图层的创建，在该实例中要求分别建立"粗实线""中心线""细实线""标注与注释"和"细虚线"层，这些图层的主要特性如表 6-1 所示（根据 GB/T 17450《技术制图　图线》所述适用于建筑、机械等工程制图）。创建完成后另存为样板，以后在新建文件时调用该样板，即可省去设置图层的工作。

表 6-1　图层列表

序号	图层名	线宽/mm	线　型	颜色	打印属性
1	粗实线	0.3	CONTINUOUS	黑	打印
2	细实线	0.15	CONTINUOUS	红	打印
3	中心线	0.15	CENTER	红	打印
4	标注与注释	0.15	CONTINUOUS	绿	打印
5	细虚线	0.15	ACAD-ISO 02W100	蓝	打印

① 单在"默认"选项卡中，单击"图层"面板中的"图层特性"按钮。系统弹出"图层特性管理器"选项板，单击"新建"按钮，新建图层。系统默认"图层 1"的名称新建图层，如图 6-17 所示。

② 此时文本框呈可编辑状态，在其中输入文字"中心线"并按 Enter 键，完成中心线图层的创建，如图 6-18 所示。

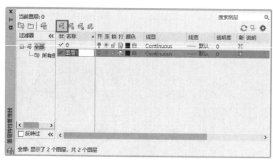

图 6-17　"图层特性管理器"选项板

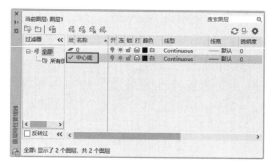

图 6-18　重命名图层

③ 单击"颜色"属性项，在弹出的"选择颜色"对话框，选择"红色"，如图 6-19 所示。单击"确定"按钮，返回"图层特性管理器"选项板。

④ 单击"线型"属性项，弹出"选择线型"对话框，在对话框中单击"加载"按钮，如图 6-20 所示。

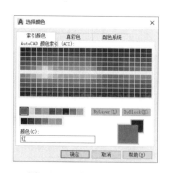

图 6-19　设置图层颜色

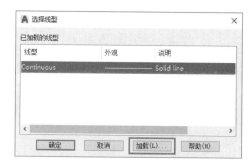

图 6-20　"选择线型"对话框

⑤ 在弹出的"加载或重载线型"对话框中选择 CENTER 线型，如图 6-21 所示。单击"确定"按钮，返回"选择线型"对话框，再次选择 CENTER 线型，如图 6-22 所示。

⑥ 单击"确定"按钮，返回"图层特性管理器"选项板。单击"线宽"属性项，在弹出的"线宽"对话框，选择线宽为 0.15mm，如图 6-23 所示。

⑦ 单击"确定"按钮，返回"图层特性管理器"选项板。设置的中心线图层如图 6-24 所示。

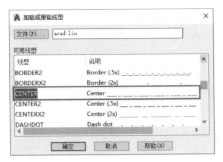

图 6-21　"加载或重载线型"对话框

图 6-22　设置线型

图 6-23　选择线宽

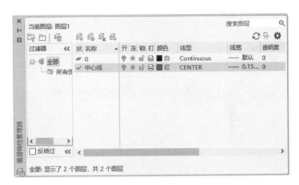

图 6-24　设置的中心线图层

⑧ 重复上述步骤，分别创建"粗实线""细实线""标注与注释""细虚线"等图层，为各图层选择合适的颜色、线型和线宽特性，结果如图 6-25 所示。

⑨ 单击快速访问工具栏"另存为"按钮 ，或者按快捷键 Ctrl＋Shift＋S，执行"另存为"命令，设置文件类型为"AutoCAD 图形样板（∗.dwt）"，输入文件名为"技术制图样板"，如图 6-26 所示。

⑩ 保存后即可得到该样板，以后在

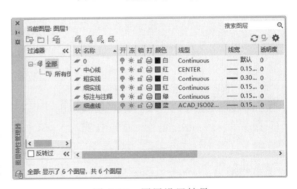

图 6-25　图层设置结果

执行新建文件时选取该样板即可省去设置图层的工作，如图 6-27 所示。

图 6-26　另存为样板文件

图 6-27　选择创建好的样板文件进行绘图

6.2　图层的其他操作

在 AutoCAD 中，还可以对图层进行隐藏、冻结以及锁定等其他操作，这样在使用 AutoCAD 绘制复杂的图形对象时，就可以有效地降低误操作，提高绘图效率。

6.2.1　打开与关闭图层

在绘图的过程中可以将暂时不用的图层关闭，被关闭的图层中的图形对象将不可见，并且不能被选择、编辑、修改以及打印。在 AutoCAD 中关闭图层的常用方法有以下几种。

➢ 对话框：在"图层特性管理器"对话框中选中要关闭的图层，单击 💡 按钮即可关闭

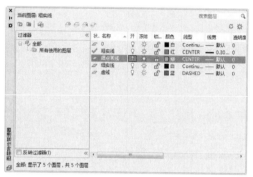

图 6-28　通过图层特性管理器关闭图层

选择图层，图层被关闭后该按钮将显示为 💡，表明该图层已经被关闭，如图 6-28 所示。

➢ 功能区：在"默认"选项卡中，打开"图层"面板中的"图层控制"下拉列表，单击目标图层 💡 按钮即可关闭图层，如图 6-29 所示。

提示：当关闭的图层为"当前图层"时，将弹出如图 6-30 所示的确认对话框，此时单击"关闭当前图层"链接即可。如果要恢复关闭的图层，重复以上操作，单击图层前的"关闭"图标 💡 即可打开图层。

图 6-29　通过功能面板图标关闭图层

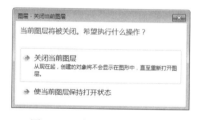

图 6-30　确认关闭当前图层

【练习 6-3】　通过关闭图层控制图形

在进行室内设计时，通常会将不同的对象分属各个不同的图层，如家具图形属于"家具层"、墙体图形属于"墙体层"、轴线类图形属于"轴线层"等，这样做的好处就是可以通过打开或关闭图层来控制设计图的显示，使其快速呈现仅含墙体、仅含轴线之类的图形。

① 打开素材文件"第 6 章 \ 6-3 通过关闭图层控制图形 .dwg"，其中已经绘制好了一室内平面图，如图 6-31 所示，且图层效果全开，如图 6-32 所示。

② 设置图层显示。在"默认"选项卡中，单击"图层"面板中的"图层特性"按钮 📑，打开"图层特性管理器"选项板。在对话框内找到"家具"层，选中该层前的打开/关闭图层按钮 💡，单击此按钮此时按钮变成 💡，即可关闭"家具"层。再按此方法关闭其他图层，只保留"QT-000 墙体"和"门窗"图层开启，如图 6-33 所示。

③ 关闭"图层特性管理器"选项板，此时图形仅包含墙体和门窗，效果如图 6-34 所示。

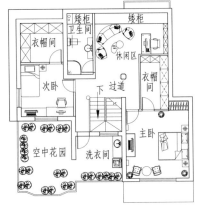

图 6-31　素材图形

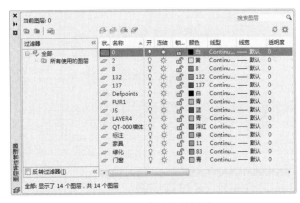

图 6-32　素材中的图层

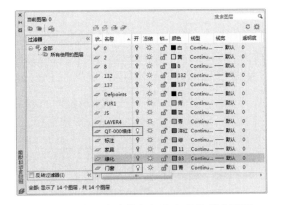

图 6-33　关闭除墙体和门窗之外的所有图层

图 6-34　关闭图层效果

6.2.2　冻结与解冻图层

将长期不需要显示的图层冻结，可以提高系统运行速度，减少了图形刷新的时间，因为这些图层将不会被加载到内存中。AutoCAD 不会在被冻结的图层上显示、打印或重生成对象。

在 AutoCAD 中关闭图层的常用方法有以下几种。

➢ 对话框：在"图层特性管理器"对话框中单击要冻结的图层前的"冻结"按钮 ☀，即可冻结该图层，图层冻结后将显示为 ❄，如图 6-35 所示。

➢ 功能区：在"默认"选项卡中，打开"图层"面板中的"图层控制"下拉列表，单击目标图层 ☀ 按钮，如图 6-36 所示。

提示：如果要冻结的图层为"当前图

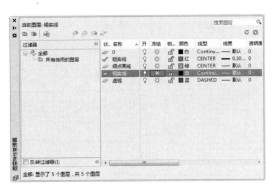

图 6-35　通过图层特性管理器冻结图层

层"时，将弹出如图 6-37 所示的对话框，提示无法冻结"当前图层"，此时需要将其他图层设置为"当前图层"才能冻结该图层。如果要恢复冻结的图层，重复以上操作，单击图层前的"解冻"图标 ❄ 即可解冻图层。

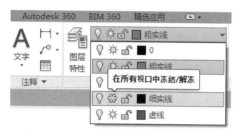

图 6-36　通过功能面板图标冻结图层

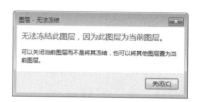

图 6-37　图层无法冻结

【练习 6-4】　通过冻结图层控制图形

在使用 AutoCAD 绘图时，有时会在绘图区的空白处随意绘制一些辅助图形。待图纸全部绘制完毕后，既不想让辅助图形影响整张设计图的完整性，又不想删除这些辅助图形，这时就可以使用"冻结"工具来将其隐藏。

① 打开素材文件"第 6 章 \ 6-4 通过冻结图层控制图形 .dwg"，其中已经绘制好了一完整图形，但在图形上方还有绘制过程中遗留的辅助图，如图 6-38 所示。

② 冻结图层。在"默认"选项卡中，打开"图层"面板中的"图层控制"下拉列表，在列表框内找到"Defpoints"层，单击该层前的"冻结"按钮 ☀，变成 ❄，即可冻结"Defpoints"层，如图 6-39 所示。

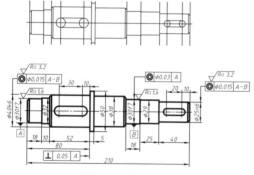

图 6-38　素材图形

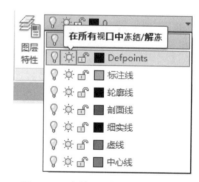

图 6-39　冻结不需要的图形图层

③ 冻结"Defpoints"层之后的图形如图 6-40 所示，可见上方的辅助图形被消隐。

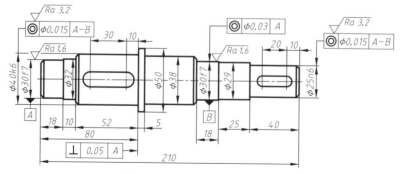

图 6-40　图层冻结之后的结果

提示：图层的"冻结"和"关闭"，都能使得该图层上的对象全部被隐藏，看似效果一致，其实仍有不同。被"关闭"的图层不能显示、不能编辑、不能打印，但仍然存在于图形当中，图形刷新时仍会计算该层上的对象，可以近似理解为被"忽视"；而被"冻结"的图层，除了不能显示、不能编辑、不能打印之外，还不会再被认为属于图形，图形刷新时也不会再计算该层上的对象，可以理解为被"无视"。

6.2.3　锁定与解锁图层

如果某个图层上的对象只需要显示，不需要选择和编辑，那么可以锁定该图层。被锁定图层上的对象仍然可见，但会淡化显示，而且可以被选择、标注和测量，但不能被编辑、修改和删除，另外还可以在该层上添加新的图形对象。因此使用 AutoCAD 绘图时，可以将中心线、辅助线等基准线条所在的图层锁定。

锁定图层的常用方法有以下几种。

➢ 对话框：在"图层特性管理器"对话框中单击"锁定"图标 🔓，即可锁定该图层，图层锁定后该图标将显示为 🔒 ，如图 6-41 所示。

➢ 功能区：在"默认"选项卡中，打开"图层"面板中的"图层控制"下拉列表，单击 🔓 图标即可锁定该图层，如图 6-42 所示。

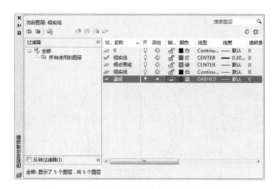

图 6-41　通过图层特性管理器锁定图层

图 6-42　通过功能面板图标锁定图层

提示：如果要解除图层锁定，重复以上的操作单击"解锁"按钮 🔒 ，即可解锁已经锁定的图层。

6.2.4　设置当前图层

当前图层是当前工作状态下所处的图层。设定某一图层为当前图层之后，接下来所绘制的对象都位于该图层中。如果要在其他图层中绘图，就需要更改当前图层。

在 AutoCAD 中设置当前层有以下几种常用方法。

➢ 对话框：在"图层特性管理器"选项板中选择目标图层，单击"置为当前"按钮 ，如图 6-43 所示。被置为当前的图层在项目前会出现 ✔ 符号。

➢ 功能区 1：在"默认"选项卡中，单击

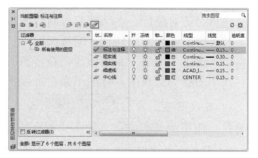

图 6-43　"图层特性管理器"中置为当前

"图层"面板中"图层控制"下拉列表，在其中选择需要的图层，即可将其设置为当前图层，如图 6-44 所示。

➢ 功能区 2：在"默认"选项卡中，单击"图层"面板中"置为当前"按钮 ，即可将所选图形对象的图层置为当前，如图 6-45 所示。

➢ 命令行：在命令行中输入"CLAYER"命令，然后输入图层名称，即可将该图层置为当前。

图 6-44 "图层控制"下拉列表

图 6-45 "置为当前"按钮

6.2.5 转换图形所在图层

在 AutoCAD 中还可以十分灵活地进行图层转换，即将某一图层内的图形转换至另一图层，同时使其颜色、线型、线宽等特性发生改变。

如果某图形对象需要转换图层，可以先选择该图形对象，然后单击"图层"面板中的"图层控制"下拉列表框，选择要转换的目标图层即可，如图 6-46 所示。

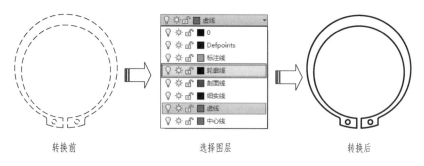

转换前　　　　　　　　　选择图层　　　　　　　　　转换后

图 6-46 图层转换

绘制复杂的图形时，由于图形元素的性质不同，用户常需要将某个图层上的对象转换到其他图层上，同时使其颜色、线型、线宽等特性发生改变。除了之前所介绍的方法之外，其余在 AutoCAD 中转换图层的方法如下。

（1）通过"图层控制"列表转换图层

选择图形对象后，在"图层控制"下拉列表选择所需图层。操作结束后，列表框自动关闭，被选中的图形对象转移至刚选择的图层上。

（2）通过"图层"面板中的命令转换图层

在"图层"面板中，有如下命令可以帮助转换图层。

➢"匹配图层"按钮 ：先选择要转换图层的对象，然后单击 Enter 键确认，再选择目标图层对象，即可将源对象匹配至目标图层。

➢"更改为当前图层"按钮 ：选择图形对象后单击该按钮，即可将对象图层转换为当前图层。

【练习 6-5】　切换图形至 Defpoint 层

"练习 6-4"中素材遗留的辅助图，已经事先设置好了为"Defpoints"层，这在现实的工作当中是不大可能出现的。因此习惯的做法是新建一个单独的图层，然后将要隐藏的图形转移至该图层上，再进行冻结、关闭等操作。

① 打开素材文件"第 6 章 \ 6-5 切换图形至 Defpoint 层 . dwg"，其中已经绘制好了一完整图形，在图形上方还有绘制过程中遗留的辅助图，如图 6-47 所示。

② 选择要切换图层的对象。框选上方的辅助图，如图 6-48 所示。

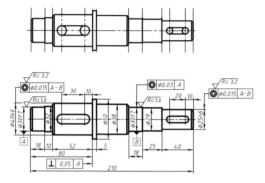

图 6-47　素材文件

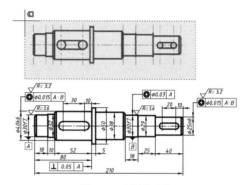

图 6-48　选择对象

③ 切换图层。然后在"默认"选项卡中，打开"图层"面板中的"图层控制"下拉列表，在列表框内选择"Defpoints"层并单击，如图 6-49 所示。

④ 此时图形对象由其他图层转换为"Defpoints"层，如图 6-50 所示。再延续"练习 6-4"的操作，即可完成冻结。

图 6-49　"图层控制"下拉列表

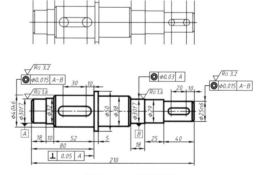

图 6-50　最终效果

6.2.6　删除多余图层

在图层创建过程中，如果新建了多余的图层，此时可以在"图层特性管理器"选项板中单击"删除"按钮 将其删除，但 AutoCAD 规定以下四类图层不能被删除，如下所述。

➤ 图层 0 层和 Defpoints 层。

➤ 当前图层。要删除当前层，可以改变当前层到其他层。

➤ 包含对象的图层。要删除该层，必须先删除该层中所有的图形对象。

➤ 依赖外部参照的图层。要删除该层，必先删除外部参照。

注意：打开的不使用的图层被系统提示无法删除，如图 6-51 所示。

图 6-51　"图层-未删除"对话框

不仅如此，局部打开图形中的图层也被视为已参照并且不能删除。对于 0 图层和 Defpoints 图层是系统自己建立的，无法删除这是常识，用户应该把图形绘制在别的图层；对于当前图层无法删除，可以更改当前图层再实行删除操作；对于包含对象或依赖外部参照的图层实行移动操作比较困难，用户可以使用"图层转换"或"图层合并"的方式删除。

（1）图层转换的方法

图层转换是将当前图像中的图层映射到指定图形或标准文件中的其他图层名和图层特性，然后使用这些贴图对其进行转换。下面介绍其操作步骤。

单击功能区"管理"选项卡"CAD标准"组面板中"图层转换器"按钮，系统弹出"图层转换器"对话框，如图 6-52 所示。

单击对话框"转换自"功能框中"新建"按钮，系统弹出"新图层"对话框，如图 6-53 所示。在"名称"文本框中输入现有的图层名称或新的图层名称，并设置线型、线宽、颜色等属性，单击"确定"按钮。

图 6-52　"图层转换器"对话框

单击对话框"设置"按钮，弹出如图 6-54 所示"设置"对话框。在此对话框中可以设置转换后图层的属性状态和转换时的请求，设置完成后单击"确定"按钮。

图 6-53　"新图层"对话框

图 6-54　"设置"对话框

在"图层转换器"对话框"转换自"选项列表中选择需要转换的图层名称，在"转换为"选项列表中选择需要转换到的图层。这时激活"映射"按钮，单击此按钮，在"图层转换映射"列表中将显示图层转换映射列表，如图 6-55 所示。

映射完成后单击"转换"按钮，系统弹出"图层转换器-未保存更改"对话框，如图 6-56 所示，选择"仅转换"选项即可。这时打开"图层特性管理器"对话框，会发现选择的"转换自"图层不见了，这是由于转换后图层被系统自动删除，如果选择的"转换自"图层是 0 图层和 Defpoints 图层，将不会被删除。

图 6-55 "图层转换器"对话框

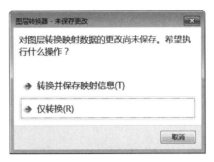

图 6-56 "图层转换器-未保存更改"对话框

（2）图层合并的方法

可以通过合并图层来减少图形中的图层数。将所合并图层上的对象移动到目标图层，并从图形中清理原始图层。以这种方法同样可以删除顽固图层，下面介绍其操作步骤。

在命令行中输入"LAYMRG"并单击 Enter 键，系统提示：选择要合并的图层上的对象或命名（N），可以用鼠标在绘图区框选图形对象，也可以输入"N"并单击 Enter 键。输入"N"并单击 Enter 键后弹出"合并图层"对话框，如图6-57 所示。在"合并图层"对话框中选择要合并的图层，单击"确定"按钮。

如需继续选择合并对象可以框选绘图区对象或输入"N"并单击 Enter 键；如果选择完毕，单击Enter 键即可。命令行提示：选择目标图层上的对象或名称（N）。可以用鼠标在绘图区框选图形对象，也可以输入"N"并单击 Enter 键。输入"N"并单击 Enter 键弹出"合并图层"对话框，如图 6-58 所示。

图 6-57 选择要合并的图层

在"合并图层"对话框中选择要合并的图层，单击"确定"按钮。系统弹出"合并到图层"对话框，如图 6-59 所示。单击"是"按钮。这时打开"图层特性管理器"对话框，图层列表中"墙体"被删除了。

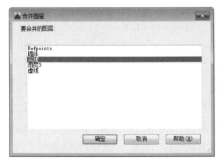

图 6-58 选择合并到的图层

图 6-59 合并到图层

6.3 图形特性设置

在 AutoCAD 的功能区中有一个"特性"面板，专门用于显示图形对象的颜色、线宽和

图 6-60 "特性"面板

线型，如图 6-60 所示。一般情况下"特性"面板和图层设置参数是一致的，但用户可以手动改变"特性"面板中的设置，而不影响图层效果。

6.3.1 查看并修改图形特性

一般情况下，图形对象的显示特性都是"随图层"（ByLayer），表示图形对象的属性与其所在的图层特性相同；若选择"随块"（ByBlock）选项，则对象从它所在的块中继承颜色和线型。

（1）通过"特性"面板编辑对象属性

在"默认"选项卡的"特性"面板中选择要编辑的属性栏，该面板分为多个选项列表框，分别控制对象的不同特性。选择一个对象，然后在对应选项列表框中选择要修改为的特性，即可修改对象的特性。

默认设置下，对象颜色、线宽、线型三个特性为 ByLayer（随图层），即与所在图层一致，这种情况下绘制的对象将使用当前图层的特性，通过三种特性的下拉列表框（见图 6-61），可以修改当前绘图特性。

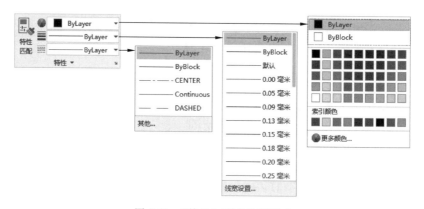

图 6-61 "特性"面板选项列表

图形对象有几个基本属性，即颜色、线型、线宽等，这几个属性可以控制图形的显示效果和打印效果，合理设置好对象的属性，不仅可以使图面看上去更美观、清晰，更重要的是可以获得正确的打印效果。在设置对象的颜色、线型、线宽的属性时都会看到列表中的 Bylayer（随层）、Byblock（随块）这两个选项。

Bylayer（随层）即对象属性使用它所在的图层的属性。绘图过程中通常会将同类的图形放在同一个图层中，用图层来控制图形对象的属性很方便。因此通常设置好图层的颜色、线型、线宽等，然后在所在图层绘制图形，假如图形对象属性有误，还可以调换图层。

图层特性是硬性的，独立的图形对象、图块、外部参照等都会分配在图层中。图块对象所属图层跟图块定义时图形所在图层和块参照插入的图层都有关系。如果图块在 0 层创建定义，图块插入哪个层，图块就属于哪个层；如果图块不在 0 层创建定义，图块无论插入到哪个层，图块仍然属于原来创建的那个图层。

Byblock（随块）即对象属性使用它所在的图块的属性。通常只将要做成图块的图形对象设置为这个属性。当图形对象设置为 Byblock 并被定义成图块后，可以直接调整图块的属性，设置成 Byblock 属性的对象属性将跟随图块设置变化而变化。

（2）通过"特性"选项板编辑对象属性

"特性"选项板能查看和修改的图形特性只有颜色、线型和线宽，"特性"选项板则能查看并修改更多的对象特性。在 AutoCAD 中打开对象的"特性"选项板有以下几种常用方法。

> 功能区：选择要查看特性的对象，然后单击"标准"面板中的"特性"按钮![icon]。
> 菜单栏：选择要查看特性的对象，然后选择"修改"|"特性"命令；也可先执行菜单命令，再选择对象。
> 命令行：选择要查看特性的对象，然后在命令行中输入"PROPERTIES"或"PR"或"CH"并按 Enter 键。
> 快捷键：选择要查看特性的对象，然后按快捷键 Ctrl+1。

如果只选择了单个图形，执行以上任意一种操作将打开该对象的"特性"选项板，如图 6-62 所示，对其中所显示的图形信息进行修改即可。

从选项板中可以看到，该选项板不但列出了颜色、线宽、线型、打印样式、透明度等图形常规属性，还增添了"三维效果"以及"几何图形"两大属性列表框，可以查看和修改其材质效果以及几何属性。

如果同时选择了多个对象，弹出的选项板则显示这些对象的共同属性，在不同特性的项目上显示"*多种*"，如图 6-63 所示。"特性"选项板包括选项列表框和文本框等项目，选择相应的选项或输入参数，即可修改对象的特性。

图 6-62　单个图形的"特性"选项板

图 6-63　多个图形的"特性"选项板

6.3.2　匹配图形属性

特性匹配的功能就如同 Office 软件中的"格式刷"一样，可以把一个图形对象（源对象）的特性完全"继承"给另外一个（或一组）图形对象（目标对象），使这些图形对象的部分或全部特性和源对象相同。

在 AutoCAD 中，执行"特性匹配"命令有以下两种常用方法。

> 菜单栏：执行"修改"|"特性匹配"命令。
> 功能区：单击"默认"选项卡内"特性"面板的"特性匹配"按钮![icon]，如图 6-64 所示。
> 命令行：在命令行中输入"MATCHPROP"或"MA"。

特性匹配命令执行过程当中，需要选择两类对象：源对象和目标对象。操作完成后，目标对象的部分或全部特性和源对象相同。命令行输入如下所示。

> 命令：MA↙　　　　　　　　//调用"特性匹配"命令
> MATCHPROP
> 选择源对象：　　　　　　　　//单击选择源对象
> 当前活动设置：颜色 图层 线型 线型比例 线宽 透明度 厚度 打印样式 标注 文字 图案填充 多段线 视口 表格材质 阴影显示 多重引线
> 选择目标对象或[设置(S)]：　　//光标变成格式刷形状，选择目标对象，可以立即修改其属性
> 选择目标对象或[设置(S)]：↙　//选择目标对象完毕后单击 Enter 键，结束命令

通常，源对象可供匹配的特性很多，选择"设置"备选项，将弹出如图 6-65 所示的"特性设置"对话框。在该对话框中，可以设置哪些特性允许匹配，哪些特性不允许匹配。

图 6-64 "特性"面板

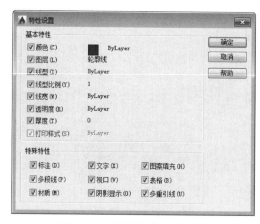

图 6-65 "特性设置"对话框

【练习 6-6】 特性匹配图形

为如图 6-66 所示的素材文件进行特性匹配，最终效果如图 6-67 所示。

图 6-66 素材图样

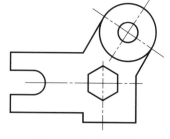

图 6-67 完成后效果

① 单击"快速访问栏"中的打开按钮📂，打开素材文件"第 6 章 \ 6-6 特性匹配图形 .dwg"，如图 6-66 所示。

② 单击"默认"选项卡中"特性"面板中的"特性匹配"按钮🖌，选择如图 6-68 所示的源对象。

③ 当鼠标由方框变成刷子时，表示源对象选择完成。单击素材图样中的六边形，此时图形效果如图 6-69 所示。命令行操作如下。

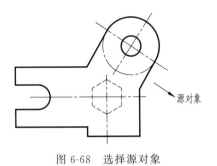

图 6-68　选择源对象

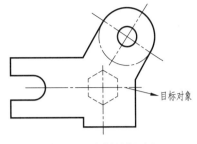

图 6-69　选择目标对象

命令:'_matchprop

选择源对象：　　　　　　　　　//选择如图 6-68 所示中的直线为源对象

当前活动设置：颜色 图层 线型 线型比例 线宽 透明度 厚度 打印样式 标注 文字 图案填充 多段线 视口 表格材质 阴影显示 多重引线

选择目标对象或［设置(S)］：　　//选择如图 6-69 所示中的六边形目标对象

④ 重复以上操作，继续给素材图样进行特性匹配，最后完成效果如图 6-67 所示。

第**7**章

图块与外部参照

扫码全方位学习
AutoCAD 2022

在实际制图中，常常需要用到同样的图形，例如机械设计中的粗糙度符号，室内设计中的门、床、家具、电器等。如果每次都重新绘制，浪费大量的时间，同时也降低了工作效率。因此，AutoCAD 提供了图块的功能，用户可以将一些经常使用的图形对象定义为图块。当需要重新利用到这些图形时，只需要按合适的比例插入相应的图块到指定的位置即可。

7.1 图块

图块也称块，是由图形组成的集合。一旦图形被定义为了图块，那么它将成为一个整体，选中图块中任意一个图形对象即可选中构成图块的所有对象。AutoCAD 可以把一个图块作为一个对象进行编辑、修改等操作，也可以根据需要将图块插入到图形的指定位置，在插入时还可以指定不同的缩放比例和旋转角度。如果需要对组成图块的单个图形对象进行修改，还可以利用"分解"命令将图形炸开，分解成若干个对象。图块还可以被重新定义，一旦被重新定义，那么整个文件中基于该图块的对象都会随之改变。

在 AutoCAD 中，图块大致可以分为三种类型，即常规图块、属性图块和动态图块，不同类型的图块具有不同的特点，适用范围也不一样，下面分别进行介绍。

7.1.1 常规图块

（1）创建图块

常规图块是最普通的图块，在创建时需事先绘制好一些要定义成图块的图形，然后通过以下方法执行"块定义"命令，将图形创建为块。

> 菜单栏：执行"绘图"|"块"|"创建"命令。

> 命令行：在命令行中输入"BLOCK"或"B"。

> 功能区：在"默认"选项卡中，单击"块"面板中的"创建"按钮，如图 7-1 所示。

执行上述任一命令后，系统弹出"块定义"对话框，如图 7-2 所示。在对话框中设置好块名称，块对象、块基点这三个主要要素即可创建图块。

"块定义"对话块中常用选项的功能介绍如下。

> "名称"文本框：用于输入或选择块的名称。

> "拾取点"按钮：单击该按钮，系统切换到绘图窗口中拾取基点。

> "选择对象"按钮：单击该按钮，系统切换到绘图窗口中拾取创建块的对象。

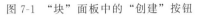

图 7-1　"块"面板中的"创建"按钮

图 7-2　"块定义"对话框

> "保留"单选按钮：创建块后保留源对象不变。
> "转换为块"单选按钮：创建块后将源对象转换为块。
> "删除"单选按钮：创建块后删除源对象。
> "允许分解"复选框：勾选该选项，允许块被分解。

下面通过一个案例介绍最简单的常规图块的创建方法，让读者对图块有一个基本的认识。

【练习 7-1】　创建螺钉图块

本例通过螺钉图形来创建一个螺钉图块，创建完成后，读者可以自行和原来的螺钉图形进行比对，以此来快速了解图块与普通图形的区别。

① 打开素材文件"第 7 章 \ 7-1 创建螺钉图块 .dwg"，如图 7-3 所示，已经绘制好了一个螺钉图形和待装配夹板。

② 在"默认"选项卡中，单击"块"面板中的"创建"按钮 ，如图 7-4 所示。

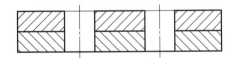

图 7-3　素材图形

图 7-4　选择创建

③ 系统弹出"块定义"对话框，在"名称"文本框中输入"螺钉"，如图 7-5 所示。

④ 然后在"对象"选项区域单击"选择对象"按钮 ，在绘图区选择整个螺钉图形。此时图形显示效果如图 7-6 所示，可见有很多夹点。按 Enter 或空格键返回"块定义"对话框。

⑤ 在"基点"选项区域单击"拾取点"按钮 ，返回绘图区选择螺钉图形上

图 7-5　"块定义"对话框

的一点作为块的基点，如图 7-7 所示。

⑥ 单击"确定"按钮，完成普通块的创建。此时图形变为了一个整体，其夹点显示如图 7-8 所示，可见只显示出了上一步骤所指定的基点，其余夹点均已消失。一个简单的螺钉图块就创建好了。

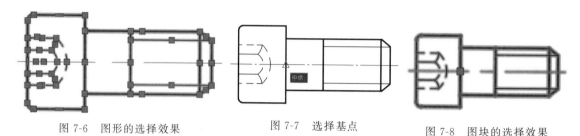

图 7-6　图形的选择效果　　　　图 7-7　选择基点　　　　图 7-8　图块的选择效果

⑦ 此时在"默认"选项卡中，单击"块"面板中的"插入"按钮，便可以预览到所创建的螺钉图块，如图 7-9 所示。

⑧ 单击"螺钉"图块，然后可见光标处生成了螺钉图块的预览效果，接着将其移动至通孔的中心点上，单击鼠标左键进行放置，如图 7-10 所示。

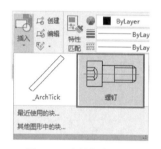

图 7-9　选择螺钉图块

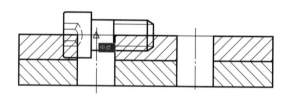

图 7-10　放置螺钉图块

⑨ 放置后的螺钉方位应该朝下，因此需再选中已放置好的图块，选择图块的夹点，然后连续单击两次 Enter 或空格键，切换至选择模式，操作图形对其旋转−90°（即 270°），得到正确插入的螺钉效果，如图 7-11 所示。

⑩ 使用相同方法插入其他通孔上的螺钉，以及使用"修剪"命令修剪被螺钉遮盖的夹板轮廓线，得到最终效果如图 7-12 所示。

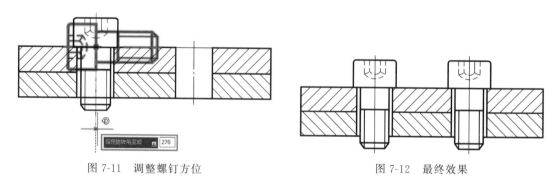

图 7-11　调整螺钉方位　　　　　　　图 7-12　最终效果

（2）图块的导入方法

上面例子中介绍了常规图块的创建和使用方法，但是该方法创建的图块仅保存在其所属的图形当中，该图块只能在该图形中插入，而不能插入到其他图形中。简而言之就是当前文件中创建的图块，只能用在当前文件中，无法应用到其他文件上。

但是有些图块在许多图形中需要经常用到，比如不同的室内设计图中，户型结构可能各不相同，但是用作示例的床、沙发、桌椅等家具却可以一样。因此这时就可以使用"写块"命令创建外部块。"写块"命令只能通过在命令行中输入"WBLOCK"或"W"来执行。执行命令后，系统弹出"写块"对话框，如图 7-13 所示。

图 7-13　"写块"对话框

"写块"对话框常用选项介绍如下。

➢ 块：将已定义好的块保存，可以在下拉列表中选择已有的内部块，如果当前文件中没有定义的块，该单选按钮不可用。

➢ 整个图形：将当前工作区中的全部图形保存为外部块。

➢ 对象：选择图形对象定义为外部块。该项为默认选项，一般情况下选择此项即可。

➢ 拾取点按钮 ![icon]：单击该按钮，系统切换到绘图窗口中拾取基点。

➢ 选择对象按钮 ![icon]：单击该按钮，系统切换到绘图窗口中拾取创建块的对象。

➢ 保留单选按钮：创建块后保留源对象不变。

➢ 从图形中删除：将选定对象另存为文件后，从当前图形中删除它们。

➢ 目标：用于设置块的保存路径和块名。单击该选项组"文件名和路径"文本框右边的按钮 ![icon]，可以在打开的对话框中选择保存路径。

这样保存的图块将以图形文件的形式（即后缀为 .dwg）进行保存，就可以在任意图形中使用"插入块"命令载入。启动"插入块"命令的方式有以下几种。

➢ 功能区：单击"插入"选项卡"注释"面板"插入"按钮 ![icon]，如图 7-14 所示。

➢ 菜单栏：执行"插入"|"块"命令。

➢ 命令行：在命令行中输入"INSERT"或"I"。

执行上述任一命令后，系统弹出"插入"对话框，如图 7-15 所示。在其中选择要插入的图块再返回绘图区指定基点即可。

图 7-14　"插入"工具按钮

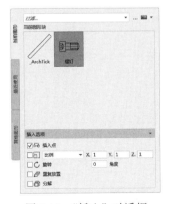

图 7-15　"插入"对话框

本书附赠资源中附赠了大量图块，内容涵盖室内、机械、建筑等各设计行业，读者在工作中如有需要，打开对应文件调用即可。下面通过一个案例介绍外部图块的调用方法。

【练习 7-2】　向室内设计图中添加家具

　　本例对一室内设计平面图进行添加图块操作，通过调用外部图块的方式来创建室内图中的各个家具图形，如床、沙发、冰箱等。读者可以参考这种方法完成室内设计布局的工作。

　　① 打开素材文件"第 7 章 \ 7-2 向室内设计图中添加家具 .dwg"，其中已经绘制好了一室内平面图，如图 7-16 所示。

　　② 在"默认"选项卡中单击"块"面板中的"插入"按钮，展开下拉列表，可见其中并没有任何创建好的有用图块，单击最下方的"其他图形中的块"选项，如图 7-17 所示。

图 7-16　素材文件

图 7-17　选择"其他图形中的块"

　　③ 在打开的"块"面板中单击右上方的 … 图标，打开"选择图形文件"对话框，定位路径至"素材 \ 第 3 章 \ 示例图块"，该文件夹下有所需的家具图块，如图 7-18 所示。

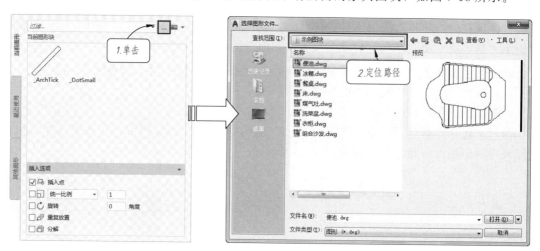

图 7-18　定位至要插入的图块

　　④ 选择要插入的图块文件，如"床"，然后单击"打开"按钮，即可返回图形界面，在"块"面板中可见已加载了"床"图块，如图 7-19 所示。

　　⑤ 单击"块"面板中的"床"图块，在面板下方的"插入选项"中选择"统一比例"，然后输入比例值为"1"，接着在设计图主卧中的合适位置插入图块，如图 7-20 所示。

　　⑥ 重复执行"插入"命令，展开下拉列表，选择"床"图块文件，在面板下方的"插入选项"中设置旋转角度为 270°，统一比例为 1，在客卧的合适位置插入图块，如图 7-21 所示。

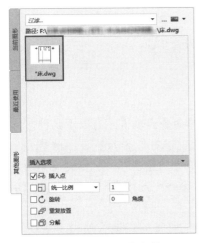

图 7-19　选择图块文件

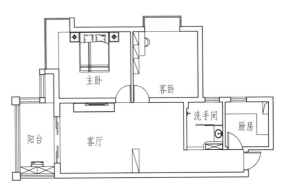

图 7-20　插入主卧中的"床"图块

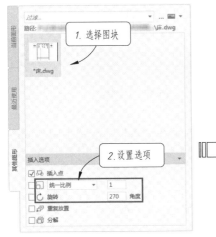

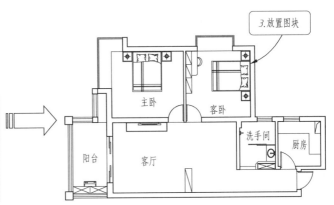

图 7-21　插入客卧中的"床"图块

⑦ 用同样的方法依次插入"组合沙发""冰箱""便池""餐桌""煤气灶""洗菜盆""衣柜"图块，最终效果如图 7-22 所示。

⑧ 这样一张室内平面设计图就创建完成了，如果按常规的绘图操作，任意一张床、沙发图形都需要使用"直线"或其他绘图命令进行绘制，那工作量无疑会剧增，而本例通过调用图块的方式，仅寥寥几步便可以完成。

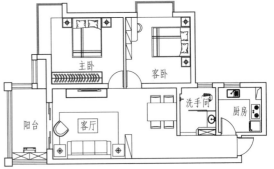

图 7-22　最终效果

7.1.2　属性图块

图块包含的信息可以分为两类：图形信息和非图形信息。块属性是图块的非图形信息，例如办公室工程中定义办公桌图块，每个办公桌的编号、使用者等属性。块属性必须和图块结合在一起使用，在图纸上显示为块实例的标签或说明，单独的属性是没有意义的。

（1）创建块属性

在 AutoCAD 2022 中，添加块属性的操作主要分为三步。

① 定义块属性。

② 在定义图块时附加块属性。

③ 在插入图块时输入属性值。

定义块属性必须在定义块之前进行。定义块属性的命令启动方式有以下几种。

➤ 功能区：单击"插入"选项卡"属性"面板"定义属性"按钮📄，如图 7-23 所示。

图 7-23　定义块属性面板按钮

➤ 菜单栏：单击"绘图"|"块"|"定义属性"命令。

➤ 命令行：在命令行中输入"ATTDEF"或"ATT"。

执行上述任一命令后，系统弹出"属性定义"对话框，如图 7-24 所示。分别填写"标记""提示"与"默认值"，再设置好文字位置与对齐等属性，单击"确定"按钮，即可创建一块属性。

"属性定义"对话框中常用选项的含义如下。

➤ 属性：用于设置属性数据，包括"标记""提示""默认"三个文本框。

➤ 插入点：该选项组用于指定图块属性的位置。

➤ 文字设置：该选项组用于设置属性文字的对正、样式、高度和旋转。

（2）修改属性定义

直接双击块属性，系统弹出"增强属性编辑器"对话框。在"属性"选项卡的列表中选择要修改的文字属性，然后在下面的"值"文本框中输入块中定义的标记和属性值，如图 7-25 所示。

图 7-24　"属性定义"对话框

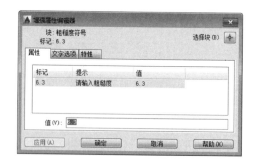

图 7-25　"增强属性编辑器"对话框

在"增强属性编辑器"对话框中，各选项卡的含义如下。

➤ 属性：显示了块中每个属性的标识、提示和值。在列表框中选择某一属性后，在"值"文本框中将显示出该属性对应的属性值，可以通过它来修改属性值。

➤ 文字选项：用于修改属性文字的格式，该选项卡如图 7-26 所示。

➤ 特性：用于修改属性文字的图层以及其线宽、线型、颜色及打印样式等，该选项卡如图 7-27 所示。

图 7-26 "文字选项"选项卡

图 7-27 "特性"选项卡

下面通过典型例子来说明属性块的作用与含义。

【练习 7-3】 创建标高属性块

标高表示建筑物各部分的高度，是建筑物某一部位相对于基准面（标高的零点）的竖向高度，是竖向定位的依据。在施工图中经常有一个小小的直角等腰三角形，三角形的尖端向上或向下，这是标高的符号，上面的数值则为建筑的竖向高度。标高符号在图形中形状相似，仅数值不同，因此可以创建为属性块，在绘图时直接调用即可，具体方法如下。

① 打开素材文件"第 7 章 \ 7-3 创建标高属性块 .dwg"，其中已经绘制好了部分建筑图，以及右上角的标高主体图形，如图 7-28 所示。

② 在"默认"选项卡中，单击"块"面板上的"定义属性"按钮，系统弹出"属性定义"对话框，定义属性参数，如图 7-29 所示。

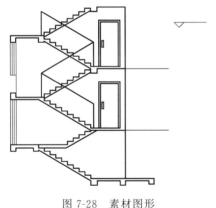

图 7-28 素材图形

图 7-29 "属性定义"对话框

③ 单击"确定"按钮，在标高图形的水平线上合适位置放置属性定义，如图 7-30 所示。

④ 在"默认"选项卡中，单击"块"面板上的"创建"按钮，系统弹出"块定义"对话框。在"名称"下拉列表框中输入"标高"；单击"拾取点"按钮，拾取三角形的下角点作为基点；单击"选择对象"按钮，选择符号图形和属性定义，如图 7-31 所示。

⑤ 单击"确定"按钮，系统弹出"编辑属性"对话框，该步骤输入的为默认属性值，输入 0.000 即可，如图 7-32 所示。

⑥ 单击"确定"按钮，标高符创建完成，如图 7-33 所示。

⑦ 在"默认"选项卡中，单击"块"面板中的"插入"按钮，在下滑列表中预览到所创建的标高图块，然后点选"标高"图块，将其放置在楼层牵引线上，如图 7-34 所示。

图 7-30 插入属性定义

图 7-31 "块定义"对话框

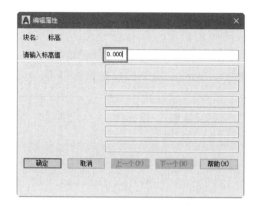

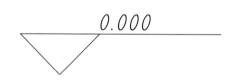

图 7-32 "编辑属性"对话框

图 7-33 标高属性块

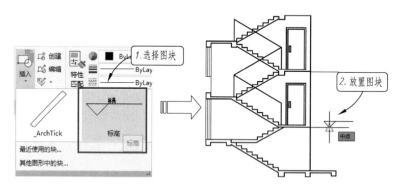

图 7-34 插入标高图块

⑧ 放置后便会自动弹出"编辑属性"对话框，在对话框中输入楼层的高度，国内一般小区的楼层高为 2.8m，因此输入二楼的高度为 2800，如图 7-35 所示。

⑨ 单击 Enter 或空格键可重复执行插入图块操作，分别为三楼和地面输入高度值 5600 和 0.000，最终效果如图 7-36 所示。

这便是属性图块的主要创建方法和作用，属性图块可以根据具体情况对图形添加不同的文本注释，非常适用于标高、粗糙度等具有相同外形、但数值不同的符号图形。

图 7-35　输入标高高度

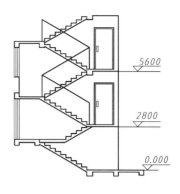

图 7-36　最终标注效果

7.1.3　动态图块

在 AutoCAD 中，除了像属性图块那样为图块添加可编辑的文本之外，还可以为图块添加动作（如旋转、拉伸等），将其转换为动态图块。动态图块可以直接通过移动动态夹点来调整图块大小、角度，避免了频繁的参数输入或命令调用（如缩放、旋转、镜像命令等），使图块的操作变得更加轻松。

AutoCAD 的工具选项版中集成了许多行业中用到的图块，且都是动态图块形式，在绘图过程中直接调用即可，能极大地提高绘图效率，因此该内容也是本书的重点，后面章节将对此进行详细讲解。下面通过一个案例来介绍如何通过工具选项版调用图块，并演示一下动态图块的功能，让读者对动态图块有一个直观的认识。

【练习 7-4】　简单的动态图块演示

AutoCAD 软件中提供了大量的动态图块，都收集于"工具选项板"中，可以按 Ctrl+3 快捷键打开。"工具选项板"中的动态图块种类繁多，效果丰富，在学习动态图块制作的过程中可以多加模仿、参考。

① 打开素材文件"第 7 章 \ 7-4 简单的动态图块演示 . dwg"，其中已经绘制好了一简单结构件，需要安装两个螺钉进行固定，如图 7-37 所示。

② 在键盘上按 Ctrl+3 快捷键，或者切换至"视图"选项卡，单击"选项板"面板上的"工具选项板"按钮▦，打开"工具选项板"，如图 7-38 所示。

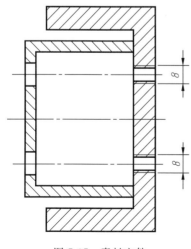

图 7-37　素材文件

图 7-38　工具选项板

③"工具选项板"中提供了许多不同类型的动态图块，如建模、约束、建筑、机械等，本例需要调用两个螺钉图块，因此单击"工具选项板"中的"机械"标签，选择其中的"六角头螺栓-公制"，将其放置在结构件左侧的孔洞上，如图 7-39 所示。

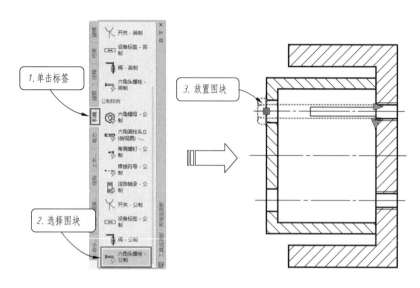

图 7-39　插入六角头螺栓图块

④ 可见导入的螺栓大小和长度并不符合要求，这时可以单击图块上的 ▷ 和 ▽ 夹点来进行调整。

⑤ 首先单击图块上的 ▷ 夹点，在图块右边便出现了许多竖线符号"｜"分成的小格，用来对图块长度进行精准定位，每往前移动一格，便向前延伸 10 单位，本例将螺钉调整至 80 长度，如图 7-40 所示。

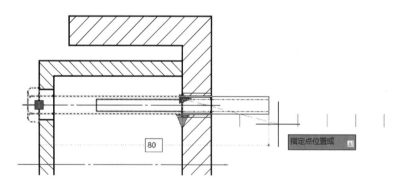

图 7-40　调整图块的长度

⑥ 再单击图块上的 ▽ 夹点，单击后便会出现一特性表，上面会列出该图块的一些备选选项，比如不同的螺钉型号。本例由于结构件预留的孔位大小为 8，因此选择其中的 M8 规格螺钉，如图 7-41 所示。

⑦ 选择后的螺钉便会自动变成 M8 的螺钉大小，此时插入的外六角螺钉便是一个标准的 M8×80 规格，如图 7-42 所示。

⑧ 使用相同方法，或者直接复制已经插入的 M8×80 螺钉至下方的孔洞上，即完成螺钉的插入，最终结果如图 7-43 所示。

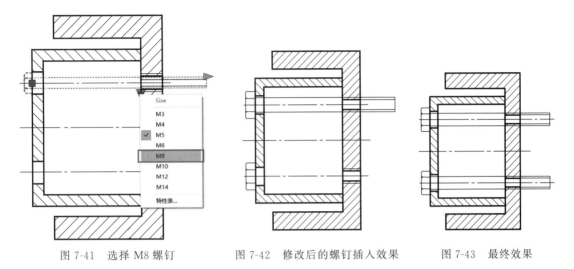

图 7-41　选择 M8 螺钉　　　　图 7-42　修改后的螺钉插入效果　　　　图 7-43　最终效果

7.2　编辑块

图块在创建完成后还可随时对其进行编辑，如重命名图块、分解图块、删除图块和重新定义图块等。

7.2.1　设置插入基点

在创建图块时，可以为图块设置插入基点，这样在插入时就可以直接捕捉基点插入。但是如果创建的块事先没有指定插入基点，插入时系统默认的插入点为该图的坐标原点，这样往往给绘图带来不便，此时可以使用"基点"命令为图形文件制定新的插入原点。

调用"基点"命令的方法如下。

➤ 菜单栏：执行"绘图"|"块"|"基点"命令。

➤ 命令行：在命令行中输入"BAS"。

➤ 功能区：在"默认"选项卡中，单击"块"面板中的"设置基点"按钮 。

执行该命令后，可以根据命令行提示输入基点坐标或用鼠标直接在绘图窗口中指定。

7.2.2　重命名图块

创建图块后，对其进行重命名的方法有多种。如果是外部图块文件，可直接在保存目录中对该图块文件进行重命名；如果是内部图块，可使用重命名命令"RENAME"或"REN"来更改图块的名称。

调用"重命名图块"命令的方法如下。

➤ 命令行：在命令行中输入"RENAME"或"REN"。

➤ 菜单栏：执行"格式"|"重命名"命令。

【练习 7-5】　重命名图块

如果已经定义好了图块，但最后觉得图块的名称不合适，便可以通过该方法来重新定义。

① 单击"快速访问"工具栏中的"打开"按钮，打开素材文件"第 7 章 \ 7-5 重命名图块 .dwg"。

② 在命令行中输入"REN"（重命名图块）命令，系统弹出"重命名"对话框，如图 7-44 所示。

③ 在对话框左侧的"命名对象"列表框中选择"块"选项，在右侧的"项目"列表框中选择"中式吊灯"块。

④ 在"旧名称"文本框中显示的是该块的旧名称，在"重命名为"按钮后面的文本框中输入新名称"吊灯"，如图 7-45 所示。

⑤ 单击"重命名为"按钮确定操作，重命名图块完成，如图 7-46 所示。

图 7-44　"重命名"对话框　　　图 7-45　选择需重命名对象　　　图 7-46　重命名完成效果

7.2.3　删除图块

如果图块是外部图块文件，可直接在电脑中删除；如果图块是内部图块，可使用以下方法删除。

➢ 应用程序：单击"应用程序"按钮▲，在下拉菜单中选择"图形实用工具"中的"清理"命令。

➢ 命令行：在命令行中输入"PURGE"或"PU"。

7.2.4　重新定义图块

通过对图块重新定义，可以更新所有与之关联的块实例，实现自动修改，其方法与定义块的方法基本相同。其具体操作步骤如下。

① 使用分解命令将当前图形中需要重新定义的图块分解为由单个元素组成的对象。

图 7-47　"重定义块"对话框

② 对分解后的图块组成元素进行编辑。完成编辑后，再重新执行"块定义"命令，在打开的"块定义"对话框的"名称"下拉列表中选择源图块的名称。

③ 选择编辑后的图形并为图块指定插入基点及单位，单击"确定"按钮，在打开如图 7-47 所示的询问对话框中单击"重定义"按钮，完成图块的重定义。

7.3　AutoCAD 的工具选项板

除了自己创建图块或附着外部参照外，AutoCAD 本身也预设了多种图块，如果用户需要这些图块，便可以打开工具选项板来进行调用。在 AutoCAD 2022 中进入"工具选项板"

有以下 2 种常用方法。

➤ 快捷键：Ctrl＋3。

➤ 功能区：在"视图"选项卡中，单击"选项板"面板中的"工具选项板"按钮 ，如图 7-48 所示。

执行上述任一命令后，均可打开 AutoCAD 工具选项板，如图 7-49 所示。

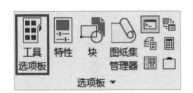

图 7-48　"选项板"面板中的"工具选项板"按钮

图 7-49　工具选项板

7.3.1　从工具选项板中调用图形

工具选项板左侧是类型标签，每个类型下都有大量的预设图块，要调用的话只需将光标移动至图块上，然后单击放置到工作区中即可，下面通过一个案例来进行说明。

【练习 7-6】　调用指北针符号

在使用 AutoCAD 绘制一些市政规划图或地形图时，其中有一个必不可少的图形，那就是指北针符号。指北针用于在图纸中表示明确的方向信息，有时也会和一些风向、指向等附加标识共用。本例便通过工具选项板来调用 AutoCAD 中现成的指北针符号。

① 单击"快速访问工具栏"中的"打开"按钮，打开素材文件"第 7 章 \ 7-6 调用指北针符号.dwg"文件，其中已经绘制好了一局部的规划图，如图 7-50 所示。

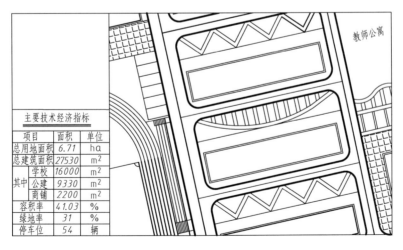

图 7-50　素材文件

② 按快捷键 Ctrl＋3，打开工具选项板，然后定位至"注释"标签，选择其中的"指北针"图标，如图 7-51 所示。

③ 此时光标出现指北针符号效果，将其移动至图形左上方的空白处，单击鼠标左键进行放置，如图 7-52 所示。

④ 放置后的指北针符号在被选择时会出现可以移动的夹点，选择最右侧箭头的夹点，然后将其拖曳至 45°方向，即表明该方向为正北方，如图 7-53 所示。

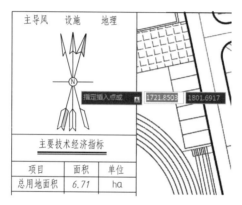
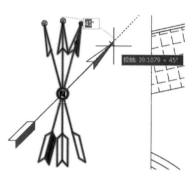

图 7-51　工具选项板　　　　图 7-52　放置指北针符号　　　　图 7-53　调整方向

⑤ 使用相同方法，捕捉可移动的夹点，分别调整各箭头的方向和文字，得到最终的效果如图 7-54 所示。

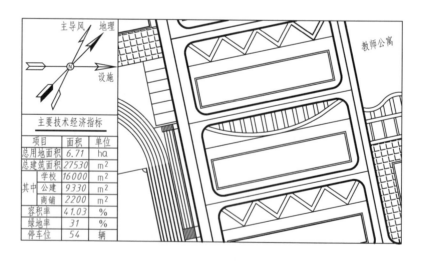

图 7-54　最终效果

7.3.2　往工具选项板中添加图形

除了从工具选项板中调用图形外，用户还可以将自制的图形符号创建为块，然后添加至工具选项板中。这样以后每次打开工具选项板都能快速找到自己制作的图形符号。同样通过一个案例来进行说明。

【练习 7-7】　将吊钩符号导入工具选项板

工具选项板是一个强大的帮手，它能够将"块"图形、几何图形（如直线、圆、多段线）、填充、外部参照、光栅图像以及命令都组织到工具选项板里面创建成工具，以便将这些工具应用于当前正在设计的图纸。事先将绘制好的动态图块导入工具选项板，准备好需要的零件图块甚至零件图块库，待使用时调出，这无疑大大提高了绘图效率。

① 打开素材文件"第 7 章 \ 7-7 将吊钩符号导入工具选项板 .dwg"，其中已经绘制好了一吊钩，如图 7-55 所示。

② 单击"块"中的"创建"按钮 ，弹出"块定义"对话框，设置"名称"为"吊钩"；单击"选择对象"，框选绘制的整个图形，单击"拾取点"选择图形的上端线段的中点，单击"确定"，如图 7-56 所示。

图 7-55　素材文件

图 7-56　"块定义"对话框

③ 单击"选择对象"框选绘制的整个图形，单击"拾取点"选择图形的上端线段的中点，单击"确定"，如图 7-57 所示。

④ 单击"块"面板中的"块编辑"按钮 ，弹出"编辑块定义"，选择"吊钩"单击"确定"，如图 7-58 所示。

图 7-57　选择对象

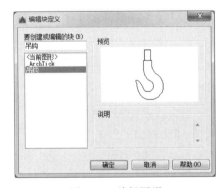

图 7-58　编辑图形

⑤ 在"块编写选项板"的"参数"选项卡中单击"角度"按钮 ，选择基点为圆弧圆心，输入半径 50、角度 360°，如图 7-59 所示。

⑥ 在"块编写选项板"的"动作"选项卡中单击"旋转"按钮 ，选择参数为"角度1"，全选图形，如图 7-60 所示。

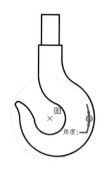

图 7-59 设置角度参数

图 7-60 添加旋转动作

⑦ 在"块编写选项板"的"参数"选项卡中单击"线性"按钮 ⌐⌐，选择"距离 1"位置，如图 7-61 所示。

⑧ 左键单击"距离 1"激活，然后单击右键在菜单栏中选择"特性"，弹出"特性"选项板，下拉滚动条，在"值集"中"距离类型"选择为"列表"，如图 7-62 所示。

图 7-61 设置参数集

图 7-62 特性选项板

⑨ 单击 ▭ "距离值列表"按钮，弹出"添加距离值"对话框，在其中添加距离值 50、60、70、80，如图 7-63 所示。

⑩ 在"块编写选项板"的"动作"选项卡中单击"缩放"按钮 ▦，选择参数"距离 1"，对象全选图形，如图 7-64 所示。

图 7-63 添加距离

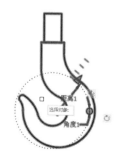

图 7-64 设置缩放动作

⑪ 单击"打开/保存"面板中的"测试块"按钮 ⬚，单击图形，如图 7-65 所示。

⑫ 鼠标单击夹点，拖动图形，测试图块是否设置成功，如图 7-66 所示。测试成功后，单击"块编辑器"菜单栏中的"保存"按钮 ⬚，将编辑好的动态块保存。

| 图 7-65 测试块 | 图 7-66 测试效果 |

⑬ 按住 Ctrl＋3，弹出"工具"选项板，右键左列的按钮，选择"新建选项板"，如图 7-67 所示。

⑭ 设置新选项板名字"自制图块"，光标选择吊钩图块，按住左键将图块拖入"工具选项板"选项板中，如图 7-68 所示。

⑮ 创建完毕，最终效果如图 7-69 所示。

图 7-67 工具选项板

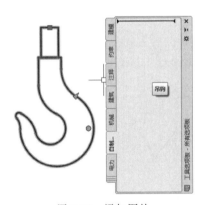

图 7-68 添加图块

图 7-69 最新效果

第**8**章

图形约束

图形约束是从 AutoCAD 2010 版本开始新增的一大功能，其大大改变了在 AutoCAD 中绘制图形的思路和方式。图形约束能够使设计更加方便，也是今后设计领域的发展趋势。常用的约束有几何约束和标注约束两种，其中几何约束用于控制对象的关系；标注约束用于控制对象的距离、长度、角度和半径值。

8.1　几何约束

几何约束用来定义图形元素和确定图形元素之间的关系。几何约束类型包括重合、共线、平行、垂直、同心、相切、相等、对称、水平和竖直等。

8.1.1　重合约束

"重合"约束用于强制使两个点或一个点和一条直线重合。执行"重合"约束命令有以下两种方法。

➢ 功能区：单击"参数化"选项卡中"几何"面板上的"重合"按钮 。

➢ 菜单栏：执行"参数"|"几何约束"|"重合"命令。

执行该命令后，根据命令行的提示，选择不同的两个对象上的第一个和第二个点，将第二个点与第一个点重合，如图 8-1 所示。

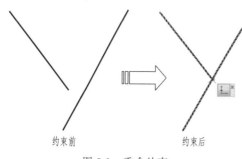

约束前　　　　约束后

图 8-1　重合约束

8.1.2　共线约束

"共线"约束用于约束两条直线，使其位于同一直线上。执行"共线"约束命令有以下两种方法。

➢ 功能区：单击"参数化"选项卡中"几何"面板上的"共线"按钮 。

➢ 菜单栏：执行"参数"|"几何约束"|"共线"命令。

执行该命令后，根据命令行的提示，选择第一个和第二个对象，将第二个对象与第

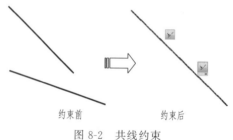

约束前　　　　约束后

图 8-2　共线约束

一个对象共线，如图 8-2 所示。

8.1.3　同心约束

"同心"约束用于约束选定的圆、圆弧或者椭圆，使其具有相同的圆心点。执行"同心"约束命令有以下两种方法。

> ➤ 功能区：单击"参数化"选项卡中"几何"面板上的"同心"按钮◎。
> ➤ 菜单栏：执行"参数"|"几何约束"|"同心"命令。

执行该命令后，根据命令行的提示，分别选择第一个和第二个圆弧或圆对象，第二个圆弧或圆对象将会进行移动，与第一个对象具有同一个圆心，如图 8-3 所示。

8.1.4　固定约束

"固定"约束用于约束一个点或一条曲线，使其固定在相对于世界坐标系（WCS）的特定位置和方向上。执行"固定"约束命令有以下两种方法。

> ➤ 功能区：单击"参数化"选项卡中"几何"面板上的"固定"按钮🔒。
> ➤ 菜单栏：执行"参数"|"几何约束"|"固定"命令。

执行该命令后，根据命令行的提示，选择对象上的点，对对象上的点应用固定约束会将节点锁定，但仍然可以移动该对象，如图 8-4 所示。

图 8-3　同心约束　　　　　　　　　　　图 8-4　固定约束

8.1.5　平行约束

"平行"约束用于约束两条直线，使其保持相互平行。执行"平行"约束命令有以下两种方法。

> ➤ 功能区：单击"参数化"选项卡中"几何"面板上的"平行"按钮∥。
> ➤ 菜单栏：执行"参数"|"几何约束"|"平行"命令。

执行该命令后，根据命令行的提示，依次选择要进行平行约束的两个对象，第二个对象将被设为与第一个对象平行，如图 8-5 所示。

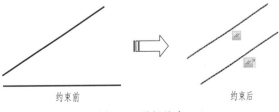

图 8-5　平行约束

8.1.6　垂直约束

"垂直"约束用于约束两条直线，使其夹角始终保持 90°。执行"垂直"约束命令有以下两种方法。

> ➤ 功能区：单击"参数化"选项卡中"几何"面板上的"垂直"按钮◣。
> ➤ 菜单栏：执行"参数"|"几何约束"|"垂直"命令。

执行该命令后，根据命令行的提示，依次选择要进行垂直约束的两个对象，第二个对象将被设为与第一个对象垂直，如图 8-6 所示。

8.1.7　水平约束

"水平"约束用于约束一条直线或一对点，使其与当前 UCS 的 X 轴保持平行。执行"水平"约束命令有以下两种方法。

　　➢ 功能区：单击"参数化"选项卡中"几何"面板上的"水平"按钮 。

　　➢ 菜单栏：执行"参数"|"几何约束"|"水平"命令。

执行该命令后，根据命令行的提示，选择要进行水平约束的直线，直线将会自动水平放置，如图 8-7 所示。

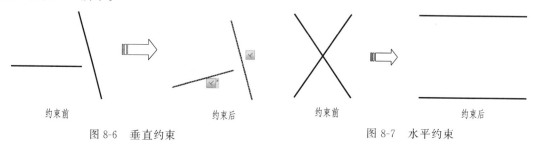

图 8-6　垂直约束　　　　　　　　　　图 8-7　水平约束

8.1.8　竖直约束

"竖直"约束用于约束一条直线或者一对点使其与当前 UCS 的 Y 轴保持平行。执行"竖直"约束命令有以下两种方法。

　　➢ 功能区：单击"参数化"选项卡中"几何"面板上的"竖直"按钮 。

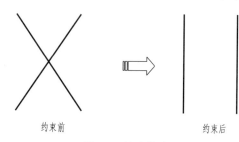

图 8-8　竖直约束

　　➢ 菜单栏：执行"参数"|"几何约束"|"竖直"命令。

执行该命令后，根据命令行的提示，选择要置为竖直的直线，直线将会自动竖直放置，如图 8-8 所示。

8.1.9　相切约束

"相切"约束用于约束两条曲线，或是一条直线和一段曲线（圆、圆弧等），使其彼此相切或其延长线彼此相切。执行"相切"约束命令有以下两种方法。

　　➢ 功能区：单击"参数化"选项卡中"几何"面板上的"相切"按钮 。

　　➢ 菜单栏：执行"参数"|"几何约束"|"相切"命令。

执行该命令后，根据命令行的提示，依次选择要相切的两个对象，使第二个对象与第一个对象相切于一点，如图 8-9 所示。

8.1.10　平滑约束

"平滑"约束用于约束一条样条曲线，使其与其他样条曲线、直线、圆弧或多段线彼此相连并保持平滑连续。执行"平滑"约束命令

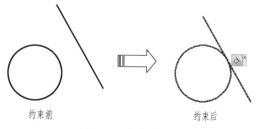

图 8-9　相切约束

有以下两种方法。

> 功能区：单击"参数化"选项卡中的"几何"面板上的"平滑"按钮 。
> 菜单栏：执行"参数"|"几何约束"|"平滑"命令。

执行该命令后，根据命令行的提示，首先选择第一个曲线对象，然后选择第二个曲线对象，两个对象将转换为相互连续的曲线，如图 8-10 所示。

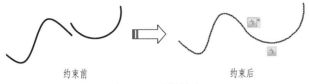

约束前　　　　　　　约束后

图 8-10　平滑约束

8.1.11　对称约束

"对称"约束用于约束两条曲线或者两个点，使其以选定直线为对称轴彼此对称。执行"对称"约束命令有以下两种方法。

> 功能区：单击"参数化"选项卡中"几何"面板上的"对称"按钮 。
> 菜单栏：执行"参数"|"几何约束"|"对称"命令。

执行该命令后，根据命令行的提示，依次选择第一个和第二个图形对象，然后选择对称直线，即可将选定对象关于选定直线对称约束，如图 8-11 所示。

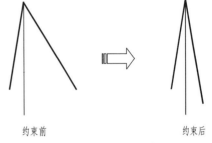

约束前　　　　　　约束后

图 8-11　对称约束

8.1.12　相等约束

"相等"约束用于约束两条直线或多段线，使其具有相同的长度，或约束圆弧和圆使其具有相同的半径值。执行"相等"约束命令有以下两种方法。

> 菜单栏：执行"参数"|"几何约束"|"相等"命令。
> 功能区：单击"参数化"选项卡中"几何"面板上的"相等"按钮 。

执行该命令后，根据命令行的提示，依次选择第一个和第二个图形对象，第二个对象即可与第一个对象相等，如图 8-12 所示。

在某些情况下，应用约束时两个对象选择的顺序非常重要。通常所选的第二个对象会根据第一个对象调整。例如应用水平约束时，选择第二个对象将调整为平行于第一个对象。

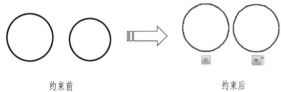

约束前　　　　　　约束后

图 8-12　相等约束

【练习 8-1】　通过约束修改几何图形

① 打开素材文件"第 8 章 \ 8-1 通过约束修改几何图形 .dwg"，如图 8-13 所示。

② 在"参数化"选项卡中，单击"几何"面板中的"自动约束"按钮 ，对图形添加重合约束，如图 8-14 所示。

③ 在"参数化"选项卡中，单击"几何"面板中的"固定"按钮 ，选择直线上任意一点，为三角形的一边创建固定约束，如图 8-15 所示。

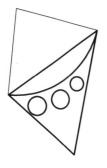

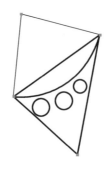

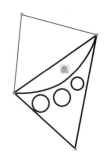

图 8-13　素材文件　　　　　　图 8-14　创建"自动约束"　　　　图 8-15　"固定"约束

④ 在"参数化"选项卡中，单击"几何"面板中的"相等"按钮 ≡ ，为三个圆创建相等约束，如图 8-16 所示。

```
命令：_GcEqual↙                    //调用"相等"约束命令
选择第一个对象或［多个(M)］：M     //激活"多个"对象选项
选择第一个对象：                   //选择左侧圆为第一个对象
选择对象以使其与第一个对象相等：   //选择第二个圆
选择对象以使其与第一个对象相等：   //选择第三个圆,并按 Enter 键结束操作
```

⑤ 按空格键重复命令操作，将三角形的边创建相等约束，如图 8-17 所示。

⑥ 在"参数化"选项卡中，单击"几何"面板中的"相切"按钮 ，选择相切关系的圆、直线边和圆弧，对其创建相切约束，如图 8-18 所示。

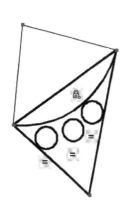

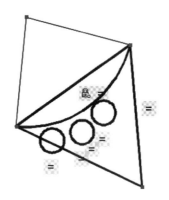

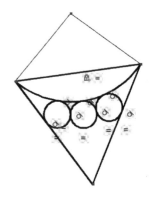

图 8-16　为圆创建　　　　　　图 8-17　为边创建　　　　　　图 8-18　创建
　　"相等"约束　　　　　　　　"相等"约束　　　　　　　　"相切"约束

⑦ 在"参数化"选项卡中，单击"标注"面板中的"对齐"按钮 和"角度"按钮 ，对三角形边创建对齐约束、圆弧圆心辅助线的角度约束，结果如图 8-19 所示。

⑧ 在"参数化"选项卡中，单击"管理"面板中的"参数管理器"按钮 fx，在弹出"参数管理器"选项板中修改标注约束参数，结果如图 8-20 所示。

⑨ 关闭"参数管理器"选项板，此时可以看到绘图区中图形也发生了相应的变化，完善几何图形结果如图 8-21 所示。

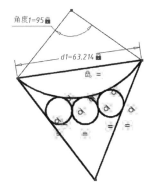

图 8-19　创建标注约束

图 8-20　"参数管理器"选项板

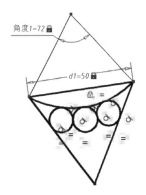

图 8-21　完成效果

8.2　尺寸约束

尺寸约束用于控制二维对象的大小、角度以及两点之间的距离，改变尺寸约束将驱动对象发生相应变化。尺寸约束类型包括对齐约束、水平约束、竖直约束、半径约束、直径约束以及角度约束等。

8.2.1　水平约束

"水平"约束用于约束两点之间的水平距离。执行该命令有以下两种方法。

➤ 功能区：单击"参数化"选项卡中"标注"面板上的"水平"按钮 。

➤ 菜单栏：执行"参数"|"标注约束"|"水平"命令。

执行该命令后，根据命令行的提示，分别指定第一个约束点和第二个约束点，然后修改尺寸值，即可完成水平尺寸约束，如图 8-22 所示。

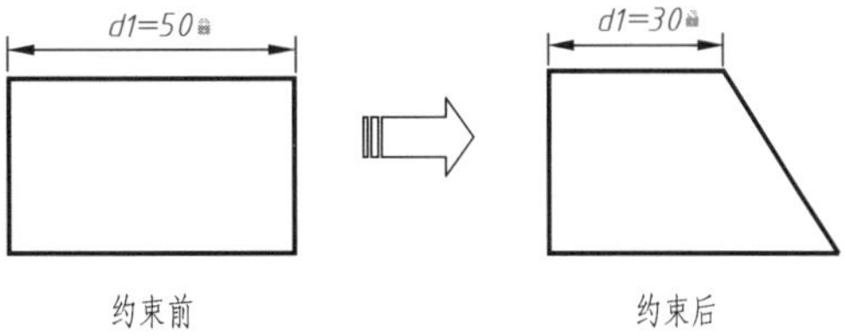

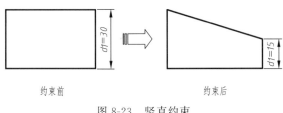

图 8-22　水平约束

8.2.2　竖直约束

"竖直"约束用于约束两点之间的竖直距离。执行该命令有以下两种方法。

➤ 功能区：单击"参数化"选项卡中"标注"面板上的"竖直"按钮 。

➤ 菜单栏：执行"参数"|"标注约束"|"竖直"命令。

执行该命令后，根据命令行的提示，分别指定第一个约束点和第二个约束点，然后修改尺寸值，即可完成竖直尺寸约束，如图 8-23 所示。

8.2.3　对齐约束

"对齐"约束用于约束两点之间的距离。执行该命令有以下两种方法。

➤ 功能区：单击"参数化"选项卡中"标注"面板上的"对齐"按钮 。

约束前　　　　　　约束后

图 8-23　竖直约束

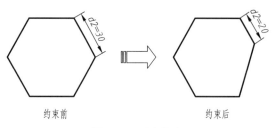

图 8-24　对齐约束

> 菜单栏：执行"参数"|"标注约束"|"对齐"命令。

执行该命令后，根据命令行的提示，分别指定第一个约束点和第二个约束点，然后修改尺寸值，即可完成对齐尺寸约束，如图 8-24 所示。

8.2.4　半径约束

"半径"约束用于约束圆或圆弧的半径。执行该命令有以下两种方法。

> 功能区：单击"参数化"选项卡中"标注"面板上的"半径"按钮。
> 菜单栏：执行"参数"|"标注约束"|"半径"命令。

执行该命令后，根据命令行的提示，首先选择圆或圆弧，再确定尺寸线的位置，然后修改半径值，即可完成半径尺寸约束，如图 8-25 所示。

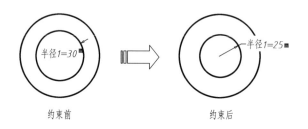

图 8-25　半径约束

8.2.5　直径约束

"直径"约束用于约束圆或圆弧的直径。执行该命令有以下两种方法。

> 功能区：单击"参数化"选项卡中"标注"面板上的"直径"按钮。
> 菜单栏：执行"参数"|"标注约束"|"直径"命令。

执行该命令后，根据命令行的提示，首先选择圆或圆弧，接着指定尺寸线的位置，然后修改直径值，即可完成直径尺寸约束，如图 8-26 所示。

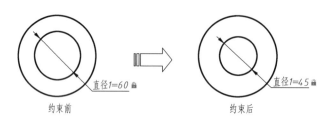

图 8-26　直径约束

8.2.6　角度约束

"角度"约束用于约束直线之间的角度或圆弧的包含角。执行该命令有以下两种方法。

> 功能区：单击"参数化"选项卡中"标注"面板上的"角度"按钮。
> 菜单栏：执行"参数"|"标注约束"|"角度"菜单命令。

执行该命令后，根据命令行的提示，首先指定第一条直线和第二条直线，然后指定尺寸线的位置，然后修改角度值，即可完成角度尺寸约束，如图 8-27 所示。

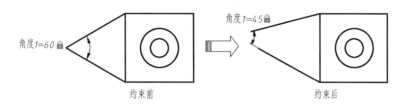

图 8-27　角度约束

【练习 8-2】　通过尺寸约束修改机械图形

① 打开素材文件"第 8 章 \ 8-2 通过尺寸约束修改机械图形 .dwg"，如图 8-28 所示。

② 在"参数化"选项卡中，单击"标注"面板中的"水平"按钮，水平约束图形，结果如图 8-29 所示。

③ 在"参数化"选项卡中，单击"标注"面板中的"竖直"按钮，竖直约束图形，结果如图 8-30 所示。

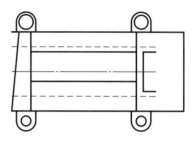

图 8-28　素材文件

④ 在"参数化"选项卡中，单击"标注"面板中的"半径"按钮，半径约束圆孔并修改相应参数，如图 8-31 所示。

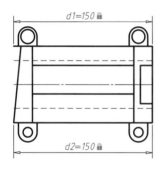

图 8-29　"水平"约束

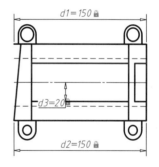

图 8-30　"竖直"约束

⑤ 在"参数化"选项卡中，单击"标注"面板中的"角度"按钮，为图形添加角度约束，结果如图 8-32 所示。

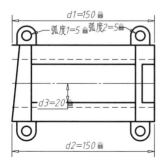

图 8-31　"半径"约束

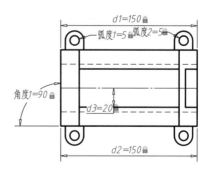

图 8-32　"角度"约束

247

8.3 编辑约束

参数化绘图中的几何约束和尺寸约束可以被编辑，以下将对其进行介绍。

8.3.1 编辑几何约束

在参数化绘图中添加几何约束后，对象旁会出现约束图标。将光标移动到图形对象或图标上，此时相关的对象及图标将亮显。然后可以对添加到图形中的几何约束进行显示、隐藏以及删除等操作。

（1）全部显示几何约束

单击"参数"化选项卡中"几何"面板中的"全部显示"按钮，即可将图形中所有的几何约束显示出来，如图 8-33 所示。

（2）全部隐藏几何约束

单击"参数化"选项卡中"几何"面板上的"全部隐藏"按钮，即可将图形中所有的几何约束隐藏，如图 8-34 所示。

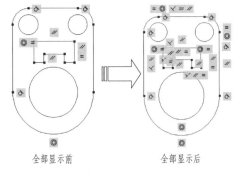
全部显示前　　　　全部显示后

图 8-33　全部显示几何约束

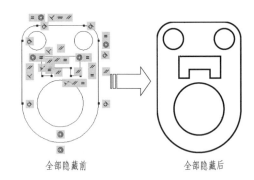
全部隐藏前　　　　全部隐藏后

图 8-34　全部隐藏几何约束

（3）隐藏几何约束

将光标放置在需要隐藏的几何约束上，该约束将亮显，单击鼠标右键，系统弹出右键快捷菜单，如图 8-35 所示。选择快捷菜单中的"隐藏"命令，即可将该几何约束隐藏，如图 8-36 所示。

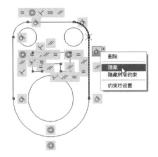

图 8-35　选择需隐藏的几何约束

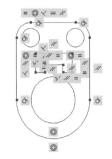

图 8-36　隐藏几何约束

（4）删除几何约束

将光标放置在需要删除的几何约束上，该约束将亮显，单击鼠标右键，系统弹出右键快捷菜单，如图 8-37 所示。选择快捷菜单中的"删除"命令，即可将该几何约束删除，如图 8-38 所示。

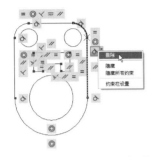 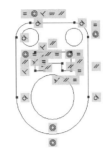

图 8-37　选择需删除的几何约束　　　　　　图 8-38　删除几何约束

（5）约束设置

单击"参数化"选项卡中的"几何"面板或"标注"面板右下角的小箭头，如图 8-39 所示，系统将弹出一个如图 8-40 所示的"约束设置"对话框。通过该对话框可以设置约束栏图标的显示类型以及约束栏图标的透明度。

图 8-39　快捷菜单　　　　　　图 8-40　"约束设置"对话框

8.3.2　编辑尺寸约束

编辑尺寸标注的方法有以下几种。

➤ 双击尺寸约束或利用"DDEDIT"命令编辑约束的值、变量名称或表达式。

➤ 选中约束，单击鼠标右键，利用快捷菜单中的选项编辑约束。

➤ 选中尺寸约束，拖动与其关联的三角形关键点改变约束的值，同时改变图形对象。

执行"参数"|"参数管理器"命令，系统弹出如图 8-41 所示的"参数管理器"选项板。在该选项板中列出了所有的尺寸约束，修改表达式的参数即可改变图形的大小。

执行"参数"|"约束设置"命令，系统弹出如图 8-42 所示的"约束设置"对话框，在其中可以设置标注名称的格式、是否为注释性约束显示锁定图标和是否为对象显示隐藏的动态约束。

如图 8-43 所示为取消为注释性约束显示锁定图标的前后效果对比。

【练习 8-3】　创建参数化图形

通过常规方法绘制好的图形，在进行修改时，只能操作一步、修改一步，不能达到"一改俱改"的目的。对于日益激烈的工作竞争来说，这种效率绝对是难以满足要求的。因此可以考虑将大部分图形进行参数化，使得各个尺寸互相关联，这样就可以做到"一改俱改"。

图 8-41　"参数管理器"选项板

图 8-42　"约束设置"对话框

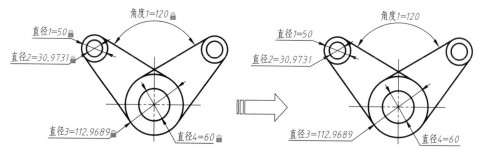

图 8-43　取消为注释性约束显示锁定图标的前后效果对比

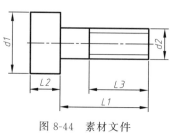

图 8-44　素材文件

① 打开素材文件"第 8 章 \ 8-3 创建参数化图形 .dwg"，其中已经绘制好了一螺钉示意图，如图 8-44 所示。

② 该图形即是使用常规方法创建的图形，对图形中的尺寸进行编辑修改时，不会对整体图形产生影响。如调整 $d2$ 部分尺寸大小时，$d1$ 不会发生改变，即使出现 $d2>d1$ 这种不合理的情况。而对该图形进行参数化后，即可避免这种情况。

③ 删除素材图中的所有尺寸标注。

④ 在"参数化"选项卡中，单击"几何"面板中的"自动约束"按钮，框选整个图形并按 Enter 键确认，即可为整个图形快速添加约束，操作结果如图 8-45 所示。

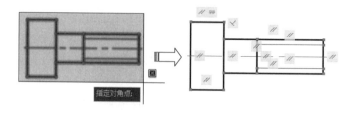

图 8-45　创建几何约束

⑤ 在"参数化"选项卡中，单击"标注"面板中的"线性"按钮，根据图 8-46 所

示的尺寸，依次添加线性尺寸约束，并修改其参数名称。

⑥ 在"参数化"选项卡中，单击"管理"面板中的"参数管理权"按钮 f_x，打开"参数管理器"对话框，在 $L3$ 栏中输入表达式"$L1*2/3$"，再在 $d1$ 栏中输入表达式"$2*d2$"、$L2$ 栏中输入"$d2$"，如图 8-47 所示。

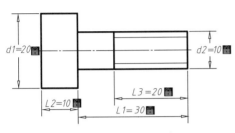

图 8-46　添加尺寸约束

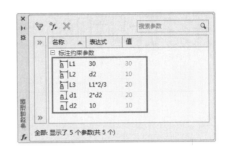

图 8-47　将尺寸参数相关联

⑦ 这样添加的表达式表示 $L3$ 的长度始终为 $L1$ 的 $2/3$，$d1$ 的尺寸始终为 $d2$ 的 2 倍，同时 $L2$ 段的长度数值与 $d2$ 段的长度数值相等。

⑧ 单击"参数管理器"对话框左上角的"关闭"按钮，退出参数管理器，此时可见图形的约束尺寸变成了 fx 开头的参数尺寸，如图 8-48 所示。

⑨ 此时可以双击 $L1$ 或 $d2$ 处的尺寸约束，然后输入新的数值，如 $d2=20$、$L1=90$，则可以快速得到新图形如图 8-49 所示。

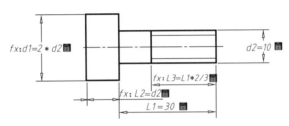

图 8-48　尺寸参数化后的图形

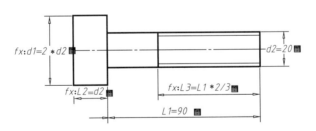

图 8-49　调整参数即可改变图形

⑩ 可以看到只需输入不同的数值，便可以得到全新的正确图形，无疑大大提高了绘图效率，对于标准化图纸来说尤其有效。

第9章

图形打印和输出

扫码全方位学习

AutoCAD 2022

当完成所有的设计和制图工作之后，就需要将图形文件通过绘图仪或打印设备输出为图样。本章主要讲述 AutoCAD 出图过程中涉及的一些问题，包括模型空间与图样空间的转换、打印样式、打印比例设置等。

9.1　打印出图

和图形的绘制、编辑一样，图形的打印同样有着丰富的选项设定，要得到一张理想的图纸，就需要对这些参数有准确的认识。本节按实际工作中出图的操作顺序，详细介绍图形打印的知识，帮助用户更好地学习和了解。

9.1.1　指定打印设备

如果图形绘制完毕，那么就可以直接执行"打印"命令进行输出，执行"打印"命令的方法如下。

> ➤ 快速访问工具栏：直接单击其中的"打印"按钮🖨。
> ➤ 功能区：在"输出"选项卡中，单击"打印"面板中的"打印"按钮🖨。
> ➤ 菜单栏：执行"文件"|"打印"命令。
> ➤ 命令行：在命令行中输入"PLOT"。
> ➤ 快捷操作：Ctrl＋P。

执行"打印"命令后，会弹出"打印-模型"对话框，对话框布局如图 9-1 所示。

打开该对话框后，可通过"打印机/绘图仪"选项组设置出图的绘图仪或打印机。如果打印设备已经与计算机或网络系统正确连接，并且驱动程序也已经正常安装，那么在"名称"下拉列表框中就会显示该打印设备的名称，可以选择需要的打印设备，如图 9-2 所示。

提示：该下拉列表框中不仅会列出实体打印机，如图 9-2 中的"HP deskJet 2700 series"，支持纸张打印，而且会列出虚拟打印机，如图 9-2 中的"DWG To PDF.pc3"，可以将图形文件打印为图片、PDF 等数字格式。

9.1.2　设定图纸尺寸

工程制图的图纸有一定的规范尺寸，一般采用英制 A 系列图纸尺寸，包括 A0、A1、A2 等标准型号，各型号图纸的尺寸如表 9-1 所示。

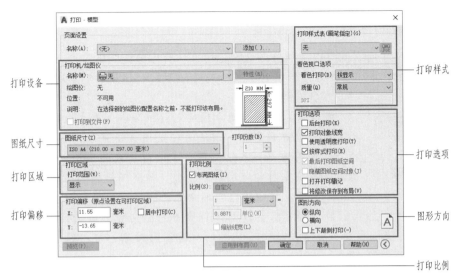

图 9-1 "打印-模型"对话框

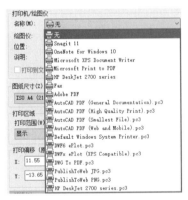

图 9-2 选择打印设备

表 9-1 标准图纸尺寸

图纸型号	长宽尺寸
A0	1189mm×841mm
A1	841mm×594mm
A2	594mm×420mm
A3	420mm×297mm
A4	297mm×210mm

在"图纸尺寸"下拉列表框中选择打印出图时的纸张类型，所选择打印机不同，该下拉列表框中所提供的纸张类型也不同，在打印时根据实际需要选择即可，如图 9-3 所示。

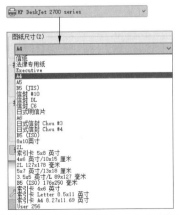

(a) 打印机为"HP deskJet 2700 series"时的图纸

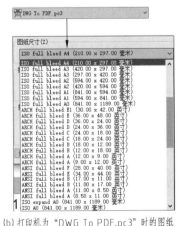

(b) 打印机为"DWG To PDF.pc3"时的图纸

图 9-3 选择图纸尺寸

9.1.3　设置打印区域

指定好图纸尺寸后，就可以选择打印区域，可在"打印范围"下拉列表提供的四种方法中选择需要打印的区域，如图 9-4 所示。

图 9-4　设置打印范围

其各选项含义如下。

➤ 窗口：用窗选的方法确定打印区域。单击该按钮后，"页面设置"对话框暂时消失，系统返回绘图区，可以用鼠标在模型窗口中的工作区间拉出一个矩形窗口，该窗口内的区域就是打印范围。使用该选项确定打印范围简单方便，但是不能精确比例尺和出图尺寸。

➤ 范围：打印模型空间中包含所有图形对象的范围。

➤ 图形界限：以 Limits 命令所限定的图形范围为打印区域。

➤ 显示：打印模型窗口当前视图状态下显示的所有图形对象，可以通过 ZOOM 调整视图状态，从而调整打印范围。

9.1.4　设置打印偏移

"打印偏移"选项组用于指定打印区域偏离图样左下角 X 方向和 Y 方向的偏移值，一般情况下，都要求出图充满整个图样，所以设置 X 和 Y 偏移值均为 0，如图 9-5 所示。

通常情况下打印的图形和纸张的大小一致，不需要修改设置。选中"居中打印"复选框，则图形居中打印。这个"居中"是指在所选纸张 A1、A2 等的基础上居中，也就是 4 个方向上各留空白，而不只是卷筒纸的横向居中。

9.1.5　设置打印比例

"打印比例"选项组用于设置出图比例尺。在"比例"下拉列表框中可以精确设置需要出图的比例尺。如果选择"自定义"选项，则可以在下方的文本框中设置与图形单位等价的英寸数来创建自定义比例尺。

如果对出图比例尺和打印尺寸没有要求，可以直接选中"布满图样"复选框，这样 AutoCAD 会将打印区域自动缩放到充满整个图样。"缩放线框"复选框用于设置线宽值是否按打印比例缩放。通常要求直接按照线宽值打印，而不按打印比例缩放。

在 AutoCAD 2022 中，有以下两种方法控制打印出图比例。

➤ 在打印设置或页面设置的"打印比例"区域设置比例，如图 9-6 所示。

➤ 在图纸空间中使用视口控制比例，然后按照 1∶1 打印。

图 9-5　"打印偏移"设置选项

图 9-6　"打印比例"设置选项

9.1.6　指定打印样式表

"打印样式表"下拉列表框用于选择已存在的打印样式，从而非常方便地用设置好的打印样式替代图形对象原有属性，并体现到出图格式中，如图 9-7 所示。

各选项介绍如下，可以根据实际需要进行选取。

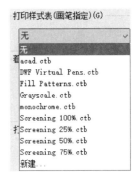

➤ acad.ctp：默认的打印样式表，所有打印设置均为初始值。

➤ fillPatterns.ctb：设置前 9 种颜色使用前 9 个填充图案，所有其他颜色使用对象的填充图案。

➤ grayscale.ctb：打印时将所有颜色转换为灰度。

➤ monochrome.ctb：将所有颜色打印为黑色，即最常见的黑白打印样式。

➤ screening 100%.ctb：对所有颜色使用 100％ 墨水。

➤ screening 75%.ctb：对所有颜色使用 75％ 墨水。

➤ screening 50%.ctb：对所有颜色使用 50％ 墨水。

➤ screening 25%.ctb：对所有颜色使用 25％ 墨水。

图 9-7　设置打印范围

9.1.7　设置打印选项

"打印选项"主要用于调整图纸打印时的显示细节，如线宽、打印戳记等，根据需要勾选对应的复选框即可。

【练习 9-1】　添加打印戳记

打印戳记类似于水印，可以起到文件真伪鉴别、版权保护等。嵌入的打印戳记信息隐藏于宿主文件中，不影响原始文件的可观性和完整性。在 AutoCAD 中这类戳记可通过在"打印和发布"选项卡中的设置，一次性设定好所需的标记，然后在打印图纸时直接启用即可。

① 打开素材文件"第 9 章/9-1 添加打印戳记.dwg"，其中已经绘制好了一样例图形，如图 9-8 所示。

② 在图形空白处单击右键，在弹出的快捷菜单中选择"选项"，打开"选项"对话框，切换到"打印和发布"选项卡，单击其中的"打印戳记设置"按钮，如图 9-9 所示。

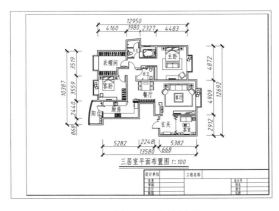

图 9-8　素材图形

图 9-9　"打印和发布"选项卡

③ 系统弹出"打印戳记"对话框，对话框中自动提供有图形名、设备名、布局名称、图纸尺寸、日期和时间、打印比例、登录名 7 类标记选项，勾选任一选项即可在戳记中添加相关信息，如图 9-10 所示。

④ 输入戳记文字。而本例中需创建自定义的戳记标签，所以可不勾选以上信息。直接单击对话框中的"添加/编辑"按钮，打开"用户自定义的字段"对话框，再单击"添加"按钮，即可在左侧输入所需的戳记文字，如图 9-10 所示。

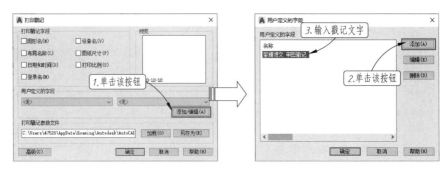

图 9-10 输入戳记文字

⑤ 定义戳记文字大小与位置。单击"确定"按钮返回"打印戳记"对话框,然后在"用户定义的字段"下拉列表选择创建的文本,接着单击对话框左下角的"高级"按钮,打开"高级选项"对话框,设置戳记文字的大小与位置如图 9-11 所示。

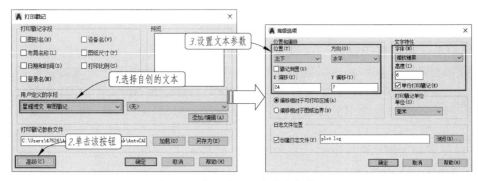

图 9-11 定义戳记文字大小与位置

⑥ 设置完成后单击"确定"按钮返回图形,然后按 Ctrl+P 组合键执行"打印"命令,在"打印"对话框中勾选"打开打印戳记"复选框,如图 9-12 所示。

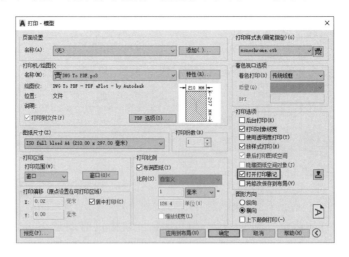

图 9-12 "打印"对话框

⑦ 单击"打印"对话框左下角的"预览"按钮,即可预览到打印戳记在打印图纸上的效果,如图 9-13 所示。

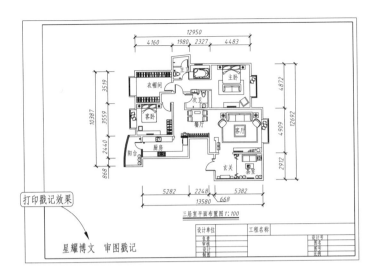

图 9-13　带戳记的打印效果

9.1.8　设置打印方向

工程制图多需要使用大幅的卷筒纸打印，在使用卷筒纸打印时，打印方向包括两个方面的问题：第一，图纸阅读时所说的图纸方向，是横宽还是竖长；第二，图形与卷筒纸的方向关系，是顺着出纸方向还是垂直于出纸方向。

在 AutoCAD 中分别使用图纸尺寸和图形方向来控制最后出图的方向。在"图形方向"区域可以看到小示意图，其中白纸表示设置图纸尺寸时选择的图纸尺寸是横宽还是竖长，字母 A 表示图形在纸张上的方向。

在"图形方向"选项组中选择纵向或横向打印，选中"反向打印"复选框，可以允许在图样中上下颠倒地打印图形。

9.1.9　最终打印

在完成上述的所有设置工作后，就可以开始打印出图了，下面通过具体的实战来讲解模型空间打印的具体步骤。

【练习 9-2】　零件图打印实例

通过本实战的操作，熟悉布局空间的创建、多视口的创建、视口的调整、打印比例的设置、图形的打印等。

① 单击"快速访问"工具栏中的"打开"按钮，打开配套资源提供的素材文件"第 9 章 \ 9-2 零件图打印实例 .dwg"，如图 9-14 所示。

② 按 Ctrl＋P 组合键，弹出"打印"对话框。然后在"名称"下拉列表框中选择所需的打印机，本例以"DWG To PDF. pc3"打印机为例。该打印机可以打印出 PDF 格式的图形。

③ 设置图纸尺寸。在"图纸尺寸"下拉列表框中选择"ISO full bleed A3（420.00× 297.00 毫米）"选项，如图 9-15 所示。

④ 设置打印区域。在"打印范围"下拉列表框中选择"窗口"选项，系统自动返回至绘图区，然后在其中框选出要打印的区域即可，如图 9-16 所示。

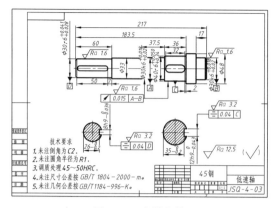

图 9-14 素材文件

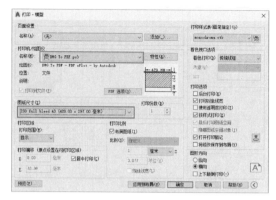

图 9-15 指定打印机

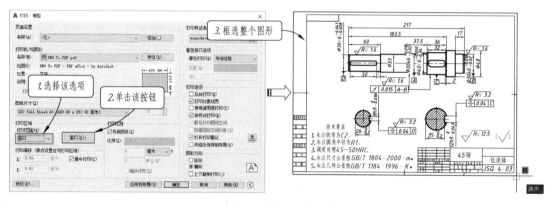

图 9-16 设置打印区域

⑤ 设置打印偏移。返回"打印"对话框之后，勾选"打印偏移"选项区域中的"居中打印"选项，如图 9-17 所示。

⑥ 设置打印比例。取消勾选"打印比例"选项区域中的"布满图纸"选项，然后在"比例"下拉列表中选择 1：1 选项，如图 9-18 所示。

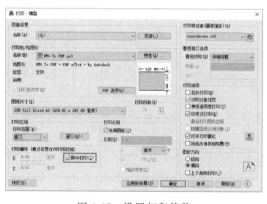

图 9-17 设置打印偏移

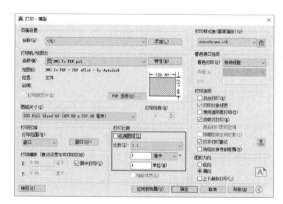

图 9-18 设置打印比例

⑦ 选择打印样式。如果要进行黑白打印，那么在"打印样式表"下拉列表中选择"monochrome.ctb"样式即可，如图 9-19 所示。

⑧ 设置图形方向。本例图框为横向放置，因此在"图形方向"选项区域中选择打印方

向为"横向",如图 9-20 所示。

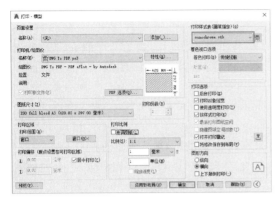

图 9-19 选择打印样式   图 9-20 设置图形方向

⑨ 打印预览。所有参数设置完成后,单击"打印"对话框左下角的"预览"按钮进行打印预览,效果如图 9-21 所示。

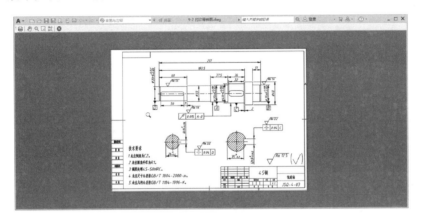

图 9-21 打印预览

⑩ 打印图形。图形显示无误后,便可以在预览窗口中单击鼠标右键,在弹出的快捷菜单中选择"打印"选项,即可输出打印,打印效果如图 9-22 所示。

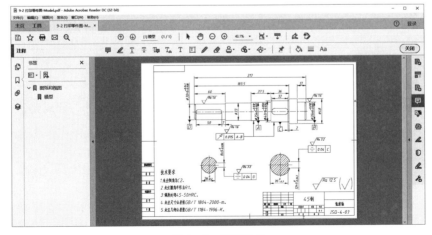

图 9-22 打印效果

9.2　文件的输出

AutoCAD 拥有强大、方便的绘图能力，有时候利用其绘图后，需要将绘图的结果用于其他程序，在这种情况下，需要将 AutoCAD 图形输出为通用格式的图像文件，如 JPG、PDF 等。

9.2.1　输出高分辨率的 JPG 图片

DWG 图纸还可以通过命令将选定对象输出为不同格式的图像，例如使用"JPGOUT"命令导出 JPEG 图像文件、使用"BMPOUT"命令导出 BMP 位图图像文件、使用"TIFOUT"命令导出 TIF 图像文件、使用"WMFOUT"命令导出 Windows 图元文件等，但是这些命令导出的图像分辨率很低，无法满足印刷的要求，如图 9-23 所示。

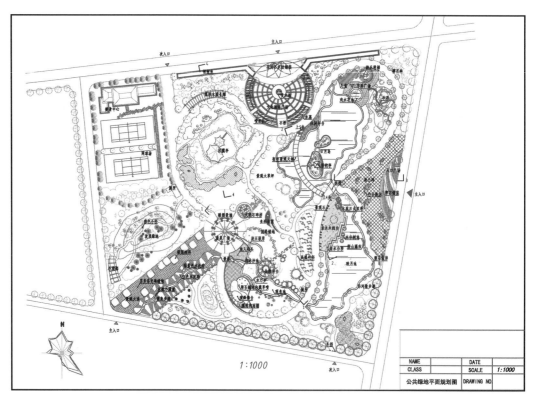

图 9-23　分辨率很低的 JPG 图片

不过，学习了指定打印设备的方法后，就可以通过修改图纸尺寸的方式输出高分辨率的 JPG 图片。下面通过一个例子来介绍具体的操作方法。

【练习 9-3】　输出高分辨率 JPG 图片

① 打开素材文件"第 9 章/9-3 输出高分辨率 JPG 图片 .dwg"，其中绘制好了某公共绿地平面图，如图 9-24 所示。

② 按 Ctrl＋P 组合键，弹出"打印-模型"对话框。然后在"名称"下拉列表框中选择所需的打印机，本例要输出 JPG 图片，便选择以"PublishToWeb JPG.pc3"打印机为例，如图 9-25 所示。

图 9-24　素材文件

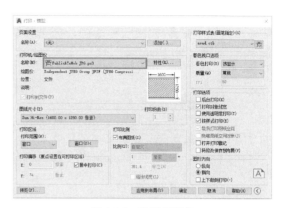

图 9-25　指定打印机

③ 单击"PublishToWeb JPG.pc3"右边的"特性"按钮 **特性(R)...**，系统弹出
"绘图仪配置编辑器"对话框，选择"用户定义图纸尺寸与校准"节点下的"自定义图纸尺
寸"，然后单击右下方的"添加"按钮，如图 9-26 所示。

④ 系统弹出"自定义图纸尺寸-开始"对话框，选择"创建新图纸"单选项，然后单击
"下一步"按钮，如图 9-27 所示。

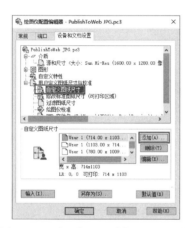

图 9-26　"绘图仪配置编辑器"对话框

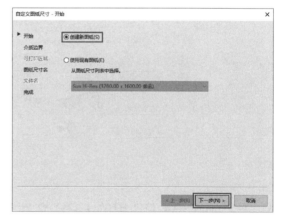

图 9-27　"自定义图纸尺寸-开始"对话框

⑤ 调整分辨率。系统跳转到"自定义
图纸尺寸-介质边界"对话框，这里会提示
当前图形的分辨率，可以酌情进行调整，
本例修改分辨率如图 9-28 所示。

提示：设置分辨率时，要注意图形的
长宽比与原图一致。如果所输入的分辨率
与原图长、宽不成比例，则会失真。

⑥ 单击"下一步"按钮，系统跳转到
"自定义图纸尺寸-图纸尺寸名"对话框，
在"名称"文本框中输入图纸尺寸名称，
如图 9-29 所示。

⑦ 单击"下一步"按钮，再单击"完

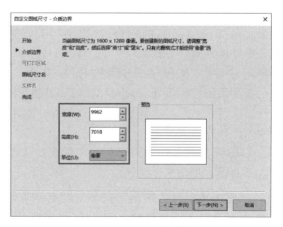

图 9-28　调整分辨率

成"按钮，完成高清分辨率的设置。返回"绘图仪配置编辑器"对话框后单击"确定"按钮，再返回"打印-模型"对话框，在"图纸尺寸"下拉列表中选择刚才创建好的"高清分辨率"，如图 9-30 所示。

图 9-29　"自定义图纸尺寸-图纸尺寸名"对话框

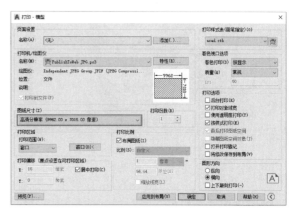

图 9-30　选择图纸尺寸（即分辨率）

⑧ 单击"确定"按钮，即可输出高清分辨率的 JPG 图片，局部截图效果如图 9-31 所示（亦可打开素材中的效果文件进行观察）。

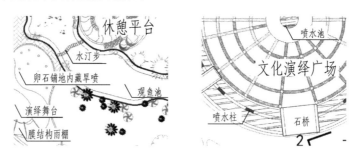

图 9-31　局部效果

9.2.2　输出供 PS 用的 EPS 文件

对于新时期的设计工作者来说，已不能再仅靠一款软件来进行操作，无论是客户要求还是自身发展，都在逐渐向多软件互通的方向靠拢。因此使用 AutoCAD 进行设计时，就必须掌握 dwg 文件与其他主流软件（如 Word、PS、CorelDRAW）的交互。下面通过一个例子来介绍具体的操作方法。

【练习 9-4】　输出供 PS 用的 EPS 文件

通过添加打印设备，就可以让 AutoCAD 输出 EPS 文件，然后再通过 PS、CorelDRAW 进行二次设计，即可得到极具表现效果的设计图（彩平图），如图 9-32 和图 9-33 所示，这在室内设计中极为常见。

① 打开素材文件"第 9 章/9-4 输出供 PS 用的 EPS 文件.dwg"，其中绘制好了一简单室内平面图，如图 9-24 所示。

② 单击功能区"输出"选项卡"打印"组面板中"绘图仪管理器"按钮，系统打开"Plotters"文件夹窗口，双击文件夹窗口中"添加绘图仪向导"快捷方式，如图 9-34 所示。

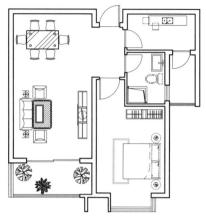

图 9-32　原始的 DWG 平面图

图 9-33　经过 PS 修缮后的彩平图

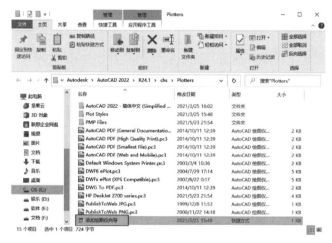

图 9-34　"Plotters"文件夹窗口

③ 打开"添加绘图仪-简介"对话框，单击"添加绘图仪-简介"对话框中"下一步"按钮，如图 9-35 所示。

④ 系统跳转到"添加绘图仪-开始"对话框，选择默认的选项"我的电脑"，单击"下一步"按钮，如图 9-36 所示。

图 9-35　"添加绘图仪-简介"对话框

图 9-36　"添加绘图仪-开始"对话框

⑤ 系统跳转到"添加绘图仪-绘图仪型号"对话框，选择默认的生产商及型号，单击对话框"下一步"按钮，如图 9-37 所示。系统跳转到"添加绘图仪-输入 PCP 或 PC2"对话框，如图 9-38 所示。

图 9-37　"添加绘图仪-绘图仪型号"对话框图　　　图 9-38　"添加绘图仪-输入 PCP 或 PC2"对话框

⑥ 再单击对话框"下一步"按钮，系统跳转到"添加绘图仪-端口"对话框，选择"打印到文件"选项，如图 9-39 所示。因为是用虚拟打印机输出，打印时弹出保存文件的对话框，所以选择打印到文件。

⑦ 单击"添加绘图仪-端口"对话框中"下一步"按钮，系统跳转到"添加绘图仪-绘图仪名称"对话框，如图 9-40 所示。在"绘图仪名称"文本框中输入名称"EPS"。

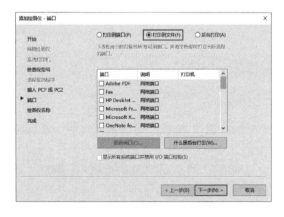

图 9-39　"添加绘图仪-端口"对话框　　　　　　图 9-40　"添加绘图仪-绘图仪名称"对话框

⑧ 单击"添加绘图仪-绘图仪名称"对话框中"下一步"按钮，系统跳转到"添加绘图仪-完成"对话框，单击"完成"按钮，完成 EPS 绘图仪的添加，如图 9-41 所示。

⑨ 单击功能区"输出"选项卡"打印"组面板中"打印"按钮，系统弹出"打印-模型"对话框，在对话框"打印机／绘图仪"下拉列表中可以选择"EPS.pc3"选项（图 9-42），即上述创建的绘图仪。单击"确定"按钮，即可创建 EPS 文件。

⑩ 以后通过此绘图仪输出的文件便是 EPS 类型的文件，用户可以使用 AI（Adobe Illustrator）、CDR（CorelDraw）、PS（PhotoShop）等图像处理软件打开，置入的 EPS 文件是智能矢量图像，可自由缩放。能打印出高品质的图形图像，最高能表示 32 位图形图像。

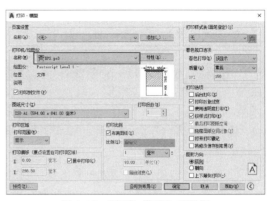

图 9-41　"添加绘图仪-完成"对话框　　　　　　图 9-42　"打印-模型"对话框

9.2.3　图纸的批量输出与打印

图纸的"批量输出"或"批量打印",历来是读者询问较多的问题。很多时候都只能通过安装 AutoCAD 的插件来完成,但这些插件并不稳定,使用效果也差强人意。

其实在 AutoCAD 中,可以通过"发布"功能来实现批量打印或输出的效果,最终的输出格式可以是电子版文档,如 PDF、DWF,也可以是纸质文件。下面通过一个具体案例来进行说明。

【练习 9-5】　批量输出 PDF 文件

① 打开素材文件"第 9 章 \ 9-5 批量输出 PDF 文件 .dwg",其中已经绘制好了四张图纸,如图 9-43 所示。

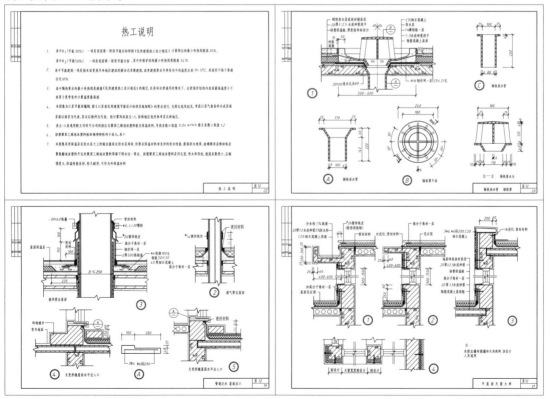

图 9-43　素材文件

② 在状态栏中可以看到已经创建好了对应的 4 个布局，如图 9-44 所示，每一个布局对应一张图纸，并控制该图纸的打印。

模型　热工说明　管道泛水屋面出口图　铸铁罩图　平屋面天窗大样图　+

图 9-44　素材创建好的布局

提示：如需打印新的图纸，读者可以自行新建布局，然后分别将各布局中的视口对准至要打印的部分即可。

③ 单击"应用程序"按钮 **A▾**，在弹出的快捷菜单中选择"打印"|"批处理打印"选项，打开"发布"对话框，在"发布为"下拉列表中选择"PDF"选项，在"发布选项"中定义发布位置，如图 9-45 所示。

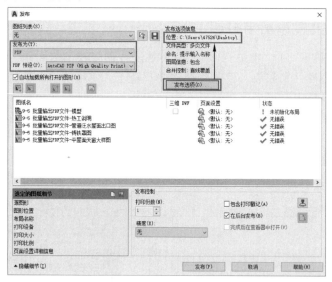

图 9-45　"发布"对话框

④ 在"图纸名"列表栏中可以查看到要发布为 DWF 的文件，用鼠标右键单击其中的任一文件，在弹出的快捷菜单选择"重命名图纸"选项，如图 9-46 所示，为图形输入合适的名称，最终效果如图 9-47 所示。

图 9-46　重命名图纸

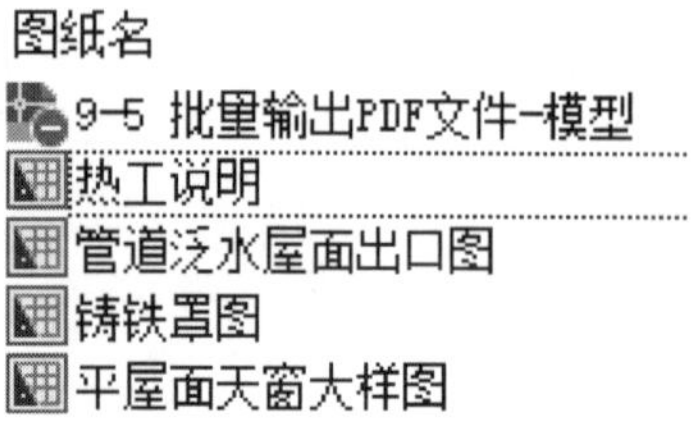

图纸名
🖷 9-5 批量输出PDF文件-模型
🖷 热工说明
🖷 管道泛水屋面出口图
🖷 铸铁罩图
🖷 平屋面天窗大样图

图 9-47　重命名效果

⑤ 设置无误后，单击"发布"对话框中的"发布"按钮，打开"指定 PDF 文件"对话框，在"文件名"文本框中输入发布后 PDF 文件的文件名，单击"选择"即可发布，如图

9-48 所示。

⑥ 如果是第一次进行 PDF 发布，会打开"发布-保存图纸列表"对话框，如图 9-49 所示，单击"否"即可。

图 9-48 "指定 PDF 文件"对话框　　　　　图 9-49 "发布-保存图纸列表"对话框

⑦ 此时 AutoCAD 弹出对话框如图 9-50 所示，开始处理 PDF 文件的输出；输出完成后在状态栏右下角出现如图 9-51 所示的提示，PDF 文件即输出完成。

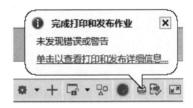

图 9-50 "打印-正在处理后台作业"对话框　　　图 9-51 完成打印和发布作业的提示

⑧ 打开输出后的 PDF 文件，效果如图 9-52 所示，在左侧可以见到其他图纸的缩略图。

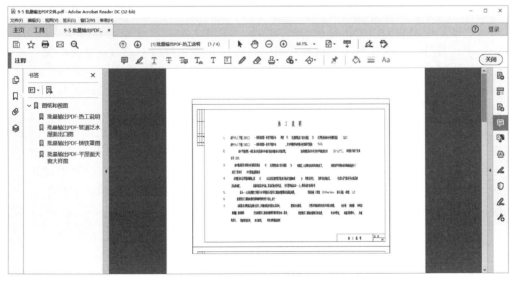

图 9-52 打印效果

第二篇　机械制图篇

第10章

初识机械制图与设计

扫码全方位学习
AutoCAD 2022

　　为了统一机械制图规则，保证制图质量，提高制图效率，做到图面清晰、简明，符合设计、施工、审查、存档的要求，适应工程建设的需要，制订了许多机械制图的标准和表达方式。本章主要对机械制图与机械设计的一些相关基础知识进行讲解，其中包括机械制图标准、机械工程图的识图、机械图纸的各要素、机械制图的表达方式等内容。

10.1　认识机械制图

　　机械制图是用图样确切表示机械的结构形状、尺寸大小、工作原理和技术要求的学科。图样由图形、符号、文字和数字等组成，是表达设计意图和制造要求以及交流经验的技术文件，常被称为工程界的语言。

10.1.1　认识机械制图标准

　　工程图样是工程技术人员表达设计思想、进行技术交流的工具，也是指导生产的重要技术资料。因此，对于图样的内容、格式和表达方法等必须作出统一的规定。

　　为使人们对图样中涉及的格式、文字、图线、图形简化和符号含义有一致的理解，后来逐渐制订出统一的规格，并发展成为机械制图标准。各国一般都有自己的国家标准，国际上有国际标准化组织制订的标准。

10.1.2　认识国家制图标准

　　我国国家标准（简称国标），代号为 GB。我国的国家标准通过审查后，需由国务院标准化行政管理部门——国家质量监督检查检疫总局、国家标准化管理委员会审批、给定标准编号并批准发布。

　　机械制图国家标准的制定修改动态如表 10-1 所示。

表 10-1　机械制图国家标准

| 1985 年起实施的国家标准 | | 现行标准编号 | 现行标准名称 |
分类	标准编号		
基本规定	GB/T 4457.1—1984	GB/T 14689—1993	技术制图　图纸幅面及格式
	GB/T 4457 2—1984	GB/T 14690—1993	技术制图　比例
	GB/T 4457 3—1984	GB/T 14691—1993	技术制图　字体
	GB/T 4457 4—1984	GB/T 17450—1998	技术制图　图线
		GB/T 4457.4—2002	机械制图　图样画法　图线
	GB/T 4457 5—1984	GB/T 17453—1998	技术制图　图样画法　剖面区域的表示方法
		GB/T 4457.5—1984	机械制图　剖面符号
基本表示法	GB/T 4458 1—1984	GB/T 17451—1998	技术制图　图样画法　视图
		GB/T 4458.1—2002	机械制图　图样画法　视图
		GB/T 17452—1998	技术制图　图样画法　剖视图和断面图
		GB/T 4458.6—2002	机械制图　图样画法　剖视图和断面图
		GB/T 16675.1—2012	技术制图　简化表示法　第 1 部分:图样画法
	—	GB/T 4457.2—2003	技术制图　图样画法　指引线和基准线的基本规定
	GB/T 4458 2—1984	GB/T 4458.2—2003	机械制图　装配图中零、部件序号及其编排方法
	GB/T 4458 3—1984	GB/T 4458.3—1984	机械制图　轴测图
	GB/T 4458 4—1984	GB/T 4458.4—2003	机械制图　尺寸注法
		GB/T 16675.2—2012	技术制图　简化表示法　第 2 部分:尺寸注法
	GB/T 4458 5—1984	GB/T 4458.5—2003	机械制图　尺寸公差与配合注法
	—	GB/T 15754—1995	技术制图　圆锥的尺寸和公差注法
	GB/T 131—1983	GB/T 131—2006	产品几何技术规范(GPS)技术产品文件中表面结构的表示法
特殊表示法	GB/T 4459.1—1984	GB/T 4459.1—1995	机械制图　螺纹及螺纹紧固件表示法
	GB/T 4459.2—1984	GB/T 4459.2—2003	机械制图　齿轮表示法
	GB/T 4459.3—1984	GB/T 4459.3—2000	机械制图　花键表示法
	GB/T 4459.4—1984	GB/T 4459.4—2003	机械制图　弹簧表示法
	GB/T 4459.5—1984	GB/T 4459.5—1999	机械制图　中心孔表示法
	—	GB/T 4459.7—2017	机械制图　滚动轴承表示法
	—	GB/T 4459.8—2009	机械制图　动密封圈　第 1 部分:通用简化表示法
	—	GB/T 19096—2003	技术制图　图样画法　未定义形状边的术语和标注
图形符号	GB/T 4460—1984	GB/T 4460—2013	机械制图　机构运动简图用图形符号

标准的编号和名称，如图 10-1 所示。

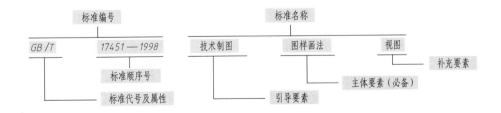

图 10-1　标准编号及名称

> ➢ GB——标准级别：国家标准、行业标准、地方标准和企业标准。
> ➢ T ——标准属性："T"表示"推荐性标准"，无"T"时表示"强制性标准"。
> ➢ 17451——发布顺序号。
> ➢ 1998——颁布年号。

10.2　机械设计的流程

机械设计的流程总的来说可以分为市场调研、初步设计、技术设计、图纸绘制四个阶段，分别介绍如下。

10.2.1　市场调研阶段

根据用户订货、市场需要和新科研成果制订设计任务。机械设计是一项与现实生活紧密联系的工作，因此最初也要受市场行为影响。经济学中的经典理论是"需求和供给"，而对于机械设计来说，便可以说成是"有需求才有设计"。

10.2.2　初步设计阶段

该阶段包括确定机械的工作原理和基本结构形式，进行运动设计、结构设计并绘制初步总图以及初步审查。机械设计不是一项简单的工作，但是它的目的却很单一，那就是解决某一现实问题。因此，本阶段的工作重点便是从原理上解释设计方案"如何解决问题"，一般来说在本阶段要绘制出机械原理图，如图 10-2 所示。

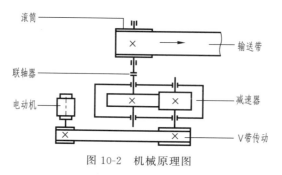

图 10-2　机械原理图

提示：机械原理图是由各种机械零部件的简略图组合而成的，主要用来表达机械的运行原理。其中液压系统的原理图应用最为广泛。

10.2.3　技术设计阶段

该阶段包括修改设计（根据初步评审意见）、绘制全部零部件和新的总图以及第二次审查。当第二阶段的机械原理图通过评审之后，就可以绘制总的装配图和部分主要的零件图，如图 10-3 所示。

10.2.4　图纸绘制阶段

该阶段包括最后的修改（根据二次评审意见）、绘制全部设计图（零件图、部件装配图和总装配图等，如图 10-3 和图 10-4 所示）、制订全部技术文件（零件表、易损件清单、使用说明等，如图 10-5 所示）。简而言之，这个阶段的工作就是将设计图转换为生产用图，然后编制工艺，下发车间进行生产。

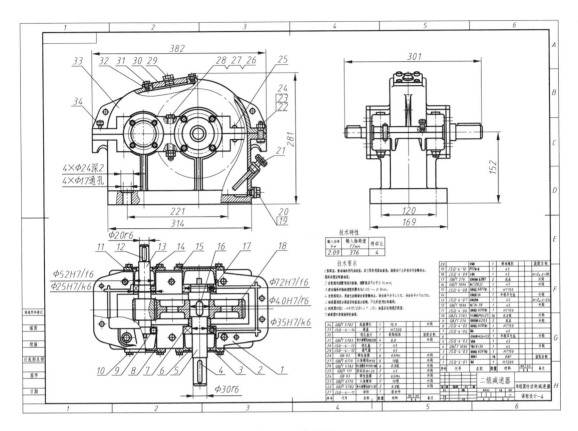

图 10-3　装配图

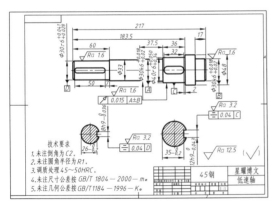

图 10-4　零件图

图 10-5　明细表

10.2.5　定型设计

如果某些设计任务比较简单，如简单机械的新型设计、一般机械的继承设计或变型设计等，那么在设计时可省去初步设计程序，直接进入第四阶段即绘制阶段来开始绘制设计图。对于一般的机械制造企业来说，大部分工作都属于定型设计，因为其产品均有成熟的标准和设计经验，如生产液压缸、减速器的企业。

10.3 了解机械图纸各要素

机械图纸的要素一般包括图纸的幅面、格式、字体、比例、图线线型、图样画法、标题及明细栏等。

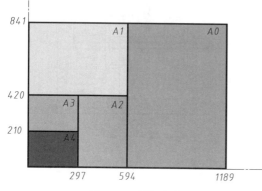

图 10-6 图幅大小

10.3.1 了解机械图纸的幅面

图幅是指图纸幅面的大小，分为横式幅面和立式幅面两种，主要有 A0、A1、A2、A3、A4，如图 10-6 所示。图幅大小和图框有严格的规定。图纸以短边作为垂直边的称为横式，以短边作为水平边的称为立式。一般 A0～A3 图纸宜横式使用，必要时，也可以立式使用。

（1）图幅大小

在机械制图国标中，对图幅的大小作了统一规定，各图幅的规格如表 10-2 所示。

表 10-2 图幅国家标准

mm

幅面代号		A0	A1	A2	A3	A4
图纸大小 $B×L$		1189×841	841×594	594×420	420×297	297×210
周边尺寸	a	25				
	c	10			5	
	e	20			10	

注：a 表示留给装订的一边的空余宽度；c 表示其他三条边的空余宽度；e 表示无装订边的各边空余宽度，如图 10-7 和图 10-8 所示。

绘制图样时，优先采用上表中规定的图幅尺寸，必要时可以按规定加长图纸的幅面。幅面的尺寸由基本幅面的短边成整数倍增加后得出。

（2）图框格式

机械制图图框格式分为不留装订边和留装订边两种类型，分别如图 10-7 和图 10-8 所示。同一产品的图样只能采用同一种样式，并均应画出图框线和标题栏。图框线用粗实线绘制。

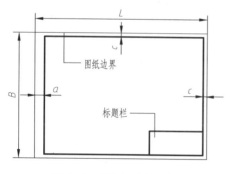

图 10-7 留装订边横图框

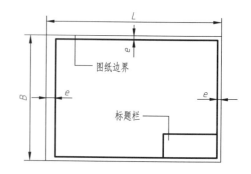

图 10-8 不留装订边横图框

当图样需要装订时，一般采用 A3 幅面横式，或 A4 幅面立式。

10.3.2 了解机械图纸的字体

图样上除了表达机件形状的图形外，还要用文字和数字说明机件的大小、技术要求和其他内容。书写字体必须做到：字体工整、笔画清楚、间隔均匀、排列整齐。

字体的高度代表字号的号数，字号分为 8 种，即字体的高度分为：1.8、2.5、3.5、5、7、10、14、20（单位：mm）。如果需要书写更大的字，应按$\sqrt{2}$的比例递增。汉字应写成长仿宋体字，并应采用中华人民共和国国务院正式公布推行的《汉字简化方案》中规定的简化字。汉字的高度 h 不应小于 3.5mm，其字宽一般为 $h/2$，如图 10-9 所示。

字母和数字分 A 型和 B 型。A 型字体的笔画宽度（d）为字高（h）的 1/14，B 型字体的笔画宽度（d）为字高（h）的 1/10。一般采用 B 型字体。在同一图样上，只允许选用一种型式的字体。字母和数字可写成斜体或直体。斜体字字头向右倾斜，与水平基准线成 75°。用作指数、分数、极限偏差、注脚等的数字及字母，一般应采用小一号的字体。

图 10-10 所示是字母和数字的书写示例。

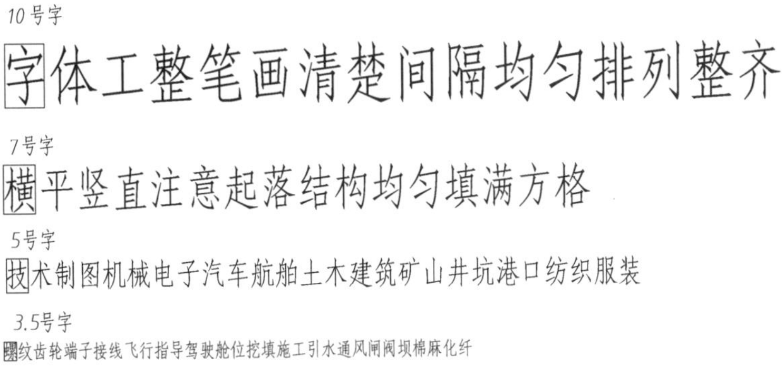
10号字
字体工整笔画清楚间隔均匀排列整齐
7号字
横平竖直注意起落结构均匀填满方格
5号字
技术制图机械电子汽车航舶土木建筑矿山井坑港口纺织服装
3.5号字
螺纹齿轮端子接线飞行指导驾驶舱位挖填施工引水通风闸阀坝棉麻化纤

图 10-9　长仿宋体汉字书写示例

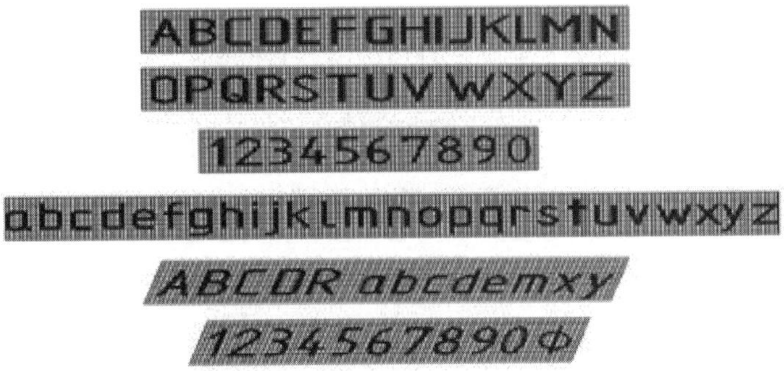
ABCDEFGHIJKLMN
OPQRSTUVWXYZ
1234567890
abcdefghijklmnopqrstuvwxyz
ABCDR abcdemxy
1234567890Φ

图 10-10　字母与数字书写示例

10.3.3 了解机械图纸的比例

图样及技术文件中的比例是指图形与其实物相应要素的线性尺寸之比，如表 10-3 所示。

- 当表达对象的尺寸适中时，尽量采用原值比例 1∶1 绘制。
- 当表达对象的尺寸较大时，应采用缩小比例，但要保证复杂部位清晰可读。
- 当表达对象的尺寸较小时，应采用放大比例，使各部位清晰可读。
- 选用原则是：有利于图形的最佳表达效果和图面的有效利用，如图 10-11 所示。

表 10-3　常用绘图比例

种类	比例				
原值比例	1：1				
放大比例	2：1	5：1	10：1	(2.5：1)	(4：1)
缩小比例	1：2	1：5	1：10	(1：1.5)	(1：3)

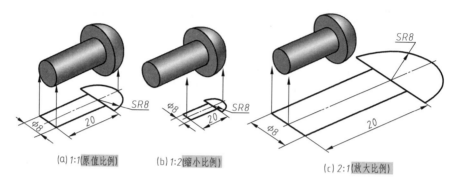

图 10-11　图纸的相关比例

10.3.4　了解机械图纸的图线线型

在进行机械制图时，其图线的绘制也应符合机械制图的国家标准。

（1）线型

绘制图样时不同的线型起不同的作用，并表达不同的内容。国家标准规定了绘制图样时可采用的 15 种基本线型，表 10-4 给出了机械制图中常用的 8 种线型示例及其一般应用。

表 10-4　常用的图线名称及主要用途

图线名称	图线型式	图线宽度	一般应用
粗实线	——————	b	可见轮廓线、可见过渡线
细实线	——————	约 $b/3$	剖面线、尺寸线、尺寸界线、引出线、弯折线、牙底线、齿根线、辅助线等
细点画线	— · — · — · —	约 $b/3$	中心线、轴线、齿轮节线等
虚线	- - - - - - - -	约 $b/3$	不可见轮廓线、不可见过渡线
波浪线	∿∿∿	约 $b/3$	断裂处的边界线、剖视和视图的分界线
双折线	—⌁—⌁—	约 $b/3$	断裂处的边界线
粗点画线	— · — · —	b	有特殊要求的线或者表面的表示线
双点画线	— ·· — ·· —	约 $b/3$	相邻辅助零件的轮廓线、极限位置的轮廓线、假想投影轮廓线

（2）线宽

机械图样中的图线分粗线和细线两种。图线宽度应根据图形的大小和复杂程度在 0.13～2mm 之间选择。图线宽度的推荐系列为：0.13、0.18、0.25、0.35、0.5、0.7、1、1.4、2mm。一般粗线的线宽约为细线的 3 倍，比如细线的线宽选择 0.35mm，那么粗线则选择 1mm 宽度，以此类推。

（3）图线画法

用户在绘制图形时，应遵循以下原则。

➢ 同一图样中，同类图线的宽度应基本一致。

➢ 虚线、点画线及双点画线的线段长度和间隔应各自大致相等。

➢ 两条平行线（包括剖面线）之间的距离应不小于粗实线宽度的两倍，其最小距离不得小于 0.7mm。

➢ 点画线、双点画线的首尾应是线段而不是短画；点画线彼此相交时应该是线段相交，而不是短画相交；中心线应超过轮廓线，但不能过长。在较小的图形上画点画线、双点画线有困难时，可采用细实线代替。

➢ 虚线与虚线、虚线与粗实线相交应以线段相交；若虚线处于粗实线的延长线上时，粗实线应画到位，而虚线在相连处应留有空隙。

➢ 当几种线条重合时，应按粗实线、虚线、点画线的优先顺序画出。

图 10-12 所示为图线的画法示例。

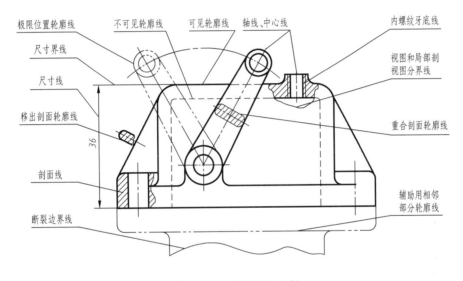

图 10-12　图线画法示例

10.4　机械设计图的表达方法

机械工程图样是用一组视图，并采用适当的投影方法表示机械零件的内外结构形状。视图是按正投影法即机件向投影面投影得到的图形，视图的绘制必须符合投影规律。

机件向投影面投影时，观察者、机件与投影面三者间有两种相对位置：机件位于投影面和观察者之间时称为第一角投影法；投影面位于机件与观察者之间时称为第三角投影法。我国国家标准规定采用第一角投影法。

10.4.1　基本视图及投影方法

（1）基本视图

三视图是机械图样中最基本的图形，它是将物体放在三投影面体系中，分别向 3 个投影面作投射所得到的图形，即主视图、俯视图、左视图，如图 10-13 所示。

将三投影面体系展开在一个平面内，三视图之间满足三等关系，即"主俯视图长对正、主左视图高平齐、俯左视图宽相等"，如图 10-14 所示，三等关系这个重要的特性是绘图和读图的依据。

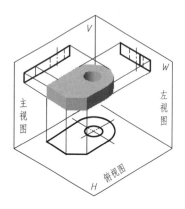

图 10-13 三视图形成原理示意图

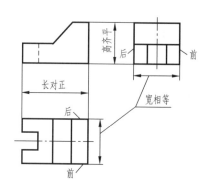

图 10-14 三视图之间的投影规律

当机件的结构十分复杂时,使用三视图来表达机件就十分困难。国标规定,在原有的三个投影面上增加三个投影面,使得整个六个投影面形成一个正六面体,它们分别是:右视图、主视图、左视图、后视图、仰视图、俯视图,如图 10-15 所示。

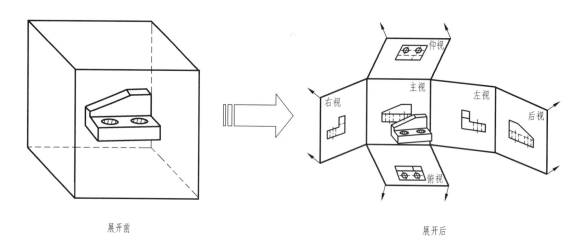

展开前   展开后

图 10-15 6 个投影面及展开示意图

➢ 主视图:由前向后投影的是主视图。
➢ 俯视图:由上向下投影的是俯视图。
➢ 左视图:由左向右投影的是左视图。
➢ 右视图:由右向左投影的是右视图。
➢ 仰视图:由下向上投影的是仰视图。
➢ 后视图:由后向前投影的是后视图。
各视图展开后都要遵循"长对正、高平齐、宽相等"的投影原则。
(2)向视图
有时为了便于合理地布置基本视图,可以采用向视图。
向视图是可自由配置的视图,它的标注方法为:在向视图的上方注写"X"(X 为大写的斜体英文字母,如"A""B""C"等),并在相应视图的附近用箭头指明投影方向,并注写相同的字母,如图 10-16 所示。

（3）局部视图

若采用一定数量的基本视图后，机件上仍有部分结构形状未表达清楚，而又没有必要再画出完整的其他的基本视图时，可采用局部视图来表达。

局部视图是将机件的某一部分向基本投影面投影得到的视图。局部视图是不完整的基本视图，利用局部视图可以减少基本视图的数量，使表达简洁，重点突出。

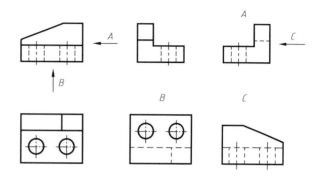

图 10-16　向视图示意图

局部视图一般用于下面两种情况。

➢ 用于表达机件的局部形状。如图 10-17 所示，画局部视图时，一般可按向视图（指定某个方向对机件进行投影）的形式配置。当局部视图按基本视图的配置形式配置时，可省略标注。

➢ 用于节省绘图时间和图幅，对称的零件视图可只画一半或四分之一，并在对称中心线画出两条与其垂直的平行细直线，如图 10-18 所示。

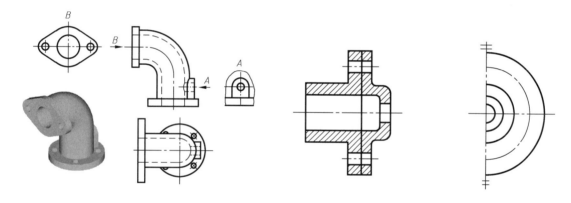

图 10-17　向视图配置的局部视图　　　　图 10-18　对称零件的局部视图

画局部视图时应注意以下几点。

➢ 在相应的视图上用带字母的箭头指明所表示的投影部位和投影方向，并在局部视图上方用相同的字母标明 "X"。

➢ 局部视图尽量画在有关视图的附近，并直接保持投影联系，也可以画在图纸内的其他地方。当表示投影方向的箭头标在不同的视图上时，同一部位的局部视图的图形方向可能不同。

➢ 局部视图的范围用波浪线表示。所表示的图形结构完整且外轮廓线又封闭时，则波浪线可省略。

（4）斜视图

将机件向不平行于任何基本投影面的投影面进行投影，所得到的视图称为斜视图。

斜视图适合于表达机件上的斜表面的实形。图 10-19 所示是一个弯板形机件，它的倾斜部分在俯视图和左视图上的投影都不是实形。此时就可以另外加一个平行于该倾斜部分的投影面，在该投影面上则可以画出倾斜部分的实形投影，如图 10-19 中的"新投影面"所示。

斜视图的标注方法与局部视图相似，并且应尽可能配置在与基本视图直接保持投影联系的位置，也可以平移到图纸内的适当地方。为了画图方便，也可以将斜视图旋转配置。此时就应在该斜视图上方画出旋转符号，如用大写拉丁字母"A"表示该斜视图的名称，字母宜靠近旋转符号的箭头端，如图 10-20 所示。也允许将旋转角度标注在字母之后。旋转符号为带有箭头的半圆，半圆的线宽等于字体笔画的宽度，半圆的半径等于字体高度，箭头表示旋转方向。

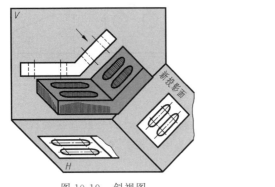

图 10-19 斜视图

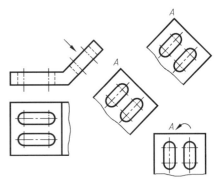

图 10-20 旋转符号

画斜视图时增设的投影面只垂直于一个基本投影面，因此，机件上原来平行于基本投影面的一些结构，在斜视图中最好以波浪线为界省略不画，以避免出现失真的投影。

10.4.2 剖视图

在机械绘图中，三视图可基本表达机件外形，对于简单的内部结构可用虚线表示。但当零件的内部结构较复杂时，视图的虚线也将增多，要清晰地表达机件内部形状和结构，必须采用剖视图的画法。

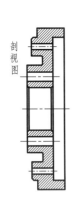

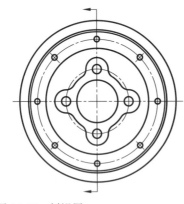

图 10-21 剖视图

（1）剖视图的概念

用剖切平面剖开机件，将处在观察者和剖切平面之间的部分移去，而将其余部分向投影面投射所得的图形称为剖视图，简称剖视，如图 10-21 所示。

当剖切面将机件切为两部分后，移走距观察者近的部分，投影的是距观察者远的部分。剖视图将机件剖开，使得内部原本不可见的孔、槽可见了，虚线变成了可见线。由此解决了内部虚线问题。

综上所述，"剖视"的概念。可以归纳为从下三个字。

➤ 剖——假想用剖切面剖开物体。

➤ 移——将处于观察者与剖切面之间的部分移去。

➤ 视——将其余部分向投影面投射。

（2）剖视图的画法

剖视图的画法应遵循以下原则。

➢ 剖面区域在剖视图中，剖切面与机件接触的部分称为剖面区域。国家标准规定，剖面区域内要画上剖面符号。不同的材料采用不同的剖面符号。

➢ 剖切假想性。由于剖切是假想的，虽然机件的某个视图画成剖视图，但机件仍是完整的，因此机件的其他图形在绘制时不受其影响。

➢ 剖切面位置。为了清楚表达机件内部结构形状，应使剖切面尽量通过机件较多的内部结构（孔、槽等）的轴线、对称面等，并用剖切符号表示。

➢ 内外轮廓要完整。机件剖开后，处在剖切平面之后的所有可见轮廓线都应完整画出，不得遗漏。

➢ 要画剖面符号。在剖视图中，凡是被剖切的部分应画上剖面符号。金属材料的剖面符号应画成与水平方向成 45° 的互相平行、间隔均匀的细实线，同一机件各个视图的剖面符号应相同。但是如果图形主要轮廓与水平方向成 45° 或接近 45° 时，该图剖面线应与水平方向成 30° 或 60° 角，其倾斜方向仍应与其他视图的剖面线一致。

➢ 剖切符号和剖视图名称剖切符号由粗短画和箭头组成，粗短画（长 5～10mm）表示出剖切位置，箭头（画在粗短画的外端，并与粗短画垂直）表示投射方向。

➢ 画剖视图时，要选择适当的剖切位置，使剖切图平面尽量通过较多的内部结构（孔、槽等）的轴线或对称平面，并平行于选定的投影面。

（3）剖视图的分类

为了用较少的图形完整清晰地表达机械结构，就必须使每个图形能较多地表达机件的形状。在同一个视图中将普通视图与剖视图结合使用，能够最大限度地表达更多结构。按剖切范围的大小，剖视图可分为全剖视图、半剖视图、局部剖视图。按剖切面的种类和数量，剖视图可分为阶梯剖视图、旋转剖视图、斜剖视图和复合剖视图。

① 全剖视图　用剖切平面将机件全部剖开后进行投影所得到的剖视图称为全剖视图，如图 10-22 所示。全剖视图一般用于表达外部形状比较简单，而内部结构比较复杂的机件。

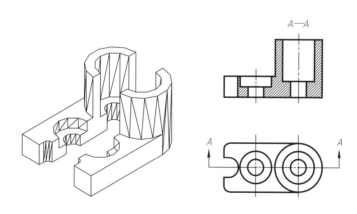

图 10-22　全剖视图

提示：当剖切平面通过机件对称平面，且全剖视图按投影关系配置，中间又无其他视图隔开时，可以省略剖切符号标注，否则必须按规定方法标注。

② 半剖视图　当物体具有对称平面时，向垂直对称平面的投影面上所得的图形，可以以对称中心线为界，一半画成剖视图，另一半画成普通视图，这种剖视图称为半剖视图，如图 10-23 所示。

半剖视图主要用于内、外形状都需要表达的对称机件。画半视图时，剖视图与视图应以

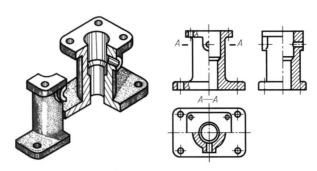

图 10-23 半剖视图

点画线为分界线，剖视图一般位于主视图对称线的右侧；俯视图对称线的下方；左视图对称线的右方。

当机件形状接近对称，并且不对称部分已另有图形表达清楚时，亦允许采用半剖视图，如图 10-24 所示。

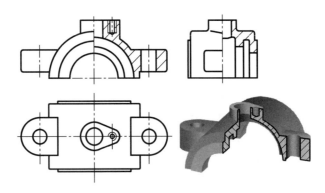

图 10-24 不对称图形的半剖视图

③ 局部剖视图 用剖切平面局部的剖开机件所得的剖视图称为局部剖视图，如图 10-25 所示。局部剖视图一般使用波浪线或双折线分界来表示剖切的范围。

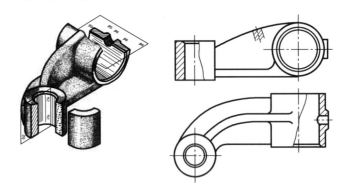

图 10-25 局部剖视图

局部剖视是一种比较灵活的表达方法，剖切范围根据实际需要决定。但使用时要考虑看图的方便，剖切不要过于零碎。它常用于下列两种情况。

➢ 机件只有局部内部结构要表达，而又不便或不宜采用全部剖视图时。

➤ 不对称机件需要同时表达其内、外形状时，宜采用局部剖视图。

10.4.3 断面图

假想用剖切平面将机件在某处切断，只画出切断面形状的投影并画上规定的剖面符号的图形，称为断面图，简称为断面。为了得到断面结构的实体图形，剖切平面一般应垂直于机件的轴线或该处的轮廓线。断面一般用于表达机件的某部分的断面形状，如轴、孔、槽等结构。断面图分为移出断面图和重合断面图两种。

（1）移出断面图

移出断面图的轮廓线用粗实线绘制，画在视图的外面，尽量放置在剖切位置的延长线上，一般情况下只需画出断面的形状，但是，当剖切平面通过回转曲面形成的孔或凹槽时，此孔或凹槽按剖视图画，或当断面为不闭合图形时，要将图形画成闭合的图形。

完整的剖面标记由 3 部分组成。粗短线表示剖切位置，箭头表示投影方向，拉丁字母表示断面图名称。当移出断面图放置在剖切位置的延长线上时，可省略字母；当图形对称（向左或向右投影得到的图形完全相同）时，可省略箭头；当移出断面图配置在剖切位置的延长线上，且图形对称时，可不加任何标记，如图 10-26 所示。

（2）重合断面图

剖切后将断面图形重叠在视图上，这样得到的剖面图称为重合断面图。

重合断面图的轮廓线要用细实线绘制，而且当断面图的轮廓线和视图的轮廓线重合时，视图的轮廓线应连续画出，不应间断。当重合断面图形不对称时，要标注投影方向和断面位置标记，如图 10-27 所示。

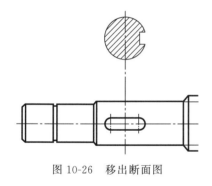

图 10-26　移出断面图

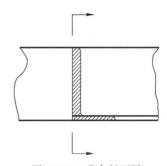

图 10-27　重合断面图

提示：移出断面图也可以画在视图的中断处，此时若剖面图形对称，可不加任何标记；若剖面图形不对称，要标注剖切位置和投影方向。

10.4.4 其他视图

除了全剖视图、局部剖视图以及断面视图之外，还有一些其他的视图表达方法，如局部放大图、简化视图画法等，这里主要介绍局部放大图和简化视图画法。

（1）局部放大图

为了清楚地表达机件上某个细小的结构，如倒角、圆角或退刀槽、越

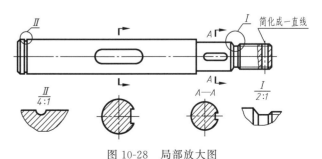

图 10-28　局部放大图

程槽等，常将机件上的这些结构用大于原图形所采用的比例绘制出来，这些图形即为局部放大图，如图 10-28 所示。

绘制局部放大图应注意以下几点。

➢ 局部放大图可画成视图、剖视、剖面，它与被放大部分的表达方式无关。

➢ 局部放大图应尽量配置在被放大部位的附近，在局部放大视图中应标注放大所采用的比例。

➢ 同一机件上不同部位放大视图，当图形相同或对称时，只需要画出一个。

必要时可用多个图形来表达同一被放大部分的结构。

（2）简化视图画法

在机械制图中，简化画法很多，下面对常用的几种简化画法进行介绍。

➢ 对于机件的肋、轮辐及薄壁等，如纵向剖切，这些结构都不画剖面符号，而用细实线与其邻接部分分开，如图 10-29 所示。

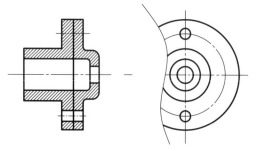

➢ 在剖视图中的剖面区域中再做一次剖视图，两者剖面线应同方向、同间隔，但要相互错开，并用引出线标注局部视图的名称，如图 10-30 所示。

➢ 零件的工艺结构如小圆角、倒角、退刀槽可不画出。

➢ 若干相同零件组，如螺栓连接等，可仅画一组或几组，其余各组标明其装配位置即可。

图 10-29　简化画法图

➢ 用细实线表示带传动中的带，用点画线表示传动链中的链条，如图 10-31 所示。

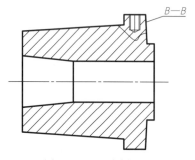

图 10-30　二次剖视图

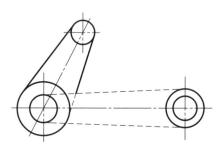

图 10-31　链传动简化画法

此外，在 GB/T 17451—1998《技术制图　图样法　视图》中还规定了多种机件的简化法。读者可以在实际应用中进行查找与参考。

第 **11** 章

创建机械绘图样板

扫码全方位学习
AutoCAD 2022

在使用 AutoCAD 进行机械制图时，可以根据机械行业的特殊要求定制 dwt 样板文件，注意以后若绘制新图，就可以直接调用该样板文件，在基于该文件各项设置的基础上开始绘图，可以避免重复操作，大大提高绘图的效率。

11.1 设置样板文件

样板文件大致包含图形的单位、图层、尺寸样式等各项参数设置，在本书前面的章节中已经通过练习讲解了具体的操作方法，本节则仅针对机械绘图的样板来进行设置。

11.1.1 设置绘图单位和图层

机械制图的单位为 mm，AutoCAD 2022 默认单位也是 mm，因此一般情况下不需要重新设置，但如果单位有变化，也可以通过输入命令进行更正。在设置图层时要按照 GB/T 4457.4—2002《机制制图　图样画法　图线》的标准进行设置。

【练习 11-1】　设置绘图单位和图层

① 启动 AutoCAD 2022，新建一个空白图形。

② 设置绘图单位。在命令行输入"UN"命令，系统将弹出"图形单位"对话框，设置好绘图单位，如图 11-1 所示。

③ 设置图层。图层的设置方法在本书第 6 章的 6.1 节中有详细介绍，因此不做赘述，可自行设置如图 11-2 所示的机械制图用图层。

图 11-1　"图形单位"对话框

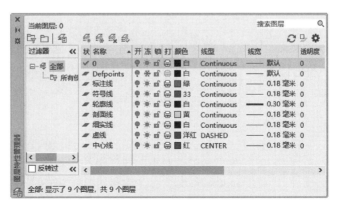

图 11-2　"图层特性管理器"选项板

283

11.1.2 设置文字样式

机械制图中所标注的文字都需要一定的文字样式，如果不希望使用系统的默认文字样式，在创建文字之前就应创建所需的文字样式。

【练习 11-2】 设置文字样式

① 延续上一节进行操作。

② 新建文字样式。选择菜单栏"格式"|"文字样式"命令，弹出"文字样式"对话框，如图 11-3 所示。

③ 新建样式。单击"新建"按钮，弹出"新建文字样式"对话框，在"样式名"文本框中输入"机械设计文字样式"，如图 11-4 所示。

图 11-3 "文字样式"对话框

图 11-4 "新建文字样式"对话框

④ 单击"确定"按钮，返回"文字样式"对话框。新建的样式出现在对话框左侧的"样式"列表框中，如图 11-5 所示。

⑤ 设置字体样式。在"字体"下拉列表框中选择 gbeitc.shx 样式，选择"使用大字体"复选框，在"大字体"下拉列表框中选择 gbcbig.shx 样式，如图 11-6 所示。

图 11-5 新建的文字样式

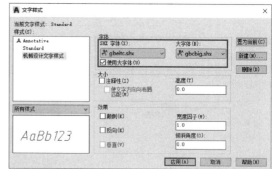

图 11-6 设置字体样式

⑥ 设置文字高度。在"大小"选项组的"高度"文本框中输入 2.5，如图 11-7 所示。

⑦ 设置宽度和倾斜角度。在"效果"选项组的"宽度因子"文本框中输入 0.7，"倾斜角度"保持默认值，如图 11-8 所示。单击"置为当前"按钮，将文字样式置为当前，关闭对话框，完成设置。

图 11-7 设置文字高度

图 11-8 设置文字宽度与倾斜角度

11.1.3 设置尺寸标注样式

机械制图有其特有的标注规范，本案例便运用上文介绍的知识来创建用于机械制图的标注样式。

【练习 11-3】 设置尺寸标注样式

① 延续上一节进行操作。

② 选择"格式"|"标注样式"命令，弹出"标注样式管理器"对话框，单击"新建"按钮，如图 11-9 所示。

③ 系统弹出"创建新标注样式"对话框，在"新样式名"文本框中输入"机械图标注样式"，如图 11-10 所示。

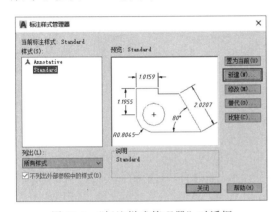

图 11-9 "标注样式管理器"对话框

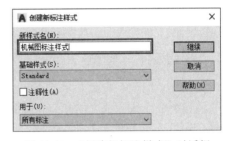

图 11-10 "创建新标注样式"对话框

④ 单击"继续"按钮，弹出标注样式的设置对话框，切换到"线"选项卡，设置"基线间距"为 8，设置"超出尺寸线"为 2.5，设置"起点偏移量"为 2，如图 11-11 所示。

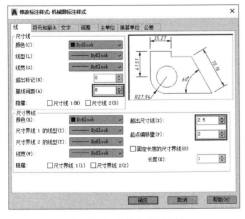

图 11-11 "线"选项卡

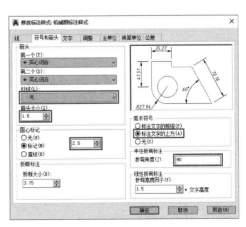

图 11-12 "符号和箭头"选项卡

　　⑤ 切换到"符号和箭头"选项卡，设置"引线"为"无"，设置"箭头大小"为 1.5，设置"圆心标记"为 2.5，设置"弧长符号"为"标注文字的上方"，设置"半径折弯角度"为 90，如图 11-12 所示。

　　⑥ 切换到"文字"选项卡，单击"文字样式"中的 ··· 按钮，设置文字为 gbeitc. shx，设置"文字高度"为 2.5，设置"文字对齐"为"ISO 标准"，如图 11-13 所示。

　　⑦ 切换到"主单位"选项卡，设置"线性标注"中的"精度"为 0.00，设置"角度标注"中的精度为 0.0，"消零"都设为"后续"，如图 11-14 所示。然后单击"确定"按钮，选择"置为当前"后，单击"关闭"按钮，创建完成。

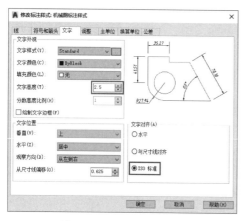

图 11-13　"文字"选项卡

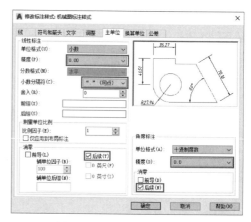

图 11-14　"主单位"选项卡

11.1.4　绘制 A3 图框

　　图框由简单的水平直线和竖直直线组成，因此在绘制时就可以使用"直线"或"矩形"配合"偏移"命令来完成。本例以机械制图中最常见的 A3 图框为例进行绘制，如果需要其他图框，也可按照本例方法进行绘制。

【练习 11-4】　绘制 A3 图框

　　① 延续上一节进行绘制。

　　② 在"常用"选项卡中，单击"绘图"面板中的"矩形"按钮 ，在任意位置绘制一个 420×297 的矩形，如图 11-15 所示。

　　③ 在命令行输入 X，执行"分解"命令，分解已绘制的矩形，如图 11-16 所示。

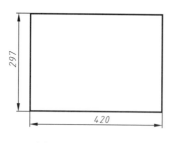

图 11-15　绘制矩形

图 11-16　分解矩形

　　④ 单击"修改"面板中的"偏移"按钮 ，将左端的竖直直线向右偏移 25，其余三条直线向矩形内偏移 5，如图 11-17 所示。

⑤ 调用"修剪"命令，修剪多余的线段，如图 11-18 所示，完成 A3 图框的绘制。

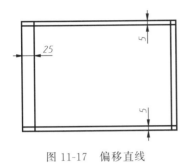

图 11-17 偏移直线

图 11-18 修剪图形

11.1.5 绘制标题栏

机械制图中的标题栏应配置在图框的右下角。它一般由更改区、签字区、其他区、名称以及代号区组成。填写的内容主要有零件的名称、材料、数量、比例、图样代号以及设计、审核、批准者的姓名、日期等。标题栏的尺寸和格式已经标准化，可参见有关标准，如图 11-19 所示为常见的标题栏形式与尺寸。

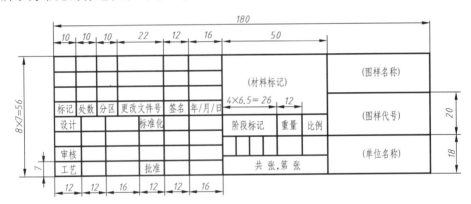

图 11-19 标题栏形式与尺寸

在实际工作中，标题栏的形式与内容根据各个企业的标准不同而不同，因此本例只介绍其中较常见的一种。

【练习 11-5】 绘制标题栏

① 延续上一节进行绘制，此时已经绘制好了 A3 图框，如图 11-20 所示。

② 调用"L"（直线）命令，在 A3 图框的右下角绘制长度分别为 180、56 的标题栏边线，如图 11-21 所示。

图 11-20 素材图形

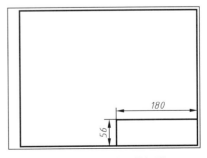

图 11-21 绘制标题栏图框

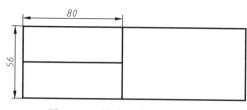

图 11-22　偏移边线并连接中点

③ 绘制标题栏左下方区域。将标题栏左侧边线向右偏移 80，然后从中点处连接这两条竖直线，如图 11-22 所示。

④ 将从中点连接的水平直线向下进行偏移，偏移距离为 7，偏移 3 次，效果如图 11-23 所示。

⑤ 按相同方法偏移左侧的竖直直线，偏移距离分别为 12、12、16、12、12、16，如图 11-24 所示。

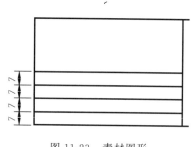

图 11-23　素材图形

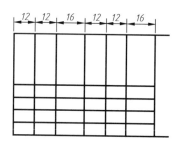

图 11-24　绘制标题栏图框

⑥ 输入"TR"执行修剪命令将伸出的竖直直线裁剪，即可得到标题栏左上方区域的图形，如图 11-25 所示。

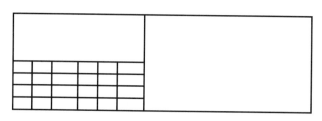

图 11-25　标题栏左侧区域效果

⑦ 使用相同方法，绘制标题栏的其他区域，效果如图 11-26 所示。

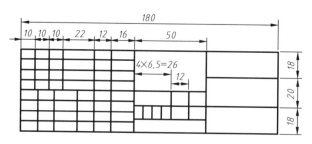

图 11-26　绘制标题栏的其他区域

⑧ 输入说明文字。执行"MT"（多行文字）命令，在标题栏的空白处输入说明文字，效果如图 11-27 所示（括号中的文本为输入提示）。

⑨ 绘制好的标题栏与图幅效果如图 11-28 所示。

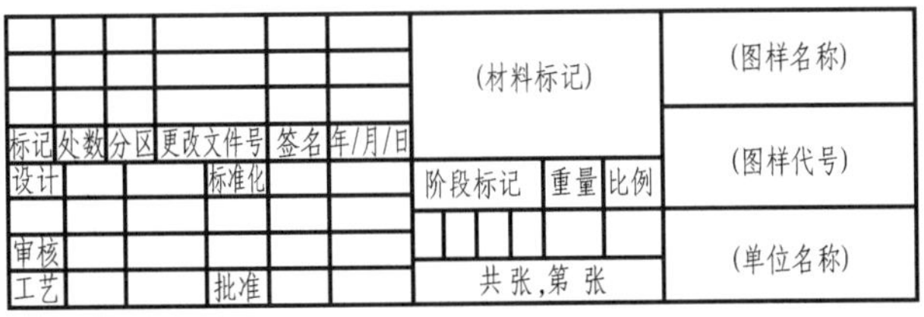

						（材料标记）			（图样名称）
标记	处数	分区	更改文件号	签名	年/月/日				（图样代号）
设计			标准化			阶段标记	重量	比例	
审核									（单位名称）
工艺			批准			共 张，第 张			

图 11-27　输入说明文字

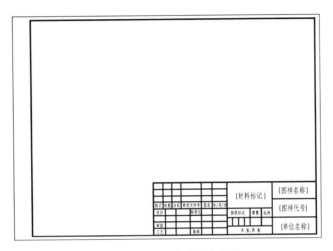

图 11-28　绘制完成的标题栏

11.2　绘制机械制图常用符号

除了绘图单位、图层、标题栏等，还可以在样板文件中绘制一些机械制图常用的符号图块，如粗糙度、基准等，本节便介绍这两个符号的图块创建方法，并将之加载在当前的样板文件中，以后通过该样板文件新建图形时，即可随时调用这些图块。

11.2.1　绘制基准符号图块

基准是机械制造中应用十分广泛的一个概念，机械产品从设计时零件尺寸的标注，制造时工件的定位，校验时尺寸的测量，一直到装配时零部件的装配位置确定等，都要用到基准的概念。基准就是用来确定生产对象上几何关系的点、线或面。基准符号也可以事先制作成块，然后进行调用，届时只需输入比例即可调整大小。

【练习 11-6】　绘制基准符号图块

① 延续上一节进行绘制。

② 绘制基准符号。切换至"细实线"图层，在图形的空白区域绘制一基准符号，如图 11-29 所示。

③ 在命令行中输入"B"，并按回车键，调用"块"命令，系统弹出"块定义"对话框。

④ 在"名称"文本框中输入块的名称"基准"。

⑤ 在"基点"选项区域中单击"拾取点"按钮，然后再拾取图形中的下方横线中点，确定基点位置。

⑥ 在"对象"选项区域中选中"删除"单选按钮，再单击"选择对象"按钮，返回绘图窗口，选择要创建块的表面粗糙度符号，然后按回车键或单击鼠标右键，返回"块定义"对话框。

⑦ 在"块单位"下拉列表中选择"毫米"选项，设置单位为毫米。

⑧ 完成参数设置，如图 11-30 所示，单击"确定"按钮保存设置，完成基准图块的定义。

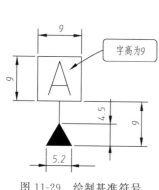

图 11-29　绘制基准符号

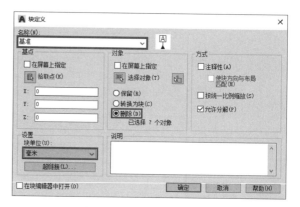

图 11-30　"块定义"对话框

11.2.2　创建表面粗糙度图块

除了基准符号外，还可以在样板文件中创建粗糙度的图块，这样在绘制零件图时就可以随时调用，极大地提高图形的绘制效率。

【练习 11-7】　创建表面粗糙度块

① 可以延续上一节进行绘制。

② 切换至"细实线"图层，在图形的空白区域绘制一粗糙度符号，如图 11-31 所示。

③ 单击"默认"选项卡中"块"面板中的"定义属性"按钮，打开"属性定义"对话框，按图 11-32 进行设置。

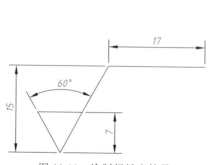

图 11-31　绘制粗糙度符号

图 11-32　"属性定义"对话框

④ 单击"确定"按钮,光标便变为标记文字的放置形式,在粗糙度符号的合适位置放置即可,如图 11-33 所示。

⑤ 单击单击"默认"选项卡中"块"面板中的"创建"按钮 ,打开"块定义"对话框,选择粗糙度符号的最下方的端点为基点,然后选择整个粗糙度符号(包含以上步骤放置的标记文字)作为对象,在"名称"文本框中输入"粗糙度",如图 11-34 所示。

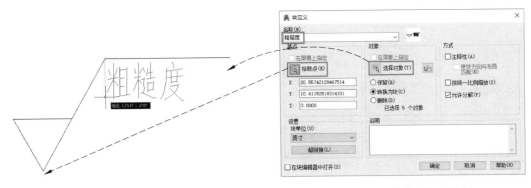

| 图 11-33 放置标记文字 | 图 11-34 "块定义"对话框 |

⑥ 单击"确定"按钮,便会打开"编辑属性"对话框,在其中便可以灵活输入所需的粗糙度数值,如图 11-35 所示。在"编辑属性"对话框中单击"确定"按钮,即可完成表面粗糙度属性图块的创建。

11.2.3 保存为样板文件

此时所创建的文件有设置好的图层、文字与各种图块等,将其保存为样板文件后就可以随时调

图 11-35 "编辑属性"对话框

用。本书机械制图篇的章节(第 10~13 章)在未声明的情况下,均默认为采用该图形样板。

【练习 11-8】 保存为样板文件

① 延续上一节进行操作。

② 单击"快速访问"工具栏中的"保存"保存按钮,打开"图形另存为"对话框,在"文件名"文本框中输入"机械制图",在"文件类型"下拉列表中选择"AutoCAD 图形样板(﹡.dwt)"类型,如图 11-36 所示。

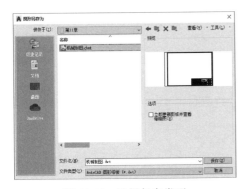

图 11-36 选择保存类型

图 11-37 "样板选项"对话框

③ 单击"保存"按钮，系统弹出"样板选项"对话框，在该对话框中，可以对样板文件进行说明，如图 11-37 所示。

④ 单击"确定"按钮，保存样板文件，此时，样板文件就创建完成，选择"文件"|"新建"菜单命令，打开"选择样板"对话框，就可看到创建好的样板文件，如图 11-38 所示。

图 11-38 "选择样板"对话框

第12章

绘制机械零件图

扫码全方位学习

AutoCAD 2022

零件图的基本要求应遵循 GB/T 17451—1998《技术制图　图样画法　视图》的规定，根据物体的结构特点选用适当的表达方法，在完整、清晰地表达物体形状的前提下，力求制图简便。本章先介绍零件图的具体知识，然后通过实例来讲解各类型零件图的绘制方法与审阅方法。

12.1　零件图的内容

零件图是生产中指导制造和检验该零件的主要图样，它不仅要把零件的内、外结构形状和大小表达清楚，而且要对零件的材料、加工、检验、测量等提出必要的技术要求。零件图必须包含制造和检验零件的全部技术资料。因此，一张完整的零件图一般应包括图形、尺寸、技术要求和标题栏等内容，如图 12-1 所示。

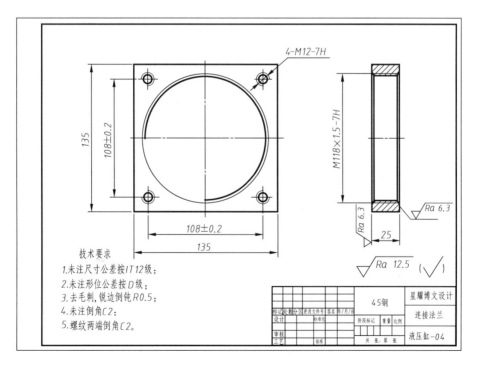

图 12-1　某连接法兰零件图

12.1.1 完善的图形

零件图中的图形要求能正确、完整、清晰和简便地表达出零件内外的形状，其中包括机件的各种表达方法，如三视图、剖视图、断面图、局部放大图和简化画法等。

12.1.2 详细的尺寸

零件图中应正确、完整、清晰、合理地标注出制造零件所需的全部尺寸。与装配图只需添加若干必要的尺寸不同，零件图中的尺寸必须非常详细，而且毫无遗漏，因为零件图是直接用于加工生产的，任何尺寸的缺失都将导致无法正常加工。因此，在一般的机械设计过程中，设计师出具零件图之后，还需要由其他1～2位人员进行检查，目的就是防止出现少尺寸的现象。

其实，零件图中的尺寸都可以分为定位尺寸和定形尺寸两大类，只要在绘图或者审图的过程中，按这两类尺寸去进行标注或者检查，就可以很容易做到万无一失。

（1）定位尺寸

定位尺寸可以简单理解为"在哪"，用来标记该零件或结构特征处于大结构中的具体位置。如在长方体零件上钻一个圆孔，该孔的中心点与长方体零件边界的距离就是定位尺寸，如图12-2中的尺寸25。

（2）定形尺寸

定形尺寸可以简单理解为"多大"，用来说明该零件中某一结构特征形状的具体大小。如图12-2中圆孔的直径大小就是定形尺寸，因此再对其进行标注 ϕ12，如图12-3所示。此时该圆孔就同时具备了定位和定形尺寸，这样就是一个正确的尺寸标注。

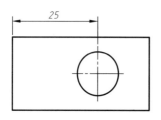

图 12-2　定位尺寸

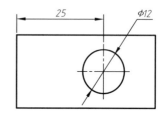

图 12-3　定形尺寸

12.1.3 技术要求

零件图中必须用规定的代号、数字、字母和文字注解说明制造和检验零件时在技术指标上应达到的要求。如表面粗糙度，尺寸公差，形位公差，材料和热处理，检验方法以及其他特殊要求等。技术要求的文字一般注写在零件图中的图纸空白处。

12.1.4 标题栏

零件图中的标题栏应配置在图框的右下角。它一般由更改区、签字区、其他区、名称以及代号区组成。填写的内容主要有零件的名称、材料、数量、比例、图样代号以及设计、审核、批准者的姓名、日期等。标题栏的尺寸和格式已经标准化，可参见有关标准，图12-4所示为法兰零件图的标题栏内容。

							45 钢			×× 设计
标记	处数	分区	更改文件号	签名	年/月/日					连接法兰
设计			标准化			阶段标记	重量	比例		
审核										液压缸-04
工艺			批准			共 张,第 张				

图 12-4　零件图标题栏

12.2　典型零件图的表达与审阅方法

虽然机械零件的形状、用途多种多样，加工方法也各不相同，但零件总归有许多共同之处。根据零件在结构形状、表达方法上的某些共同特点，常将其分为四类：轴套类零件、轮盘类零件、叉架类零件和箱体类零件。由于每种零件的形状各不相同，所以不同的零件选择视图的方法也不同。

12.2.1　轴套类零件

轴套类零件的基本形状是同轴回转体。在轴上通常有键槽、销孔、螺纹退刀槽、倒圆等结构。此类零件主要是在车床或磨床上加工。这类零件的主视图按其加工位置选择，一般按水平位置放置。这样既可把各段形体的相对位置表示清楚，同时又能反映出轴上轴肩、退刀

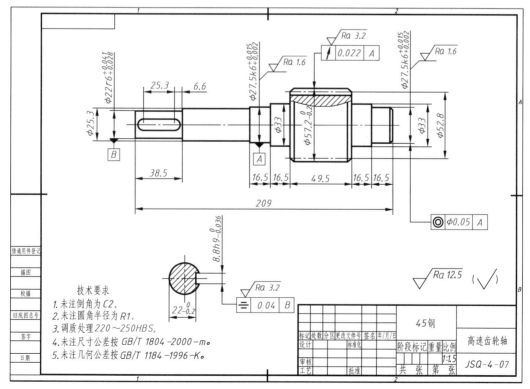

图 12-5　轴套类零件图

295

槽等结构。

　　轴套类零件主要结构形状是回转体，一般只画一个主视图。确定了主视图后，由于轴上的各段形体的直径尺寸通过在其数字前加注符号"ϕ"表示，因此不必画出其左（或右）视图。对于零件上的键槽、孔等结构，一般可采用局部视图、局部剖视图、移出断面和局部放大图，如图 12-5 所示。

　　轴类零件图在进行审阅时，要重点注意各轴段的直径尺寸与表面粗糙度。这些部位与其他零部件（如轴承）有配合，因此要看配合公差是不是符合要求，此外还要结合机加工知识来判断设计的合理性。

12.2.2　轮盘类零件

　　轮盘类零件包括端盖、阀盖、齿轮等，这类零件的基本形体一般为回转体或其他几何形状的扁平的盘状体，通常还带有各种形状的凸缘、均布的圆孔和肋等局部结构。轮盘类零件的作用主要是轴向定位、防尘和密封，轮盘类零件的毛坯有铸件和锻件，机械加工以车削为主，主视图一般按加工位置水平放置，但有些较复杂的盘盖，因加工工序较多，主视图也可按工作位置画出。为了表达零件内部结构，主视图常取全剖视。

　　轮盘类零件一般需要两个以上基本视图表达，除主视图外，为了表示零件上均布的孔、槽、肋、轮辐等结构，还需选用一个端面视图（左视图或右视图），如图 12-6 所示就增加了一个左视图，以表达凸缘和均布的通孔。此外，为了表达细小结构，还常采用局部放大图。

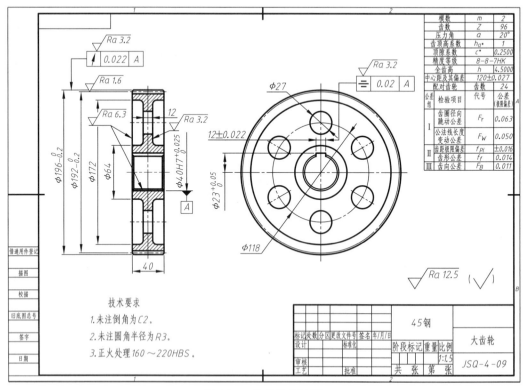

图 12-6　轮盘类零件图

　　轮盘类零件往往具有许多的圆孔，因此在审阅时要留意各孔的定位尺寸与定形尺寸，不得遗漏尺寸。如果是螺纹孔，最好用文字标明丝深多少、孔深多少。

12.2.3　叉杆类零件

　　叉杆架类零件一般有拨叉、连杆、支座等。此类零件常用倾斜或弯曲的结构连接零件的工作部分与安装部分。叉杆架类零件多为铸件或锻件，因而具有铸造圆角、凸台、凹坑等常见结构。

　　叉杆架类零件结构形状比较复杂，加工位置多变，有的零件工作位置也不固定，所以这类零件的主视图一般按工作位置原则和形状特征原则确定。

　　叉杆类零件的表达常常需要两个或两个以上的基本视图，并且还要用适当的局部视图、断面图等表达方法来表达零件的局部结构。

　　图 12-7 所示为叉杆类零件图的示例。

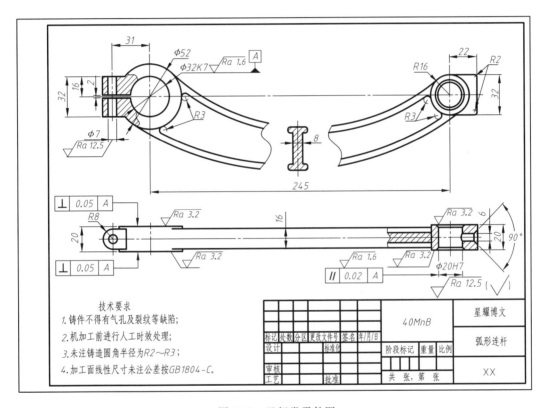

图 12-7　叉杆类零件图

12.2.4　箱体类零件

　　箱体类零件主要有阀体、泵体、减速器箱体等零件，其作用是支持或包容其他零件，如图 12-8 所示。这类零件有复杂的内腔和外形结构，并带有轴承孔、凸台、肋板，此外还有安装孔、螺孔等结构。

　　由于箱体类零件加工工序较多，加工位置多变，所以在选择主视图时，主要根据工作位置原则和形状特征原则来考虑，并采用剖视，以重点反映其内部结构。

　　为了表达箱体类零件的内外结构，一般要用三个或三个以上的基本视图，并根据结构特点在基本视图上取剖视，还可采用局部视图、斜视图及规定画法等表达外形。

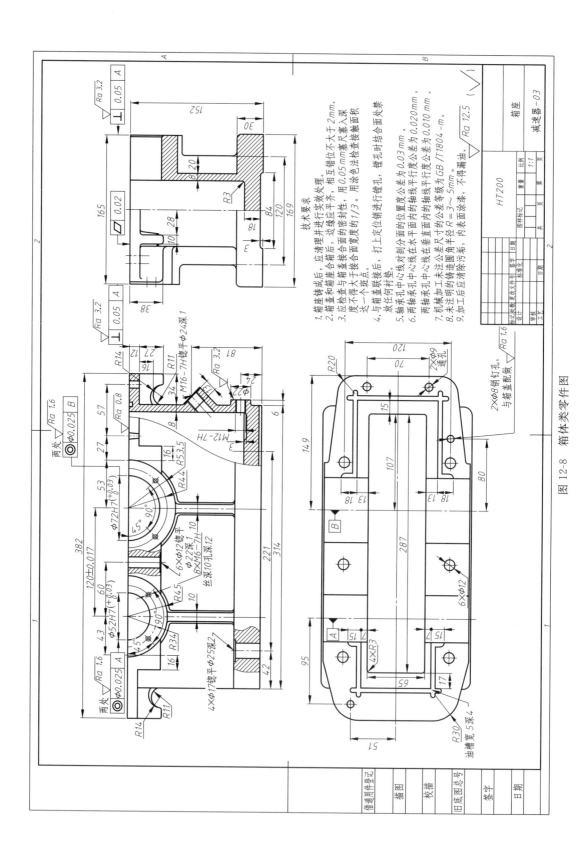

技术要求

1. 箱座铸成后，应清理并进行实效处理。
2. 箱盖和箱座接合面应平齐，相互错位不大于2mm。
3. 应检查与箱接合面的密封性，用0.05mm塞尺查接触面积达不一个斑点。
4. 与箱盖联接后，打上定位销进行镗孔，镗孔时定合面处禁放任何衬垫。
5. 轴承孔中心线对剖分面的位置公差为0.03mm。
6. 两轴承孔中心线在水平面内的轴线平行度公差为0.020mm，两轴承孔中心线在垂直面内的轴线平行度等级为GB/T1804-m。
7. 机械加工未注明的公差尺寸的公差等级为GB/T1804-m。
8. 未注铸造圆角半径R=3~5mm。
9. 加工后应清箱内表面污秽，内表面涂漆，不得漏油。

图12-8 箱体类零件图

12.3　绘制传动轴零件图

图 12-9 所示零件是减速器中的传动轴。它属于阶梯轴类零件，由圆柱面、轴肩、螺纹、螺尾退刀槽、砂轮越程槽和键槽等组成。轴肩一般用来确定安装在轴上零件的轴向位置，各环槽的作用是使零件装配时有一个正确的位置，并使加工中磨削外圆或车螺纹时退刀方便；键槽用于安装键，以传递转矩。

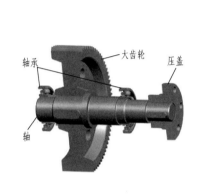
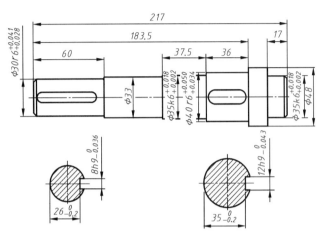

图 12-9　减速器中的传动轴

根据工作性能与条件，该传动轴规定了主要轴颈、外圆以及轴肩有较高的尺寸、位置精度和较小的表面粗糙度值，并有热处理要求。这些技术要求必须在加工中给予保证。因此，该传动轴的关键工序是轴颈和外圆的加工。本案例便绘制该减速器传动轴，具体步骤如下。

12.3.1　绘制主视图

【练习 12-1】　绘制主视图

根据 12.2.1 节的知识，从主视图开始绘制阶梯轴图形。

① 以第 11 章创建好的"机械制图.dwt"为样板文件，新建一空白文档，如图 12-10 所示。

② 将"中心线"图层设置为当前图层，执行"XL"（构造线）命令，在合适的地方绘制水平的中心线，以及一条垂直的定位中心线，如图 12-11 所示。

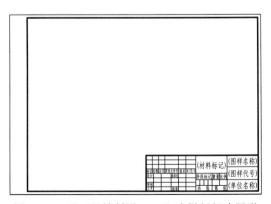

图 12-10　以"机械制图.dwt"为样板新建图形

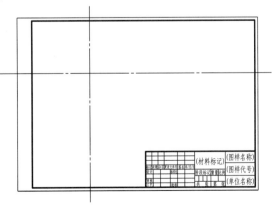

图 12-11　绘制中心线

③ 使用快捷键"O"激活偏移命令，将垂直的中心线向右偏移 60、50、37.5、36、16.5、17，如图 12-12 所示。

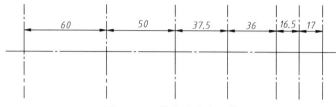

图 12-12　偏移垂直中心线

④ 同样使用"O"（偏移）命令，将水平的中心线向上偏移 15、16.5、17.5、20、24，如图 12-13 所示。

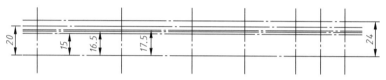

图 12-13　偏移水平中心线

⑤ 切换到"轮廓线"图层，执行"L"（直线）命令，绘制轴体的半边轮廓，再执行"TR"（修剪）、"E"（删除）命令，修剪多余的辅助线，结果如图 12-14 所示。

图 12-14　绘制轴体

⑥ 单击"修改"面板中的"倒角"按钮 ，激活"CHA"（倒角）命令，对轮廓线进行倒角，倒角尺寸为 C2，然后使用"L"（直线）命令，配合捕捉与追踪功能，绘制倒角的连接线，结果如图 12-15 所示。

图 12-15　倒角并绘制连接线

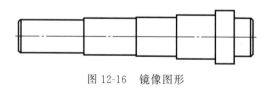

图 12-16　镜像图形

⑦ 使用快捷键"MI"激活镜像命令，对轮廓线进行镜像复制，结果如图 12-16 所示。

⑧ 绘制键槽。使用快捷键"O"激活偏移命令，创建如图 12-17 所示的垂直辅助线。

⑨ 将"轮廓线"设置为当前图层，使用"C"（圆）命令，以刚偏移的垂直辅助线的交点为圆心，绘制直径为 12 和 8 的圆，如图 12-18 所示。

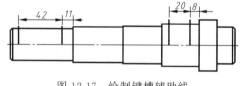

图 12-17　绘制键槽辅助线

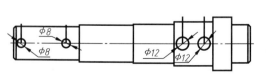

图 12-18　绘制圆

⑩ 使用"L"（直线）命令，配合"捕捉切点"功能，绘制键槽轮廓，如图 12-19 所示。

⑪ 使用"TR"（修剪）命令，对键槽轮廓进行修剪，并删除多余的辅助线，结果如图 12-20 所示。

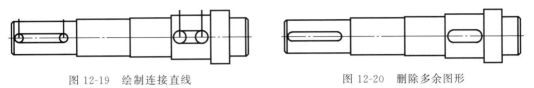

图 12-19　绘制连接直线　　　　　　　图 12-20　删除多余图形

12.3.2　绘制移出断面图

主视图绘制完成后，就可以开始绘制键槽部位的移出断面图，以表示键槽的尺寸。

【练习 12-2】　绘制移出断面图

① 绘制断面图。将"中心线"设置为当前层，使用快捷键"XL"激活构造线命令，绘制如图 12-21 所示的水平和垂直构造线，作为移出断面图的定位辅助线。

② 将"轮廓线"设置为当前图层，使用"C"（圆）命令，以构造线的交点为圆心，分别绘制直径为 30 和 40 的圆，结果如图 12-22 所示。

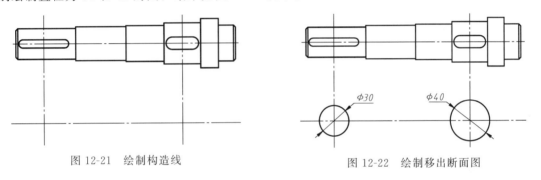

图 12-21　绘制构造线　　　　　　　图 12-22　绘制移出断面图

③ 单击"修改"面板中的"偏移"按钮 ，对 $\phi30$ 圆的水平和垂直中心线进行偏移，结果如图 12-23 所示。

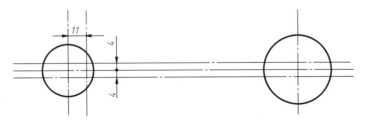

图 12-23　偏移中心线得到键槽辅助线

④ 将"轮廓线"设置为当前图层，使用"L"（直线）命令，绘制键深，结果如图 12-24 所示。

⑤ 综合使用"E"（删除）和"TR"（修剪）命令，去掉不需要的构造线和轮廓线，整理 $\phi30$ 断面图，如图 12-25 所示。

⑥ 按相同方法绘制 $\phi40$ 圆的键槽图，如图 12-26 所示。

⑦ 将"剖面线"设置为当前图层，单击"绘图"面板中的"图案填充"按钮 ，为此剖面图填充"ANSI31"图案，填充比例为 1，角度为 0，填充结果如图 12-27 所示。

⑧ 绘制好的图形如图 12-28 所示。

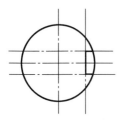

图 12-24　绘制 ϕ30 圆的键深

图 12-25　修剪 ϕ30 圆的键槽

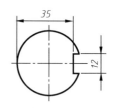

图 12-26　绘制 ϕ40 圆的键槽轮廓

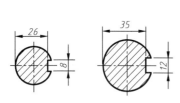

图 12-27　绘制键槽剖面线

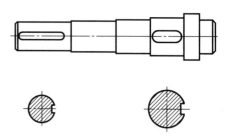

图 12-28　低速轴的轮廓图形

12.3.3　标注图形

图形绘制完毕后，就要对其进行标注，包括尺寸、形位公差、粗糙度等，还要填写有关的技术要求。

（1）标注尺寸

【练习 12-3】　标注尺寸

① 标注轴向尺寸。切换到"标注线"图层，执行"DLI"（线性）标注命令，标注轴的各段长度如图 12-29 所示。

图 12-29　标注轴的轴向尺寸

提示：标注轴的轴向尺寸时，应根据设计及工艺要求确定尺寸基准，通常有轴孔配合端面基准面及轴端基准面。应使尺寸标注反映加工工艺要求，同时满足装配尺寸链的精度要求，不允许出现封闭的尺寸链。如图 12-29 所示，基准面 1 是齿轮与轴的定位面，为主要基准，轴段长度 36、183.5 都以基准面 1 作为基准尺寸；基准面 2 为辅助基准面，最右端的轴段长度 17 为轴承安装要求所确定；基准面 3 同基准面 2，轴段长度 60 为联轴器安装要求所确定；而未特别标明长度的轴段，其加工误差不影响装配精度，因而取为闭环，加工误差可积累至该轴段上，以保证主要尺寸的加工误差。

② 标注径向尺寸。同样执行"DLI"（线性）标注命令，标注轴的各段直径长度，尺寸文字前注意添加"ϕ"，如图 12-30 所示。

③ 标注键槽尺寸。同样使用"DLI"（线性）标注来标注键槽的移出断面图，如图 12-31 所示。

（2）添加尺寸精度

经过前面章节的分析，可知低速轴的精度尺寸主要集中在各径向尺寸上，与其他零部件的配合有关。

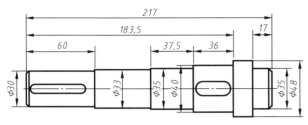

图 12-30　标注轴的径向尺寸

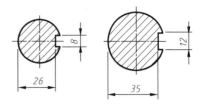

图 12-31　标注键槽的移出断面图

【练习 12-4】　添加尺寸精度

① 延续上一例操作。

② 添加轴段 1 的精度。轴段 1 上需安装 HL3 型弹性柱销联轴器，因此尺寸精度可按对应的配合公差选取，此处由于轴径较小，因此可选用 r6 精度，然后查得 ϕ30mm 对应的 r6 公差为 +0.028～+0.041，即双击 ϕ30mm 标注，然后在文字后输入该公差文字，如图 12-32 所示。

③ 创建尺寸公差。接着按住鼠标左键，向后拖移，选中"+0.041^+0.028"文字，然后单击"文字编辑器"选项卡中"格式"面板中的"堆叠"按钮 $\frac{b}{a}$，即可创建尺寸公差，如图 12-33 所示。

④ 添加轴段 2 的精度。轴段 2 上需要安装端盖，以及一些防尘的密封件（如毡圈），总的来说精度要求不高，因此可以不添加精度。

⑤ 添加轴段 3 的精度。轴段 3 上需安装 6207 的深沟球轴承，因此该段的径向尺寸公差可按该轴承的推荐安装参数进行取值，即 k6，然后查得 ϕ35mm 对应的 k6 公差为 +0.018～+0.002，再按相同标注方法标注即可，如图 12-34 所示。

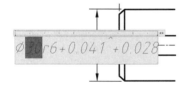

图 12-32　输入轴段 1 的尺寸公差

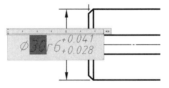

图 12-33　创建轴段 1 的尺寸公差

图 12-34　标注轴段 3 的尺寸公差

⑥ 添加轴段 4 的精度。轴段 4 上需安装大齿轮，而轴、齿轮的推荐配合为 H7/r6，因此该段的径向尺寸公差即 r6，然后查得 ϕ40mm 对应的 r6 公差为 +0.050～+0.034，再按相同标注方法标注即可，如图 12-35 所示。

⑦ 添加轴段 5 的精度。轴段 5 为闭环，无尺寸，无需添加精度。

⑧ 添加轴段 6 的精度。轴段 6 的精度同轴段 3，按轴段 3 进行添加，如图 12-36 所示。

⑨ 添加键槽公差。取轴上的键槽的宽度公差为 h9，长度均向下取值 -0.2，如图 12-37 所示。

图 12-35　标注轴段 4 的尺寸公差

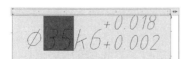

图 12-36　标注轴段 6 的尺寸公差

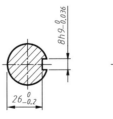

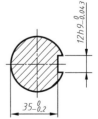

图 12-37　标注键槽的尺寸公差

提示：由于在装配减速器时，一般是先将键敲入轴上的键槽，然后再将齿轮安装在轴上，因此轴上的键槽需要稍紧密，所以取负公差；而齿轮轮毂上键槽与键之间，需要轴向移动的距离超过键本身的长度，因此间隙应大一点，易于装配。

⑩ 标注完尺寸精度的图形如图 12-38 所示。

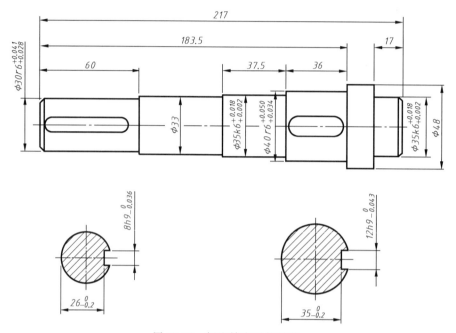

图 12-38　标注精度后的图形

提示：不添加精度的尺寸均按 GB/T 1804—2000、GB/T 1184—1996 处理，需在技术要求中说明。

（3）标注形位公差

【练习 12-5】　添加形位公差

① 延续上一例操作。

② 放置基准符号。调用样板文件中创建好的基准图块，分别以各重要的轴段为基准，即标明尺寸公差的轴段上放置基准符号，如图 12-39 所示。

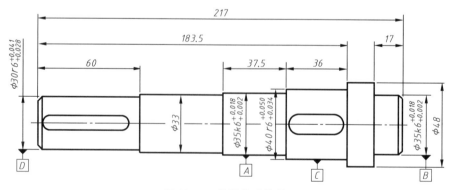

图 12-39　放置基准符号

③ 添加轴上的形位公差。轴上的形位公差主要为轴承段、齿轮段的圆跳动，具体标注如图 12-40 所示。

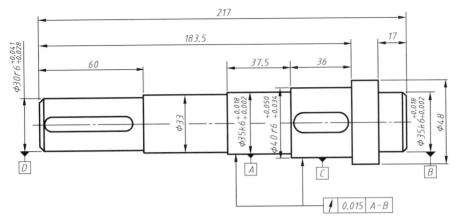

图 12-40 标注轴上的圆跳动公差

④ 添加键槽上的形位公差。键槽上主要为相对于轴线的对称度，具体标注如图 12-41 所示。

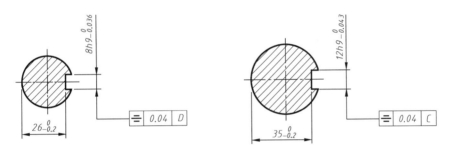

图 12-41 标注键槽上的对称度公差

（4）标注粗糙度

【练习 12-6】 添加粗糙度

① 延续上一例操作。

② 标注轴上的表面粗糙度。调用样板文件中创建好的表面粗糙度图块，在齿轮与轴相互配合的表面上标注相应粗糙度，具体标注如图 12-42 所示。

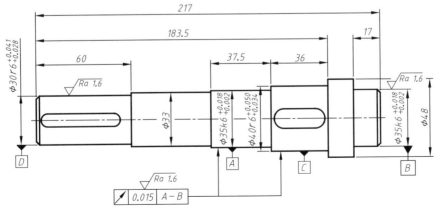

图 12-42 标注轴上的表面粗糙度

③ 标注断面图上的表面粗糙度。键槽部分表面粗糙度可按相应键的安装要求进行标注，本例中的标注如图 12-43 所示。

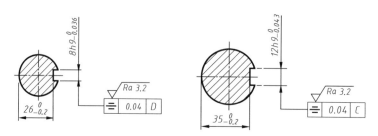

图 12-43　标注断面图上的表面粗糙度

④ 标注其余粗糙度，然后对图形一些细节进行修缮，再将图形移动至 A4 图框中的合适位置，如图 12-44 所示。

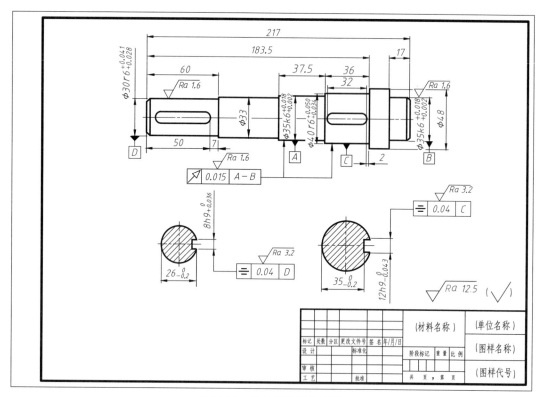

图 12-44　添加标注后的图形

12.3.4　填写技术要求与标题栏

技术要求

1. 未注倒角为 C2。

2. 未注圆角半径为 R1。

3. 调质处理 45～50HRC。

4. 未注尺寸公差按 GB/T 1804-2000-m。

5. 未注几何公差按 GB/T 1184-1996-k。

图 12-45　填写技术要求

【练习 12-7】　填写技术要求与标题栏

① 单击"默认"选项卡中"注释"面板上的"多行文字"按钮 **A**，在图形的左下方空白部分插入多行文字，输入技术要求如图 12-45 所示。

② 根据企业或个人要求填写标题栏，效果如图 12-46 所示。

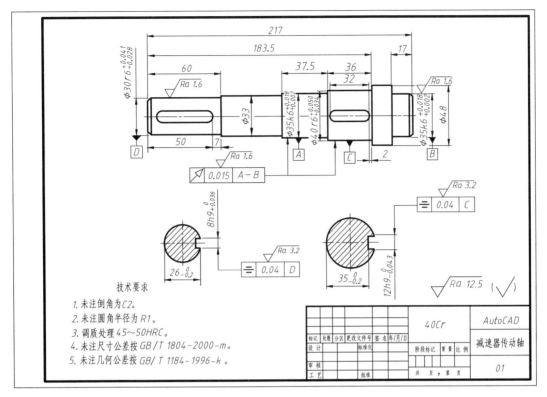

图 12-46　填写技术要求

12.4　绘制大齿轮零件图

在 12.3 节的传动轴基础上，绘制与之相配合的大齿轮零件图，图形效果如图 12-47 所示。从图中可见大齿轮上开有环形槽与 6 个贯通的幅孔，用以降低和减小大齿轮本身的质量，降低大齿轮在运转时的转动惯量，提高齿轮副在工作减速时的平稳性，降低运转惯性的影响。设计幅孔时一定要注意其直径大小不能影响到齿轮的强度，且开孔一定要均匀布置，否则会出现运转不平稳的问题。

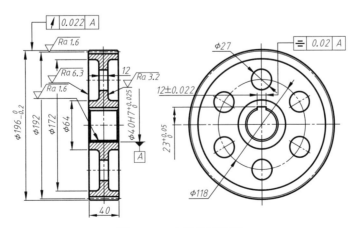

图 12-47　大齿轮零件图

12.4.1 绘制主视图

先按常规方法绘制出齿轮的轮廓图形。

【练习 12-8】 绘制主视图

① 以第 11 章创建好的"机械制图.dwt"为样板文件,新建一空白文档,并将图幅放大1.5 倍,即比例为 1:1.5,如图 12-48 所示。

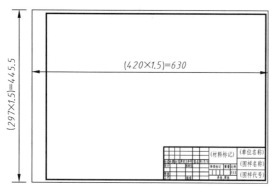

图 12-48 素材图形

② 将"中心线"图层设置为当前图层,执行"XL"(构造线)命令,在合适的地方绘制水平的中心线,如图 12-49 所示。

③ 重复"XL"(构造线)命令,在合适的地方绘制两条垂直的中心线,如图 12-50 所示。

④ 绘制齿轮轮廓。将"轮廓线"图层设置为当前图层,执行"C"(圆)命令,以右边的垂直-水平中心线的交点为圆心,绘制直径为 40、44、64、118、172、192、196 的圆,绘制完成后将 $\phi118$ 和 $\phi192$ 的圆图层转换为"中心线"层,如图 12-51 所示。

图 12-49 绘制水平中心线

图 12-50 绘制垂直中心线

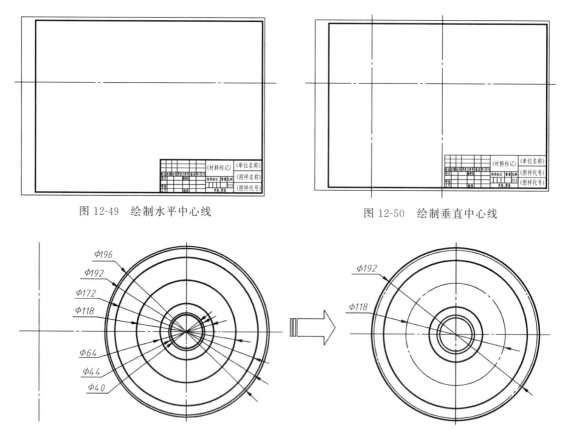

图 12-51 绘制圆

⑤ 绘制键槽。执行"O"(偏移)命令,将水平中心线向上偏移 23mm,将该图中的垂直中心线分别向左、向右偏移 6mm,结果如图 12-52 所示。

⑥ 切换到"轮廓线"图层，执行"L"（直线）命令，绘制键槽的轮廓，再执行"TR"（修剪）命令，修剪多余的辅助线，结果如图 12-53 所示。

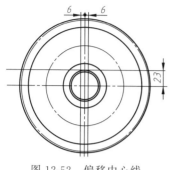

图 12-52 偏移中心线

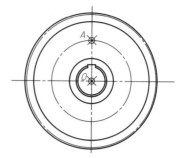

图 12-53 绘制键槽

⑦ 绘制腹板孔。将"轮廓线"图层设置为当前图层，执行"C"（圆）命令，以 φ118 中心线与垂直中心线的交点（即图 12-53 中的 A 点）为圆心，绘制一 φ27 的圆，如图 12-54 所示。

⑧ 选中绘制好的 φ27 的圆，然后单击"修改"面板中的"环形阵列"按钮，设置阵列总数为 6，填充角度 360°，选择同心圆的圆心（即图 12-53 中中心线的交点 O 点）为中心点，进行阵列，阵列效果如图 12-55 所示。

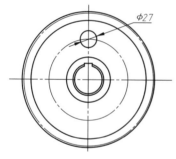

图 12-54 绘制腹板孔

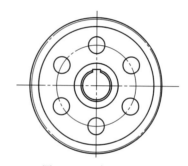

图 12-55 阵列腹板孔

12.4.2 绘制剖视图

根据 12.2.2 节的介绍，轮盘类零件在除主视图之外，还需选用一个视图表达内部特征和一些细小的结构，本例中我们采用剖视图的方法来表示。

【练习 12-9】 绘制剖视图

① 执行"O"（偏移）命令，将主视图位置的水平中心线对称偏移 6、20，结果如图 12-56 所示。

② 切换到"虚线"图层，执行"L"（直线）命令，按"长对正，高平齐，宽相等"的原则，由左视图向主视图绘制水平的投影线，如图 12-57 所示。

③ 切换到"轮廓线"图层，执行"L"（直线）命令，绘制主视图的轮廓，再执行"TR"（修剪）命令，修剪多余的辅助线，结果如图 12-58 所示。

④ 执行"E"（删除）、"TR"（修剪）、"S"（延伸）等命令整理图形，将中心线对应的投影线同样

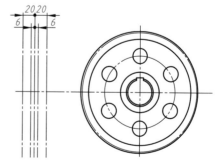

图 12-56 偏移中心线

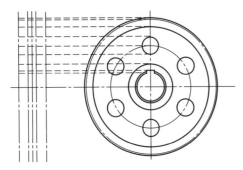

图 12-57　绘制主视图投影线

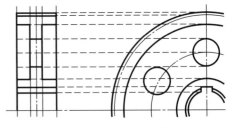

图 12-58　绘制主视图轮廓

改为中心线，并修剪至合适的长度。分度圆线同样如此操作，结果如图 12-59 所示。

⑤ 执行"CHA"（倒角）命令，对齿轮的齿顶倒角 $C1.5$，对齿轮的轮毂部位进行倒角 $C2$；再执行"F"（倒圆角）命令，对腹板圆处倒圆角 $R5$，如图 12-60 所示。

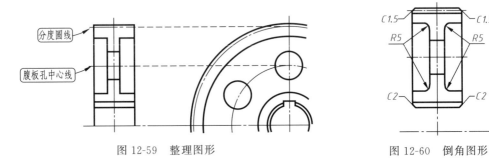

图 12-59　整理图形

图 12-60　倒角图形

⑥ 然后执行"L"（直线）命令，在倒角处绘制连接线，并删除多余的线条，图形效果如图 12-61 所示。

⑦ 选中绘制好的半边主视图，然后单击"修改"面板中的"镜像"按钮 ⚠，以水平中心线为镜像线，镜像图形，结果如图 12-62 所示。

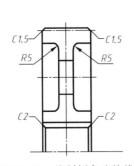

图 12-61　绘制倒角连接线

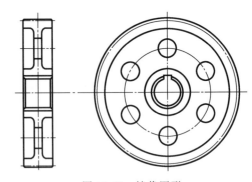

图 12-62　镜像图形

⑧ 将镜像部分的键槽线段全部删除，如图 12-63 所示。轮毂的下半部分不含键槽，因此该部分不符合投影规则，需要删除。

⑨ 然后切换到"虚线"图层，按"长对正，高平齐，宽相等"的原则，执行"L"（直线）命令，由左视图向主视图绘制水平的投影线，如图 12-64 所示。

⑩ 切换到"轮廓线"图层，执行"L"（直线）、"S"（延伸）等命令整理下半部分的轮毂部分，如图 12-65 所示。

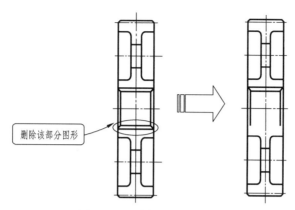

图 12-63　删除多余图形

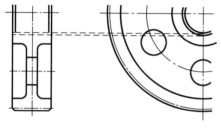

图 12-64　绘制投影线

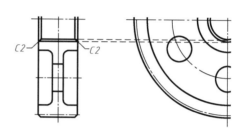

图 12-65　整理下部分的轮毂

⑪ 在主视图中补画齿根圆的轮廓线，如图 12-66 所示。

⑫ 切换到"剖切线"图层，执行"H"（图案填充）命令，选择图案为 ANSI31，比例为 1，角度为 0°，填充图案，结果如图 12-67 所示。

⑬ 在左视图中补画腹板孔的中心线，然后调整各中心线的长度，最终的图形效果如图 12-68 所示。

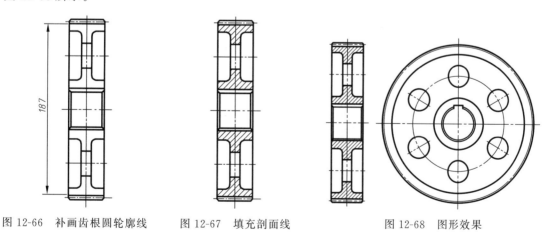

图 12-66　补画齿根圆轮廓线　　　图 12-67　填充剖面线　　　　图 12-68　图形效果

12.4.3　标注图形

图形绘制完毕后，就要对其进行标注，包括尺寸、形位公差、粗糙度等，还要填写有关的技术要求。

（1）标注尺寸

【练习 12-10】　标注尺寸

① 确定标注样式为"机械图标注样式",自行调整标注的"全局比例",如图 12-69 所示。用以控制标注文字的显示大小。

② 标注线性尺寸。切换到"标注线"图层,执行"DLI"(线性)标注命令,在主视图上捕捉最下方的两个倒角端点,标注齿宽的尺寸,如图 12-70 所示。

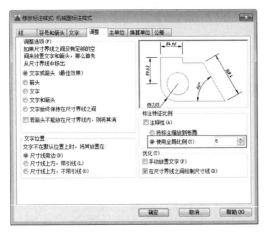

图 12-69　调整全局比例

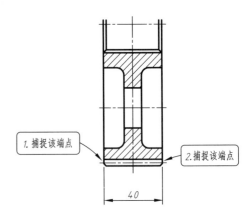

图 12-70　标注线性尺寸

③ 使用相同方法,对其他的线性尺寸进行标注。主要包括剖视图中的齿顶圆、分度圆、齿根圆(可以不标)、腹板圆等尺寸,线性标注后的图形如图 12-71 所示。注意按之前学过的方法添加直径符号(标注文字前方添加"%%C")。

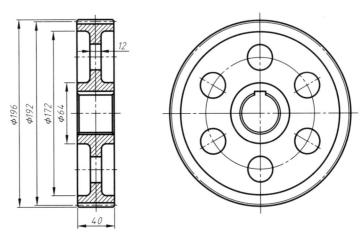

图 12-71　标注其余的线性尺寸

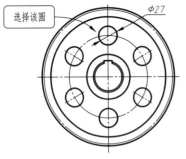

图 12-72　标注直径尺寸

提示:可以先标注出一个直径尺寸,然后复制该尺寸并其粘贴,控制夹点将其移动至需要另外标注的图元夹点上。该方法可以快速创建同类型的线性尺寸。

④ 标注直径尺寸。在"注释"面板中选择"直径"按钮，执行"直径"标注命令,选择左视图上的腹板圆孔进行标注,如图 12-72 所示。

⑤ 使用相同方法,对其他的直径尺寸进行标注。主要包括左视图中的腹板圆以及腹板圆的中心圆线,如

图 12-73 所示。

⑥ 标注键槽部分。在左视图中执行"DLI"（线性）标注命令，标注键槽的宽度与高度，如图 12-74 所示。

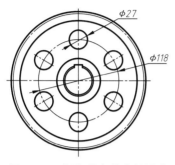

图 12-73　标注其余的直径尺寸

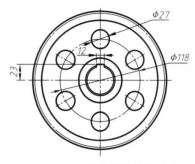

图 12-74　标注主视图键槽尺寸

⑦ 同样使用"DLI"（线性）标注来标注主视图中的键槽部分。不过由于键槽的存在，主视图的图形并不对称，因此无法捕捉到合适的标注点，这时可以先捕捉主视图上的端点，然后手动在命令行中输入尺寸 40，进行标注，如图 12-75 所示，命令行操作如下。

```
命令:_dimlinear
指定第一个尺寸界线原点或 < 选择对象 >:          //指定第一个点
指定第二条尺寸界线原点:40                      //光标向上移动,引出垂直
                                               追踪线,输入数值 40

指定尺寸线位置或                               //放置标注尺寸
[多行文字 (M)/文字 (T)/角度 (A)/水平 (H)/垂直 (V)/旋转 (R)]:
标注文字= 40
```

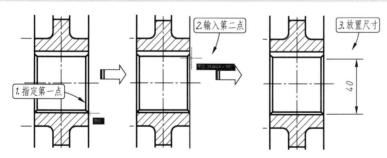

图 12-75　标注主视图键槽尺寸

⑧ 选中新创建的 φ40 尺寸，单击鼠标右键，在弹出的快捷菜单中选择"特性"选项，在打开的"特性"面板中，将"尺寸线 2"和"尺寸界线 2"设置为"关"，如图 12-76 所示。

⑨ 为主视图中的线性尺寸添加直径符号，此时的图形应如图 12-77 所示，确认没有遗漏任何尺寸。

（2）添加尺寸精度

齿轮上的精度尺寸主要集中在齿顶圆尺寸、键槽孔尺寸上，因此需要对该部分尺寸添加合适的精度。

【练习 12-11】　添加尺寸精度

① 延续上一例操作。

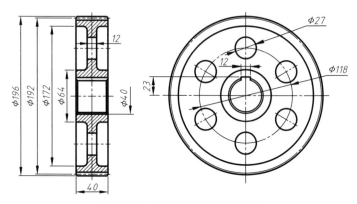

图 12-76　关闭尺寸线与尺寸界线

图 12-77　标注主视图键槽尺寸

② 添加齿顶圆精度。齿顶圆的加工很难保证精度，而对于减速器来说，也不是非常重要的尺寸，因此精度可以适当放宽，但尺寸宜小勿大，以免啮合时受到影响。双击主视图中的齿顶圆尺寸 $\phi196$，打开"文字编辑器"选项卡，然后将鼠标移动至 $\phi196$ 之后，依次输入"0^-0.2"，如图 12-78 所示。

图 12-78　输入公差文字

③ 创建尺寸公差。接着按住鼠标左键，向后拖移，选中"0^-0.2"文字，然后单击"文字编辑器"选项卡中"格式"面板中的"堆叠"按钮，即可创建尺寸公差，如图 12-79 所示。

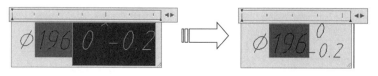

图 12-79　堆叠公差文字

④ 按相同方法，对键槽部分添加尺寸精度，添加后的图形如图 12-80 所示。

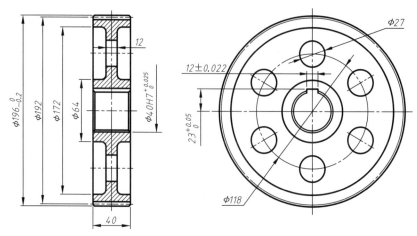

图 12-80　添加其他尺寸精度

（3）标注形位公差

【练习 12-12】　标注形位公差

① 延续上一例操作。

② 创建基准符号。切换至"细实线"图层，在图形的空白区域绘制一基准符号，如图 12-81 所示。

③ 放置基准符号。齿轮零件一般以键槽的安装孔为基准，因此选中绘制好的基准符号，然后执行"M"（移动）命令，将其放置在键槽孔 $\phi 40$ 尺寸上，如图 12-82 所示。

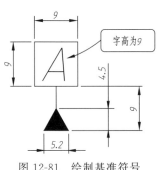

图 12-81　绘制基准符号

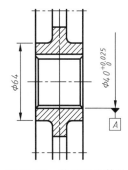

图 12-82　放置基准符号

提示：基准符号也可以事先制作成块，然后进行调用，届时只需输入比例即可调整大小。

④ 选择"标注"｜"公差"命令，弹出"形位公差"对话框，选择公差类型为"圆跳动"，然后输入公差值 0.022 和公差基准 A，如图 12-83 所示。

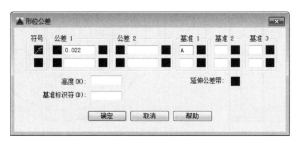

图 12-83　设置公差参数

⑤ 单击"确定"按钮，在要标注的位置附近单击，放置该形位公差，如图 12-84 所示。

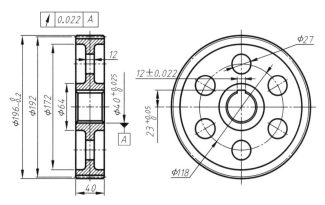

图 12-84　生成的形位公差

⑥ 单击"注释"面板中的"多重引线"按钮 ，绘制多重引线指向公差位置，如图 12-85 所示。

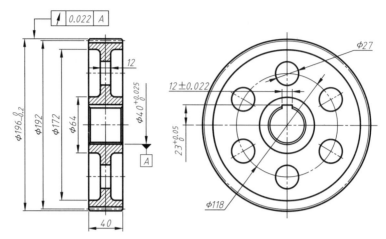

图 12-85 标注齿顶圆的圆跳动

⑦ 按相同方法，对键槽部分添加对称度，添加后的图形如图 12-86 所示。

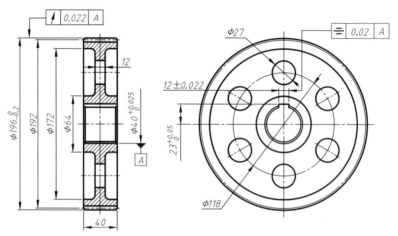

图 12-86 标注键槽的对称度

（4）标注粗糙度

【练习 12-13】 标注粗糙度

① 延续上一例操作。

② 在命令行中输入"INSERT"执行插入命令，打开"插入"对话框，在"名称"下拉列表中选择"粗糙度"，如图 12-87 所示。

③ 在"插入"对话框中单击"确定"按钮，光标便变为粗糙度符号的放置形式，在图形的合适位置放置即可，如图 12-88 所示。

④ 放置之后系统自动打开"编辑属性"对话框，在对应的文本框中输入我们所需的数值"$Ra3.2$"，如图 12-89 所示，然后单击"确定"按钮，即可标注粗糙度，如图 12-90 所示。

⑤ 按相同方法，对图形的其他部分标注粗糙度，然后将图形调整至 A3 图框的合适位置，如图 12-91 所示。

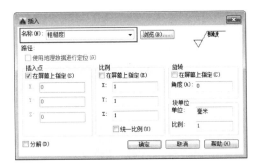

图 12-87　"插入"对话框

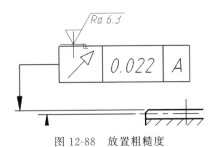

图 12-88　放置粗糙度

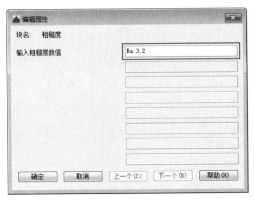

图 12-89　"编辑属性"对话框

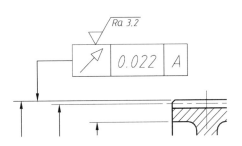

图 12-90　创建成功的粗糙度标注

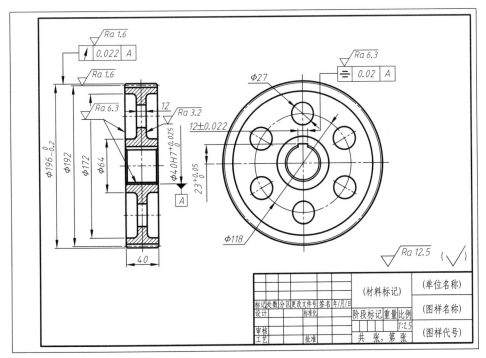

图 12-91　添加其他粗糙度

12.4.4　填写齿轮参数表与技术要求

【练习12-14】　填写齿轮参数表与技术要求

① 单击"默认"选项卡中"注释"面板上的"表格"按钮 ⊞，打开"插入表格"对话框，按图12-92进行设置。

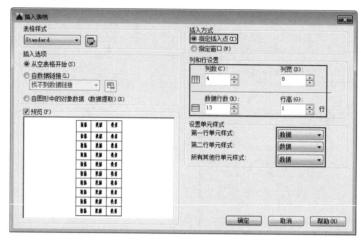

图12-92　设置表格参数

② 将创建的表格放置在图框的右上角，如图12-93所示。

③ 编辑表格并输入文字。将表格调整至合适大小，然后双击表格中的单元格，进行输入文字。最终输入效果如图12-94所示。

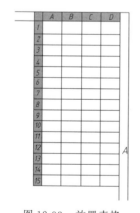

图12-93　放置表格

模数	m	2
齿数	z	96
压力角	a	20°
齿顶高系数	ha*	1
顶隙系数	c*	0.2500
精度等级		8-8-7HK
全齿高	h	4.5000
中心距及其偏差		120±0.027
配对齿轮	齿数	24
公差组	检验项目	代号	公差(极限偏差)
I	齿圈径向跳动公差	F_r	0.063
	公法线长度变动公差	F_w	0.050
II	齿距极限偏差	f_{Pt}	±0.016
	齿形公差	f_f	0.014
III	齿向公差	F_B	0.011

图12-94　齿轮参数表

技术要求

1.未注倒角为C2。

2.未注圆角半径为R3。

3.正火处理160-220HBS。

图12-95　填写技术要求

④ 填写技术要求。单击"默认"选项卡中"注释"面板上的"多行文字"按钮 Ａ，在图形的左下方空白部分插入多行文字，输入技术要求如图12-95所示。

⑤ 大齿轮零件图绘制完成，最终的图形效果如图12-96所示（详见素材文件"第12章/12.14大齿轮零件图-OK"）。

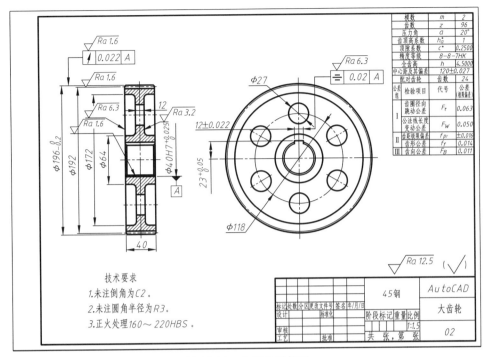

图 12-96　大齿轮零件图

12.5　绘制弧形连杆零件图

本实例绘制一个弧形连杆工程图，如图 12-97 所示。该连杆由弧形杆、轴孔座、夹紧座组成。夹紧座设有开口的轴孔和螺孔，可用螺栓将其中的轴或连接杆夹紧。轴孔座上有埋头螺孔，可用紧定螺钉将其中的轴或连杆压紧。

在绘制该弧形连杆零件图时，可以通过主视图和俯视图这两个基本视图来进行表达，中间的连杆结构则通过断面图的形式绘制，然后添加水平、竖直、圆弧半径、直径等尺寸，以及添加形位公差和表面粗糙度。最后，添加技术要求即可完成该弧形连杆零件图的绘制。

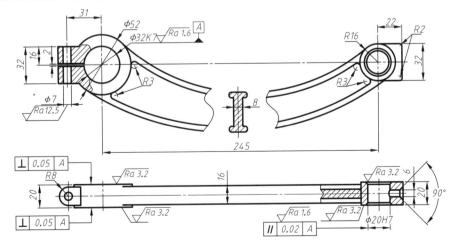

图 12-97　弧形连杆

12.5.1　绘制主视图

根据 12.2.3 节的知识，从主视图开始绘制弧形连杆的图形。

【练习 12-15】　绘制弧形连杆的主视图

①　以第 11 章创建好的"机械制图.dwt"为样板文件，新建空白文档，如图 12-98 所示。

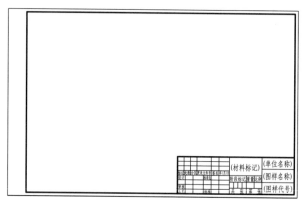

图 12-98　设置图层

②　将"中心线"图层设置为当前图层，调用"直线""圆"命令绘制中心辅助线，如图 12-99 所示。

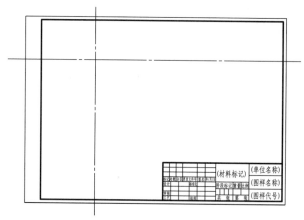

图 12-99　绘制中心辅助线

③　执行"O"（偏移）命令，偏移中心辅助线，如图 12-100 所示。

④　切换"轮廓线"为当前图层。执行"C"（圆）命令，绘制圆，如图 12-101 所示。

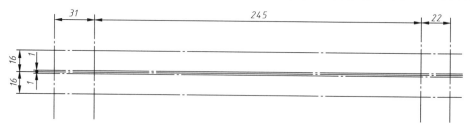

图 12-100　偏移中心线

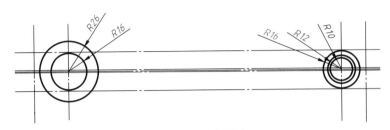

图 12-101 绘制圆

⑤ 调用"相切、相切、半径"命令。绘制相切圆，如图 12-102 所示。

⑥ 调用"直线"命令，根据辅助线位置绘制轮廓线并删除多余辅助线，如图 12-103 所示。

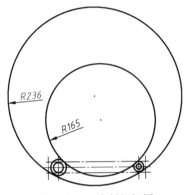

图 12-102 绘制相切圆

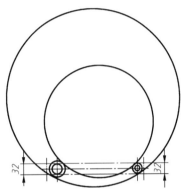

图 12-103 绘制轮廓线

⑦ 调用"修剪"命令，对图形进行修剪，如图 12-104 所示。

图 12-104 修剪图形

⑧ 调用"偏移"命令，将圆弧向内偏移 5 个单位，如图 12-105 所示。

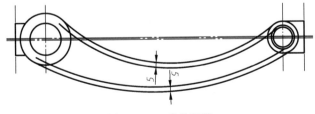

图 12-105 偏移弧线

⑨ 调用"修剪"命令，对图形进行修剪，如图 12-106 所示。

⑩ 调用"圆角"命令，对图形进行倒圆角，圆角半径为 3，如图 12-107 所示。

⑪ 调用"直线"命令，根据辅助线位置绘制左侧轴孔处锯口的轮廓线，并删除多余辅

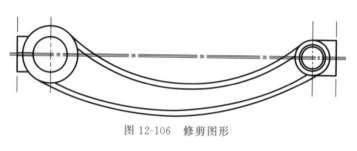

图 12-106　修剪图形

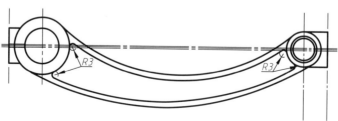

图 12-107　圆角图形

助线，如图 12-108 所示。

⑫ 调用"修剪"命令，对图形进行修剪，如图 12-109 所示。

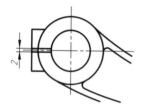

图 12-108　绘制左侧锯口轮廓线

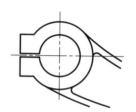

图 12-109　修剪图形

⑬ 调用"偏移"命令，将左侧轴孔的中心线向右偏移 120、水平的中心线向下偏移 42，如图 12-110 所示。

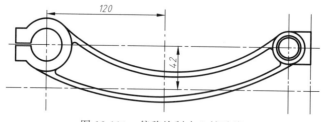

图 12-110　偏移绘制中心辅助线

⑭ 再次执行"偏移"命令，偏移以上步骤创建的中心线，效果如图 12-111 所示。

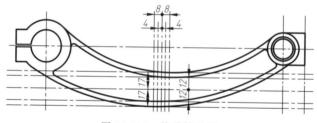

图 12-111　偏移辅助线

⑮ 调用"直线"命令，根据辅助线绘制轮廓线，并删除多余的辅助线，如图 12-112 所示。

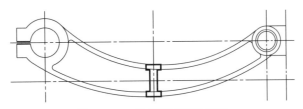

图 12-112 绘制断面图轮廓线

⑯ 通过"样条曲线"与"修剪"命令，绘制断面，如图 12-113 所示。

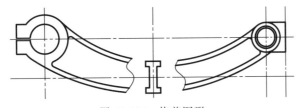

图 12-113 修剪图形

⑰ 删除多余辅助线。调用"圆角"命令，对图形进行倒圆角，如图 12-114 所示。

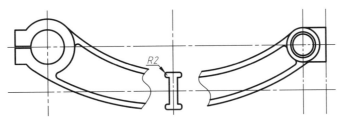

图 12-114 圆角图形

⑱ 切换至"剖面线"图层，填充剖面线，将中心线调整至合适长度，如图 12-115 所示。至此，主视图绘制告一段落。

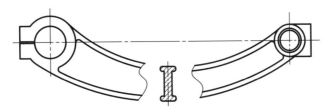

图 12-115 填充剖切面

12.5.2 绘制俯视图

主视图的断面图中能细致表现出弧形连杆的截面部分，但是还不足以表现其他的细节，如轴承安装孔处的宽度。这时就可以使用俯视图来进行表达。

【练习 12-16】 绘制弧形连杆的俯视图

① 切换至"中心线"图层，根据主视图绘制投影线，如图 12-116 所示。
② 调用"偏移"命令，对图形进行偏移，效果如图 12-117 所示。

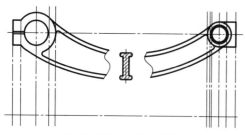

图 12-116　绘制投影线

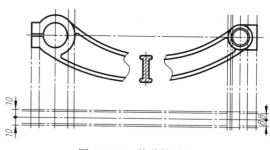

图 12-117　偏移辅助线

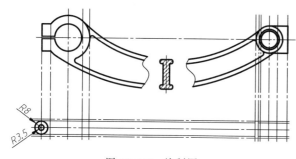

图 12-118　绘制圆

③ 切换至"轮廓线"图层，在俯视图最左侧竖直中心线与水平中心线的交点处绘制 $R8$ 和 $R3.5$ 的圆，如图 12-118 所示。

④ 再根据辅助线的位置，绘制轮廓线，如图 12-119 所示。

⑤ 调用"删除"命令，删除不必要的图形，如图 12-120 所示。

⑥ 调用"偏移"命令，偏移俯视图的水平中心线，如图 12-121 所示。

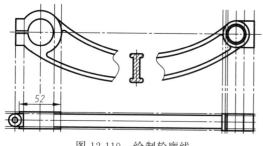

图 12-119　绘制轮廓线

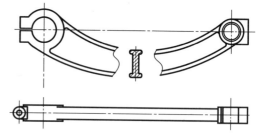

图 12-120　删除多余图形

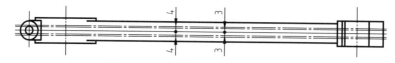

图 12-121　偏移俯视图的水平中心线

⑦ 调用"直线"命令，绘制俯视图右侧的螺纹孔轮廓线，如图 12-122 所示。

⑧ 再次调用"直线"命令，绘制该处的倒角线，并删除对应的辅助线，如图 12-123 所示。

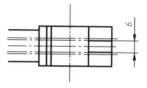

图 12-122　偏移辅助线

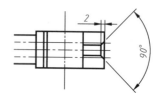

图 12-123　绘制轮廓线

⑨ 切换为"细实线"图层，执行"SPL"（样条曲线）命令，在俯视图右侧绘制样条曲线，如图 12-124 所示。

图 12-124　偏移俯视图的样条曲线

⑩ 切换回"轮廓线"图层，继续调用"直线"命令，绘制右侧断面的轮廓线，然后删除相应的辅助线，如图 12-125 所示。

图 12-125　绘制俯视图断面的轮廓线

⑪ 切换至"中心线"图层，根据俯视图，执行"RAY"（射线）命令向主视图绘制投影线，如图 12-126 所示。

⑫ 将"轮廓线"置为当前图层，根据辅助线的位置，补画主视图左端的轮廓线，如图 12-127 所示。

⑬ 切换为"细实线"图层，调用"样条曲线"命令，绘制剖切边线，如图 12-128 所示。

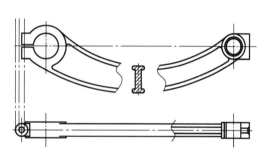

图 12-126　绘制投影线

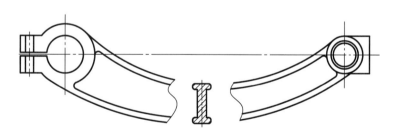

图 12-127　补画主视图轮廓线

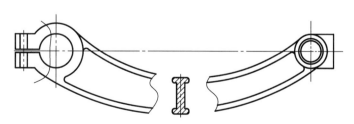

图 12-128　绘制剖切边线

⑭ 切换至"剖面线"图层，调用"H"（图案填充）命令，填充主视图与俯视图两处的剖面线，并修剪剖切边线，如图 12-129 所示。

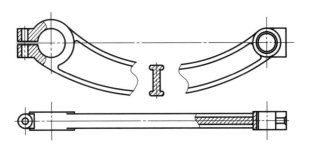

图 12-129　填充主视图与俯视图两处的剖面线

12.5.3　标注图形

按前面介绍的方法对图形进行标注，填写技术要求，效果如图 12-130 所示。至此，弧形连杆零件图绘制完成。

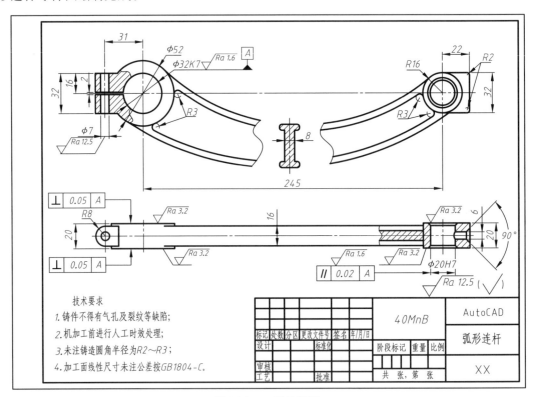

图 12-130　标注图形

12.6　绘制减速器箱座零件图

箱座是减速器的基本零件，也是典型的箱体类零件。其主要作用就是为其他所有的功能零件提供支承和固定作用，同时盛装润滑散热的油液。在所有的零件中，其结构最复杂，绘制也最困难。该减速器箱座与 12.3 节的传动轴、12.4 节的大齿轮等素材文件相配套，如图 12-131 所示。

下面便开始介绍画箱座零件图的方法。

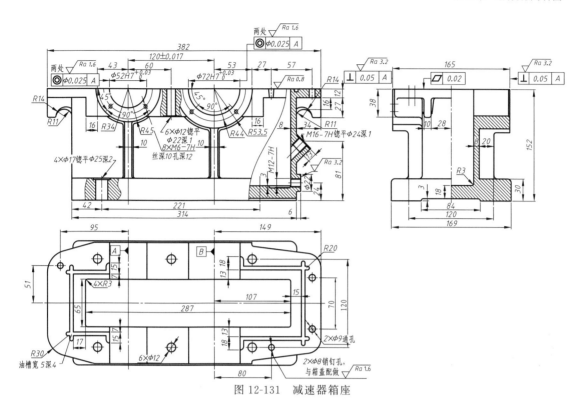

图 12-131　减速器箱座

12.6.1　绘制主视图

由于箱体类零件加工工序较多，加工位置多变，所以在选择主视图时，主要根据工作位置原则和形状特征原则来考虑，并采用剖视，以重点反映其内部结构。本例中的减速器箱体内部结构并不复杂，相反外观细节较多，因此无需进行剖切，主视图仍选择为工作位置，内部结构用俯视图配合左视图表达即可。

【练习 12-17】　绘制减速器箱体的主视图

　　① 打开素材文件"第 12 章\12.6 绘制减箱座零件图.dwg"，素材中已经绘制好了一 1∶1 大小的 A1 图框，如图 12-132 所示。

　　② 将"中心线"图层设置为当前图层，执行"XL"（构造线）命令，在合适的地方绘制水平的中心线，以及一条垂直的定位中心线，如图 12-133 所示。

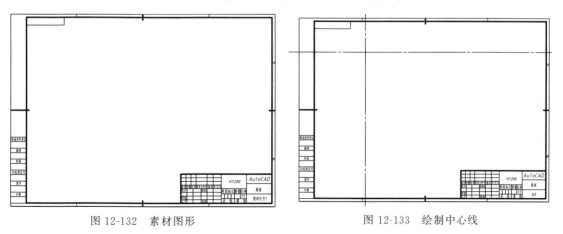

图 12-132　素材图形　　　　　　　　　　　图 12-133　绘制中心线

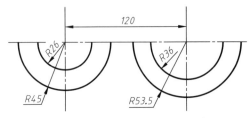

图 12-134　绘制轴承安装孔轮廓

③ 绘制轴承安装孔。执行"O"（偏移）命令，将垂直的中心线向右偏移 120，然后将图层切换为"轮廓线"，在中心线的交点处绘制如图 12-134 所示的半圆。

④ 绘制端面平台。再次输入"O"执行偏移命令，将水平中心线向下偏移 12、37；两根竖直中心线分别向两侧偏移 59、113，以及 69、149，如图 12-135 所示。

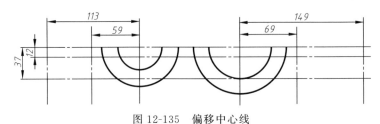

图 12-135　偏移中心线

⑤ 执行"L"（直线）命令，根据辅助线位置绘制端面平台轮廓，如图 12-136 所示。

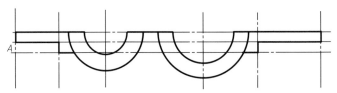

图 12-136　绘制端面平台

⑥ 绘制箱体。删除多余的辅助线，按 F8 开启"正交"模式，然后再次输入"L"执行直线命令，从图 12-136 中的 A 点处向右侧水平偏移 34 作为起点，绘制如图 12-137 所示的图形。

⑦ 绘制底座。关闭"正交"模式，执行"O"（偏移）命令，将最下方的轮廓线向上偏移 30，如图 12-138 所示。

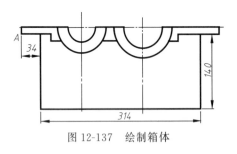

图 12-137　绘制箱体

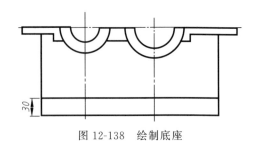

图 12-138　绘制底座

⑧ 绘制箱体肋板。同样执行"O"（偏移）命令，将轴孔处的竖直中心线各向两侧偏移 5、7，轴孔最外侧的半圆向外偏移 3，如图 12-139 所示。

⑨ 执行"L"（直线）命令，根据辅助线位置绘制轮廓线并删除多余辅助线，在首尾两端倒 R3 的圆角，效果如图 12-140 所示。

⑩ 绘制底座安装孔。按之前的绘图方法，使用"O"（偏移）、"L"（直线）命令绘制底座上的螺栓安装孔，如图 12-141 所示。

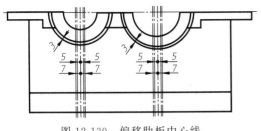

图 12-139　偏移肋板中心线

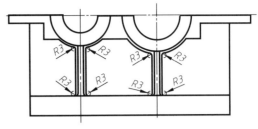

图 12-140　绘制肋板

⑪ 绘制右侧剖切线。切换至"细实线"图层，在主视图右侧任意起点处绘制一样条曲线，用作主视图中的局部剖切，如图 12-142 所示。

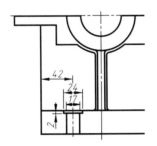

图 12-141　绘制底座安装孔

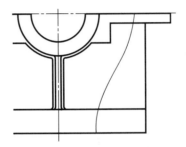

图 12-142　绘制剖切线

⑫ 绘制放油孔。执行"O"（偏移）命令，将最下方的水平轮廓线向上偏移 13、18、24、30、35，最右侧的轮廓线向右偏移 6，如图 12-143 所示。

⑬ 切换回"轮廓线"层，调用"直线"命令，根据辅助线位置绘制轮廓线并删除多余辅助线，绘制放油孔如图 12-144 所示。

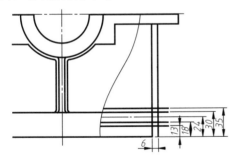

图 12-143　偏移放油孔中心线

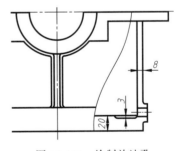

图 12-144　绘制放油孔

⑭ 绘制油标孔。将"中心线"图层设置为当前图层，执行"XL"（构造线）命令，在右下角端点处绘制一 45°角的辅助线，如图 12-145 所示。

⑮ 执行"O"（偏移）命令，将该辅助线线向上偏移 50，再在此基础之上对称偏移 8、14，效果如图 12-146 所示。

⑯ 执行"L"（偏移）命令，根据辅助线位置绘制油标孔轮廓，并删除多余辅助线，如图 12-147 所示。

⑰ 绘制油槽截面。在主视图的局部剖视图中，可以表现端面平台上的油槽截面，直接执行"L"（直线）命令，绘制图形如图 12-148 所示。

⑱ 绘制吊耳。执行"L"（直线）、"C"（圆）命令，并结合"TR"（修剪）工具，绘制

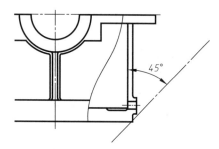

图 12-145 绘制 45°辅助线

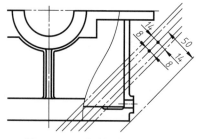

图 12-146 绘制油标孔中心线

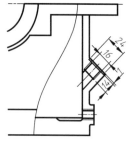

图 12-147 绘制油标孔

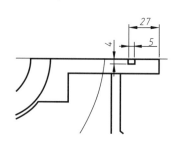

图 12-148 绘制油槽截面

主视图上的吊钩如图 12-149 所示。

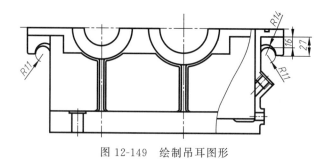

图 12-149 绘制吊耳图形

⑲ 绘制螺钉安装通孔。螺钉安装通孔用于连接箱座与箱盖，对称均布在端面平台上。执行"O"（偏移）命令，将左侧轴承安装孔的中心线向右偏移 60，如图 12-150 所示。

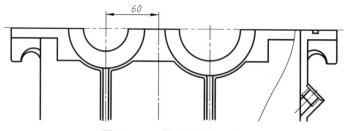

图 12-150 偏移轴孔中心线

⑳ 以端面平台与该辅助线的交点为圆心，绘制直径为 φ12 和 φ22 的圆，如图 12-151 所示。

㉑ 以圆的左右象限点为起点，执行"L"（直线）命令，绘制如图 12-152 所示的图形。

㉒ 将"细实线"置为当前图层，在绘制的通孔左右两侧绘制剖切边线，并使用"TR"

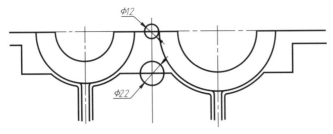

图 12-151　绘制辅助圆

（修剪）命令进行修剪，如图 12-153 所示。

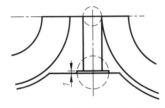

图 12-152　绘制螺钉安装通孔

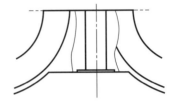

图 12-153　绘制剖切边线

㉓ 输入"O"执行偏移命令，将螺钉孔的中心线向左右两侧偏移 103 与 113，如图 12-154 所示，即以简化画法标明另外几处螺钉安装孔。

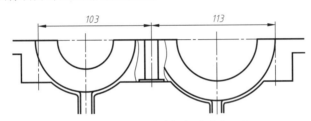

图 12-154　绘制其余螺钉孔处中心线

㉔ 将"剖面线"图层设置为当前图层，对主视图中的三处剖切位置进行填充，效果如图 12-155 所示。

12.6.2　绘制俯视图

主视图的大致图形绘制完成后，就可以根据"长对正、宽相等、高平齐"的投影原则绘制箱座零件的俯视图和左视图。而根据箱座零件的具体特性，宜先绘制表

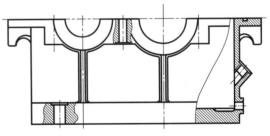

图 12-155　填充剖切区域

达内部特征的俯视图，这样在绘制左视图时就不会出现较大的修改。

【练习 12-18】　绘制减速器箱体的俯视图

① 切换至"中心线"图层，首先执行"XL"（构造线）命令，在主视图下方绘制一根水平的中心线，然后执行"RAY"（射线）命令，根据主视图绘制投影线，如图 12-156 所示。

② 调用"偏移"命令，偏移俯视图中的水平中心线，如图 12-157 所示。

③ 绘制箱体内壁。箱座的俯视图绘制方法依照"先主后次"的原则，先绘制主要的尺寸部位。因此切换至"轮廓线"图层，执行"L"（直线）命令，在俯视图中绘制如图 12-158 所

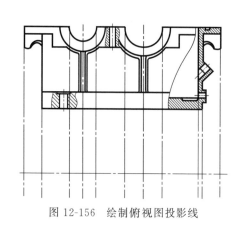

图 12-156 绘制俯视图投影线

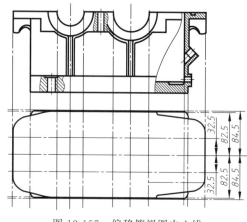

图 12-157 偏移俯视图中心线

示的箱体内壁。

④ 再根据偏移出来的中心线，绘制俯视图中的轴承安装孔，效果如图 12-159 所示。

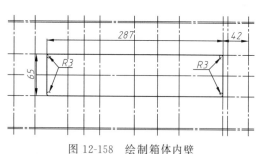

图 12-158 绘制箱体内壁

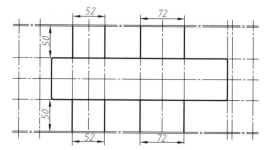

图 12-159 绘制俯视图中的轴承安装孔

⑤ 绘制俯视图外侧轮廓。内壁与轴承安装孔绘制完成后，就可以绘制俯视图的外侧轮廓，也是除主视图之外，箱座的主要外观表达。执行"L"（直线）命令，连接各中心线的交点，绘制效果如图 12-160 所示。

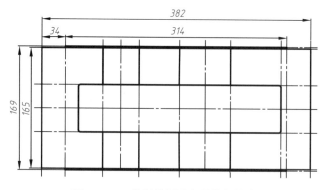

图 12-160 绘制俯视图中的外侧轮廓

⑥ 执行"L"（直线）、"CHA"（倒角）、"F"（圆角）命令，对外侧轮廓进行修剪，效果如图 12-161 所示。

⑦ 绘制油槽。根据主视图中的油槽截面与位置，执行"ML"（多线）与"TR"（修剪）命令，在俯视图中绘制如图 12-162 所示的油槽图形。

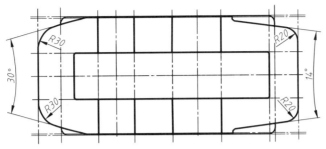

图 12-161　修剪俯视图中的外侧轮廓

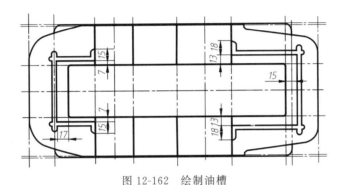

图 12-162　绘制油槽

⑧ 绘制螺钉孔。删除俯视图中多余的辅助线，然后将图层切换至“中心线”，接着执行"RAY"（射线）命令，根据主视图中的螺钉孔中心线向俯视图绘制三根投影线，如图 12-163 所示。

⑨ 执行“O”（偏移）命令，将俯视图中的水平中心线往上下两侧对称偏移 60，如图 12-164 所示。

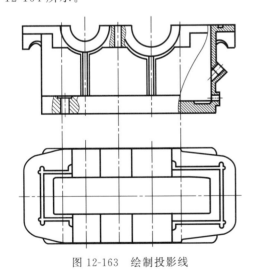

图 12-163　绘制投影线

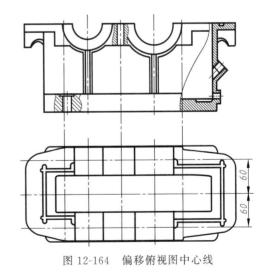

图 12-164　偏移俯视图中心线

⑩ 将“轮廓线”图层置为当前，执行“C”（圆）命令，在中心线的交点处绘制 $\phi12$ 大小的圆，如图 12-165 所示。

⑪ 绘制销钉孔等其他孔系。按相同方法，通过“O”（偏移）命令得到辅助线，然后在交点处绘制销钉孔、起盖螺钉孔等其他孔，如图 12-166 所示。俯视图即绘制完成。

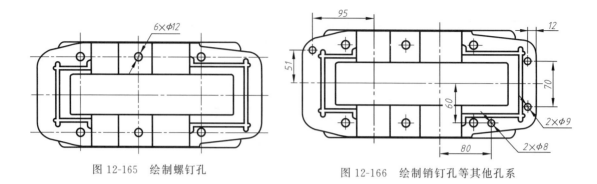

图 12-165　绘制螺钉孔

图 12-166　绘制销钉孔等其他孔系

12.6.3　绘制左视图

主视图、俯视图绘制完成后，箱座零件的尺寸就基本确定下来了，左视图的作用就是在此基础之上对箱座的外形以及内部构造进行一定的补充，因此在绘制左视图的时候，采用半剖的形式来表达：一侧表现外形，另一侧表现内部。

【练习 12-19】　绘制减速器箱体的左视图

① 切换至"中心线"图层，首先执行"XL"（构造线）命令，在左视图的位置绘制一竖直的中心线，然后执行"RAY"（射线）命令，根据主视图绘制左视图的投影线，如图 12-167所示。

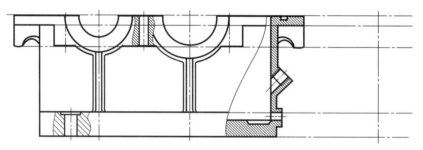

图 12-167　绘制左视图投影线

② 调用"偏移"命令，将左视图中的竖直中心线向左偏移 40.5、60、80、82.5、84.5，如图 12-168 所示。

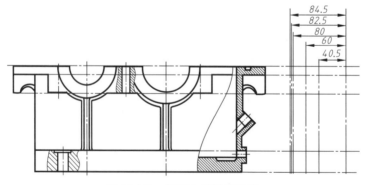

图 12-168　偏移左视图投影线

③ 绘制外形图。将"轮廓线"置为当前，根据左侧偏移的辅助线，绘制外形的轮廓线，如图 12-169 所示。

④ 偏移中心线。删除多余辅助线，再次执行"O"（偏移）命令，将左视图的竖直中心线向右偏移 32.5、40.5、60.5、82.5、84.5，如图 12-170 所示。

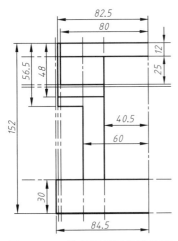
图 12-169 绘制俯视图外形轮廓

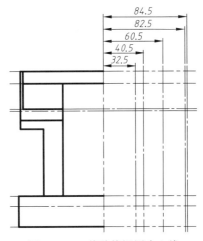
图 12-170 偏移俯视图中心线

⑤ 绘制内部图。结合主视图，执行"L"（直线）命令，绘制左视图中的内部结构，如图 12-171 所示。

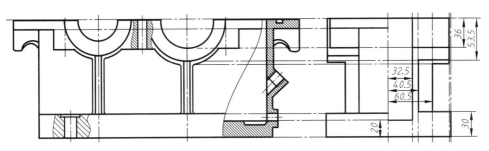
图 12-171 绘制左视图中的内部结构

⑥ 绘制底座阶梯面。一般的箱体底座都会设计有阶梯面，以减少与地面的接触，增加稳定性，也减小加工面。执行"L"（直线）命令，在左视图中绘制底层的阶梯面，并修剪主视图和左视图的对应图形，如图 12-172 所示。

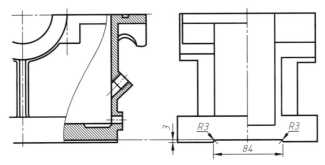
图 12-172 绘制底座阶梯面

⑦ 按相同的投影方法，使用"L"（直线）、"F"（圆角）命令绘制左视图中吊耳部分，如图 12-173 所示。

⑧ 修剪左视图。使用"F"（圆角）命令对左视图进行编辑，然后执行"H"（图案填充）命令，填充左视图右侧的半剖部分，如图 12-174 所示。左视图就此绘制完成。

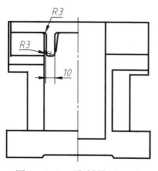

图 12-173　绘制吊耳图形

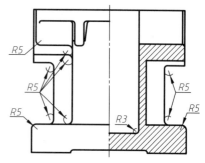

图 12-174　填充左视图半剖面

12.6.4　标注图形

主视图、俯视图、左视图绘制完成后，就可以对图形进行标注。在标注像箱座这类比较复杂的箱体类零件时，要注意避免重复标注，也不要遗漏标注。在标注时尽量以特征为参考，一个特征一个特征地进行标注，这样就可以降低出错率。

（1）标注尺寸

【练习 12-20】　标注减速器箱体的尺寸

① 在进行标注前要先检查图形，补画其中遗漏或缺失的细节，如主视图中轴承安装孔处的螺钉孔，补画如图 12-175 所示。

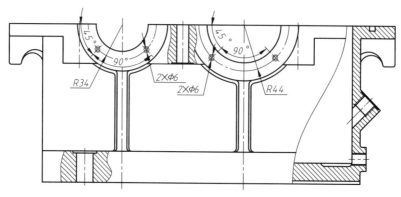

图 12-175　补画主视图

② 标注主视图尺寸。切换到"标注线"图层，执行"DLI"（线性）、"DDI"（直径）等标注命令，按之前介绍的方法标注主视图图形，如图 12-176 所示。

③ 标注主视图的精度尺寸。主视图中仅轴承安装孔孔径（52、72）、中心距（120）等三处重要尺寸需要添加精度，而轴承的安装孔公差为 H7，中心距可以取双向公差，对这些尺寸添加精度，如图 12-177 所示。

④ 标注俯视图尺寸。俯视图的标注相对于主视图来说比较简单，没有很多重要尺寸，主要需标注一些在主视图上不好表示的轴、孔中心距尺寸，最后的标注效果如图 12-178 所示。

⑤ 标注左视图尺寸。左视图主要需标注箱座零件的高度尺寸，比如零件总高、底座高

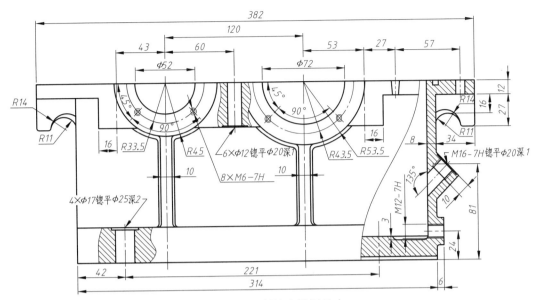

图 12-176　标注主视图尺寸

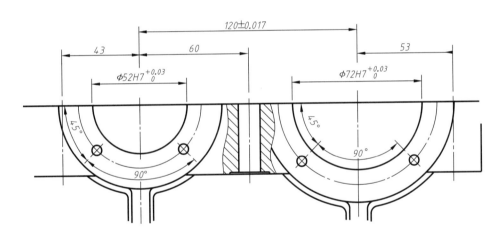

图 12-177　标注主视图的精度尺寸

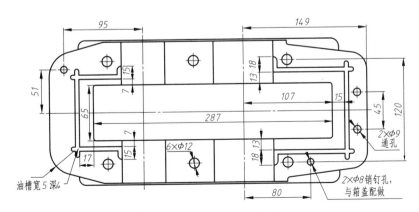

图 12-178　标注俯视图尺寸

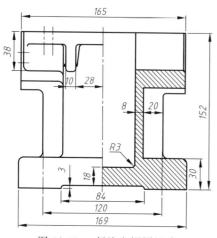

图 12-179 标注左视图尺寸

度等，具体标注如图 12-179 所示。

（2）标注形位公差与粗糙度

【练习 12-21】 标注减速器箱体的形位公差和粗糙度

① 延续上一例操作。

② 标注俯视图形位公差与粗糙度。由于主视图上尺寸较多，因此此处选择俯视图作为放置基准符号的视图，具体标注效果如图 12-180 所示。

③ 标注主视图形位公差与粗糙度。按相同方法，标注箱座零件主视图上的形位公差与粗糙度，最终效果如图 12-181 所示。

④ 标注主视图形位公差与粗糙度。按相同方法，标注箱座零件主视图上的形位公差与粗糙度，最终效果如图 12-182 所示。

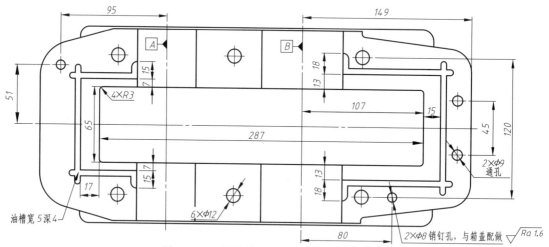

图 12-180 标注俯视图的形位公差与粗糙度

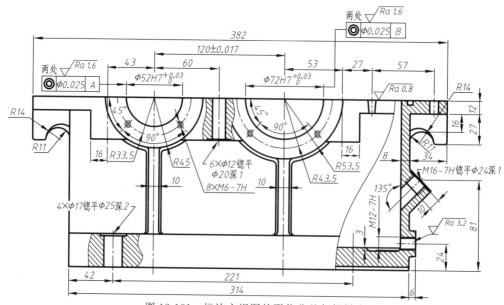

图 12-181 标注主视图的形位公差与粗糙度

（3）添加技术要求。

【练习 12-22】　添加减速器箱体的技术要求

① 延续上一例操作。

② 单击"默认"选项卡中"注释"面板上的"多行文字"按钮 **A**，在图标题栏上方的空白部分插入多行文字，输入技术要求如图 12-183 所示。

③ 箱座零件图绘制完成，最终的图形效果如图 12-184 所示（详见素材文件"12.6 绘制箱座零件图-OK"）。

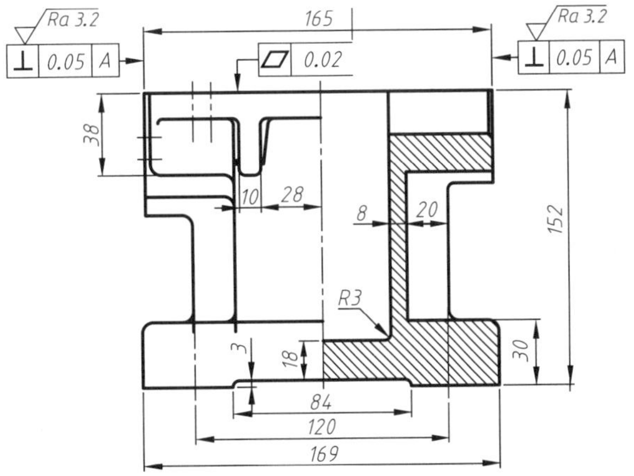

图 12-182　标注左视图的形位公差与粗糙度

技术要求

1. 箱座铸成后，应清理并进行实效处理。

2. 箱盖和箱座合箱后，边缘应平齐，相互错位不大于 2mm。

3. 应检查与箱盖接合面的密封性，用 0.05mm 塞尺塞入深度不得大于接合面宽度的 1/3。用涂色法检查接触面积达一个斑点。

4. 与箱盖联接后，打上定位销进行镗孔，镗孔时结合面处禁放任何衬垫。

5. 轴承孔中心线对剖分面的位置度公差为 0.3mm。

6. 两轴承孔中心线在水平面内的轴线平行度公差为 0.020mm，两轴承孔中心线在垂直面内的轴线平行度公差为 0.010mm。

7. 机械加工未注公差尺寸的公差等级为 GB/T 1804-m。

8. 未注明的铸造圆角半径 R=3～5mm。

9. 加工后应清除污垢，内表面涂漆，不得漏油。

图 12-183　输入技术要求

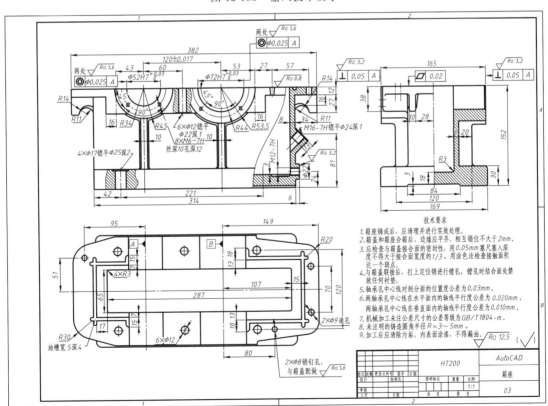

图 12-184　箱座零件图

第13章

绘制机械装配图

扫码全方位学习

AutoCAD 2022

机械装配图是表达机器或部件的图样，主要表达其工作原理和装配关系。在机器设计过程中，装配图的绘制位于零件图之前，并且装配图与零件图的表达内容不同，它主要用于机器或部件的装配、调试、安装、维修等场合，也是生产中的一种重要的技术文件。

13.1　装配图概述

装配图是表示产品及其组成部分的连接、装配关系的图样，如图 13-1 所示，是表达设计思想及技术交流的工具，是指导生产的基本技术文件。无论是设计机器还是测绘机器时都必须画出装配图。

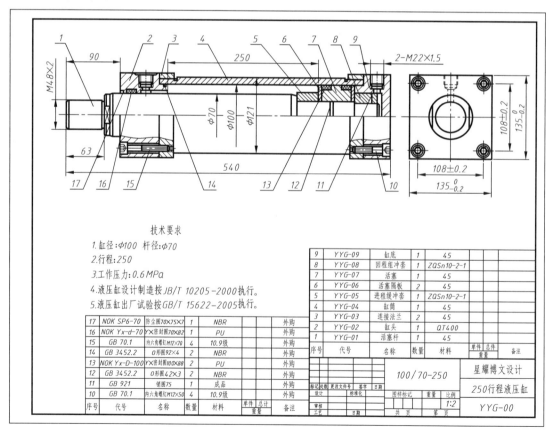

图 13-1　液压缸装配图

在设计过程中，一般应先根据要求画出装配图用以表达机器或者零部件的工作原理、传动路线和零件间的装配关系。然后通过装配图表达各组零件在机器或部件上的作用和结构，以及零件之间的相对位置和连接方式。

13.1.1　装配图的作用

机件的设计制造及装配过程都需要装配图。用装配图来表达机件的工作原理、零件间的装配线关系和各零件的主要结构形状，以及装配、检验和安装时所需的尺寸和技术要求。

➢ 在新设计或测绘机件时，装配图表示该机件的构造和装配关系，并确定各零件的结构形状和协调各零件的尺寸等，是绘制零件图的依据。

➢ 在生产中装配机件时，要根据装配图制订装配工艺规程，装配图是机器装配、检验、调试和安装工作的依据。

➢ 在使用和维修中，装配图是了解机件工作原理、结构性能，从而决定操作、保养、拆装和维修方法的依据。

➢ 在进行技术交流、引进先进技术或更新改造原有设备时，装配图也是不可缺少的资料。

13.1.2　装配图的内容

一张完整的装配图应该包括一组装配起来的机械图样、必要的尺寸、技术要求、标题栏、零件序号和明细栏等。

（1）一组装配起来的机械图样

根据产品或部件的具体结构，选用适当的表达方法，用一组视图正确、完整、清晰地表达产品或部件的工作原理、各组成零件间的相互位置和装配关系及主要零件的结构形状。

（2）必要的尺寸

装配图的尺寸标注和零件图不同，零件图要清楚地标注所有尺寸，确保能准确无误地绘制出零件图，而装配图上只需标注出与机械或部件的性能、安装、运输、装配有关的尺寸，包括以下尺寸类型。

➢ 特性尺寸：表示装配体的性能、规格或特征的尺寸，它常常是设计或选择使用装配体的依据。

➢ 装配尺寸：是指装配体各零件间装配关系的尺寸，包括配合尺寸和相对位置尺寸。

➢ 安装尺寸：表示装配体安装时所需要的尺寸。

➢ 外形尺寸：装配体的外形轮廓尺寸（如总长、总宽、总高等）是装配体在包装、运输、安装时所需的尺寸。

➢ 其他重要尺寸：是经计算或选定的不能包括在上述几类尺寸中的重要尺寸，如运动零件的极限位置尺寸。

（3）技术要求

在装配图中，用文字或国家标准规定的符号注写出的该装配体在装配、检验、使用等方面的要求。

（4）标题栏、零件序号和明细栏

按国家标准规定的格式绘制标题栏和明细栏，并按一定格式将零、部件进行编号，填写标题栏和明细栏。

13.1.3　装配图的表达方法

零件图的各种表达方法同样适用于装配图，但由于装配图是用来表达产品及其组成部分的连接、装配关系和零件的主要结构的，所以对装配图的表达方法又有一些其他规定。

（1）装配图的规定画法

在实际绘图过程中，国家标准对装配图的绘制方法进行了一些总结性的规定。

① 接触面和配合面的画法　相邻两零件的接触表面和配合表面只画出一条轮廓线，不接触的表面和非配合表面应画两条轮廓线，如图13-2所示。如果距离太近，可以不按比例放大并画出。

② 相邻剖面的画法　相邻两零件的剖面线，倾斜方向应尽量相反，当不能使其相反时，则剖面线的间距不应该相等，或者使剖面线相互错开，如图13-3所示的机座与轴承、机座与端盖、轴承与端盖。

在装配图中，对于紧固件及轴、球、手柄、键、连杆等实心零件，若沿纵向剖切且剖切平面通过其对称平面或轴线时，这些零件均按不剖绘制。如需表明零件的凹槽、键槽、销孔等结构，可用局部剖视表示，如图13-2中所示的螺钉和调节螺栓。

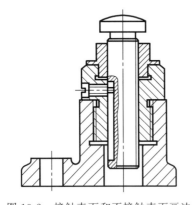

图13-2　接触表面和不接触表面画法

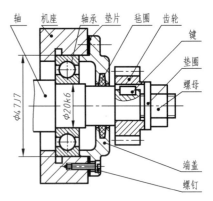

图13-3　相邻零件的剖切面画法

③ 窄剖面的画法　图在装配图中，宽度小于或等于2mm的窄剖面区域，可全部涂黑表示，如图13-4所示中的垫片。

（2）装配图的简化画法

① 拆卸画法　在装配图的某一视图中，为表达一些重要零件的内、外部形状，可假想拆去一个或几个零件后绘制该视图。如图13-5所示为轴承装配图中，俯视图的右半部为拆

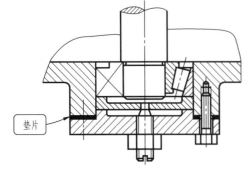

图13-4　宽度小于或等于2mm的剖切画法

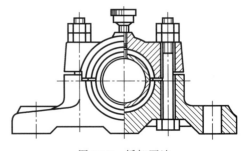

图13-5　拆卸画法

去轴承盖、螺栓等零件后画出的。

② 假想画法　在装配图中用双点画线绘制零、部件的假想轮廓线，一般有以下两种情况。

➤ 表达运动件极限位置的轮廓线，如图 13-6 主视图所示，三星轮系机构的柄是按位置Ⅰ时绘制的，当手柄在极限位置Ⅱ、Ⅲ时，用双点画线绘制其轮廓线。

➤ 表达与本装配体有连接或安装关系的相邻零部件的轮廓线，如图 13-6 左视图所示，与该机构有安装关系的主轴箱，用双点画线画出。

③ 展开画法　为了表达传动机构的传动路线和各轴间的装配关系，可假想按传动顺序沿轴线剖切，然后依次展开在同一个平面上，向选定的投影面投影

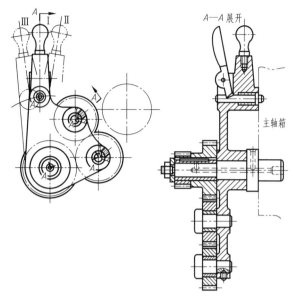

图 13-6　三星轮系传动机构

画出剖视图的方法为展开画法。所得到的剖视图称为展开剖视图，并在该图上方加注"展开"两字。如图 13-6 中左视图即为三星轮系传动机构的展开剖视图。

④ 紧固件及实心件的画法　在装配图中，对于紧固件以及轴、手柄、连杆、球、键、销等实心件，若按纵向剖切，且剖切平面通过其轴线或对称平面时，则这些零件均按不剖绘制。

⑤ 相同零件组的画法　装配图中若干相同的零件组，如螺栓连接等，可仅详细地画出一组或几组，其余只需用细点画线画出中心线表示其装配位置，如图 13-7 所示。

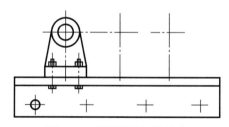

图 13-7　相同零件组的画法

⑥ 工艺结构画法　在装配图中，零件的工艺结构如小圆角、倒角、退刀槽等可不画。

⑦ 滚动轴承画法　在装配图中，滚动轴承剖视图轮廓按外径、内径、宽度等实际尺寸绘制，轮廓内可用简化画法或示意画法绘制。

⑧ 弹簧画法　在装配图中，被弹簧挡住的结构一般不画出，可见轮廓部分应从弹簧的外轮廓线或从弹簧钢丝剖面的中心线画起。

13.2　装配图的标注

与零件图不同，装配图的标注对于尺寸来说没有零件图严格，只需标明几个关键尺寸即可。其余内容相对来说要多一些，除了技术要求外，还有零部件序号、明细表等附加说明。

13.2.1　装配图的尺寸标注

由于装配图主要是用来表达零、部件装配关系的，所以在装配图中不需要注出每个零件的全部尺寸，而只需注出一些必要的尺寸。这些尺寸按其作用不同，可分为以下

五类。

➢ 规格尺寸：规格尺寸在设计时就已确定，它主要是用来表示机器或部件的性能和规格尺寸，是设计机器、了解和设置机器的根据。

➢ 装配尺寸：装配尺寸分为两种——配合尺寸和相对位置尺寸。前者是用来表示两个零件之间配合性质的尺寸，后者是用来表示装配和拆画零件时，需要保证零件间相对位置的尺寸。

➢ 外形尺寸：外形尺寸是用来表示机器或部件外形轮廓的尺寸，即机器或部件的总长、总宽、总高等。

➢ 安装尺寸：安装尺寸是机器或部件安装到基座或其他工作位置时所需的尺寸。

➢ 其他重要尺寸：在设计过程中经过计算而确定的尺寸和主要零件的主要尺寸以及在装配或使用中必须说明的尺寸，不包含在上述四种尺寸之中，在拆画零件时，不能改变。

以上五类尺寸，并非装配图中每张图上都需全部标注，有时同一个尺寸，可同时兼有几种含义。所以装配图上的尺寸标注，要根据具体的装配体情况来确定。

13.2.2　装配图的技术要求

装配图中的技术要求就是采用文字或符号来说明机器或部件的性能、装配、检验、使用、外观等方面的要求。技术要求一般注写在明细表的上方或图纸下部空白处，如果内容很多，也可另外编写成技术文件作为图纸的附件，如图13-8所示。

技术要求

1. 采用螺母及开口垫圈手动夹紧工件。

2. 非加工内表面涂红防锈漆，外表面喷漆应光滑平整，不应有脱皮凸起等缺陷。

3. 对刀块工作平面对定位键工作平面平行度0.05/100mm。

4. 对刀块工作平面对夹具底面垂直度0.05/100mm。

5. 定位轴中心线对夹具底面垂直度0.05/100mm。

图13-8　技术要求

装配图中的技术要求，一般可从以下几个方面来考虑。

➢ 装配要求。装配要求是指装配后必须保证的精度以及装配时的要求等。

➢ 检验要求。检验要求是指装配过程中及装配后必须保证其精度的各种检验方法。

➢ 使用要求。使用要求是对装配体的基本性能、维护、保养、使用时的要求。

技术要求一般注写在明细表的上方或图纸下部空白处。如果内容很多，也可编写成技术文件作为图纸的附件。

13.2.3　装配图的零件序号

在绘制好装配图后，为了方便阅读图纸，做好生产准备工作和图样管理，对装配图中每种零部件都必须编注序号，并填写明细栏。

在机械制图中，零件序号有一些规定，序号的标注形式有多种，序号的排列也需要遵循一定的原则。

（1）零件序号的一般原则

编注机械装配图中的零件序号一般应遵循以下原则。

➢ 装配图中每种零件都必须编注序号。

> 装配图中，一个部件只可编写一个序号，同一装配图中，尺寸规格完全相同的零部件，应编写相同的序号。

> 零部件的序号应与明细栏中的序号一致，且在同一个装配图中编注序号的形式一致。

（2）序号标注形式原则

一个完整的零件序号应该由指引线、水平线（圆圈）以及序号数字组成，各部分的含义如下。

> 指引线：指引线用细实线绘制，应将所指部分的可见轮廓部分引出，并在可见轮廓内的起始端画一个圆点。如果所指部分轮廓内不便画圆点时，可在指引线末端画一箭头，并指向该部分的轮廓，如图 13-9 所示。

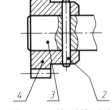

图 13-9　指引线画法

> 水平线（圆圈）：水平线或者圆圈用细实线绘制，用以注写序号数字。

> 序号数字：编写零、部件序号的常用方法有三种，如图 13-10 所示。在指引线的水平线上或圆圈内注写序号时，其字高比该装配图中尺寸数字高度大一号，也允许大两号。当不画水平线或者圆圈时，在指引线附近注写序号时，序号字高必须比该装配图中所标主尺寸数字高度大两号。

（3）序号的编排方法

装配图中的序号应该在装配图的周围按照水平或者垂直方向整齐排列，序号数字可按顺时针或者逆时针方向依次增大。在一个视图上无法连续排列全部所需序号时，可在其他视图上按上述原则继续编写。

（4）其他规定

> 指引线可以画成折线，但只可曲折一次，指引线不能相交，当指引线通过有剖面线的区域时指引线不应与剖面线平行。

> 一组紧固件以及装配关系清楚的零件组，可以采用公共指引线，如图 13-11 所示。

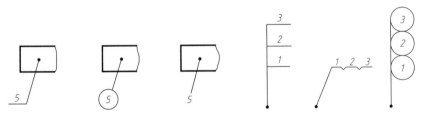

图 13-10　序号的编写形式　　　　图 13-11　公共指引线标注序号

13.2.4　装配图的标题栏和明细栏

为了方便装配时零件的查找和图样的管理，必须对零件编号列出零件的明细栏。明细栏是装配体中所有零件的目录，一般绘制在标题栏上方，可以和标题栏相连在一起，也可以单独画出，明细表外框左右两侧为粗实线，内框为细实线。明细栏序号按零件编号从下到上列出，以方便修改。

如图 13-12 所示是明细栏的常用形式和尺寸。

总的来说，装配图是表达设计思想及技术交流的工具，是指导生产的基本技术文件。因此无论是在设计机器还是测绘机器时必须画出装配图。

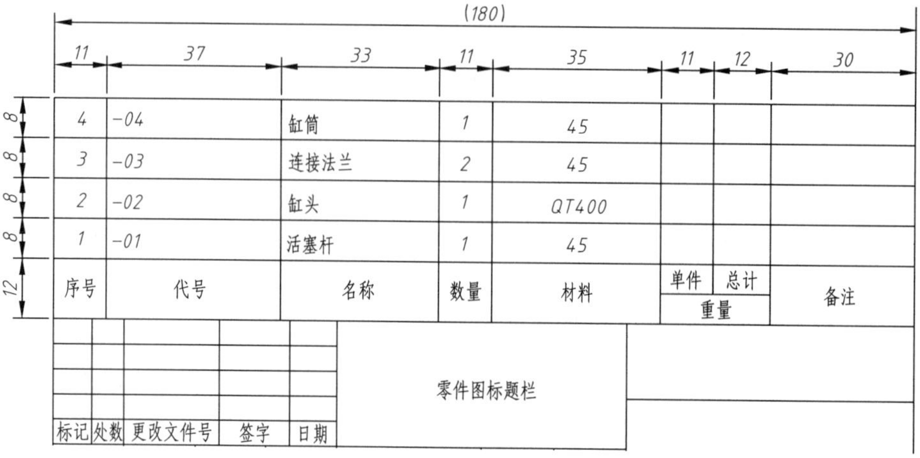
(180)
11
37
33
11
35
11
12
30
8
8
8
8
12
4
-04
缸筒
1
45
3
-03
连接法兰
2
45
2
-02
缸头
1
QT400
1
-01
活塞杆
1
45
序号
代号
名称
数量
材料
单件
总计
重量
备注
零件图标题栏
标记
处数
更改文件号
签字
日期

图 13-12　装配图明细栏

13.3　绘制单级减速器装配图

首先设计轴系部件。通过绘图设计轴的结构尺寸，确定轴承的位置，传动零件、轴和轴承是减速器的主要零件，其他零件的结构和尺寸依据这些零件而定。绘制装配图时，要先画主要零件，后画次要零件；由箱内零件画起，逐步向外画：先由中心线绘制大致轮廓线，结构细节可先不画；以一个视图为主，过程中兼顾其他视图。

13.3.1　绘图分析

可按表 13-1 中的数值估算减速器的视图范围，而视图布置可参考图 13-13。

表 13-1　视图范围估算表

	A	B	C
一级圆柱齿轮减速器	$3a$	$2a$	$2a$
二级圆柱齿轮减速器	$4a$	$2a$	$2a$
圆锥-圆柱齿轮减速器	$4a$	$2a$	$2a$
一级蜗杆减速器	$2a$	$3a$	$2a$

注：a 为传动中心距，对于二级传动来说，a 为低速级的中心距。

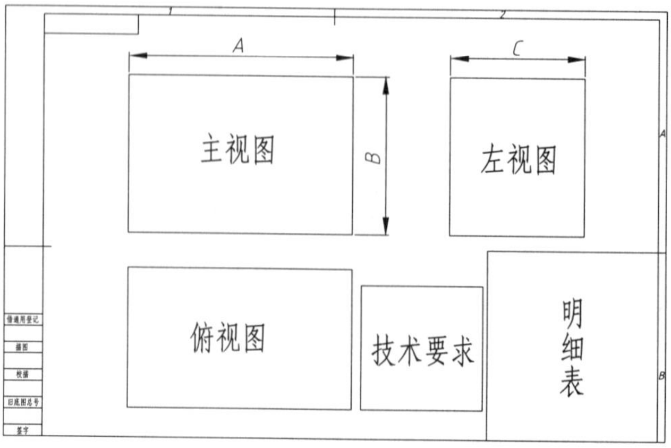
A
C
B
主视图
左视图
俯视图
技术要求
明
细
表

图 13-13　视图布置参考图

13.3.2 绘制俯视图

对于本例的单级减速器来说，其主要零件就是齿轮传动副，因此在绘制装配图的时候，宜先绘制表达传动副的俯视图，在根据投影关系反过来绘制主视图与左视图。在绘制的时候可以直接使用前面章节绘制过的素材，以复制、粘贴的方式绘制该装配图。

【练习 13-1】 绘制单级减速器俯视图

① 打开素材文件"第 13 章\13.3 绘制单级减速器装配图.dwg"，素材中已经绘制好了一 1：1 大小的 A0 图纸框，如图 13-14 所示。

② 导入箱座俯视图。打开素材文件"第 12 章\12.6 绘制箱座零件图-OK.dwg"，使用"Ctrl＋C"（复制）、"Ctrl＋V"（粘贴）命令，将箱座的俯视图粘贴至装配图中的适当位置，如图 13-15 所示。

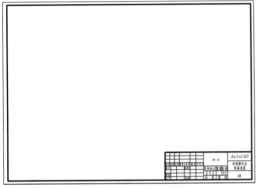

图 13-14 素材文件

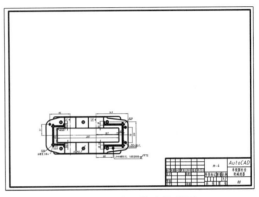

图 13-15 导入箱座俯视图

③ 使用"E"（删除）、"TR"（修剪）等编辑命令，将箱座俯视图的尺寸标注全部删除，只保留轮廓图形与中心线，如图 13-16 所示。

④ 放置轴承端盖。打开素材文件"第 13 章\配件\轴承端盖 1.dwg"，使用 Ctrl＋C（复制）、Ctrl＋V（粘贴）命令，将该轴承端盖的俯视图粘贴至绘图区，然后移动至对应的轴承安装孔处，执行"TR"（修剪）命令删减被遮挡的线条，如图 13-17 所示。

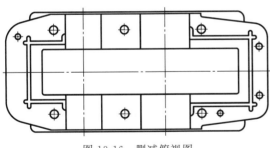

图 13-16 删减俯视图

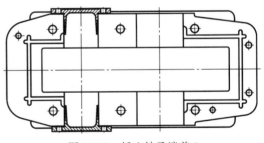

图 13-17 插入轴承端盖 1

⑤ 放置轴承 6205。打开素材文件"第 13 章\配件\轴承 6205.dwg"，按相同方法将轴承图形粘贴至绘图区，然后移动至俯视图上对应的轴承安装孔处，如图 13-18 所示。

⑥ 导入齿轮轴。打开素材文件"第 13 章\配件\齿轮轴.dwg"，同样使用"Ctrl＋C"（复制）、"Ctrl＋V"（粘贴）命令，将齿轮轴零件粘贴进来，按中心线进行对齐，并靠紧轴肩，接着使用"TR"（修剪）、"E"（删除）命令删除多余图形，如图 13-19 所示。

⑦ 导入大齿轮。齿轮轴导入之后，就可以根据啮合方法导入大齿轮。打开素材文件

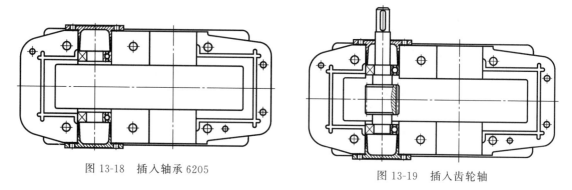

图 13-18　插入轴承 6205

图 13-19　插入齿轮轴

"第 12 章\12.4 绘制大齿轮零件图-OK.dwg",按相同方法将其中的剖视图插入至绘图区中,再根据齿轮的啮合特征对齐,结果如图 13-20 所示。

⑧ 导入低速轴。同理将"第 12 章\12.3 绘制阶梯轴零件图-OK.dwg"素材文件导入至绘图区,然后执行"M"(移动)命令,按大齿轮上的键槽位置进行对齐,修剪被遮挡的线条,结果如图 13-21 所示。

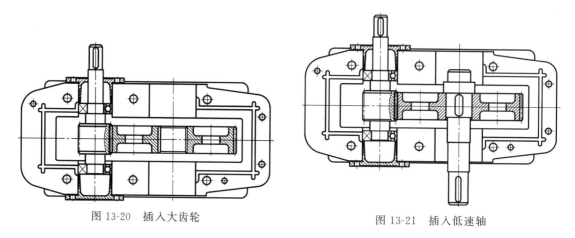

图 13-20　插入大齿轮

图 13-21　插入低速轴

⑨ 插入低速轴齿轮侧端盖与轴承。按相同方法插入低速轴一侧的轴承端盖和轴承,素材见"第 13 章\配件\轴承端盖 2.dwg""第 13 章\配件\轴承 6207.dwg"。插入后的效果如图 13-22 所示。

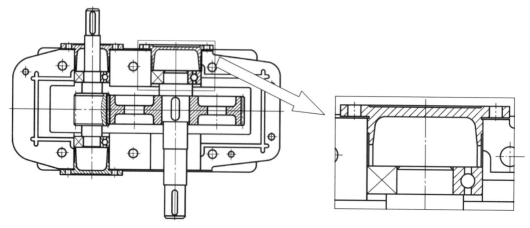

图 13-22　插入轴承与端盖

⑩ 插入低速轴输出侧端盖与轴承。该侧由于定位轴段较长，因此仅靠端盖无法压紧轴承，所以要在轴上添加一隔套进行固定，结果如图 13-23 所示。

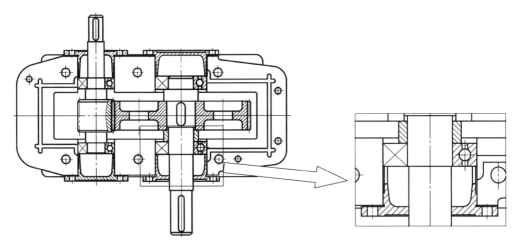

图 13-23　插入对侧的轴承与端盖

13.3.3　绘制主视图

俯视图先绘制到该步，然后利用现有的俯视图，通过投影的方法来绘制主视图的大致图形。

【练习 13-2】　绘制单级减速器主视图

（1）绘制端盖部分

① 绘制轴与轴承端盖。切换到"虚线"图层，执行"L"（直线）命令，从俯视图中向主视图绘制投影线，如图 13-24 所示。

② 切换到"轮廓线"图层，执行"C"（圆）命令，按投影关系，在主视图中绘制端盖与轴的轮廓，如图 13-25 所示。

③ 绘制端盖螺钉。选用的螺钉为 GB/T 5783—2000 的外六角螺钉，查相关手册即可得螺钉的外形形状，然后切换到"中心线"图层，绘制出螺钉的布置圆，再切换回"轮廓线"图层，执行相关命令绘制螺钉即可，如图 13-26 所示。

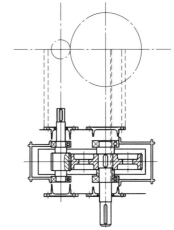

图 13-24　绘制主视图投影线

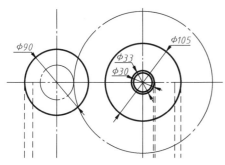

图 13-25　在主视图绘制端盖与轴

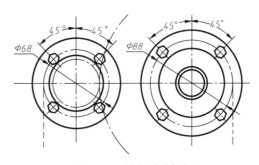

图 13-26　绘制端盖螺钉

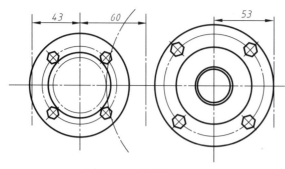

图 13-27　确定螺栓位置

（2）绘制凸台部分

① 确定轴承安装孔两侧的螺栓位置。单击"修改"面板中的"偏移"按钮，执行"O"（偏移）命令，将主视图中左侧的垂直中心线向左偏移 43mm，向右偏移 60mm；将右侧的中心线向右偏移 53mm，作为凸台连接螺栓的位置，如图 13-27 所示。

提示：轴承安装孔两侧的螺栓间距不宜过大，也不宜过小，一般取凸缘式轴承盖的外圆直径大小。距离过大，不设凸台轴承刚度差；距离过小，螺栓孔可能会与轴承端盖的螺栓孔干涉，还可能与油槽干涉，为保证扳手空间，将会不必要地加大凸台高度。

② 绘制箱盖凸台。同样执行"O"（偏移）命令，将主视图的水平中心线向上偏移 38mm，此即凸台的高度；然后偏移左侧的螺钉中心线，向左偏移 16mm，再将右侧的螺钉中心线向右偏移 16mm，此即凸台的边线；最后切换到"轮廓线"图层，执行"L"（直线）命令将其连接即可，如图 13-28 所示。

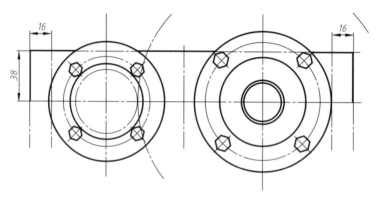

图 13-28　绘制箱盖凸台

③ 绘制箱座凸台。按相同方法，绘制下方的箱座凸台，如图 13-29 所示。

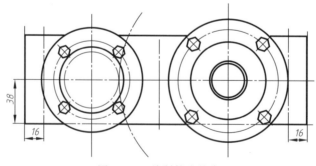

图 13-29　绘制箱座凸台

④ 绘制凸台的连接凸缘。为了保证箱盖与箱座的连接刚度，要在凸台上增加一凸缘，且凸缘应该较箱体的壁厚略厚，约为 1.5 倍壁厚。因此执行"偏移"命令，将水平中心线向上、下偏移 12mm，然后绘制该凸缘，如图 13-30 所示。

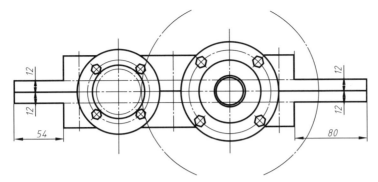

图 13-30　绘制凸台凸缘

⑤ 绘制连接螺栓。为了节省空间，在此只需绘制出其中一个连接螺栓（M10×90）的剖视图，其余用中心线表示即可，如图 13-31 所示。

（3）绘制观察孔与吊环

① 绘制主视图中的箱盖轮廓。切换到"轮廓线"图层，执行"L"（直线）、"C"（圆）等绘图命令，绘制主视图中的箱盖轮廓如图 13-32 所示。

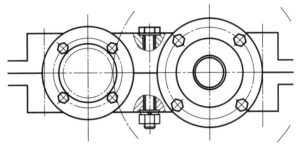

图 13-31　绘制连接螺栓

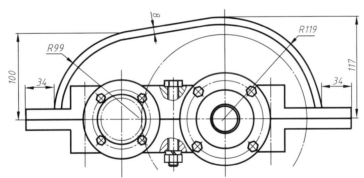

图 13-32　绘制主视图中的箱盖轮廓

② 绘制观察孔。执行"L"（直线）、"F"（倒圆角）等绘图命令，绘制主视图上的观察孔如图 13-33 所示。

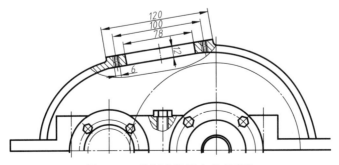

图 13-33　绘制主视图中的观察孔

③ 绘制箱盖吊环。执行"L"（直线）、"C"（圆）等绘图命令，绘制箱盖上的吊钩，效果如图 13-34 所示。

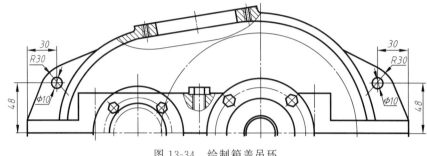

图 13-34　绘制箱盖吊环

（4）绘制箱座部分

① 箱座零件图在第 12 章已经绘制好，因此可以直接打开"第 12 章\12.6 绘制箱座零件图-OK.dwg"素材文件，使用 Ctrl+C（复制）、Ctrl+V（粘贴）命令，将箱座的主视图粘贴至装配图中的适当位置，再使用"M"（移动）、"TR"（修剪）命令进行修改，得到主视图如图 13-35 所示。

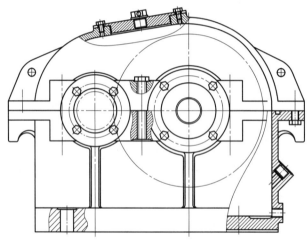

图 13-35　绘制箱座轮廓

② 插入油标。打开素材文件"第 13 章\配件\油标.dwg"，复制油标图形并放置在箱座的油标孔处，如图 13-36 所示。

③ 插入油塞。打开素材文件"第 13 章\配件\油塞.dwg"，复制油塞图形并放置在箱座的放油孔处，如图 13-37 所示。

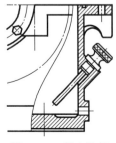
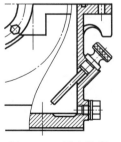
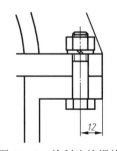

图 13-36　插入油标　　　　　图 13-37　插入油塞　　　　　图 13-38　绘制连接螺栓

④ 绘制箱座右侧的连接螺栓。箱座右侧的连接螺栓为 M8×35，型号为 GB/T 5782—2000 的外六角螺栓，按之前所介绍的方法绘制，如图 13-38 所示。

⑤ 补全主视图。调用相应命令绘制主视图中的其他图形，如起盖螺钉、圆柱销等，再补上剖面线，最终的主视图图形如图 13-39 所示。

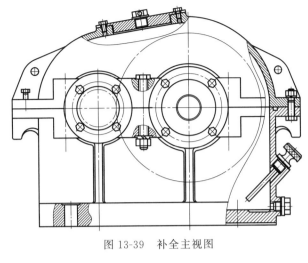

图 13-39　补全主视图

13.3.4　绘制左视图

主视图绘制完成后，就可以利用投影关系来绘制左视图。

【练习 13-3】　绘制单级减速器俯视图

(1) 绘制左视图外形轮廓

① 将"中心线"图层设置为当前图层，执行"L"（直线）命令，在图纸的左视图位置绘制的中心线，中心线长度任意。

② 切换到"虚线"图层，执行"L"（直线）命令，从主视图中向左视图绘制投影线，如图 13-40 所示。

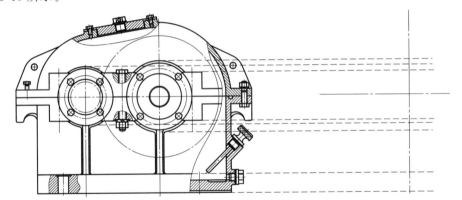

图 13-40　绘制左视图的投影线

③ 执行"O"（偏移）命令，将左视图的垂直中心线向左右对称偏移 40.5、60.5、80、82、84.5，如图 13-41 所示。

④ 修剪左视图。切换到"轮廓线"图层，执行"L"（直线）命令，绘制左视图的轮廓，再执行"TR"（修剪）命令，修剪多余的辅助线，结果如图 13-42 所示。

⑤ 绘制凸台与吊钩。切换到"轮廓线"图层，执行"L"（直线）、"C"（圆）等绘图命令，绘制左视图中的凸台与吊钩轮廓，然后执行"TR"（修剪）命令删除多余的线段，如图 13-43 所示。

⑥ 绘制定位销、起盖螺钉中心线。执行"O"（偏移）命令，将左视图的垂直中心线向左、右对称偏移 60mm，作为箱盖与箱座连接螺栓的中心线位置，同样也是箱座地脚螺栓的中心线位置，如图 13-44 所示。

⑦ 绘制定位销与起盖螺钉。执行"L"（直线）、"C"（圆）等绘图命令，在左视图中绘制定位销（6×35，GB/T 117—2000）与起盖螺钉（M6×15，GB/T 5783—2000），如图 13-45 所示。

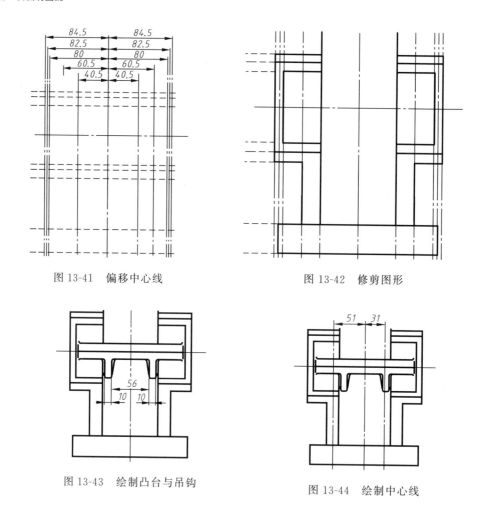

图 13-41　偏移中心线　　　　　　　　图 13-42　修剪图形

图 13-43　绘制凸台与吊钩　　　　　　图 13-44　绘制中心线

⑧ 绘制端盖。执行"L"（直线）命令，绘制轴承端盖在左视图中的可见部分，如图 13-46 所示。

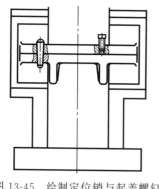

图 13-45　绘制定位销与起盖螺钉

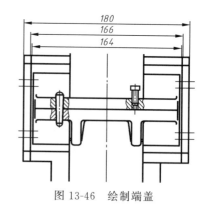

图 13-46　绘制端盖

⑨ 绘制左视图中的轴。执行"L"（直线）命令，绘制高速轴与低速轴在左视图中的可见部分，伸出长度参考俯视图，如图 13-47 所示。

⑩ 补全左视图。按投影关系，绘制左视图上方的观察孔以及封顶、螺钉等，最终效果如图 13-48 所示。

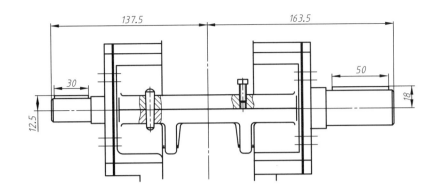

图 13-47   绘制左视图中的轴

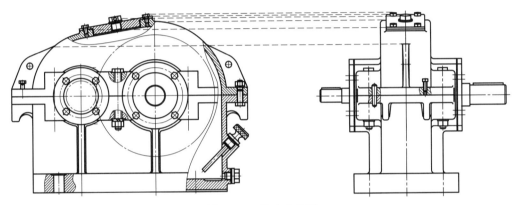

图 13-48   补全左视图

（2）补全俯视图

① 补全俯视图。主视图、左视图的图形都已经绘制完毕，这时就可以根据投影关系，完整地补全俯视图，最终效果如图 13-49 所示。

② 至此装配图的三视图全部绘制完成，效果如图 13-50 所示。

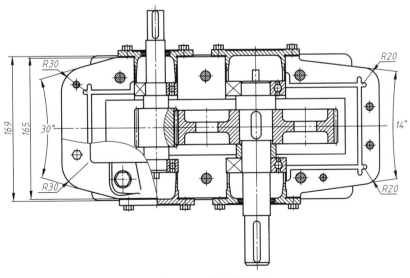

图 13-49   补全俯视图

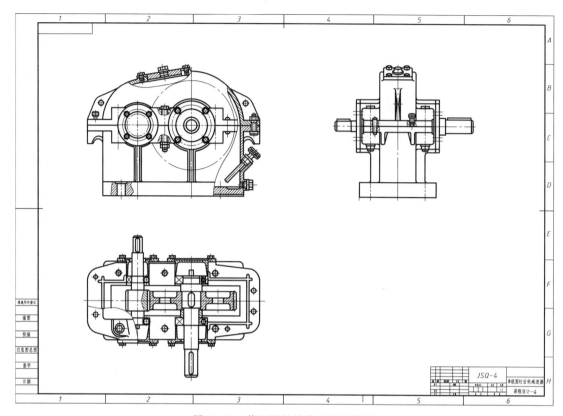

图 13-50　装配图的最终三视图效果

13.3.5　标注装配图

图形创建完毕后，就要对其进行标注。装配图中的标注包括标明序列号、填写明细表，以及标注一些必要的尺寸，如重要的配合尺寸、总长、总高、总宽等外形尺寸，以及安装尺寸等。

【练习 13-4】　标注单级减速器装配图（延续上一例操作）

（1）标注尺寸

主要包括外形尺寸、安装尺寸以及配合尺寸，分别标注如下。

❏ 标注外形尺寸

由于减速器的上、下箱体均为铸造件，因此总的尺寸精度不高，而且减速器对于外形也无过多要求，因此减速器的外形尺寸只需注明大致的总体尺寸即可。

① 标注总体尺寸。切换到"标注线"图层，执行"DLI"（线性）等标注命令，按之前介绍的方法标注减速器的外形尺寸，主要集中在主视图与左视图上，如图 13-51 所示。

❏ 标注安装尺寸

安装尺寸即减速器在安装时所涉及的尺寸，包括减速器上地脚螺栓的尺寸、轴的中心高度以及吊环的尺寸等。这部分尺寸有一定的精度要求，需参考装配精度进行标注。

② 标注主视图上的安装尺寸。主视图上可以标注地脚螺栓的尺寸，执行"DLI"（线性）标注命令，选择地脚螺栓剖视图处的端点，标注该孔的尺寸，如图 13-52 所示。

③ 标注左视图的安装尺寸。左视图上可以标注轴的中心高度，此即所连接联轴器与带轮的工作高度，标注如图 13-53 所示。

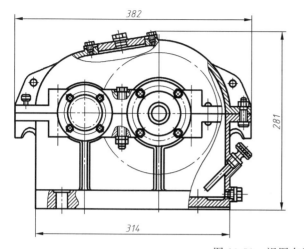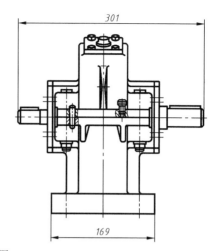

图 13-51　视图布置参考图

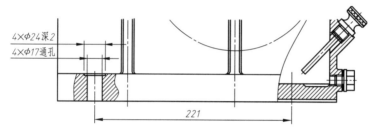

图 13-52　标注主视图上的安装尺寸

④ 标注俯视图的安装尺寸。俯视图中可以标注高、低速轴的末端尺寸，即与联轴器、带轮等的连接尺寸，标注如图 13-54 所示。

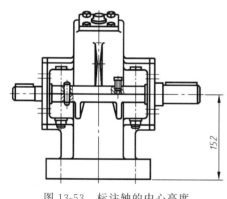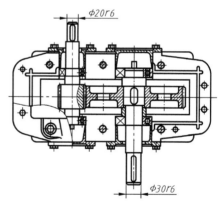

图 13-53　标注轴的中心高度

图 13-54　标注轴的连接尺寸

□ 标注配合尺寸

配合尺寸即零件在装配时需保证的配合精度，对于减速器来说，是轴与齿轮、轴承，轴承与箱体之间的配合尺寸。

⑤ 标注轴与齿轮的配合尺寸。执行"DLI"（线性）标注命令，在俯视图中选择低速轴与大齿轮的配合段，标注尺寸，并输入配合精度，如图 13-55 所示。

⑥ 标注轴与轴承的配合尺寸。高、低速轴与轴承的配合尺寸均为 H7/k6，标注效果如图 13-56 所示。

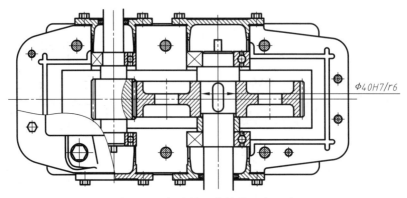

图 13-55 标注轴、齿轮的配合尺寸

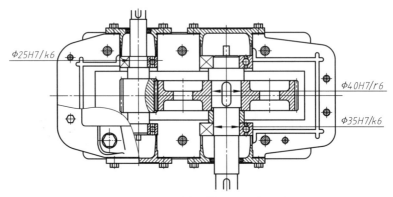

图 13-56 标注轴、轴承的配合尺寸

⑦ 标注轴承与轴承安装孔的配合尺寸。为了安装方便，轴承一般与轴承安装孔取间隙配合，因此可取配合公差为 H7/f6，标注效果如图 13-57 所示，尺寸标注完毕。

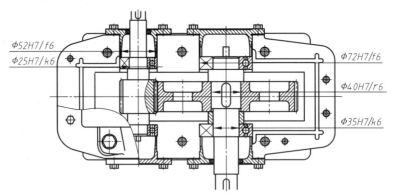

图 13-57 标注轴承、轴承安装孔的配合尺寸

（2）添加序列号

装配图中的所有零件和组件都必须编写序号。装配图中相同的零件或组件只编写一个序号，同一装配图中相同的零件编写相同的序号，而且一般只注明一次。另外，零件序号还应与事后的明细表中序号一致。

① 设置引线样式。单击"注释"面板中的"多重引线样式"按钮，打开"多重引线样式管理器"对话框，单击其中的"修改"按钮，如图 13-58 所示。

② 打开"修改多重引线样式：Standard"对话框，设置其中的"引线格式"选项卡如图 13-59 所示。

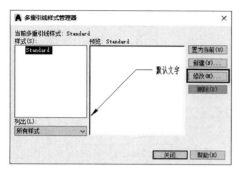

图 13-58　"多重引线样式管理器"对话框

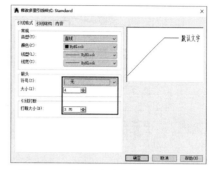

图 13-59　修改"引线格式"选项卡

③ 切换至"引线结构"选项卡，设置其中参数如图 13-60 所示。

④ 切换至"内容"选项卡，设置其中参数如图 13-61 所示。

图 13-60　修改"引线结构"选项卡

图 13-61　修改"内容"选项卡

⑤ 标注第一个序号。将"细实线"图层设置为当前图层，单击"注释"面板中的"引线"按钮，然后在俯视图的箱座处单击，引出引线，然后输入数字"1"，即表明该零件为序号为 1 的零件，如图 13-62 所示。

⑥ 按此方法，对装配图中的所有零部件进行引线标注，最终效果如图 13-63 所示。

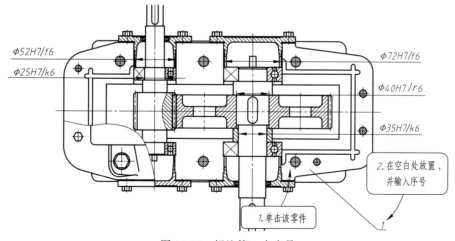

图 13-62　标注第一个序号

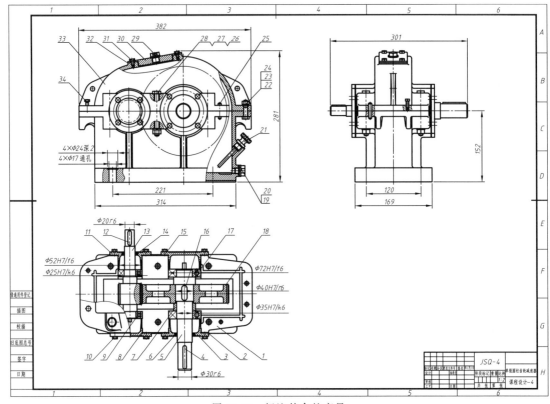

图 13-63　标注其余的序号

（3）填写明细表

① 单击"绘图"面板中的"矩形"按钮，按图 13-12 所介绍的装配图标题栏进行绘制，也可以打开素材文件"第 13 章\配件\装配图明细表.dwg"直接进行复制，如图 13-64 所示。

4	-04	缸筒	1	45	单件	总计	备注
3	-03	连接法兰	2	45			
2	-02	缸头	1	QT400			
1	-01	活塞杆	1	45			
序号	代号	名称	数量	材料	单件 总计 重量		备注

图 13-64　复制素材中的标题栏

② 将该标题栏缩放至合适 A0 图纸的大小，然后按上述步骤添加的序列号顺序填写对应明细表中的信息。如上述步骤序列号 1 对应的零件为"箱座"，便在序号 1 的明细表中填写信息，如图 13-65 所示。

1	JSQ-4-01	箱座	1	HT200		

图 13-65　按添加的序列号填写对应的明细表

③ 按相同方法，填写明细表上的所有信息，如图 13-66 所示。

提示：在对照序列号填写明细表的时候，可以选择"视图"选项卡，然后在"视口配置"下拉选项中选择"两个：水平"选项，模型视图便从屏幕中间一分为二，且两个视图都可以独立运作。这时将一个视图移动至模型的序列号上，另一个视图移动至明细表处进行填写，如图 13-67 所示，这种填写方式就显得十分便捷了。

序号	代号	名称	数量	材料	单件/总计 重量	备注
20		封油圈	1	耐油橡胶		装配自制
19	JSQ-4-10	M12油口塞	1	45		
18	JSQ-4-09	大齿轮	1	45		m=2,z=96
17	GB/T 276	深沟球轴承6207	2	成品		外购
16	GB/T 1096	键C12×32	1	45		外购
15	JSQ-4-08	轴承端盖(6207闷)	1	HT150		
14		封油毡圈(小)	1	半粗羊毛毡		外购
13	JSQ-4-07	高速齿轮轴	1	45		m=2,z=24
12	GB/T 1096	键C8×30	1	45		外购
11	JSQ-4-06	轴承端盖(6205通)	1	HT150		
10	GB/T 5783	外六角螺钉M6×25	16	8.8级		外购
9	GB/T 276	深沟球轴承6205	2	成品		外购
8	JSQ-4-05	轴承端盖(6205闷)	1	HT150		
7	JSQ-4-04	隔套	1			
6		封油毡圈Φ45×Φ33	1	半粗羊毛毡		外购
5	JSQ-4-03	低速轴	1	45		
4	GB/T 1096	平键C8×50	1	45		外购
3	JSQ-4-02	轴承端盖(6207通)	1	HT150		
2		调整垫片	2组	08F		装配自制
1	JSQ-4-01	箱座	1	HT200		

二级减速器

单级圆柱齿轮减速器

课程设计-4　比例 1:2

标记 处数 更改文件号 签字 日期　设计　标准化　图样标记　重量　比例　审核　工艺　日期　共 页　第 页

序号	代号	名称	数量	材料	单件/总计 重量	备注
34	GB/T 5782	起盖螺钉	1	10.9级		外购
33	JSQ-4-14	箱盖	1	HT200		
32		视孔垫片	1	软钢纸板		装配自制
31	GB/T 5783	外六角螺钉M6X10	4	8.8级		外购
30	JSQ-4-13	视孔盖	1	45		
29	JSQ-4-12	通气器	1	45		
28	GB 93	弹性垫圈10	6	65Mn		外购
27	GB/T 6170	六角螺母M10	6	10级		外购
26	GB/T 5782	外六角螺钉M10X90	6	8.8级		外购
25	GB/T 117	圆锥销8×35	2	45		外购
24	GB 93	弹性垫圈8	2	65Mn		外购
23	GB/T 6170	六角螺母M8	2	10级		外购
22	GB/T 5782	外六角螺钉M8×35	2	8.8级		外购
21	JSQ-4-11	油标	1	组合件		
序号	代号	名称	数量	材料	单件/总计 重量	备注

图 13-66　填写明细表

（4）添加技术要求

减速器的装配图中，除了常规的技术要求外，还要有技术特性，即写明减速器的主要参数，如输入功率、传动比等，类似于齿轮零件图中的技术参数表。

① 填写技术特性。绘制一简易表格，然后在其中输入文字，如图 13-68 所示，尺寸大小任意。

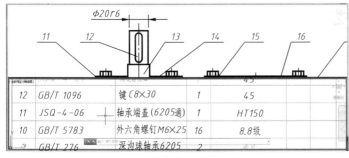

12	GB/T 1096	键C8×30	1	45
11	JSQ-4-06	轴承端盖(6205通)	1	HT150
10	GB/T 5783	外六角螺钉M6×25	16	8.8级
	GB/T 276	深沟球轴承6205	2	

图 13-67　多视图对照填写明细表

技术特性

输入功率 kW	输入轴转速 r/min	传动比
2.09	376	4

图 13-68　输入技术特性

② 单击“默认”选项卡中“注释”面板上的“多行文字”按钮，在图标题栏上方的空白部分插入多行文字，输入技术要求如图 13-69 所示。

技术要求

1. 装配前，滚动轴承用汽油清洗，其他零件用煤油清洗，箱体内不允许有任何杂物存在，箱体内壁涂耐磨油漆；
2. 齿轮副的测隙用铅丝检验，测隙值应不小于 0.14mm；
3. 滚动轴承的轴向调整间隙均为 0.05～0.1mm；
4. 齿轮装配后，用涂色法检验齿面接触斑点，沿齿高不小于 45%，沿齿长不小于 60%；
5. 减速器剖面分面涂密封胶或水玻璃，不允许使用任何填料；
6. 减速器内装 L-AN15（GB443-89），油量应达到规定高度；
7. 减速器外表面涂绿色油漆。

图 13-69　输入技术要求

③ 减速器的装配图绘制完成，最终的效果如图 13-70 所示（详见素材文件“13.3 绘制单级减速器装配图-OK”）。

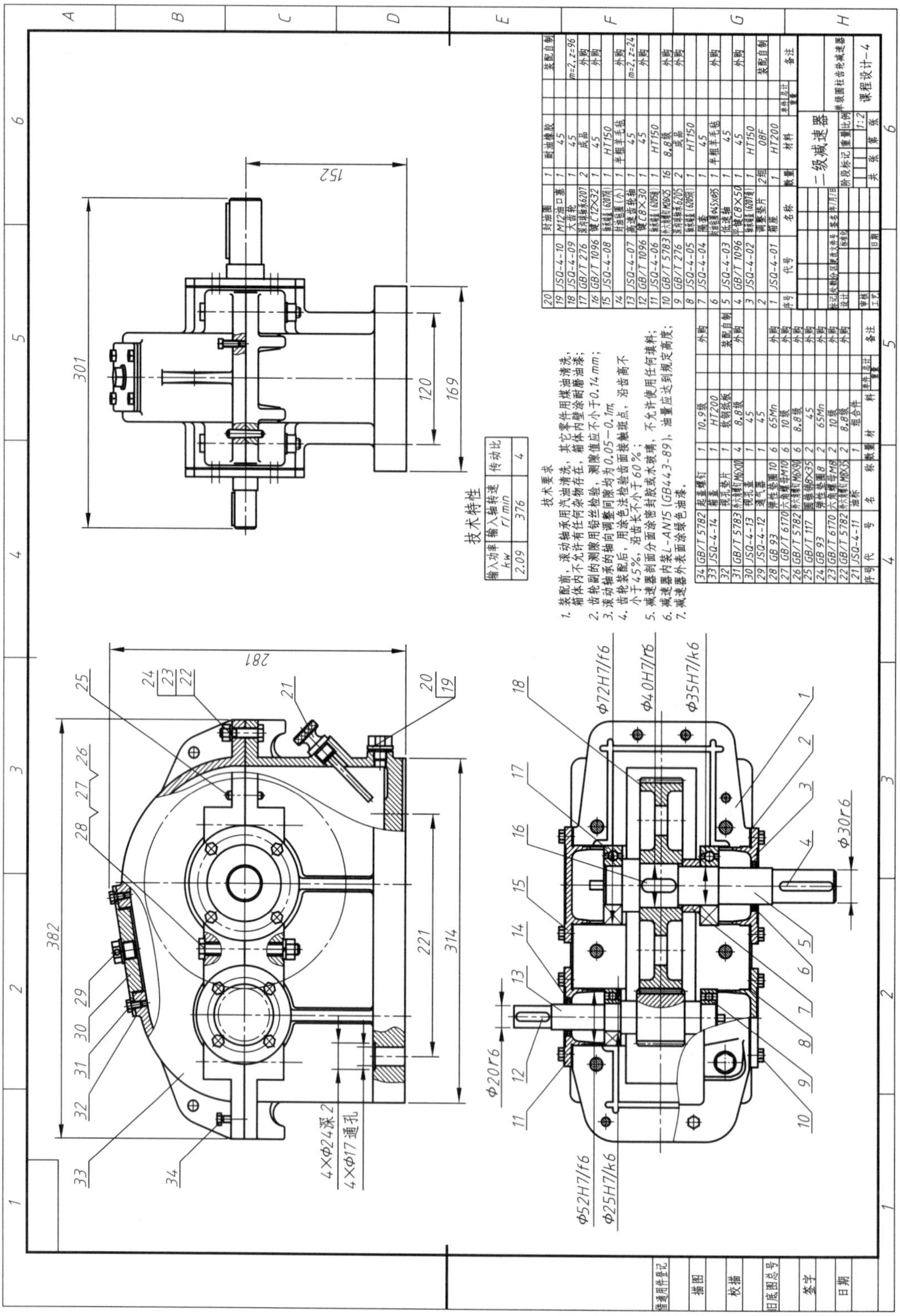

图13-70 减速器装配图

第三篇 室内制图篇

第14章

初识室内制图与设计

扫码全方位学习
AutoCAD 2022

在进行室内设计时，首先需要了解室内设计基础知识和室内设计制图的要求与规范等，本章节主要讲解室内设计的基本知识、制图要求与规范、室内设计工程图的绘制方法。

14.1 室内设计基础

室内设计就是根据建筑物的使用性质、所处环境和相应标准，综合运用现代物质手段、技术手段和艺术手段，设计出功能合理、舒适优美、满足人们物质和精神生活需要的理想室内环境。

14.1.1 室内设计概念

室内设计，又称为室内环境设计，是对建筑内部空间进行理性创造的方法。室内设计将人与人、物与物之间的联系演变为人与人、人与物等之间的联系，如图14-1所示。设计作为艺术要充分考虑人与人之间的关系，作为技术要考虑物与物之间的关系，是艺术与技术的结合。

图 14-1 室内设计之间的联系

装修、装饰、装潢是三个不同级别的居室工程概念，在居室工程中应保证装修，在装修的基础上继续装饰，在装饰的基础上完善装潢，具体区别介绍如下。

➢ 室内装潢：侧重外表，从视觉效果的角度来研究问题，如室内地面、墙面、顶棚等各界面的色彩处理。装饰材料的选用、配置效果等。

➢ 室内装修：着重于工程技术、施工工艺和构造做法等方面的研究。

➢ 室内装饰：是综合的室内环境设计，它既包括工程技术方面及声、光、热等物理环境的问题，也包括视觉方面的设计，还包括氛围、意境等心理环境和个性特色等文化环境方面的创造。

14.1.2 室内设计基本内容

室内设计是根据建筑物的使用性质、所处环境和相应标准，运用物质技术手段和建筑设计原理，创造功能合理、舒适优美、满足人们物质和精神生活需要的室内环境。这一空间环境既具有使用价值，满足相应的功能需求，同时也反映了历史文脉、建筑风格、环境气氛等精神因素。

（1）室内建筑、装饰构件设计

室内建筑、装饰构件设计主要是对建筑内部空间的各大界面（如天花、墙面、地面、门窗、隔断及梁柱、护栏等），按照一定的设计要求进行二次处理，以满足私密性、风格、审美和心理方面的要求，如图 14-2 所示。

（2）室内物理环境设计

室内物理环境是指构成室内环境的所有物质条件，所有对人的感觉、知觉产生影响的物质因素。室内物理环境是室内光环境、声环境、热工环境的总称。

❑ 室内光环境

室内的光线来源于两个方面，一方面是天然光，另一方面是人工光。天然光是由直射太阳光和阳光穿过地球大气层时扩散形成的天空光组成的，人工光主要是指各种电光源发出的光线，如图 14-3 所示。

在室内设计中，尽量争取利用天然光满足室内的照明要求，在不能满足照度要求的地方辅助人工照明。一定量的直射阳光照射到室内，有利于室内杀菌和人的身体健康，特别是在冬天。夏天时，炎热的阳光照射到室内会使室内迅速升温，长时间会使室内陈设物品褪色、变质等，所以应注意遮阳、隔热等问题。

图 14-2　装饰构件设计

图 14-3　室内光环境

❑ 室内声环境

室内声环境主要包括两个方面：一方面是室内音质的设计，如音乐厅、电影院、录音室等，目的是提高室内音质，满足应有的听觉效果。另一方面是隔声与降噪，旨在隔绝和降低各种噪声对室内环境的干扰。

❑ 室内热工环境

室内热工环境受室内热辐射、室内温度、湿度、空气流速等因素综合影响。为满足人们舒适、健康的要求，在进行室内设计时，应结合空间布局、材料构造、家具陈设、色彩、绿化等方面综合考虑。

14.1.3　室内设计的分类

人们根据建筑物的使用功能，对室内设计做了如下分类。

（1）居住建筑室内设计

居住建筑室内设计，主要涉及住宅、公寓和宿舍的室内设计，包括前室、起居室、餐厅、书房、工作室、卧室、厨房和浴厕设计。

（2）公共建筑室内设计

➤ 文教：主要涉及幼儿园、学校、图书馆、科研楼的室内设计，包括门厅、过厅、中庭、教室、活动室、阅览室、实验室、机房等室内设计。

➤ 医疗：主要涉及医院、社区诊所、疗养院的建筑室内设计，包括门诊室、检查室、手术室和病房的室内设计。

➤ 办公：主要涉及行政办公楼和商业办公楼内部的办公室、会议室以及报告厅的室内设计。

➤ 商业：主要涉及商场、便利店、餐饮建筑的室内设计，包括营业厅、专卖店、酒吧、茶室、餐厅的室内设计。

➤ 展览：主要涉及各种美术馆、展览馆和博物馆的室内设计，包括展厅和展廊的室内设计。

➤ 体育：主要涉及各种类型的体育馆、游泳馆的室内设计，包括用于不同体育项目比赛和训练及配套的辅助用房的设计。

➤ 娱乐：主要涉及各种舞厅、歌厅、KTV、游艺厅的建筑室内设计。

➤ 交通：主要涉及公路、铁路、水路、民航车站、码头建筑，包括候机厅、候车室、候船厅、售票厅等室内设计。

（3）工业建筑室内设计

工业建筑室内设计主要涉及各类厂房的车间和生活间及辅助用房的室内设计。

（4）农业建筑室内设计

农业建筑室内设计主要涉及各类农业生产用房，如种植暖房、饲养房的室内设计。

14.2　室内空间布局

人们对于居住空间的需求不断提高，人们的生活方式和居住行为也不断发生变化，追求舒适的家居生活环境已成为一种时尚。现代的家庭生活日趋多元化和多样化，尤其是住宅商品化概念的推出，进一步强化了人们的参与意识，富有时代气息、强调个性的住宅室内设计备受人们的青睐。人们越来越注重住宅室内设计在格调上能充分体现个人的修养、品味和意志，希望通过住宅空间氛围的营造，多角度展示个人的情感和理念。

14.2.1　室内空间构成

室内空间构成实质上是由家庭成员的活动性质和活动方式决定的，涉及的范围广泛、内容复杂，但归纳起来大致可以分为公共活动空间、私密性空间、家务空间三种不同性质的空间。

（1）公共活动空间

公共活动空间是以满足家庭成员的公共活动需求为主要目的的综合空间，主要包括团聚、视听、娱乐、用餐、阅读、游戏以及对外联系或社交活动等，而且这些活动的性质、状

365

态和规律，因不同的家庭结构和特点不同也不一样。从室内空间的功能上看，依据需求的不同，基本上可以定义出门厅、起居室、餐厅、游戏室等属于群体活动性质的空间，如图 14-4 所示。而规模较大的住宅，除此之外有的还设有独立的健身房和视听室。

图 14-4　公共活动空间

（2）私密性空间

私密性空间是为家庭成员私密性行为所提供的空间。它能充分满足家庭成员的个体需求，是家庭和谐的重要基础。其作用是使家庭成员之间能在亲密之外保持适度的距离，以维护家庭成员必要的自由和尊严，又能解除精神压力和心理负担，是获得自我满足、自我坦露、自我平衡和自我抒发不可缺少的空间区域，私密性空间主要包括卧室、书房和卫生间等空间，如图 14-5 所示。完善的私密性空间要求具有休闲性、安全性和创造性。

图 14-5　私密性空间

（3）家务空间

家务主要包括准备膳食、洗涤餐具、清洁环境、洗烫衣物、维修设备等活动。一个家庭需要为这些活动提供充分的设施和操作空间，以便提高工作效率，使繁杂的各种家务劳动能在省时省力的原则下顺利完成。而方便、舒适、美观的家务空间又可使工作者在工作的同时保持愉快的心情，把繁杂的家务劳动变成一种生活享受。家务空间主要包括厨房、家务室、洗衣间、储藏室等空间，如图 14-6 所示。家务空间设计应该把合适的空间位置、合理的设备尺度以及现代科技产品的采用作为设计的着眼点。

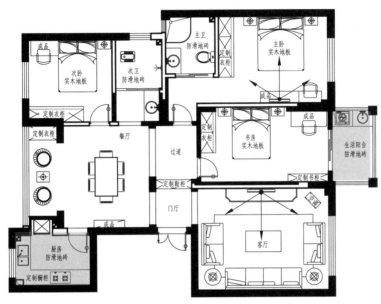

图 14-6　家务空间

14.2.2　室内空间布局原则

空间设计是整个室内设计中的核心和主体，因为空间设计中，我们要对室内空间分隔合理，使得各室内功能空间完整而又丰富多变。同时在平面关系上要紧凑，要考虑细致入微，使得建筑实用率提高。总之，空间处理的合理性能影响人们的生活、生产活动。所以，我们也可以说空间处理是室内其他一切设计的基础。对于空间布局来说，需满足以下 9 项原则。

（1）功能完善、布局合理

居住功能分配是室内家装设计的核心问题。人们生活水平不断提高、人均居住面积日益增大，住宅空间的功能也在不断地发生变化，追求功能完善以满足人们多样的需求已成为一种时尚。现在室内设计要求住宅空间的布局更加合理，空间系统的组织方式更加丰富，流动的、复合型的空间形态逐渐取代了呆板的、单一型的空间形态。同时，功能的多样化也为室内空间的布局提供了多种选择的余地。从总体上来讲，室内空间的各种使用功能是否完善、布局是否合理是衡量住宅空间设计成功与否的关键。图 14-7 所示为室内家居功能分布图。

（2）动静明确、主次分明

室内住宅空间无论功能多么完善、布局多么合理，都必须做到动、静区域明确。动、静区域的划分是以人们的日常生活行为来界定的。一般家居中的起居室、餐厅、厨房、视听室、家务室等群体活动比较多的区域属于动态区域。它的特点是参与的人比较多而且群聚性比较强，这部分空间一般应布置在接近住宅的入口处。而住宅的另一类空间，如卧室、书

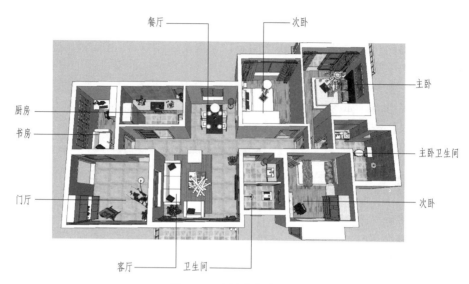

图 14-7　家居功能分布图

房、卫生间等则需要相对隐蔽和安静，属于静态区域，其特点是对安全性和私密性要求比较高，这部分空间一般应尽量远离住宅的入口，以减少不必要的干扰。在住宅室内空间设计中不仅要注意做到动、静区域明确，还要注意分清主次，如图 14-8 所示。

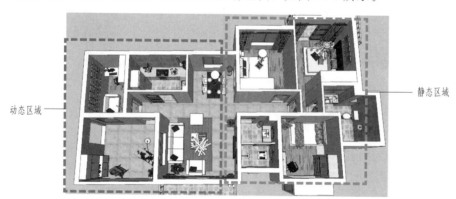

图 14-8　家居动、静区分布图

（3）规模适度、尺度适宜

在当今我国的商品住宅中，建筑层高一般控制在 2.7m 左右，以人本身作为衡量尺度的

图 14-9　家居规模适度、尺度适宜

依据，在室内空间中与人体功能和人身活动最密切、最直接接触的室内部件是衡量尺度是否合理的最有力的依据。空间尺度是相对的，尺度是和比例密切相关的一个建筑特性。例如，同样的室内空间高度，面积大的室内空间会比面积小的室内空间显得低矮，面积越大这种感觉越强烈。所以设计师在设计时，要根据业主的实际家装环境因地制宜地设计，如图 14-9 所示。

（4）风格多样、造型统一

在进行住宅室内空间设计时，建筑本身的复杂性及使用功能的复杂性势必会演变成形式的多样化，因此，设计师的首要任务就是要把因多样化而造成的杂乱无章通过某些共同的造型要素使之组成引人入胜的统一。例如，在现实生活中，有时尽管购置的室内物品都是非常理想的物品，但是将它们放置在一起会非常不协调，不能形成统一的、美观的室内环境。究其原因就是没有一个统一的设想，缺乏对室内环境与装饰的通盘构思。通常在设计时首先需要从总体上根据家庭成员的组成、职业特点、经济条件以及业主本人的爱好进行通盘考虑，逐步形成一个总体设想，即所谓"意在笔先"，然后才能着手进行下一步具体的设计。

虽然现代住宅空间设计造型多样化，各类风格均有，但是住宅室内环境设计仍然以造型简洁、色彩淡雅为好。简洁雅淡有利于扩展空间，形成恬静宜人、轻松休闲的室内居住环境，这也是住宅室内环境的使用性质所要求的，如图 14-10 所示。

（5）利用空间、突出重点

尽管现代人们的居住环境已经得到改善，人均居住面积有了大幅度提高，但是有效利用空间仍然是设计师思考的重点。从使用功能和使用方便角度着想，空间布局要紧凑合理，尽量减少较封闭和功能单一的通道，应有效利用空间，可以在门厅、厨房、走道等处设置吊柜、壁柜等，如图 14-11 所示。如果住宅面积过小，还可以布置折叠或多功能家具，以减少对空间的占用，从而达到有效利用空间的目的。

图 14-10　家居风格多样、造型统一

图 14-11　家居利用空间、突出重点

（6）色彩和谐、选材正确

居住空间的气氛受色彩的影响是非常大的，色彩是人们对住宅室内环境最为敏感的视觉感受。赏心悦目、协调统一的室内色彩配置是住宅室内环境设计的基本要求。

室内色彩应有主色调或基调，冷暖、性格、气氛都通过主色调来体现。对于规模较大的建筑，主调更应该贯穿整个建筑空间，在此基础上再考虑局部的、不同部位的适当变化。即希望通过色彩达到怎样的感受，典雅还是华丽，安静还是活跃，纯朴还是奢华，用色彩言语表达并非那么容易，要在许多色彩方案中，认真仔细地去鉴别和挑选。

主色调确定以后，就应考虑色彩的施色部位及其比例分配。主色调一般应占有较大比例，而次色调作为主色调的配色，只占小的比例。背景色、主题色、强调色三者之间的色彩关系绝不是孤立的、固定的，如果机械地理解和处理，必然千篇一律，变得单调，所以在做设计之时，既要有明确的图底关系、层次关系和视觉中心，又不刻板、僵化，才能达到丰富多彩。如图 14-12 所示效果图，确定以灰色为主色调，所以整个家居都是配合灰色调而来，并没出现过艳的颜色，使整个家居更好地融合，达到一种和谐的自然效果。

材料质地肌理的组合设计在当代室内环境中运用得相当普遍，室内设计理念要通过材料的质地美感来体现，材质肌理的组合设计直接影响室内环境的品位与个性。当代室内设计中的材质运用需遵循三点：充分发挥材质纹理特征，强化空间环境功能；强调材料质地纹理组合的文化与统一；提倡运用新材料，尝试材质组合设计新方法。

（7）适当光源、合理配置

人和植物一样，需要日光的哺育，在做室内设计时，要尽可能保持室内有足够的自然采光，一般要求窗户的透光面积与墙面之比不少于1/5，要让人们最大限度地享受自然光带来的温馨与健康。

除此之外，灯光照明也是光源的一部分。灯具品种繁多，造型丰富，形式多样，所产生的光线有直射光、反射光、漫射光。它们在空间中不同的组合能形成多种照明方式，因此合理地配置灯光就非常重要。良好的光源配置比例应该是5∶3∶1，即投射灯和阅读灯等集中式光源光亮度最强为"5"时，给人柔和感觉的辅助光源为"3"，而提供整个房间最基本的照明光源则为"1"。在选择家居照明光源时，要遵循功能性原则、美观性原则、经济性原则、安全性原则等。如图14-13所示效果图，在一定的自然光源下，加入不那么刺眼的灯光，既满足了照明需求，又使人感到舒适。

图14-12　色彩和谐

图14-13　适当光源、合理配置

（8）强调感受、体现个性

室内家居是以家庭为对象的人文生活环境。不同的生活背景和生活环境，使人的性格、爱好有很大的差异，而不同的职业、民族和年龄又促成了每个人的个性特征，个性特征的差异导致对家居审美意识、功能要求不同。所以，住宅空间设计必须要在保持时代特色的前提下，强调人们的自我感受，要体现与众不同的个性化特点，才能显示出独具风采的艺术魅力，如图14-14所示。

（9）经济环保、减少污染

设计的本质之一在于目的和价值的实现，这本身也包含了丰富的经济内容。提倡在经济上量力而行既是对业主提出的要求，又是对设计师提出的要求，利用有限的资金创造出优雅舒适的室内空间环境，也正是现代设计师基本素质和能力的体现。环保观念已经深入人心，所以在家装中，尽量减少使用有污染的材料，在设计中要牢固树立保护生态、崇尚绿色、回归自然、节省资源的观念，如图14-15所示。

14.2.3　室内各空间分析

开始室内设计之前首先要进行功能分析，室内设计不是纯艺术品，从某种角度上说是一种产品，作为产品首要满足的是功能，即人对产品的需求，其实这才是其艺术价值。所以室内设计的前提是进行功能分析，然后在功能分析的前提下进行划分。本小节介绍室内各空间的功能分析。

（1）玄关

玄关在室内设计中指的是居室入口的一个区域，专指住宅室内与室外的一个过渡空间，

图 14-14　强调感受、体现个性

图 14-15　经济环保、减少污染

也就是进入室内换鞋、更衣或从室内去室外的缓冲空间，也有人把它叫作斗室、过厅或门厅。在住宅中玄关虽然面积不大，但使用频率较高，是进出住宅的必经之处，因此玄关一般会有鞋柜、换鞋凳、衣架、全身镜等方便进出住宅的设计，如图 14-16 所示。

（2）客厅

客厅是家居空间中会客、娱乐和团聚等活动的空间。在家居室内空间设计的平面布置中，客厅往往占据非常重要的地位，客厅作为家庭外交的重要场所，更多用来彰显一个家庭的气度与公众形象，因此规整而庄重、大气且大方是其主要追求，客厅中主要的生活用具包括沙发、茶几、电视及音响等，有时也会放置饮水机。客厅效果图如图 14-17 所示。

图 14-16　玄关

图 14-17　客厅

（3）餐厅

现代家居中，餐厅正日益成为重要的活动场所，布置好餐厅，既能创造一个舒适的就餐环境，又会使居室增色不少。餐厅设计必须与室内空间整体设计相协调，在设计理念上主要把握好温馨、简单、便捷、卫生、舒适，在色彩处理上以暖色调为主，同时色彩对比应相对柔和，如图 14-18 所示。

（4）书房

书房又称家庭工作室，是阅读、书写以及业余学习、研究、工作的空间。特别是文教、科技和艺术工作者必备的活动空间。功能上要求满足书写、阅读、创作、研究、书刊资料贮存以及兼有会客交流的条件，力求创造幽雅、宁静、舒适的室内空间，如图 14-19 所示。

（5）卧室

卧室属于纯私人空间，在进行卧室设计时首先应考虑的是让你感到舒适和安静，不同的居住者对于卧室的使用功能有着不同的设计要求，卧室布置的原则是如何最大限度地提高舒

图 14-18　餐厅

图 14-19　书房

适度和私密性，所以卧室布置要突出的特点是清爽、隔音、软和柔，如图 14-20 所示。

（6）卫生间

卫生间的布局根据业主的经济条件、文化、生活习惯及家庭人员而定，与设备大小、形式有很大关系。在布局上可以将卫生设备组织在一个空间中，也可以分置在几个小空间中。在平面布设计上可分为兼用型、独立型和折中型 3 种。

➤ 第 1 种：独立型。卫浴空间比较大的家居空间，独立卫生间设计可以将洗衣、洗漱化妆、洗浴及坐便器等分为独立的空间。

➤ 第 2 种：兼用型。把浴盆、洗脸池、便器等洁具集中在一个空间中，称之为兼用型，兼用型的优点是节省空间、经济、管线布置简单等，缺点是一个人占用卫生间时，会影响其他人的使用。

➤ 第 3 种：折中型。卫生间中的基本设备，一些独立部分放到一处的情况，称为折中型，折中型的优点是相对节省一些空间，组合比较自由，缺点是部分卫生设施设置于一室时，仍有互相干扰的现象，如图 14-21 所示。

图 14-20　卧室

图 14-21　卫生间

提示：干湿分离是卫浴设计中比较流行的设计概念。使用传统的浴室设备，洗澡之后总是到处充满水汽，潮湿的空气长期在浴室中滞留，造成了空气的污浊。干湿分离包括洗手台、浴室的分离；或者淋浴区与坐便、面盆区的分离。干是指洗手台，湿是指浴室。

14.2.4　各空间平面配置范例

在上一小节中，主要介绍了室内各空间的功能。本小节介绍一些室内各空间的平面配置范例。

（1）客厅的配置

客厅配置是使用最频繁的公共空间，也是室内设计的重点，而配置上主要考虑的是客厅的使用面积。客厅配置的对象主要有单人沙发、双人沙发、三人沙发、L 形沙发组、贵妃椅、脚凳、茶几等，这些对象让客厅的空间极富变化性。若客厅的配置与其他空间结合，更会让空间具有开阔感。

① 客厅配置注意事项。沙发的中心点尽量与电视柜的中心点对齐，如图 14-22 所示。

② 配置单个沙发。配置单个沙发或懒人沙发时，不一定要将沙发摆放得"横平竖直"，这样会让客厅的配置显得呆板，如图 14-23 所示。因此可将单人沙发组旋转一定的角度（一般为 15°、25°、35°），使客厅的整体配置比较活泼，如图 14-24 所示。

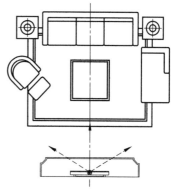

图 14-22　沙发中心与电视柜对齐

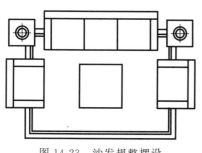

图 14-23　沙发规整摆设

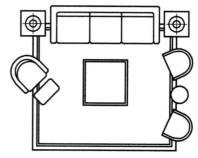

图 14-24　沙发旋转一定角度

③ 配置使用不同样式的图块。在客厅配置时，可以尝试不同样式图块的配置，以让配置画面呈现不同的感觉。况且，变更不同图块对象应用在客厅的配置上，最能感受到画面不同的风格。

➤ 当客厅面积比较大且为长形的空间时，配置的组合虽是单一空间，却可以分为两个区域进行使用，呈现大气的风格，如图 14-25 所示。

➤ 采用罗汉椅等图块对象，让配置图呈现另一种风格，如图 14-26 所示。

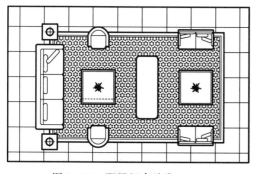

图 14-25　配置组合沙发（一）

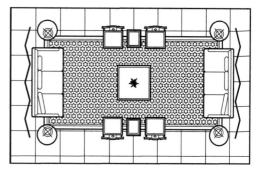

图 14-26　配置组合沙发（二）

④ 与其他空间相结合。客厅的配置可与另外一个空间结合，可使用开放性、半开放性、穿透性的处理手法，这些方式可让客厅的开阔性及延展性更大。

➤ 客厅加入了开放的阅读空间，让空间更有机动性，如图 14-27 所示。

➤ 客厅配置加入了开放式书房，让空间具有多变互动性，如图 14-28 所示。

➤ 客厅与开放的餐厅结合，让行动更顺畅，如图 14-29 所示。

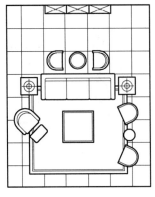

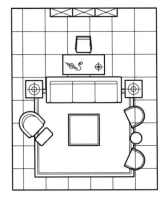

图 14-27　客厅加入阅读空间　　　　　　　图 14-28　客厅加入开放式书房

➤ 吧台区与客厅结合，比较适合于好客的居住者使用，如图 14-30 所示。

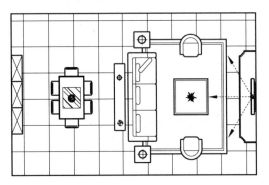

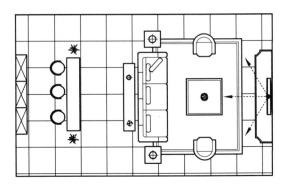

图 14-29　客厅与餐厅结合　　　　　　　　图 14-30　客厅与吧台结合

（2）厨房的配置

厨房的配置需注意厨具使用的流程，此流程为洗、切、煮，这三个流程是影响厨房设计的要素。

① 一字形厨具的配置。图 14-31 所示的一字形厨具的配置是家居设计中最常见的。

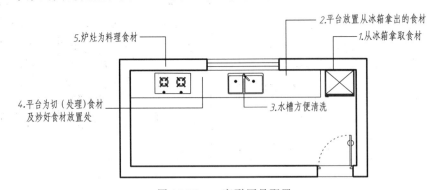

图 14-31　一字形厨具配置

② 吧台。吧台既可以用作处理洗、切、备料的工作台，又可以当作用餐的餐桌，在一些单身公寓和小户型设计中非常受欢迎。当吧台配置在厨房的空间时，此厨房空间以采用开放式厨房造型居多，同时与餐厅空间结合，让厨房具有更大的发挥空间及互动的关系。

吧台在设计上需注意以下几点。

➢ 吧台与厨柜的距离不得少于 900mm，也不宜大于 1200mm。

➢ 吧台长度尺寸为 1500mm 以上才够大方，但不宜大于 2500mm。

➢ 吧台深度尺寸应在 800～1200mm 之间。

➢ 当吧台兼作吧台与餐桌时，摆放椅子的位置，需在伸脚时有容纳之处，如图 14-32 所示。

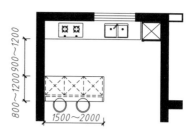

图 14-32　吧台注意事项

③ 吧台造型的变化。厨房的宽度及纵深会影响吧台的设计配置，当然也要考虑个人使用需求及习惯，往往考虑这些因素会延展出不同的吧台造型，吧台造型变化如图 14-33～图 14-36 所示。

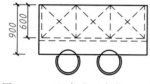

图 14-33　吧台造型变化（一）

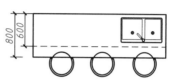

图 14-34　吧台造型变化（二）

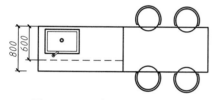

图 14-35　吧台造型变化（三）

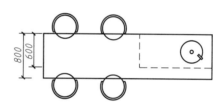

图 14-36　吧台造型变化（四）

④ 厨房的规划。常见厨房的整体规划如图 14-37～图 14-41 所示。

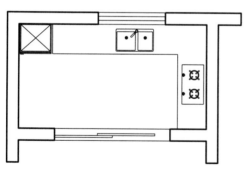

图 14-37　L 形厨柜

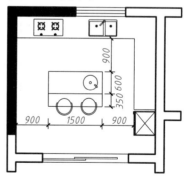

图 14-38　吧台＋L 形厨柜

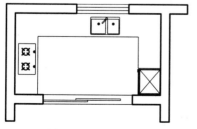

图 14-39　门形厨柜

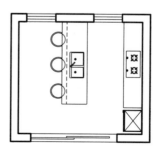

图 14-40　一字形厨柜＋吧台

⑤ 双厨房。近年来因饮食习惯及文化上的差异，同时兼具整体的美感而有了"双厨房"的设计概念。所谓"双厨房"是指轻食与熟食分开调理，而轻食是指冷食、水果料理等简单无烟的食物及饮料，通常采用开放式设计。熟食是指热炒食物，需设置于靠阳台、通风良好的空间，与轻食空间用透明玻璃门进行空间上的分隔，如图 14-42 所示。

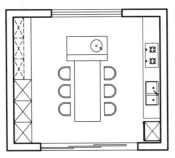

图 14-41　一字形厨柜＋吧台

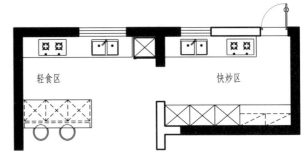

图 14-42　双厨房

（3）卫生间的配置

卫生间的配置图可分为厕所、浴厕两种，但因使用空间不同，名称上也有所不同。浴厕的配置可分为半套及全套。在实际配置时仍需考量管道间及现场施工的问题。依厕所及浴厕配置上的差异性，下面列举不同配置加以说明。

① 厕所的配置。需要的设备为马桶、洗脸盆（台），如图 14-43 与图 14-44 所示。

② 浴厕的半套配置。半套设备为马桶、洗脸盆（台）、淋浴间或者马桶、洗脸盆（台）、浴缸，配置图如图 14-45～图 14-48 所示。

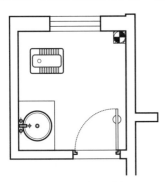

图 14-43　厕所配置图（一）

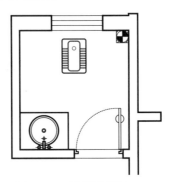

图 14-44　厕所配置图（二）

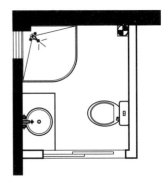

图 14-45　浴厕的半套配置图（一）

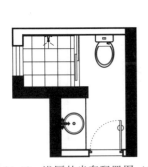

图 14-46　浴厕的半套配置图（二）

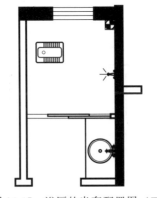

图 14-47　浴厕的半套配置图（三）

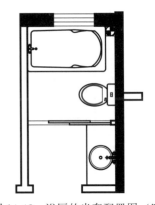

图 14-48　浴厕的半套配置图（四）

③ 浴厕的全套配置。全套设备为马桶、洗脸盆（台）、淋浴间、浴缸，配置图如图 14-49 与图 14-50 所示。

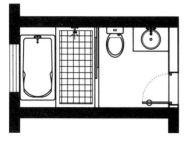

图 14-49　浴厕的全套配置图（一）

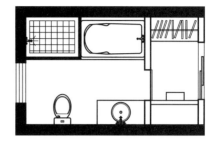

图 14-50　浴厕的全套配置图（二）

（4）卧室的配置

卧室的配置分为一般卧室、客用卧室（客房）及主卧室，其中变化比较大的是主卧室。在配置卧室时往往会因既定格局而无法突破，建议可以多多转换柜子和床的方位，这样演变出来的配置会具有多变性。

① 一般卧室的配置。依空间的许可及个人习惯，可配置床、床头柜、台灯、衣柜、电视柜、化妆台、单人沙发、小茶几、书桌等，一般卧室的配置如图 14-51～图 14-54 所示。

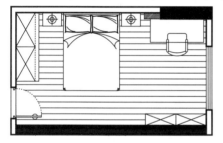

图 14-51　卧室＋书桌

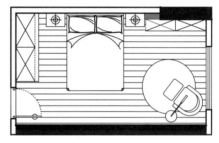

图 14-52　卧室＋单人沙发

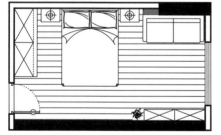

图 14-53　卧室＋沙发

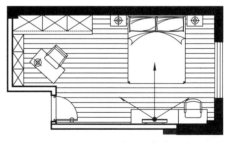

图 14-54　卧室＋书房

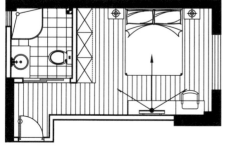

图 14-55　主卧室＋卫生间

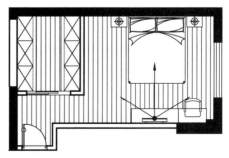

图 14-56　主卧室＋衣帽间

② 主卧室的配置。主卧室的空间比其他房间要大，但是比客厅要小。主卧室的配置依空间的许可及个人习惯，在空间允许的情况下可加入书房、更衣室、起居室等，如图 14-55～图 14-57 所示。

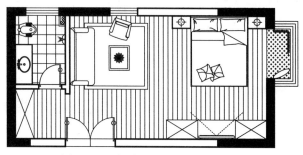

图 14-57　主卧室＋起居室＋卫生间

14.3　室内设计制图的要求及规范

室内设计制图主要是指使用 AutoCAD 绘制的施工图，关于施工图的绘制，国家制订了一些制图标准来对施工图进行规范化管理，以保证制图质量，提高制图效率，做到图面清晰、简明，图示明确，符合设计、施工、审查、存档的要求，适应工程建设的需要。

14.3.1　室内设计制图概述

室内设计制图是表达室内设计的重要技术资料，是施工进行的依据。为了统一制图技术，方便技术交流，并满足设计、施工管理等方面的要求，国家发布并实施了建筑工程各专业的制图标准。

2010 年，国家新颁布了制图标准，包括《房屋建筑制图统一标准》《总图制图标准》《建筑制图标准》等。2011 年又针对室内制图颁布了《房屋建筑室内装饰装修制图标准》。

室内设计制图标准涉及图纸幅面与图纸编排顺序，以及图线、字体等绘图所包含的各方面的使用标准。本节为读者抽取一些制图标准中常用到的知识来讲解。

14.3.2　图纸幅面

图纸幅面是指图纸的大小。图纸幅面以及图框的尺寸应符合表 14-1 的规定。

表 14-1　幅面及图框尺寸　　　　　　　　　　　　　　　　　　　　　mm

尺寸代号　＼　幅面代号	A0	A1	A2	A3	A4
	841×1189	594×841	420×594	297×420	210×297
c		10			5
a			25		

表 14-1 给出的幅面以及图框尺寸与 GB/T 14689《技术制图　图纸幅面和格式》规定一致，但是图框内标题栏根据室内装饰装修设计的需要略有调整。图纸幅面及图框的尺寸，应符合如图 14-58～图 14-61 所示的格式。

提示：b—幅面的短边尺寸；l—幅面的长边尺寸；c—图框线与幅面线间宽度；a—图框线与装订边间宽度。

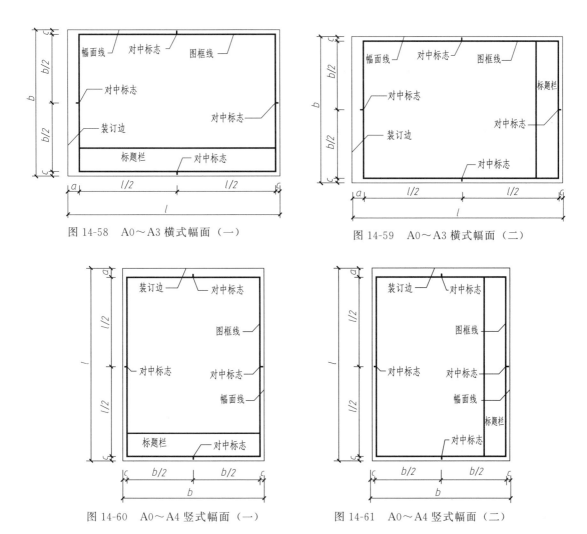

图 14-58　A0～A3 横式幅面（一）　　　　图 14-59　A0～A3 横式幅面（二）

图 14-60　A0～A4 竖式幅面（一）　　　　图 14-61　A0～A4 竖式幅面（二）

需要微缩复制的图纸，其一个边上应附有一段准确米制尺度，四个边上均附有对中标志，米制尺度的总长应为 100mm，分格应为 10mm。对中标志应画在图纸各边长的中点处，线宽应为 0.35mm，伸入框内 5mm。

14.3.3　标题栏

图纸标题栏简称图标，是各专业技术人员绘图、审图的签名区及工程名称、设计单位名称、图号、图名的标注区。图纸标题栏应符合下列规定。

➤ 横式使用的图纸，应按照如图 14-58、图 14-59 所示的形式来布置。

➤ 竖式使用的图纸，应按照如图 14-60、图 14-61 所示的形式来布置。

标题栏应按照图 14-62、图 14-63 所示，根据工程的需要选择确定其内容、尺寸、格式及分区。签字栏应该包括实名列和签名列。

图 14-62　标题栏（一）

图 14-63　标题栏（二）

14.3.4　文字

在绘制施工图的时候，应正确地注写文字、数字和符号，以清晰地表达图纸内容。

图纸上所需书写的文字、数字或符号等，均应笔画清晰、字体端正、排列整齐；标点符号应清楚正确。手工绘制的图纸，字体的选择及注写方法应符合《房屋建筑制图统一标准》的规定。对于计算机绘图，均可采用自行确定的常用字体等，《房屋建筑制图统一标准》未做强制规定。

文字的字高应从表 14-2 中选用。字高大于 10mm 的文字宜采用 TrueType 字体，如需书写更大的字，其高度应按 $\sqrt{2}$ 倍数递增。

表 14-2　文字的字高　　　　　　　　　　　　　　　　mm

字体种类	中文矢量字体	TrueType 字体及非中文矢量字体
字高	3.5、5、7、10、14、20	3、4、6、8、10、14、20

拉丁字母、阿拉伯数字与罗马数字，假如为斜体字，则其斜度应是从字的底线逆时针向上倾斜 75°。斜体字的高度和宽度应与相应的直体字相等。拉丁字母、阿拉伯数字与罗马数字的字高应不小于 2.5mm。

立面图　1:50

图 14-64　字高的表示

拉丁字母、阿拉伯数字与罗马数字与汉字并列书写时，其字高可比汉字小一至二号，如图 14-64 所示。

关于文字还有以下一些问题需要注意。

➢ 分数、百分数和比例数的注写，要采用阿拉伯数字和数学符号，比如：四分之一、百分之三十五和三比二十则应分别书写成 1/4、35%、3∶20。

➢ 在注写的数字小于 1 时，须写出个位的"0"，小数点应采用圆点，并齐基准线注写，比如 0.03。

➢ 长仿宋汉字、拉丁字母、阿拉伯数字与罗马数字的示例应符合现行国家标准 GB/T 14691《技术制图字体》的规定。

➢ 汉字的字高不应小于 3.5mm，手写汉字的字高则一般不小于 5mm。

14.3.5　常用材料符号

室内装饰装修材料的画法应该符合现行的国家标准 GB/T 50001《房屋建筑制图统一标准》中的规定，具体的规定如下。

在 GB/T 50001《房屋建筑制图统一标准》中，只规定了常用的建筑材料的图例画法，但是对图例的尺度和比例并不做具体的规定。在调用图例的时候，要根据图样的大小而定，且应符合下列规定。

➢ 图线应间隔均匀，疏密适度，做到图例正确，并且表示清楚。

➢ 不同品种的同类材料在使用同一图例的时候，要在图上附加必要的说明。

➢ 相同的两个图例相接时，图例线要错开或者使其填充方向相反，如图 14-65 所示。

出现以下情况时，可以不加图例，但是应该加文字说明。

- 当一张图纸内的图样只用一种图例时。
- 图形较小并无法画出建筑材料图例时。

当需要绘制的建筑材料图例面积过大时，在断面轮廓线内沿轮廓线作局部表示也可以，如图 14-66 所示。

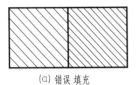

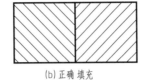

图 14-65 填充示意

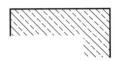

图 14-66 局部表示图例

14.3.6 常用绘图比例

比例可以表示图样尺寸和物体尺寸的比值。在建筑室内装饰装修制图中，所注写的比例能够在图纸上反映物体的实际尺寸。图样的比例应是图形与实物相对应的线性尺寸之比。比例的大小是指其比值的大小，比如 1∶30 大于 1∶100。比例的符号应书写为 "∶"，比例数字则应以阿拉伯数字来表示，比如 1∶2、1∶3、1∶100 等。

比例应注写在图名的右侧，字的基准线应取平；比例的字高应比图名的字高小一号或者二号，如图 14-67 所示。

平面图 1∶100 ③ 1∶25

图 14-67 比例的注写

图样比例的选取要根据图样的用途以及所绘对象的复杂程度来定。在绘制房屋建筑装饰装修图纸的时候，经常使用到的比例为 1∶1、1∶2、1∶5、1∶10、1∶15、1∶20、1∶25、1∶30、1∶40、1∶50、1∶75、1∶100、1∶150、1∶200。

在特殊的绘图情况下，可以自选绘图比例。在这种情况下，除了要标注绘图比例之外，还须在适当位置绘制出相应的比例尺。绘图所使用的比例，要根据房屋建筑室内装饰装修设计的不同部位、不同阶段图纸内容和要求，从表 14-3 中选用。

表 14-3 绘图所用的比例

比例	部位	图纸内容
1∶200～1∶100	总平面、总顶面	总平面布置图、总顶棚平面布置图
1∶100～1∶50	局部平面、局部顶棚平面	局部平面布置图、局部顶棚平面布置图
1∶100～1∶50	不复杂立面	立面图、剖面图
1∶50～1∶30	较复杂立面	立面图、剖面图
1∶30～1∶10	复杂立面	立面放大图、剖面图
1∶10～1∶1	平面及立面中需要详细表示的部位	详图
1∶10～1∶1	重点部位的构造	节点图

通常情况下，一个图样应只选用一个比例。但是可以根据图样所表达的目的不同，在同一图纸中的图样也可选用不同的比例。因为房屋建筑室内装饰装修设计制图中需要绘制的细部内容比较多，所以经常使用较大的比例；但是在较大型的房屋建筑室内装饰装修设计制图中，可根据要求来采用较小的比例。

14.4 室内设计工程图的绘制方法

室内设计工程图是按照装饰设计方案确定空间尺度、构造做法、材料选用、施工工艺等，并且遵照建筑及装饰设计规范所规定的要求编制成的用于指导装饰施工生产的技术性文件；同时也是进行造价管理、工程监理等工作的重要技术性文件。

本章将为读者介绍各室内设计工程图的形成和绘制方法。

14.4.1 平面图的形成与画法

平面布置图是室内设计工程图的主要图样，是根据装饰设计原理、人体工程学以及业主的需求画出的用于反映建筑平面布局、装饰空间及功能区域的划分、家具设备的布置、绿化及陈设的布局等内容的图样，是确定装饰空间平面尺度及装饰形体定位的主要依据。

平面布置图是假想用一个水平剖切平面，沿着每层的门窗洞口位置进行水平剖切，移去剖切平面以上的部分，对以下部分所做的水平正投影图。平面布置图其实是一种水平剖面图，其常用比例为1∶50、1∶100、1∶150。

绘制平面布置图，首先要确定平面图的基本内容。

➤ 绘制定位轴线，以确定墙柱的具体位置；各功能分区与名称、门窗的位置和编号、门的开启方向等。

➤ 确定室内地面的标高。

➤ 确定室内固定家具、活动家具、家用电器的位置。

➤ 确定装饰陈设、绿化美化等位置及绘制图例符号。

➤ 绘制室内立面图的内视投影符号，按顺时针从上至下载入圆圈中编号。

➤ 确定室内现场制作家具的定形、定位尺寸。

➤ 绘制索引符号、图名及必要的文字说明等。

图14-68所示为绘制完成的三居室平面布置图。

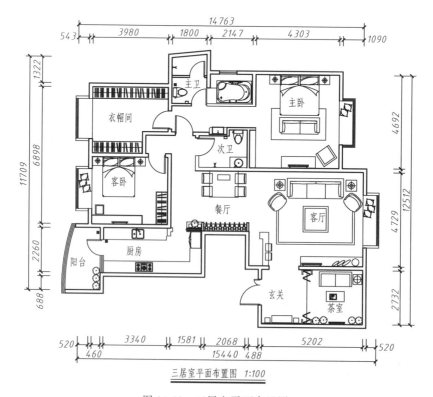

图14-68 三居室平面布置图

14.4.2　地面图的形成与画法

地面材质图同平面布置图的形成一样，有区别的是地面材质图不需要绘制家具及绿化等的布置，只需画出地面的装饰分格，标注地面材质、尺寸和颜色、地面标高等。

地面材质图绘制的基本脉络如下。

➢ 地面材质图中，应包含平面布置图的基本内容。

➢ 根据室内地面材料的选用、颜色与分格尺寸，绘制地面铺装的填充图案，并确定地面标高等。

➢ 绘制地面的拼花造型。

➢ 绘制索引符号、图名及必要的文字说明等。

图 14-69 所示为绘制完成的三居室地面材质图。

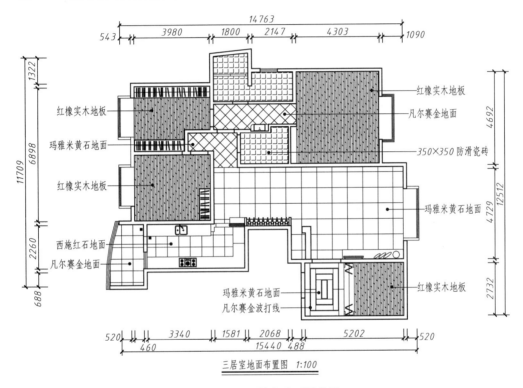

图 14-69　三居室地面材质图

14.4.3　顶棚平面图的形成与画法

顶棚平面图是以镜像投影法画出反映顶棚平面形状、灯具位置、材料选用、尺寸标高及构造做法等内容的水平镜像投影图，是装饰施工图的主要图样之一，是假想以一个水平剖切平面沿顶棚下方门窗洞口的位置进行剖切，移去下面部分后对上面的墙体、顶棚所做的镜像投影图。

顶棚平面图常用的比例为 1∶50、1∶100、1∶150。在顶棚平面图中剖切到的墙柱用粗实线来表示，未剖切到但能看到的顶棚、灯具、风口等用细实线来表示。

顶棚平面图绘制的基本步骤如下。

① 在平面图的门洞绘制门洞边线，不需绘制门扇及开启线。

②绘制顶棚的造型、尺寸、做法和说明，有时可以画出顶棚的重合断面图并标注标高。

③绘制顶棚灯具符号及具体位置，而灯具的规格、型号、安装方法则在电气施工图中反映。

④绘制各顶棚的完成面标高，按每一层楼地面为±0.000标注顶棚装饰面标高，这是实际施工中常用的方法。

⑤绘制与顶棚相接的家具、设备的位置和尺寸。

⑥绘制窗帘及窗帘盒、窗帘帷幕板等。

⑦确定空调送风口位置、消防自动报警系统以及与吊顶有关的音频设备的平面位置及安装位置。

⑧绘制索引符号、图名及必要的文字说明等。

图14-70所示为绘制完成的三居室顶棚平面图。

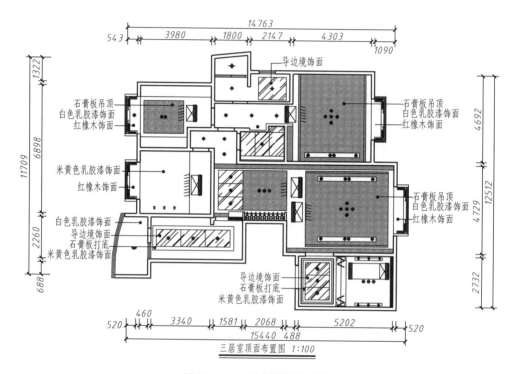

图14-70　三居室顶棚平面图

14.4.4　立面图的形成与画法

立面图是将房屋的室内墙面按内视投影符号的指向，向直立投影面所作的正投影图。用于反映室内空间垂直方向的装饰设计形式、尺寸与做法、材料与色彩的选用等内容，是装饰施工图中的主要图样之一，是确定墙面做法的依据。房屋室内立面图的名称，应根据平面布置图中内视投影符号的编号或字母确定，比如②立面图、B立面图。

立面图应包括投影方向可见的室内轮廓线和装饰构造、门窗、构配件、墙面做法、固定家具、灯具等内容及必要的尺寸和标高，并需表达非固定家具、装饰构件等情况。立面图常用的比例为1∶50，可用比例为1∶30、1∶40。

绘制立面图的主要步骤如下。

①绘制立面轮廓线，顶棚有吊顶时要绘制吊顶、叠级、灯槽等剖切轮廓线，使用粗实

线表示，墙面与吊顶的收口形式、可见灯具投影图等也需要绘制。

②绘制墙面装饰造型及陈设，比如壁挂、工艺品等，门窗造型及分格、墙面灯具、暖气罩等装饰内容。

③绘制装饰选材、立面的尺寸标高及做法说明。

④绘制附墙的固定家具及造型。

⑤绘制索引符号、图名及必要的文字说明等。

图 14-71 所示为绘制完成的三居室电视背景墙立面布置图。

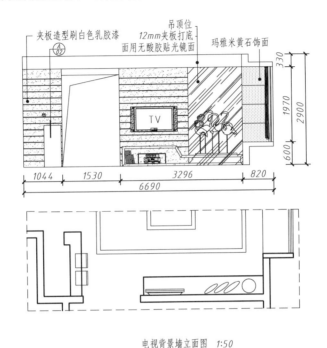

图 14-71 三居室电视背景墙立面布置图

14.4.5 剖面图的形成与画法

剖面图是指假想将建筑物剖开，使其内部构造显露出来，让看不见的形体部分变成了看得见的部分，然后用实线画出这些内部构造的投影图。

绘制剖面图的操作如下。

①选定比例、图幅。

②绘制地面、顶面、墙面的轮廓线。

③绘制被剖切物体的构造层次。

④标注尺寸。

⑤绘制索引符号、图名及必要的文字说明等。

图 14-72 所示为绘制完成的顶棚剖面图。

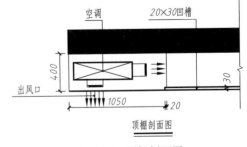

图 14-72 顶棚剖面图

14.4.6 详图的内容与画法

详图的图示内容主要包括：装饰形体的建筑做法、造型样式、材料选用、尺寸标高；所依附的建筑结构材料、连接做法，比如钢筋混凝土与木龙骨、轻钢及型钢龙骨等内部龙骨架的连接图示（剖面或者断面图），选用标准图时应加索引；装饰体基层板材的图示（剖面或者断面图），如石膏板、木工板、多层夹板、密度板、水泥压力板等用于找平的构造层次；装饰面层、胶缝及线角的图示（剖面或者断面图），复杂线角及造型等还应绘制大样图；色彩及做法说明、工艺要求等；索引符号、图名、比例等。

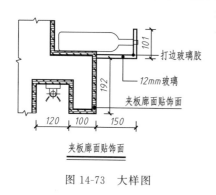

101
打边玻璃胶
12mm玻璃
192
夹板廊面贴饰面
120 100 150

夹板廊面贴饰面

图 14-73　大样图

绘制装饰详图的一般步骤如下。

① 选定比例、图幅。

② 画墙（柱）的结构轮廓

③ 画出门套、门扇等装饰形体轮廓。

④ 详细绘制各部位的构造层次及材料图例。

⑤ 标注尺寸。

⑥ 绘制索引符号、图名及必要的文字说明等。

图 14-73 所示为绘制完成的酒柜节点大样图。

14.5　室内设计中要注意的问题

室内设计作为一门传统学科，在我国有着悠久的历史，到了现代则转化为各种学派理论。然而，从当前我国室内设计实践中看，其中仍旧存在着一些问题和不足。本书在综合分析的基础上，结合了大量一线设计工作者的设计经验，有针对性地提出了一些解决措施，让读者能够更好地适应室内设计工作。本小节介绍室内设计的有关问题及解决办法，供读者了解与参考。

14.5.1　大门设计要注意的问题

某些观念较传统的客户喜欢开门宜三见，即见绿、见红、见画，在设计时可配合他们的意见进行修改。

（1）开门见绿

指开门见到的植物需枝肥叶大，绿意盎然，绿色给人一种生机勃勃的感觉，能令整个居室充满生机，对于舒缓情绪，缓解压力有一定的功效，如图 14-74 所示。

（2）开门见红

指一进门就能见到红色的壁挂或是屏风之类的，红色代表喜庆，给人一种喜气洋洋、温暖如春的感觉，如图 14-75 所示。

（3）开门见画

画不是指特定的画，而是指一进门就能见到赏心悦目的画作或是工艺品，能起到体现主人文化品位，缓解紧张疲劳的心理压力的作用，如图 14-76 所示。

（4）开门见镜

某些客户不喜欢开门见镜，因此要尽量避免如图 14-77 所示的情况出现。

（5）开门见灶

在一些传统观念中，开门见灶意味着火气炙热，因此也要避免如图 14-78 所示的设计。

（6）开门见厕

开门见厕可能会让部分客户觉得不好，因此一般进行装修时会进行改造，避免如图 14-79 所示的设计。

图 14-74　开门见绿

图 14-75　开门见红

图 14-76　开门见画

图 14-77　开门见镜

图 14-78　开门见灶

图 14-79　开门见厕

（7）横梁压门

开门见横梁无论是视觉感受还是心理感受都让人觉得不适，因此在设计时要考虑是否会出现如图 14-80 所示的结果，如有则要及时修改。

（8）忌从拱门入

拱形的门可能会让部分客户产生不好的联想，因此也要尽量避免出现如图 14-81 所示的设计。

图 14-80　横梁压门

图 14-81　入口拱门

14.5.2　客厅设计要注意的问题

客厅不仅是待客的地方，也是家人聚会聊天的场所，应是热闹和气的地方。客厅设计要注意以下问题。

（1）沙发的选择与摆设

客厅在沙发的选择上应使用成套的沙发。沙发主人位以坐北朝南为最佳。

（2）梁柱

客厅沙发背景墙顶上不要有横梁，给人造成压迫感。背后不宜安置镜子，灯光避免打到脸上来。

14.5.3 餐厅设计要注意的问题

餐厅中不宜使用三角形及有锐角的餐桌，饭桌上也要注意不要出现突兀的横梁，这会给人造成无形中的压抑感。

14.5.4 厨房设计要注意的问题

厨房的设计主要是炉灶、洗菜盆以及冰箱或其他生活设施的摆放位置选择。在设计时首先要考虑客户的生活习惯，然后在此基础之上做专业性的规划。下面列举具体的案例和解决方法讲解厨房炉灶的设计格局问题。

（1）炉灶正前方开窗

燃气灶正对着窗户，如图14-82所示。

> 问题原因：窗户进来的风会影响炉火的稳定。
> 解决方式：将炉台换个位置，使之避开窗即可，如图14-83所示。

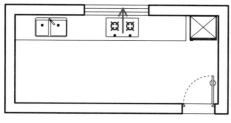 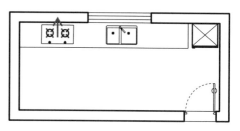

图14-82　炉灶正对窗　　　　　　　　　　　　图14-83　变更炉灶位置

（2）冰箱或炉台靠近马桶所在的墙面

冰箱放置在靠近马桶的墙面的一侧，如图14-84所示。

> 问题原因：冰箱过于靠近厕所可能会让客户觉得不妥。
> 解决方式：更改马桶位置，或者更改冰箱位置，如图14-85所示。

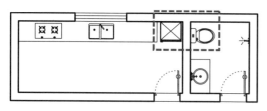 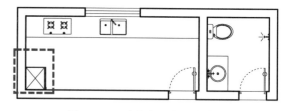

图14-84　冰箱靠近放置马桶的墙　　　　　　　图14-85　更改放置冰箱的位置

14.5.5 卧室设计要注意的问题

卧室的设计主要考虑床、梳妆镜、衣柜的摆放，以及一切可能会影响住户休息的情形，这些在设计时都要给予充分的考虑。下面通过具体的案例和解决方法讲解卧室的一般设计问题。

（1）门对门

如图14-86所示，两间卧室的房门是对着开的。

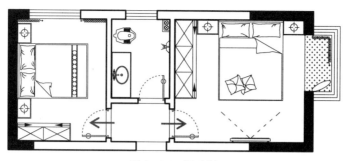

图 14-86　门对门

> 问题原因：门和门相对，容易出现行走不便，也不利于住户休息。
> 解决方式：在空间许可的情况下，变更其中一个门的位置，如图 14-87 所示；或者将其中一个门设计为暗门。若无法更改，可在门上挂上窗帘。

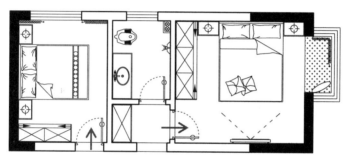

图 14-87　变更门位置

（2）卫生间变更为卧室

当家中有足够的卫生间时，有时候业主为了增大房间使用面积，会想把原有的卫生间格局变更为卧室，如图 14-88 与图 14-89 所示。

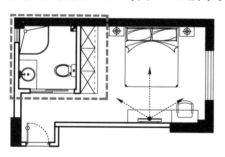

图 14-88　原有卫生间位置

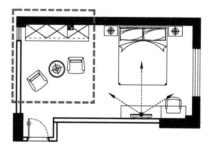

图 14-89　卫生间改为卧室

> 问题原因：就算卫生间变更为卧室，但天花板依旧可见卫生间管道，且整栋大楼的卫生间都集中在此区域，管道的水声都集中于此，会影响睡眠品质及健康。
> 解决方式：若此卫生间不再使用，可更改为储藏间、衣帽间或工作室，如图 14-90 所示。

（3）卫生间的门直接对到床

在主卧中，主卫的卫生间的门直接对着床，如图 14-91 所示。

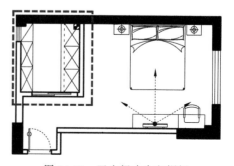

图 14-90　卫生间改为衣帽间

➤ 问题原因：卫生间的气味可能通过门直接传到床，对身体健康造成不良影响。

➤ 解决方式：在空间许可情况下变更卫生间的门位置，避开直冲床位的范围，如图14-92所示。若无法更改，可在门上挂上门帘，变更卫生间的门为暗门。在空间许可情况下可使用木质高柜，将卫生间的门与高柜做成一体，隐藏卫生间的位置。

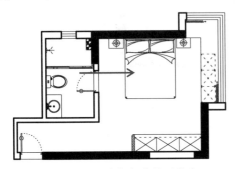 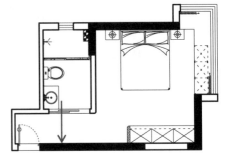

图14-91 卫生间门直接对着床　　　　　　　图14-92 更改卫生间开门方向

（4）卧室门正对镜子

卧室的房门正对着洗漱台的镜子，如图14-93所示。

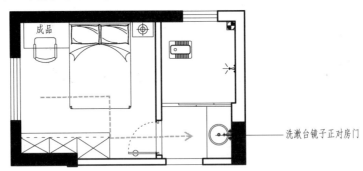

图14-93 镜子对门

➤ 问题原因：若半夜使用卫生间，比较容易被吓到。

➤ 解决反式：在空间情况允许的情况下，改变开房门的位置，避免房门设计在镜子的正对面，如图14-94所示。在空间不许可的情况下，可以设计镜子为隐藏式。

（5）化妆台镜子照到床

化妆台的镜子正对着床，如图14-95所示。

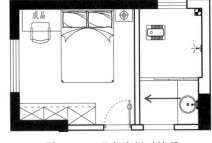

图14-94 避免房门对镜子

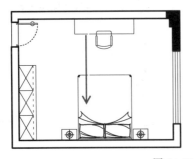 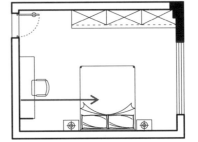

图14-95 镜子对床

➢ 问题原因：半夜起床直面镜子容易产生不适，会影响睡眠质量。

➢ 解决方式：在设计时，避开镜子直接照到床，如图 14-96 所示。

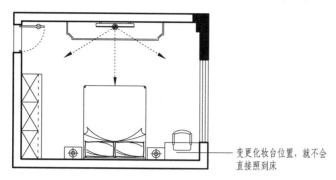

变更化妆台位置，就不会
直接照到床

图 14-96　避免镜子对床

（6）卧室多窗户及床头靠窗

一个卧室里面有两个窗户，如图 14-97 所示。

➢ 问题原因：卧室多窗和床头靠窗这两种情况可能会因为过多的光照而影响住户睡眠。

➢ 解决方式：一间卧室以一个窗户为宜，其余窗户需封闭，可以把床头窗户采用木制造型封闭，如图 14-98 所示。

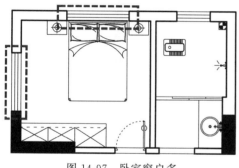 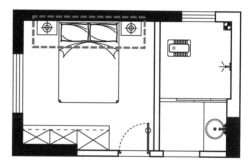

图 14-97　卧室窗户多　　　　　　　　　　　图 14-98　封闭一个窗户

（7）梁压床的范围

床的位置正好在梁的下面，房梁压住床头，如图 14-99 所示。

➢ 问题原因：梁压到床，对人的心理造成压迫感，对睡眠有影响。

➢ 解决方式：若空间不可变更，可对天花板吊顶将梁隐藏。在空间许可的情况下，可制作与梁宽同齐的柜子，还能增加收纳空间，如图 14-100 所示。在空间允许的情况下，调换床的位置，让梁不再压到床。

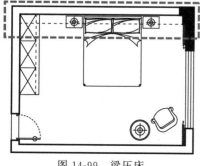 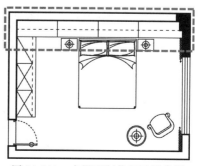

图 14-99　梁压床　　　　　　　　　　　图 14-100　在梁下制作柜子挡住梁

（8）床头靠近楼梯间

床头隔墙靠着楼梯间，如图 14-101 所示。

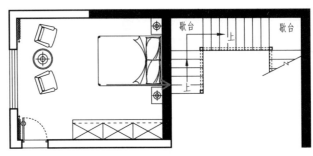

图 14-101　床头靠楼梯间

➤ 问题原因：对于忙碌的现代人来说，睡眠是很重要的，床头不宜设置在电梯间、楼梯间、厨房等共同使用的隔墙一侧。

➤ 解决方式：若空间无法变更，可于床头墙面加封隔音墙；若可以变更，则将床头避开楼梯间位置，如图 14-102 所示。

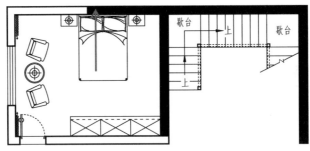

图 14-102　床头避开楼梯间

14.5.6　书房设计要注意的问题

古话说："书中自有颜如玉，书中自有黄金屋。"读书是自我提升的主要途径，而书房则是我们阅读和工作的一个场所。书房颜色不能太复杂，一般以浅色为主，这样有利于静心学习。太复杂的颜色易造成人的精神恍惚，容易困顿，学习和工作起来都费劲。下面通过具体的案例和解决方法讲解书房书桌布置的一般问题。

如图 14-103 所示，书房的书桌背对着窗户。

➤ 问题原因：此种情况下，光源易将自己的影子投射于书本上，精神自然无法集中。

➤ 解决方式：可更改书桌位置，如图 14-104 所示。

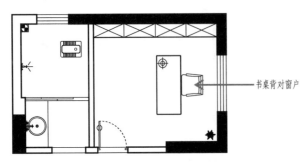

图 14-103　书桌背对窗

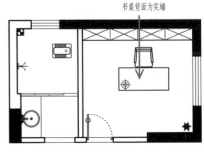

图 14-104　书桌背面为墙

第 15 章

绘制室内绘图模板

扫码全方位学习

AutoCAD 2022

为了避免绘制每一张施工图都重复地设置图层、线型、文字样式和标注样式等内容，可以预先将这些相同部分一次性设置好，然后将其保存为样板文件。

创建了样板文件后，在绘制施工图时，就可以在该样板文件基础上创建图形文件，从而加快绘图速度，提高工作效率。图纸的绘制比例不同，一些文字样式、尺寸标注样式等的设置也会不同。下面以 1 : 100 的比例为例进行讲解，具体操作步骤如下。

15.1 设置样板文件

样板文件的设置内容包括图形界限、图形单位、文字样式、标注样式等。

15.1.1 设置图形单位

室内装潢施工图通常以"毫米"作为基本单位，即一个图形单位为 1mm，并且采用 1 : 1 的比例，即按照实际尺寸绘图，在打印时再根据需要设置打印输出比例。

【练习 15-1】 设置图形单位

① 新建一空白文件，然后在命令行中输入"UN"，打开"图形单位"对话框。"长度"选项组用于设置线性尺寸类型和精度，这里设置"类型"为"小数"，"精度"为"0"，单位为"毫米"，如图 15-1 所示。

② "角度"选项组用于设置角度的类型和精度。这里取消"顺时针"复选框勾选，设置角度"类型"为"十进制度数"，精度为"0"。

③ 在"插入时的缩放比例"选项组中选择"用于缩放插入内容的单位"为"毫米"，这样当调用非毫米单位的图形时，图形能够自动根据单位比例进行缩放。最后单击"确定"关闭对话框，完成单位设置。

图 15-1 "图形单位"对话框

提示：图形精度影响计算机的运行效率，精度越高运行越慢，绘制室内装潢施工图时，设置精度为 0 足以满足设计要求。

15.1.2 创建文字样式

设计图上的文字有尺寸文字、标高文字、图内说明文字、剖切符号文字、图名文字、轴线符号等，打印比例为 1 : 100，文字样式中的高度为打印到图纸上的文字高度与打印比例倒数的乘积。根据室内制图标准，该平面图文字样式的规划如表 15-1 所示。

表 15-1　文字样式

文字样式名	打印到图纸上的文字高度	图形文字高度（文字样式高度）	宽度因子	字体｜大字体
图内文字	3.5	350		gbenor. shx；gbcbig. shx
图名	5	500	0.7	gbenor. shx；gbcbig. shx
尺寸文字	3.5	0		gbenor. shx

提示：图形文字高度的设置、线型的设置、全局比例的设置，根据打印比例的设置更改。

【练习 15-2】　创建文字样式（延续上例操作）

① 选择"格式"｜"文字样式"命令，打开"文字样式"对话框，单击"新建"按钮打开"新建文字样式"对话框，样式名定义为"图内文字"，如图 15-2 所示。

② 在"字体"下拉框中选择字体"Tssdeng. shx"，勾选"使用大字体"选择项，并在"大字体"下拉框中选择字体"gbcbig. shx"，在"高度"文本框中输入"350"，"宽度因子"文本框中输入"0.7"，单击"应用"按钮，从而完成该文字样式的设置，如图 15-3 所示。

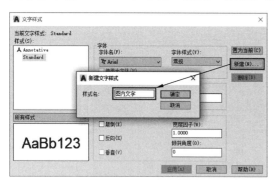

图 15-2　文字样式名称的定义
图 15-3　设置"图内文字"文字样式 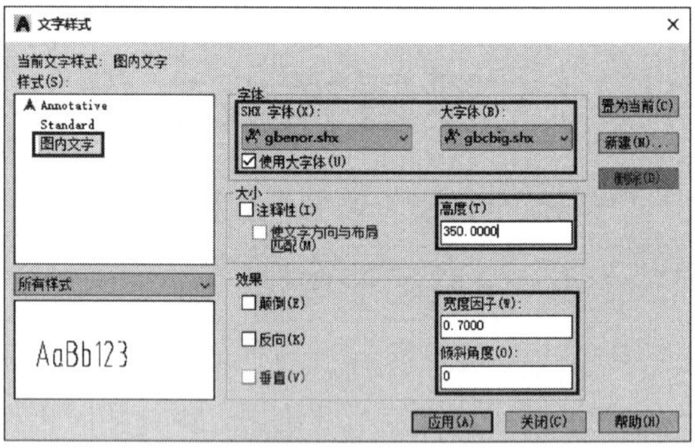

③ 重复前面的步骤，建立表 15-1 所示的其他各种文字样式，如图 15-4 所示。

15.1.3　创建尺寸标注样式

【练习 15-3】　创建尺寸标注样式（延续上例操作）

① 选择"格式"｜"标注样式"命令，打开"标注样式管理器"对话框，单击"新建"按钮，打开"创建新标注样式"对话框，新建样式名定义为"室内设计标注"，如图 15-5 所示。

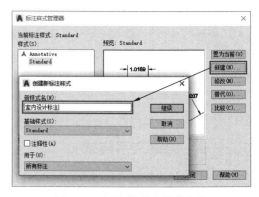

图 15-4　其他文字样式
图 15-5　标注样式名称的定义

② 单击"继续"按钮过后，则进入到"新建标注样式"对话框，然后分别在各选项卡中设置相应的参数，如图 15-6 所示。

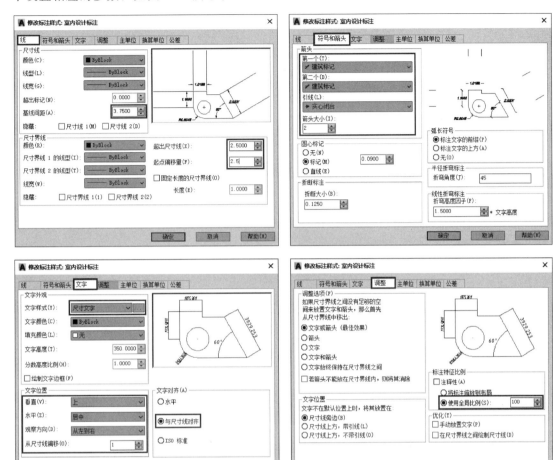

图 15-6 标注样式名称的定义

15.1.4 设置引线样式

引线标注用于对指定部分进行文字解释说明，由引线、箭头和引线内容三部分组成。引线样式用于对引线的内容进行规范和设置，引出线与水平方向的夹角一般采用 0°、30°、45°、60°或 90°。下面创建一个名称为"室内标注样式"的引线样式，用于室内施工图的引线标注。

【练习 15-4】 设置引线样式（延续上例操作）

① 执行"格式"|"多重引线样式"命令，打开"多重引线样式管理器"对话框，结果如图 15-7 所示。

② 在对话框中单击"新建"按钮，弹出"创建新多重引线样式"对话框，设置新样式名为"室内标注样式"，如图 15-8 所示。

③ 在对话框中单击"继续"按钮，弹出"修改多重引线样式：室内标注样式"对话框；选择"引线格式"选项卡，设置参数如图 15-9 所示。

④ 选中"引线结构"选项卡，设置参数如图 15-10 所示。

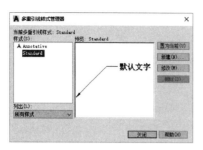

图 15-7 "多重引线样式管理器"对话框

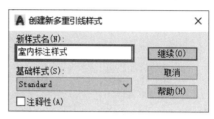

图 15-8 "创建新多重引线样式"对话框

图 15-9 "修改多重引线样式：室内标注样式"对话框

图 15-10 "引线结构"选项卡

⑤ 选择"内容"选项卡，设置参数如图 15-11 所示。

⑥ 单击"确定"按钮，关闭"修改多重引线样式：室内标注样式"对话框；返回"多重引线样式管理器"对话框，将"室内标注样式"置为当前，单击"关闭"按钮，关闭"多重引线样式管理器"对话框。

⑦ 多重引线的创建结果如图 15-12 所示。

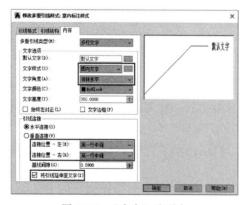

图 15-11 "内容"选项卡

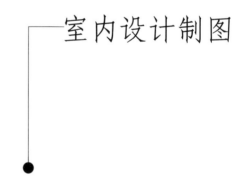

室内设计制图

图 15-12 创建结果

15.1.5 设置图层

绘制室内装潢施工图需要创建轴线、墙体、门、窗、楼梯、标注、节点、电气、吊顶、地面、填充、立面和家具等图层，因此绘制平面图形时，应建立如表 15-2 所示的图层。下面以创建轴线图层为例，介绍图层的创建与设置方法。

表 15-2　图层设置

序号	图层名	描述内容	线宽	线型	颜色	打印属性
1	轴线	定位轴线	默认	点画线（ACAD_ISOO4W100）	红色	不打印
2	墙体	墙体	0.30mm	实线（CONTINUOUS）	黑色	打印
3	柱子	墙柱	默认	实线（CONTINUOUS）	8 色	打印
4	门窗	门窗	默认	实线（CONTINUOUS）	青色	打印
5	尺寸标注	尺寸标注	默认	实线（CONTINUOUS）	绿色	打印
6	文字标注	图内文字、图名、比例	默认	实线（CONTINUOUS）	黑色	打印
7	标高	标高文字及符号	默认	实线（CONTINUOUS）	绿色	打印
8	设施	布置的设施	默认	实线（CONTINUOUS）	蓝色	打印
9	填充	图案、材料填充	默认	实线（CONTINUOUS）	9 色	打印
10	灯具	灯具	默认	实线（CONTINUOUS）	洋红色	打印
11	其他	附属构件	默认	实线（CONTINUOUS）	黑色	打印

【练习 15-5】　设置图层（延续上例操作）

① 选择"格式"|"图层"命令，将打开"图层特性管理器"面板，根据表 15-2 所示来设置图层的名称、线宽、线型和颜色等，如图 15-13 所示。

② 选择"格式"|"线型"命令，打开"线型管理器"对话框，单击"显示细节"按钮，打开细节选项组，设置"全局比例因子"为"100"，然后单击"确定"按钮，如图 15-14 所示。

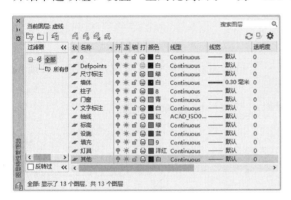

图 15-13　规划的图层

图 15-14　设置线型比例

15.2　绘制室内常用符号

本节介绍室内符号类图形的绘制方法，以便让读者更加了解室内常用符号，以及这些符号的规范和具体尺寸。

15.2.1　绘制立面索引指向符号

立面指向符是室内装修施工图中特有的一种标识符号，主要用于立面图编号。立面指向符由等腰直角三角形、圆和字母组成，其中字母为立面图的编号，黑色的箭头指向立面的方向。图 15-15（a）所示为单向内视符号，图 15-15（b）所示为双向内视符号，图 15-15（c）所示为四向内视符号（按顺时针方向进行编号）。

（a）单向内视符号

（b）双向内视符号

（c）四向内视符号

图 15-15　立面索引指向符号

【练习 15-6】　绘制立面索引指向符号

①调用"PL"（多段线）命令，绘制等腰直角三角形，如图 15-16 所示。

②调用"C"（圆）命令，绘制圆，如图 15-17 所示。

③调用"TR"（修剪）命令，修剪三角形，如图 15-18 所示。

④调用"H"（填充）命令，在三角形内填充 SOLID 图案，结果如图 15-19 所示。

⑤调用"MT"（多行文字）命令，在圆内填写字母表示立面图的编号，完成立面指向符的绘制，如图 15-15（a）所示。

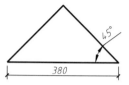 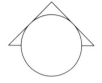

图 15-16　绘制等腰三角形　　图 15-17　绘制圆　　图 15-18　修剪三角形　　图 15-19　填充图案

15.2.2　绘制室内标高

标高用于表示地面装修完成的高度和顶棚造型的高度。

【练习 15-7】　绘制室内标高

①绘制标高图形。调用"REC"（矩形）命令，绘制一个 80×40 的矩形，效果如图 15-20 所示。

②调用"L"（直线）命令，捕捉矩形的第一个角点，将其与矩形的中点连接，再连接第二个角点，效果如图 15-21 所示。

③删除多余的线段，只留下一个三角形，利用三角形的边画一条直线，如图 15-22 所示，标高符号绘制完成。

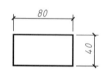 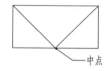 

图 15-20　绘制矩形　　　　　图 15-21　绘制线段　　　　　　图 15-22　绘制直线

④标高定义属性。单击"块"面板上的"定义属性"按钮，打开"属性定义"对话框，在"属性"参数栏中设置"标记"为"0.000"，设置"提示"为"请输入标高值"，设置"默认"为 0.000。

⑤在"文字设置"参数栏中设置"文字样式"为"仿宋 2"，勾选"注释性"复选框，如图 15-23 所示。

⑥单击"确定"按钮确认，将文字放置在前面绘制的图形上，如图 15-24 所示。

⑦创建标高图块。选择图形和文字，调用"B"（创建块）命令并按回车键，打开"块定义"对话框，如图 15-25 所示。

图 15-23　定义属性

⑧在"对象"参数栏中单击（选择对象）按钮，在图形窗口中选择标高图形，按回车键返回"块定义"对话框。

⑨ 在"基点"参数栏中单击 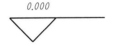（拾取点）按钮，捕捉并单击三角形左上角的端点作为图块的插入点。

⑩ 单击"确定"按钮关闭对话框，完成标高图块的创建。

图 15-24　指定属性位置　　　　　　　　图 15-25　"块定义"对话框

15.2.3　绘制指北针

指北针是一种用于指示方向的工具，如图 15-26 所示为绘制完成的指北针。

【练习 15-8】　绘制指北针

① 调用"C"（圆）命令，绘制半径为 1185 的圆，如图 15-27 所示。

② 调用"O"（偏移）命令，将圆向内偏移 80 和 40，如图 15-28 所示。

③ 调用"PL"（多段线）命令，绘制多段线，如图 15-29 所示。

图 15-26　指北针　　　　图 15-27　绘制圆　　　　图 15-28　偏移圆　　　　图 15-29　绘制多段线

④ 调用"MI"（镜像）命令，将多段线镜像到另一侧，如图 15-30 所示。

⑤ 调用"TR"（修剪）命令，对图形相交的位置进行修剪，如图 15-31 所示。

⑥ 调用"H"（填充）命令，在图形中填充 SOLID 图案，填充参数设置和效果如图 15-32 所示。

⑦ 调用"MT"（多行文字）命令，在图形上方标注文字，如图 15-26 所示，完成指北针的绘制。

图 15-30　镜像多段线　　　　　图 15-31　修剪圆　　　　　图 15-32　填充参数设置和效果

15.2.4　绘制 A3 图框

在本节主要介绍 A3 图框的绘制方法，以练习表格和文字的创建和编辑方法，绘制完成的 A3 图框如图 15-33 所示。

【练习 15-9】　绘制 A3 图框

① 调用"REC"（矩形）命令，绘制 420×297 的矩形，如图 15-34 所示。

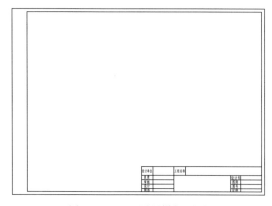

图 15-33　A3 图纸样板图形

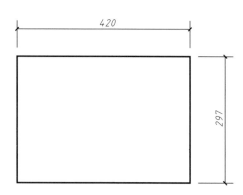

图 15-34　绘制矩形

② 调用"O"（偏移）命令，将左边的线段向右偏移 25，分别将其他三个边长向内偏移 5。修剪多余的线条，如图 15-35 所示。

③ 插入表格。调用"REC"（矩形）命令，绘制一个 200×40 的矩形，作为标题栏的范围。

④ 调用"M"（移动）命令，将绘制的矩形移动至标题框的相应位置，如图 15-36 所示。

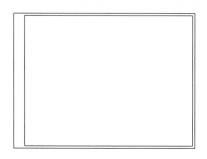

图 15-35　偏移线段

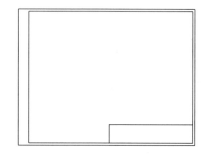

图 15-36　移动标题栏

⑤ 新建表格。在"默认"选项卡中，单击"注释"面板上的"表格"按钮，设置参数，如图 15-37 所示。

⑥ 插入表格。在绘图区空白处单击鼠标左键，将表格放置合适位置，如图 15-38 所示。

⑦ 单击 C 列 2 单元格，按住 Shift 键单击序号为 D 列 5 的单元格，选中 C、D 两列，在"表格单元"选项卡中，单击"合并"面板中的"合并全部"按钮

图 15-37　"插入表格"对话框

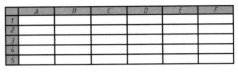

，对所选的单元格进行合并，如图 15-39 所示。

⑧ 重复操作，对单元格进行合并操作，如图 15-40 所示。

⑨ 调整表格。对表格进行夹点编辑。结果如图 15-41 所示。

图 15-38　绘制表格

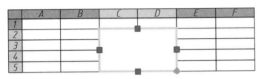

图 15-39　合并"列"

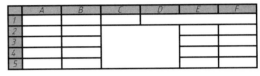

图 15-40　合并其他单元格

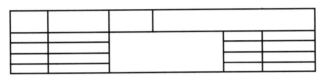

图 15-41　调整表格

⑩ 输入表格中的文本。双击激活单元格，输入相关文字，按 Ctrl＋Enter 组合键完成文字输入，如图 15-42 所示。

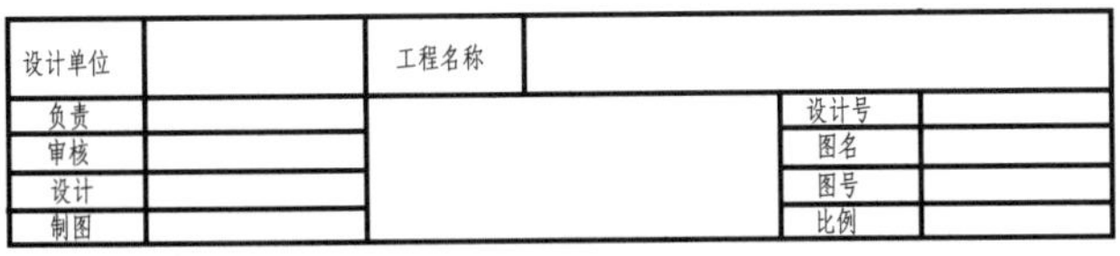

设计单位		工程名称			
负责				设计号	
审核				图名	
设计				图号	
制图				比例	

图 15-42　输入表格文本

第**16**章

量房及原始平面图的绘制

扫码全方位学习
AutoCAD 2022

量房是设计的重要依据，也是设计的第一步，本章从初学者的角度一一介绍室内设计的工作流程、室内现场测量技巧及注意事项以及两种不同原始户型图的绘制方法。

16.1 室内设计的工作流程

室内设计的工作流程可能会因读者所在地的经济条件和政策规定不同而有所区别，本节介绍的工作流程仅供读者初步了解本行业的实际工作。

（1）沟通

家装设计中，设计师与客户沟通是一个重要的环节。第一次沟通的效果很大程度上决定了客户是否与设计师签约。在沟通过程中，设计师要向客户展现自己的专业技能，仔细了解客户室内功能分区的基本情况和客户的基本设计思路（设计风格与设计要求），与客户就未来的分区设计做充分沟通，提出一些能够赢得客户认同和信任的设计意见。设计师担负着设计任务，其责任是满足顾客的设计需求，但同时也兼具提高顾客欣赏水平的责任。

（2）量房

设计师与客户进行初步的沟通后，需与客户预约上门量房。设计师对客户的房屋进行实地勘察，并对房子尺寸进行全面测量。

（3）洽谈

设计师做好初步设计和预算表之后，约客户洽谈。对客户解说自己对居室平面布置图的设计，并解答客户的疑问，就设计理念、设计风格与客户进行探讨。设计师可以根据客户所处的行业或个人特点设计居室的风格，客户也可以根据自己的喜好对设计师的方案提出意见和建议。

（4）定稿

客户与设计师沟通得很愉快，双方认可。在这一环节，设计师清楚了解客户需求，客户认同设计师的设计与设计师所在的公司。

（5）签约

设计师与客户充分沟通，对房子的装修达成认可，签订正式合同。签约时，客户应同时到总部财务部交纳合同约定的首期款。签约后，设计师应在规定日期内绘制好施工图纸，预算师应在规定日期内拟定好工程预算表。

（6）施工图的确认

设计师绘制好施工图纸和主要功能空间的效果图，预算师拟定好工程预算表之后，客户上门确认施工图与工程预算表，如无问题，则与设计师商定开工日期，签署开工合同。

（7）开工

合同签订后，设计师、公司和客户确定开工日期，由工程部统一安排施工队施工。在开工当日，设计师、巡检、工长和客户同时到现场交底。

（8）施工

施工队应严格按公司工程质量标准进行施工，严禁在施工工艺上偷工减料，在材料使用上以次充好，每月公司将对施工工程进行评比，评出最好和最差的工程，奖优罚劣、重奖重罚。施工时，如遇到问题，要及时与设计师和客户沟通。

（9）质检

对每个在施工程，工程部每周至少进行一次巡检，认真检查工程质量、工程进度和现场文明情况，发现问题，及时处理。

（10）回访

对每个在施工程，公司电话回访员每周至少电话回访一次。对于客户反馈意见应认真记录，并于当日转至工程部和质量技术经济部处理。

（11）中期验收

工程在进行到中期时，应由设计师、工长和客户共同到现场进行中期验收，或者设计师也可提前约请客户到现场进行设计验收。中期验收后，客户应在规定时间内到公司财务部交纳合同约定的中期款。

（12）竣工验收

工程完工当日，应由工长召集设计师、巡检人员、客户共同到现场进行竣工验收。竣工验收后，客户应在规定日期到公司财务部交纳合同约定的尾款，客户凭付款收据在客户服务部填写《客户意见反馈表》，并开具保修单。

（13）工程保修

工程竣工后，有一定的保修期，即从工程实际竣工日起算（按照各公司规定的保修期）。

16.2　室内现场测量技巧及注意事项

量房是指由设计师到客户拟装修的居室进行现场勘测，并进行综合的考察，以便更加科学、合理地进行家装设计。本小节为读者介绍该怎么量房及一些量房技巧和注意事项等。

16.2.1　室内现场测量前准备工作

"工欲善其事，必先利其器"，因此量房之前，要做好充分的量房准备，包括带好量房工具和准备量房所需的图纸。

（1）带好量房工具

量房工具主要用来测量居室的实际尺寸、墙面地面的平整度等，具体有以下工具。

➤ 卷尺（必不可少）或红外测距仪：卷尺灵活，适用于房屋不同地方尺寸的测量，如图16-1所示，是最常用的量房工具；红外测距仪一般用来测量大面积的墙体，既可节省时间，又比较准确，有些还能自动生成CAD图，如图16-2所示。

➤ 手机：用于量房时拍照使用，特殊位置和结构最好拍照标记。比如像柱子、房梁、厨房、卫生间顶上管道到地面最低距离是多少，地面几个下水的大概位置要注明，厨房卫生间的下水有几个，量精确了才好进行后续设计。也可以直接通过手机相机的编辑功能，在照片上添加测量尺寸，如图16-3所示。

图 16-1　卷尺测量

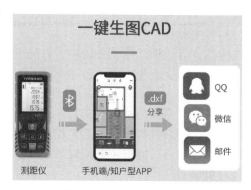

图 16-2　测距仪生成 CAD

➢ 纸、笔：量房时需要用笔做尺寸记录，量房者可携带铅笔、圆珠笔、水性笔、橡皮擦、荧光笔等，如图 16-4 所示。

图 16-3　直接在照片上添加测量尺寸

图 16-4　做现场量房记录

➢ 水平尺或激光水平仪：由于施工条件所限，毛坯房在实际交房后梁、柱、墙壁、地面等部位一般都会存在一定的歪斜，因此水平尺可以用来测量这些部位的水平或竖直情况，以便后续设计中多加注意，如图 16-5 所示。激光水平仪可以通过激光直观地观察房间的歪斜情况，如图 16-6 所示，但操作也更为麻烦。

图 16-5　水平尺

图 16-6　激光水平仪观察房屋情况

（2）带好量房图纸

去量房之前，可以先查找一下要量房的小区的户型，如能找到相同户型的图纸，则将其打印出来带到量房现场，在上面标注实际量房尺寸即可。如果是新房测量，还可以找售楼部领取专门的小区户型图，如图 16-7 所示。如未能找到相同户型的图纸，则需要量房者手绘。手绘图纸一般原则是要简单明了，能准确表达清楚房屋结构即可，现场量房图如图 16-8 所示。

图 16-7 房地产商印制的户型图

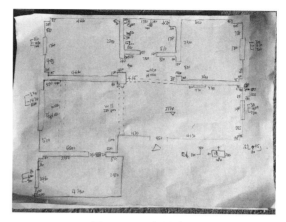

图 16-8 现场量房图

16.2.2 室内现场测绘方法

（1）观察建筑物形状及四周环境

因建筑物造型及所在地的关系，部分外观会出现斜面、弧形、圆形、金属造型、退缩、挑空等，因此有必要对建筑物外观进行了解并拍照。另外建筑物四周的状况，有时也会影响平面图的配置，所以也要做到心中有数。

（2）使用相机拍下门牌号码、记录地址

上门量房时，用相机拍下业主的门牌号码，记录业主的地址是很重要的，可方便与业主交流，也能在开工时准确找到业主的房子，如图 16-9 所示。

（3）观察屋内格局、形状及间数

进入业主的房子后，不要着急开始测量，可先大致围绕房子转上一圈，了解房子的格局，大致形状、面积、间数并区分主要功能区，如图 16-10 所示。

图 16-9 拍摄门牌号

（4）绘制出房屋大致格局

前面提到过，如有同户型的框架图，则可开始测量。如无同户型框架图，在空白纸上绘制房屋框架图之后，再开始测量。

（5）开始测量

从大门入口开始测量，最后闭合点（结束面）也位于大门入口，围绕房子转一圈，如图 16-11 所示。

图 16-10 了解房屋格局

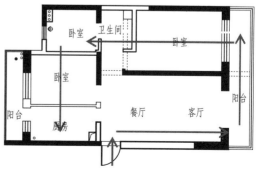

图 16-11 量房顺序

❑ **使用卷尺的测量方法**

卷尺的使用分为几种不同的场合，分别是：宽度的测量、室内净高的测量与梁宽的测量，测量方法如下。

➢ 宽度的测量：左手持卷尺，右手平行拉出，拉至欲量的宽度即可，如图 16-12 所示。

➢ 室内净高的测量：将卷尺头顶到天花板顶，一手按住卷尺，另一手让卷尺再往地板延伸即可，如图 16-13 所示。

➢ 梁宽的测量：卷尺平行拉伸形成一个"冂"字形，往梁底部顶住，梁单边的边缘与卷尺整数值齐，再依此推算梁宽的总值，如图 16-14 所示。

图 16-12　宽度的测量

图 16-13　室内净高的测量

图 16-14　梁宽度的测量

❑ **反映、复述**

若是两个人去测量，一定是一位拿卷尺测量，另一位绘制格局及标识尺寸，所以当一位拿卷尺在测量及念出尺寸时，另一位需复述出所听到的尺寸数值并进行登记，以使测量数值误差减到最小，如图 16-15 所示。

（6）仔细测量房屋尺寸

测量房屋时要仔细，认真，头脑清晰，速度快。卷尺要沿着墙角量，并保证每个墙都量到，没有遗漏。

（7）测量完毕进行拍照

格局都测量好之后，当进行现场拍照。现场拍照宜站在角落身体半蹲拍照，每一个场景均以拍到天花板、墙面、地面为最佳。强弱电、给排水、空调排水孔、原有设备、地面状况等细节都要进行拍照，如图 16-16 所示。

图 16-15　测量、复述

图 16-16　现场图

（8）检查图纸并离开

完成了现场量房之后，需仔细检查现场测量的草图与现场是否一致，看是否有遗漏的地方没有测量到。没有问题即可离开现场。

16.2.3　绘草图注意事项

➤ 在空白纸上合理绘制图纸，适中就好，不要太大也不要太小，如图 16-17 所示。

➤ 结构图从进门开始画，画的方向要和自己站的方向保持一致。

➤ 绘制墙体时，遵循简明、清晰的原则。墙体可用单线和双线表示，不做硬性规定，可根据自己喜好来，但是一定要将墙体表达清楚，如图 16-18 所示。

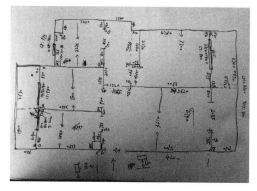

图 16-17　图纸适中

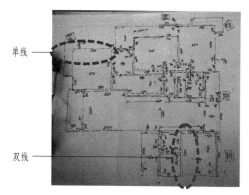

图 16-18　单、双线绘制墙体

➤ 将窗户、管道、烟道、空调孔、地漏、阳台推拉门、梁的方位等细节在图纸上表示清楚，如图 16-19 所示。

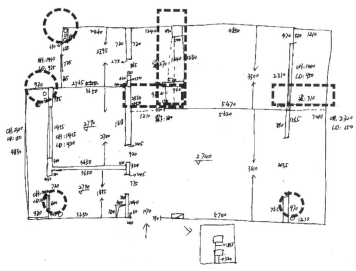

图 16-19　现场测量草图

16.2.4　室内房屋尺寸测量要点

（1）需测量房屋细节的辨识

在房屋测量之前，我们先来认识一下需测量的房屋细节。

➢ 窗户和阳台推拉门的辨识，窗户如图 16-20 所示，阳台推拉门如图 16-21 所示。

图 16-20　窗户

图 16-21　阳台推拉门

➢ 管道和地漏的辨识，管道如图 16-22 所示，地漏如图 16-23 所示。

图 16-22　管道

图 16-23　地漏

➢ 厨房烟道和空调孔的辨识，厨房烟道如图 16-24 所示，空调孔如图 16-25 所示。

图 16-24　厨房烟道

图 16-25　空调孔

➢ 梁、强弱电箱与可视对讲的辨识，梁如图 16-26 所示，强弱电箱与可视对讲如图 16-27 所示。

图 16-26　梁

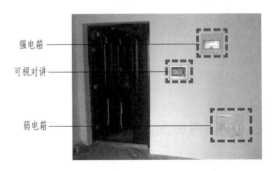

图 16-27　强弱电箱与可视对讲

（2）房屋尺寸测量要点

除了测量墙体，量房时还需测量很多细节，只有把握好了细节，绘制原始结构图和设计时才能减少问题出现。

➤ 注意测量墙的厚度，区分承重墙和非承重墙。

➤ 注意测量门洞的宽度，这对绘制原始结构图非常重要。

➤ 测量窗户的长和高与窗户离地的高度，并在图纸上标识。

➤ 测量地面下沉，阳台、厨房、卫生间一般会有下沉，需要回填，所以在现场量房时，需测量清楚并在图纸上标识。

➤ 在图纸上标识梁的位置，并测量梁的高度和宽度。

➤ 测量强、弱电箱的位置，并在图纸上记录（需画出强弱电箱的立面图）。

➤ 测量房屋层高，并在图纸上标记（客、餐厅和房间的净高度），如图 16-28 所示。

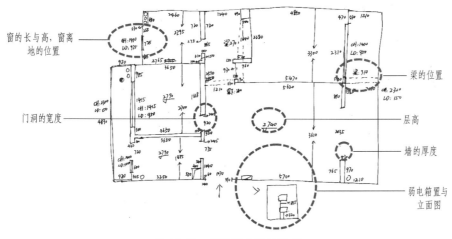

图 16-28　房屋尺寸测量要点

16.3　原始户型图的绘制

原始户型图是指未进行设计改造前房屋的原始建筑结构形状。在对居室进行装饰设计前，需要对房屋的原始建筑尺寸进行丈量并绘制图形，在反映房屋开间、进深尺寸的原始户型图上，绘制居室的平面图、立面图、顶面图等，将图形交付施工，最终完成居室的装潢设计。本小节介绍非量房图纸和现场量房图纸的绘制。

16.3.1　绘制非量房图纸的原始户型图

非量房图纸的原始户型图是指设计师在有需要的时候找到的小区户型图，需要对其户型进行设计又未去现场测量时，就需要绘制非量房的原始户型图了。本案例讲解某两室两厅非量房图纸的原始户型图的绘制，小区户型图如图 16-29 所示，最终绘制完成结果如图 16-30 所示。

【练习 16-1】　绘制非量房图纸的原始户型图

（1）绘制定位轴线

① 以上一章所创建的"室内绘图.dwt"为模板，新建一图形文件。

② 将"轴线"图层置为当前层，调用"L"（直线）命令，绘制相互垂直的直线，如图

16-31 所示。

③ 调用"O"（偏移）命令，依照原始户型图所给的尺寸偏移轴线，如图 16-32 所示。

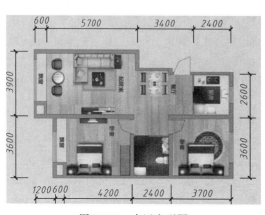

图 16-29 小区户型图

图 16-30 两居室原始户型图

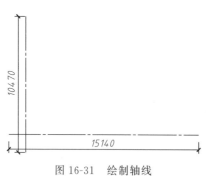

图 16-31 绘制轴线

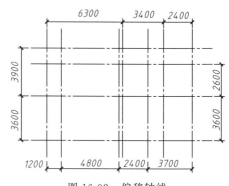

图 16-32 偏移轴线

④ 调用"TR"（修剪）命令，修剪轴线，如图
16-33 所示。

（2）绘制墙体

① 将"墙体"图层置为当前层。

② 绘制墙体。调用"ML"（多线）命令，设置多
线的对正方式为"无"，比例为 240，绘制墙体的结果
如图 16-34 所示。

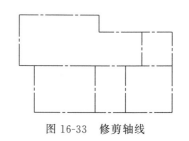

图 16-33 修剪轴线

③ 重复调用"ML"（多线）命令，设置多线对正方式为"无"，比例为 120，绘制厨房
墙体，如图 16-35 所示。

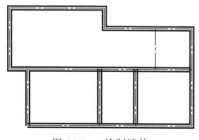

图 16-34 绘制墙体

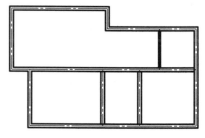

图 16-35 绘制厨房墙体

④ 调用"X"（分解）命令，将多线分解。调用"TR"（修剪）命令，修剪多余线段，并调用"EX"（延伸）命令，延伸线段，完善墙体绘制并隐藏"轴线"图层，如图 16-36 所示。

⑤ 绘制空调外机墙体。调用"O"（偏移）命令，依照图 16-37 所给尺寸，偏移线段，绘制放置空调外机墙体。

⑥ 调用"TR"（修剪）命令，修剪多余线段，如图 16-38 所示。

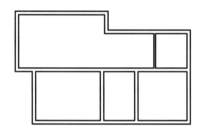

图 16-36　完善墙体绘制并隐藏"轴线"图层

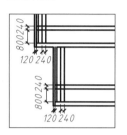

图 16-37　偏移线段

（3）绘制门窗

① 绘制门窗洞口。调用"L"（直线）、"O"（偏移）命令，绘制门窗洞口的辅助线，如图 16-39 所示。

② 调用"TR"（修剪）命令，修剪墙体，门窗洞的绘制如图 16-40 所示。

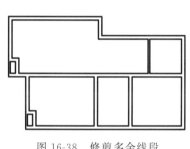

图 16-38　修剪多余线段

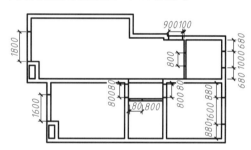

图 16-39　绘制门窗洞口辅助线

③ 绘制窗图形。将"门窗"图层置为当前层。调用"L"（直线）命令，绘制 A 直线和 B 直线，结果如图 16-41 所示。

④ 调用"O"（偏移）命令，将 A、B 直线分别向内偏移 80，如图 16-42 所示。

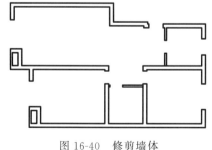

图 16-40　修剪墙体

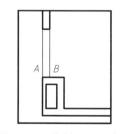

图 16-41　绘制 A、B 直线

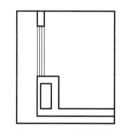

图 16-42　绘制结果

⑤ 重复上述操作，继续绘制窗图形，结果如图 16-43 所示。

⑥ 绘制门图形。调用"REC"（矩形）命令，绘制一个尺寸 40×950 的矩形，并调用"A"（圆弧）命令，指定圆弧的起点和端点，绘制结果如图 16-44 所示。

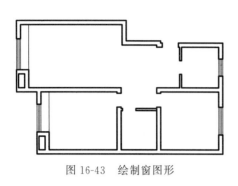
图 16-43　绘制窗图形

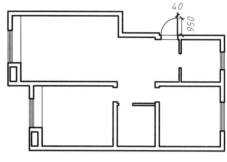
图 16-44　绘制门图形

（4）填充承重墙

承重墙的填充在家装设计中是非常重要的。承重墙一般是不可改造和拆除的，而非承重墙体则可根据客户和设计需求进行拆改。

调用"H"（填充）命令，按照前面所给的原始户型图，对墙体进行 SOLID 图案的填充，填充颜色为 250，如图 16-45 所示。

（5）尺寸标注

① 将"标注"图层置为当前层。

② 调用"DLI"（线性标注）、"DCO"（连续标注）命令，对原始户型图进行标注，如图 16-46 所示。

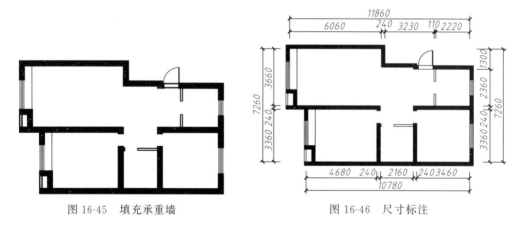
图 16-45　填充承重墙　　　　　　　图 16-46　尺寸标注

（6）文字标注

为绘制完成的原始户型图标注文字，明确各功能分区的位置，为绘制平面布置图提供方便。

① 将"文字说明"文字样式置为当前。调用"MT"（多行文字）命令，在需要进行文字标注的区域，输入文字说明，如图 16-47 所示。

② 调用"MT"（多行）文字，添加图名及比例。调用"PL"（多线段）命令，绘制同名标注下划线，最终结果如图 16-48 所示。

16.3.2　绘制现场量房图纸的原始户型图

现场量房图纸指我们在现场测量房屋尺寸的图纸，它比非量房图纸精确，是设计师绘制施工图的重要依据。本小节介绍某两室两厅现场测量图纸原始户型图的绘制，现场量房图如图 16-49 所示。最终绘制完成结果如图 16-50 所示。

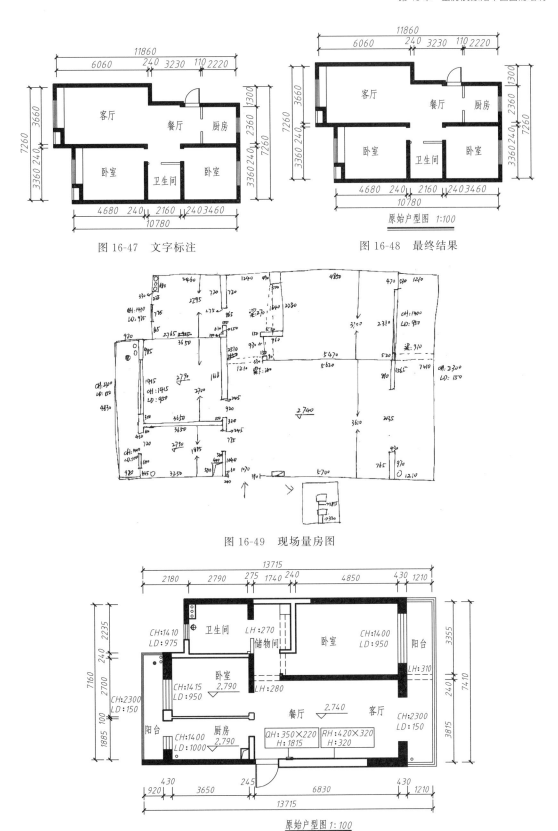

图 16-47 文字标注

图 16-48 最终结果

图 16-49 现场量房图

图 16-50 最终绘制完成结果

【练习 16-2】 绘制现场量房图纸的原始户型图

（1）绘制墙体

在拿到一张现场手绘量房图纸时，先不要着急开始画图，大概先计算一下图纸数值是否准确，误差数值大小。

① 绘制墙体。由于是现场量房图纸，所以我们不再使用偏移轴线的方法绘制墙体，而是直接根据量房图所给尺寸直接绘制墙体。调用"L"（直线）命令，依照手绘图纸，绘制出大概的墙体，如图 16-51 所示。

② 调用"O"（偏移）命令，结合量房图纸所给尺寸，偏移外墙（外墙尺寸一般为 240），如图 16-52 所示。

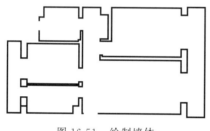

图 16-51 绘制墙体

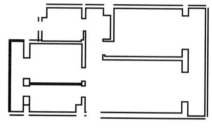

图 16-52 偏移外墙

提示：在绘制墙体时，会有一定的误差，绘图者可根据图纸实际情况与绘图情况做相应的调整，但是误差一般不超过 50mm。

③ 调用"F"（圆角）命令，默认圆角数值为 0，闭合外墙墙体。调用"L"（直线）命令，完善墙体绘制，如图 16-53 所示。

④ 绘制梁。依照图纸所标识的梁的尺寸和位置，调用"L"（直线）命令，绘制梁，并将线型改为 DASH 虚线，如图 16-54 所示。

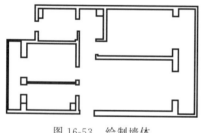

图 16-53 绘制墙体

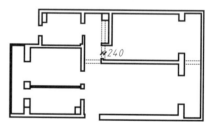

图 16-54 偏移外墙

（2）绘制门窗与阳台

① 绘制门窗。调用"L"（直线）、"O"（偏移）、"A"（圆弧）命令，沿用前面介绍的门窗绘制方法，绘制出门窗，如图 16-55 所示。

② 绘制阳台。调用"L"（直线）命令，在阳台墙体的中心绘制线段，如图 16-56 所示。

（3）填充承重墙

填充承重墙。调用"L"（直线）命令，绘制直线闭合承重墙体，并调用"H"（填充）命令，对承重

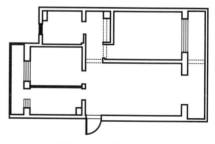

图 16-55 绘制门窗

墙区域进行图案为 SOLID 的填充，填充颜色为 250，如图 16-57 所示。

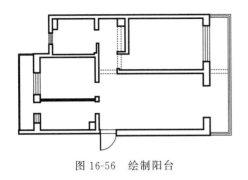

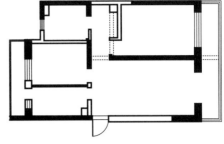

图 16-56　绘制阳台　　　　　　　　　　　图 16-57　填充承重墙

（4）绘制量房图例

量房图例是设计师设计家装空间和各项功能分区的重要依据，所以在原始户型图中都要表示清楚。

① 绘制管道。调用"C"（圆）命令，绘制直径为 110 的圆，并调用"M"（移动）、"CO"（复制）命令，将圆复制移动至图纸所示位置，如图 16-58 所示。

② 绘制地漏。调用"C"（圆）命令，绘制直径为 140 的圆，并将线型改为 DASH，并调用"H"（填充）命令，对圆进行图案为 LINE 的填充，如图 16-59 所示。

③ 绘制坑槽。调用"C"（圆）命令，绘制直径为 235 的圆，并调用"L"（直线）命令，过圆中心绘制十字，调用"A"（圆弧）命令，在圆内侧绘制弧线。将绘制好的坑槽线型改为 DASH 虚线，如图 16-60 所示。

填充图案:LINE
比例:9
角度:45°

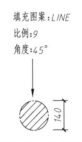

图 16-58　绘制管道　　　　图 16-59　绘制地漏　　　图 16-60　绘制坑槽

④ 调用"M"（移动）命令，将地漏、坑槽移至图纸所标识的位置，如图 16-61 所示。

⑤ 绘制烟道与强弱电箱。调用"O"（偏移）命令，将厨房烟道向内偏移 30，并调用"L"（直线）命令，绘制折线。调用"I"（插入块）命令，将强、弱电箱图块插入到量房图纸所标识的指定位置，如图 16-62 所示。

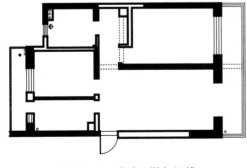

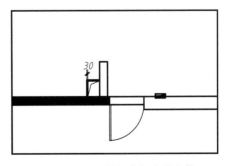

图 16-61　移动地漏与坑槽　　　　　　　图 16-62　绘制烟道与强弱电箱

（5）文字说明

在绘制原始户型图时，需要将原始户型的窗高、窗到地面的高度、梁垂下的高度、强弱电箱到地面的高度、层高等用文字说明清楚。

① 将"文字"图层置为当前层。

② 标识窗高。调用"MT"（多行文字）命令，窗高用缩写"CH"表示，窗到地面的高度用缩写"LD"表示。在各窗户旁输入文字说明，如图16-63所示。

③ 标识梁高。调用"MT"（多行文字）命令，梁垂下的距离用缩写"LH"，在各梁旁输入文字说明，如图16-64所示。

图 16-63 标识窗高   图 16-64 标识梁高

④ 标识强弱电箱的高度。调用"MT"（多行文字），强电箱离地面的高度用缩写"QH"表示，弱电箱离地面的高度用缩写"RH"表示，在强弱电箱位置输入文字说明，如图16-65所示。

⑤ 标识层高。调用"L"（直线）命令，绘制标高符号，并调用"MT"（多行文字）命令，根据量房所得尺寸，输入层高数值，如图16-66所示。

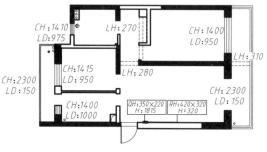

图 16-65 标识强弱电箱的高度   图 16-66 标识层高

（6）尺寸标注

① 将"标注"图层置为当前层。

② 调用"DLI"（线性标注）、"DCO"（连续标注）命令，对原始户型图进行标注，如图16-67所示。

（7）文字标注

为绘制完成的原始户型图标注文字，明确各功能分区的位置，为绘制平面布置图提供方便。

① 将"文字"图层，置为当前层。

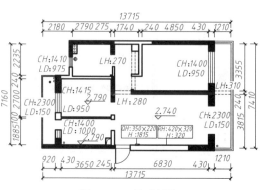

图 16-67 尺寸标注

② 调用"MT"（多行文字）命令，在需要进行文字标注的区域，输入文字说明，如图 16-68 所示。

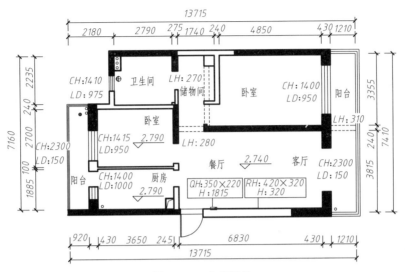

图 16-68　文字标注

③ 调用"MT"（多行文字）命令，添加图名及比例，调用"PL"（多线段）命令，绘制图名标注下划线，最终结果如图 16-69 所示。

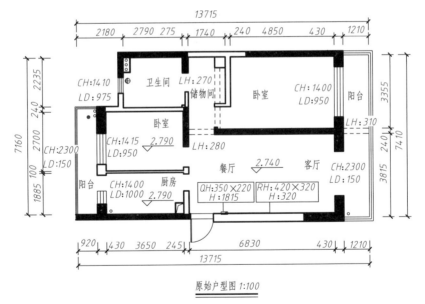

原始户型图 1:100

图 16-69　最终结果

第**17**章

绘制现代风格三室两厅的施工图

扫码全方位学习
AutoCAD 2022

（扫码阅读本章内容）

第四篇　建筑制图篇

第18章

建筑设计基本理论

扫码全方位学习
AutoCAD 2022

　　建筑设计是指在建造建筑物之前，设计者按照设计任务，将施工过程和使用过程中存在的或可能会发生的问题，事先做好通盘的设想，拟定解决这些问题的方案与办法，并用图纸和文件的形式将其表达出来。

　　本章主要介绍建筑设计的一些基本理论，包括建筑制图的特点、建筑设计的要求和规范、建筑制图的内容等，最后总结了住宅楼设计的原则与技巧，为后面学习相关建筑工程图纸的绘制打下坚实的理论基础。

18.1　建筑设计基本理论

　　民用建筑的构造组成如图 18-1 所示，房屋的组成部分主要有基础、墙、楼地层、楼梯等，其中某些构造部分的含义如下。

　　➤ 基础：位于地下的承重构件，承受建筑物的全部荷载，但不传给地基。

　　➤ 墙：作为建筑物的承重与维护构件，承受房屋和楼层传来的荷载，并将这些荷载传给基础。墙体的围护作用主要体现在抵御各种自然因素的影响与破坏，另外还要承受一些水平方向的荷载。

　　➤ 楼地层：作为建筑中的水平承重构件，承受家具、设备和人的重量，并将这些荷载传给墙或柱。

　　➤ 楼梯：作为楼房建筑的垂直交通设施，主要供人们平时上下和紧急疏散时使用。

　　➤ 屋顶：作为建筑物顶部的围护和承重构件，由屋面和屋面板两部分构成。屋面用来抵御自然界雨、

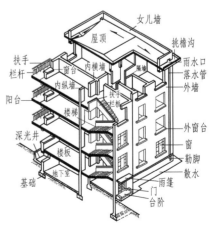

图 18-1　民用建筑的构造组成

雪的侵袭，屋面板则用来承受房屋顶部的荷载。

> 门窗：门用来作为内外交通的联系并分隔房间，窗的作用是通风及采光。门窗均不是承重构件。

除此之外，房屋还有一些附属的组成部分，比如散水、阳台、台阶等。这些建筑构件可以分为两大类，即承重结构及围护结构，分别起着承重作用及围护作用。

18.1.1　建筑设计的内容

建筑设计既指一项建筑工程的全部设计工作，包括各个专业，可称为建筑工程设计；又可单指建筑设计专业本身的设计工作。

一栋建筑物或一项建筑工程的建成，需要经过许多环节。比如建筑一栋民用建筑物，首先要提出任务、编制设计任务书、任务审批，其次为选址、场地勘测、工程设计，以及施工、验收，最后交付使用。

建筑工程设计是整个工程设计中不可或缺的重要环节，也是一项政策性、技术性、综合性较强的工作。整个建筑工程设计应包括建筑设计、结构设计、设备设计等部分。

（1）建筑设计

可以是一个单项建筑物的建筑设计，也可以是一个建筑群的总体设计。根据审批下达的设计任务书和国家有关政策规定，综合分析其建筑功能、建筑规模、建筑标准、材料供应、施工水平、地段特点、气候条件等因素，提出建筑设计方案，直到完成全部的建筑施工图的设计及绘制。

（2）结构设计

根据建筑设计方案完成结构方案与选型，确定结构布置，进行结构计算和构建设计，完成全部结构施工图的设计及绘制。

（3）设备设计

根据建筑设计完成给水排水、采暖、通风、空调、电气照明及通信、动力、能源等专业的方案、选型、布置以及施工图的设计及绘制。

18.1.2　建筑设计的基本原则

（1）应该满足建筑使用功能要求

因建筑物使用性质和所处条件、环境不同，对建筑设计的要求也不同。比如北方地区要求建筑在冬季能够保温，而南方地区则要求建筑在夏季能通风、散热，对要求有良好声环境的建筑物则要考虑吸声、隔声等。

总而言之，为了满足使用功能需要，在进行构造设计时，需要综合有关技术知识，进行合理的设计，以便选择、确定最经济合理的设计方案。

（2）要有利于结构安全

建筑物除了根据荷载大小、结构的要求确定构件的必需尺寸外，对一些零部件的设计，比如阳台、楼梯的栏杆、顶面、墙面的装饰，门、窗与墙体的结合及抗震加固等，都应该在构造上采取必要的措施，以确保建筑物在使用时的安全。

（3）应该适应建筑工业化的需要

为提高建设速度，改善劳动条件，保证施工质量，在进行构造设计时，应该大力推广先进技术，选用各种新型建筑材料，采用标准设计和定型构件，为构、配件的生产工厂化、现场施工机械化创造有利条件，以适应建筑工业化的需要。

（4）应讲求建筑经济的综合效益

在进行构造设计时，应注意建筑物的整体效益问题，既要注意降低建筑造价，减少材料的能源消耗，又要有利于降低经常运行、维修和管理的费用，考虑其综合的经济效益。

另外，在提倡节约、降低造价的同时，还必须保证工程质量，不可为了追求效益而偷工减料，粗制滥造。

（5）应注意美观

构造方案的处理还要考虑造型、尺度、质感、纹理、色彩等艺术和美观问题。

18.2　建筑施工图的概念和内容

作为表达建筑设计意图的工具，绘制建筑施工图是进行建筑设计必不可少的环节，本节介绍建筑施工图的基础知识，包括建筑施工图的概念及其所包含的内容。

18.2.1　建筑施工图的概念

建筑施工图是将建筑物的平面布置、外形轮廓、尺寸大小、结构构造及材料做法等内容，按照国家制图标准的规定，使用正投影法详细并准确地绘制出图样。

建筑施工图是用来组织、指导建筑施工、进行经济核算、工程监理并完成整个房屋建造的一套图样。

18.2.2　建筑施工图的内容

按照专业内容或者作用的不同，可以将一套完整的建筑施工图分为建筑施工图、建筑结构施工图、建筑设备施工图。

（1）建筑施工图（建施）

主要表示建筑物的总体布局、外部造型、内部布置、细部构造、内外装饰等内容。包括设计说明、总平面图、平面图、立面图、剖面图及详图等。图 18-2 所示为绘制完成的建筑施工图。

（2）建筑结构施工图（结施）

主要表示建筑物各承重构件的布置、形状尺寸、所用材料及构造做法等内容。包括设计说明、基础平面图、基础详图、结构平面布置图、钢筋混凝土详图、节点构造详图等。图 18-3 所示为绘制完成的建筑结构施工图。

（3）建筑设备施工图（设施）

主要表示建筑工程各专业设备、管道及埋线的布置和安装要求等内容，包括给水排水施工图（水施）、采暖通风施工图（暖施）、电气施工图（电施）等。由施工总说明、平面图、系统图、详图等组成。图 18-4 所示为绘制完成的建筑设备施工图。

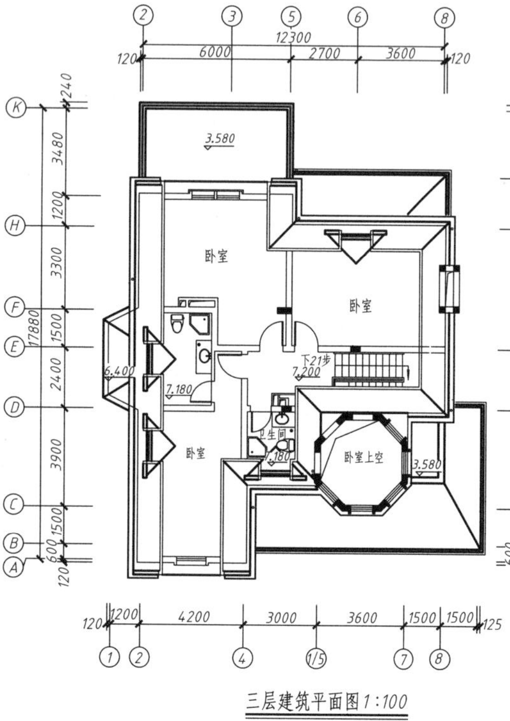

图 18-2　建筑施工图

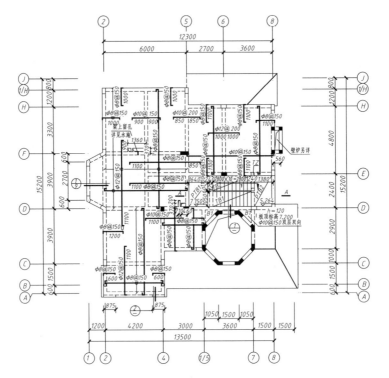

三层楼板板筋平面图 1:100

图 18-3 建筑结构施工图

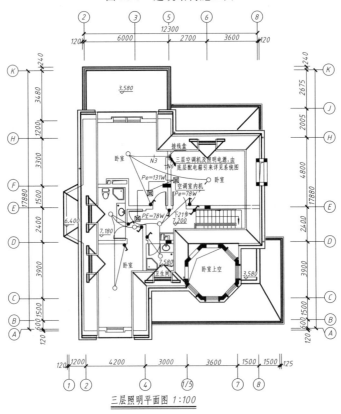

三层照明平面图 1:100

图 18-4 建筑设备施工图

全套的建筑施工图的编排顺序为：图纸目录、总平面图、建筑施工图、结构施工图、给水排水施工图、采暖通风施工图、电气施工图等。图18-5所示为绘制完成的电气设计施工说明。

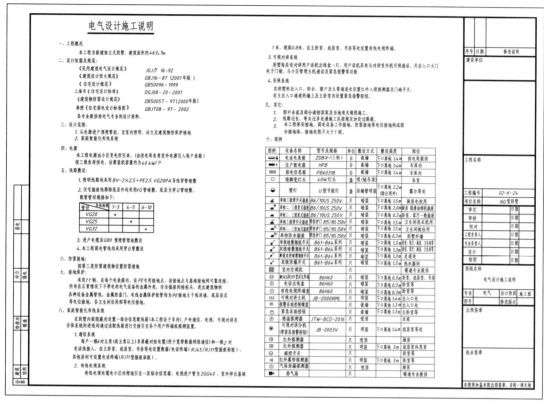

图 18-5 电气设计施工说明

18.3 建筑施工图的特点和设计要求

在了解了建筑施工图的概念及内容的基础知识后，本节再进一步介绍建筑施工图的特点及设计要求，以期读者更进一步了解建筑施工图。

18.3.1 建筑施工图设计要点

各类建筑施工图的设计要点如下。

（1）总平面图的设计要点

➤ 总平面图要有一定的范围。仅有用地范围不够，要有场地四邻原有规划的道路、建筑物、构筑物。

➤ 保留原有地形和地物。指场地测量坐标网及测量标高，包括场地四邻的测量坐标或定位尺寸。

➤ 总图必要的详图设计。指道路横断面、路面结构，反映管线上下、左右尺寸关系的剖面图，以及挡土墙、护坡排水沟、广场、活动场地、停车场、花坛绿地等详图。

（2）建筑设计说明绘制要点

➤ 装饰做法仅是文字说明表达不完整。各种材料做法一览表加上各部位装修材料一览表才能完整地表达清楚房屋建筑工程的做法。

➢ 门窗表。对组合窗及非标窗，应绘制立面图，并把拼接件选择、固定件、窗扇的大小、开启方式等内容标注清楚。假如组合窗面积过大，请注明要经有资质的门窗生产厂家设计方可。另外还要对门窗性能，比如防火、隔声、抗风压、保温、空气渗透、雨水渗透等技术要求应加以说明。例如建筑物1～6层和7层及7层以上对门窗气密性要求不一样，1～6层为3级，7层及以上为4级。

➢ 防火设计说明。按照《建筑工程设计文件编制深度规定》中的要求，需要在每层建筑平面中注明防火分区面积和分区分隔位置，并宜单独成图，但可不标注防火分区的面积。

（3）建筑平面图设计要点

➢ 应标注最大允许设计活荷载，假如有地下室，则应在底层平面图中标注清楚。

➢ 标注主要建筑设备和固定家具的位置及相关做法索引，比如卫生间的器具、雨水管、水池、橱柜、洗衣机的位置等。

➢ 应标注楼地面预留孔洞和通气管道、管线竖井、烟道、垃圾道等的位置、尺寸和做法索引，包括墙体预留空调机孔的位置、尺寸及标高。

（4）建筑立面图设计要点

➢ 容易出现立面图与平面图不一致的情况，如立面图两端无轴线编号，立面图除了标注图名外还需要标注比例。

➢ 应把平面图、剖面图上未能表达清楚的标高和高度标注清楚，不应该仅标注表示层高的标高，还应把女儿墙顶、檐口、烟囱、雨篷、阳台、栏杆、空调隔板、台阶、坡道、花坛等关键位置的标高标注清楚。

➢ 对立面图上的装饰材料、颜色应标注清楚，特别是底层的台阶、雨篷、橱柜、窗细部等较为复杂的地方也应标注清楚。

（5）建筑剖面图设计要点

➢ 剖切位置应选择在层高不同、层数不同、内外空间比较复杂，具有代表性的部位。

➢ 平面图墙、柱、轴线编号及相应的尺寸应标注清楚。

➢ 要完整的标注剖切到或可见的主要结构和建筑结构的部位，比如室外地面、底层地坑、地沟、夹层、吊灯等。

18.3.2　施工图绘制步骤

绘制建筑施工图的步骤如下。

① 确定绘制图样的数量。根据房屋的外形、层数、平面布置各构造内容的复杂程度，以及施工的具体要求来确定图样的数量，使表达内容既不重复又不遗漏。图样的数量在满足施工要求的条件下以少为好。

② 选择适当的绘图比例。一般情况下，总平面图的绘图比例多为1∶500、1∶1000、1∶2000等；建筑物或构筑物的平面图、立面图、剖面图的绘图比例多为1∶50、1∶100、1∶150等；建筑物或构筑物的局部放大图的绘图比例多为1∶10、1∶20、1∶25等；配件及构造详图的绘图比例多为1∶1、1∶2、1∶5等。

③ 进行合理的图面布置。图面布置（包括图样、图名、尺寸、文字说明及表格等）要主次分明、排列均匀紧凑，表达清楚，并尽可能保持各图之间的投影关系。相同类型的、内容关系密切的图样，集中在一张或图号连续的几张图纸上，以便对照查阅。

18.4　建筑制图的要求及规范

目前建筑制图所依据的国家标准为2011年实施的《房屋建筑制图统一标准》GB/T

50001—2010。该标准中列举了一系列在建筑制图中应遵循的规范条例，涉及图纸幅面及图纸编排顺序、图线、字体等方面的内容。

　　由于《房屋建筑制图统一标准》中内容较多，本节仅摘取其中一些常用的规范条例进行介绍，而其他的内容读者可参考《房屋建筑制图统一标准》GB/T 50001—2010。

18.4.1　图纸幅面规格

　　建筑制图的图纸幅面和图框尺寸与室内设计的一致，在本书的第 14 章已经进行了介绍，有建筑制图需要的读者可以翻阅第 14 章进行查看，此处不再讲解。

18.4.2　图线

　　图线是用来表示工程图样的线条，由线型和线宽组成。为表达工程图样的不同内容，且能够分清楚主次，应使用不同线型和线宽的图线。

　　线宽指图线的宽度，用 b 来表示，宜从 1.4、1.0、0.7、0.5、0.35、0.25、0.18、0.13mm 的线宽系列中选取。

　　线宽不应小于 0.1mm，每个图样应根据复杂程度与比例大小，先选定基本线宽 b，然后再选用表 18-1 中相应的线宽组。

表 18-1　线宽组　　　　　　　　　　　　　　　mm

线宽比	线宽组			
b	1.4	1.0	0.7	0.5
$0.7b$	1.0	0.7	0.5	0.35
$0.5b$	0.7	0.5	0.35	0.25
$0.25b$	0.35	0.25	0.18	0.13

　　提示：需要微缩的图纸，不宜采用 0.18mm 及更细的线宽。

　　工程建筑制图应选用表 18-2 中的图线。

表 18-2　图线

名称		线型	线宽	一般用途
实线	粗	——————	b	主要可见轮廓线
	中	——————	$0.5b$	可见轮廓线
	细	——————	$0.25b$	可见轮廓线、图例线
虚线	粗	– – – – –	b	见有关专业制图标准
	中	– – – – –	$0.5b$	不可见轮廓线
	细	– – – – –	$0.25b$	不可见轮廓线、图例线
单点长画线	粗	—·—·—	b	见有关专业制图标准
	中	—·—·—	$0.5b$	见有关专业制图标准
	细	—·—·—	$0.25b$	中心线、对称线等
双点长画线	粗	—··—··—	b	见有关专业制图标准
	中	—··—··—	$0.5b$	见有关专业制图标准
	细	—··—··—	$0.25b$	假想轮廓线、成型前原始轮廓线
折断线		——/\——	$0.25b$	断开界线
波浪线		～～～	$0.25b$	断开界线

　　提示：在同一张图纸内，相同比例的各图样，应该选用相同的线宽组。

18.4.3　比例

　　建筑制图的比例宜注写在图名的右侧，字的基准线应取平，比例的字高宜比图名的字高

小一号或二号，基本与室内制图一致，如图 18-6
所示。

$$平面图 \quad 1{:}100 \quad ③ \quad 1{:}20$$

图 18-6　注写比例

但建筑制图的比例值要比室内制图的大许多，
宜优先采用表 18-3 给出的常用的比例。

表 18-3　绘制所用比例

常用比例	1：100、1：150、1：200、1：500、1：1000、1：2000
可用比例	1：250、1：300、1：400、1：600、1：5000、1：10000、1：20000、1：50000、1：100000、1：200000

在一般情况下，一个图样应仅选用一种比例。根据专业制图的需要，同一图样可选用两种比例。在特殊情况下也可自选比例，然后除了应注出绘图比例之外，还应在适当位置绘制出相应的比例尺。

18.4.4　字体

建筑制图的字体、数字与室内设计的一致，在本书的第 14 章已经进行了介绍，有建筑制图需要的读者可以翻阅第 14 章进行查看，此处不再讲解。

18.4.5　符号

本节介绍在建筑制图中常用符号的绘制标准，如剖切符号、索引符号与详图符号、引出线等。

（1）剖切符号

剖视的剖切符号应由剖切位置线及剖视方向线组成，都应以粗实线来绘制。剖视的剖切符号应该符合下列规定。

➢ 剖切位置线的长度宜为 6～10mm，剖视方向线应垂直于剖切线位置，长度应短于剖切位置线，宜为 4～6mm，如图 18-7 所示；也可采用国际统一及常用的剖视方法，如图 18-8 所示。在绘制剖视剖切符号时，符号不应与其他图线相接触。

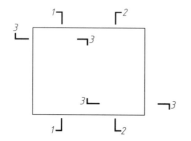

图 18-7　剖视的剖切符号（一）

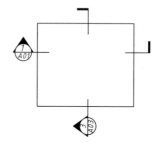

图 18-8　剖视的剖切符号（二）

➢ 剖视剖切符号的编号宜采用粗阿拉伯数字，按照剖切顺序由左至右、由下至上连续编排，并注写在剖视方向线的端部。

➢ 需要转折的剖切位置线，应在转角的外侧加注与该符号相同的编号。

➢ 建（构）筑物剖面图的剖切符号应注在±0.000 标高的平面图或首层平面图上。

➢ 局部剖面图（首层除外）的剖切符号应注在包含剖切部位的最下面一层的平面图上。
断面的剖切符号应符合下列规定。

➢ 断面的剖切符号应只用剖切位置线来表示，并应以粗实线来绘制，长度宜为 6～10mm。

➢ 断面剖切符号的编号宜采用阿拉伯数字，按照顺序连续编排，并应注写在剖切位置线的一侧；编号所在的一侧应为该断面的剖视方向，如图 18-9 所示。

剖面图或断面图，假如与被剖切图样不在同一张图内，则应在剖切位置线的另一侧注明其所在图纸的编号，也可在图上集中说明。

（2）索引符号与详图符号

图样中的某一局部或者构件，假如需要另见详图，则应以索引符号索引，如图 18-10（a）所示。索引符号是由直径为 8～10mm 的圆和水平直径组成，圆及水平直径应以细实线来绘制。索引符号应按照下列规定来编写。

➤ 索引出的详图，假如与被索引的详图同在一张图纸内，应在索引符号的上半圆中用阿拉伯数字注明该详图的编号，并在下半圆中间画一段水平细实线，如图 18-10（b）所示。

➤ 索引出的详图，假如与被索引的详图不在同一张图纸内，应该在索引符号的上半圆中用阿拉伯数字注明该详图的编号，在索引符号的下半圆用阿拉伯数字注明该详图所在的图纸的编号，如图 18-10（c）所示。当数字较多时，可添加文字标注。

➤ 索引出的详图，假如采用标准图，则应在索引符号水平直径的延长线上加注该标准图册的编号，如图 18-10（d）所示。需要标注比例时，文字在索引符号右侧或延长线下方，与符号对齐。

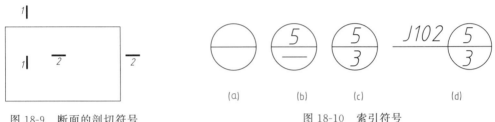

图 18-9　断面的剖切符号　　　　　　　　　图 18-10　索引符号

索引符号假如用于索引剖视详图，应该在被剖切的部位绘制剖切位置线，应以引出线引出索引符号，引出线所在的一侧应为剖视方向，如图 18-11 所示。

零件、钢筋、杆件、设备等的编号宜以直径 5～6mm 的细实线圆来表示，同一图样应保持一致，其编号应用阿拉伯数字按顺序来编写，如图 18-12 所示。消火栓、配电箱、管井等的索引符号，宜以直径 4～6mm 的细实线圆来表示。

图 18-11　用于索引剖面详图的索引符号　　　　图 18-12　零件、钢筋等的编号

详图的位置和编号，应该以详图符号表示。详图符号为一直径为 14mm 的圆，以粗实线来绘制。编号则应按以下规定。

➤ 详图与被索引的图样同在一张图纸内时，应在详图符号内用阿拉伯数字注明详图的编号，如图 18-13 所示。

➤ 详图与被索引的图样不在同一张图纸内时，应用细实线在详图符号内画一水平直径，在上半圆中注明详图编号，在下半圆中注明被索引的图纸的编号，如图 18-14 所示。

图 18-13　详图与被索引的图样在同一张图纸内　　　图 18-14　详图与被索引的图样不在同一张图纸内

（3）引出线

引出线应以细实线来绘制，宜采用水平方向的直线、与水平方向成 30°、45°、60°、90° 的直线，或经上述角度再折为水平线。文字说明宜注写在水平线的上方，如图 18-15（a）所示；也可注写在水平线的端部，如图 18-15（b）所示；索引详图的引出线，应与水平直径线相连接，如图 18-15（c）所示。

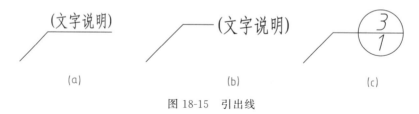

图 18-15　引出线

同时引出的几个相同部分的引出线，宜互相平行，如图 18-16（a）所示；也可画成集中于一点的放射线，如图 18-16（b）所示。

图 18-16　共同引出线

多层构造或多层管道共用引出线，应通过被引出的各层，并用圆点示意对应各层次。文字说明宜注写在水平线的上方，或注写在水平线的端部，说明的顺序应由上至下，并应与被说明的层次对应一致。假如层次为横向排序，则由上至下的说明顺序应与由左至右的层次对应一致，如图 18-17 所示。

图 18-17　多层共用引出线

（4）对称符号

对称符号由对称线和两端的两对平行线组成。对称线用单点长画线绘制，平行线用细实线绘制，其长度宜为 6～10mm，每对的间距宜为 2～3mm；对称线垂直平分于两对平行线，两端宜超出平行线 2～3mm，如图 18-18 所示。

（5）连接符号

连接符号应以折断线表示需连接的部位。两部位相距过远时，折断线两端靠图样一侧应标注大写拉丁字母表示连接编号。两个被连接的图样应用相同的字母编号，如图 18-19 所示。

（6）指北针

指北针的形状符合如图 18-20 所示的规定，其圆的直径宜为 24mm，用细实线绘制；指针尾部的宽度宜为 3mm，指针头部应注"北"或"N"字。需用较大直径绘制指北针时，指针尾部的宽度宜为直径的 1/8。

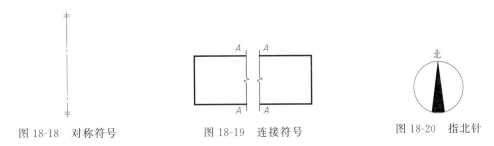

図 18-18　对称符号　　　　　图 18-19　连接符号　　　　　图 18-20　指北针

18.4.6　定位轴线

定位轴线应使用细单点长画线来绘制，且带有编号，编号应注写在轴线端部的圆内。圆应使用细实线来绘制，直径为 8～10mm。定位轴线圆的圆心应在定位轴线的延长线或延长线的折线上。

除了较为复杂需要采用分区编号或圆形、折线形外，一般平面上定位轴线的编号，宜标注在图样的下方或左侧。横向编号应使用阿拉伯数字，按从左至右顺序编写；竖向编号应使用大写拉丁字母，按从下至上顺序编写，如图 18-21 所示。

拉丁字母作为轴线号时，应全部采用大写字母，不应该使用同一个字母的大小写来区分轴线号。拉丁字母的 I、O、Z 不得用作轴线编号。当字母数量不够用时，可增用双字母或单字母来加数字注脚。

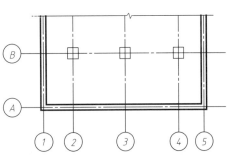

图 18-21　定位轴线的编号顺序

组合较为复杂的平面图中定位轴线也可采用分区编号，如图 18-22 所示。编号的注写形式应为"分区号—该分区编号"。"分区号—该分区编号"采用阿拉伯数字或大写拉丁字母表示。

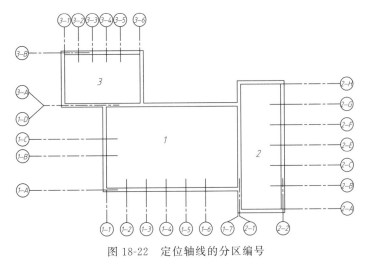

图 18-22　定位轴线的分区编号

附加定位轴线的编号，应以分数形式表示，并应符合下列规定。

➢ 两根轴线的附加轴线，应以分母表示前一轴线的编号，分子表示附加轴线的编号。编号宜使用阿拉伯数字顺序编写。

➢ 1号轴线或 A 号轴线之前的附加轴线的分母应以 01 或 0A 表示。

➢ 一个详图适用于几根轴线时，应同时注明各有关轴线的编号，如图 18-23 所示。

(a)用于2根轴线时　　(b)用于3根或3根以上轴线时　(c)用于3根以上连续编号的轴线时

图 18-23　详图的轴线编号

通用详图中的定位轴线，应该只画圆，不注写轴线编号。

18.4.7　常用建筑材料图例

在《房屋建筑制图统一标准》中仅规定常用建筑材料的图例画法，对其尺度比例不做具体规定。在使用时，应根据图样大小而定，并应注意以下事项。

➢ 图例线应间隔均匀，疏密有度，做到图例正确，表示清楚。

➢ 不同品种的同类材料在使用同一图例时（比如某些特定部位的石膏板必须注明是防水石膏板），应在图上附加必要说明。

➢ 两个相同的图例相接时，图例线宜错开或倾斜方向相反，如图 18-24 所示。

➢ 两个相邻的涂黑图例间应留有空隙，其净宽不宜小于 0.5mm，如图 18-25 所示。

(a)错误画法　　　　(b)正确画法

图 18-24　相同图例相接时的画法

图 18-25　相邻涂黑图例的画法

假如出现下列情况可以不加图例，但是应该添加文字说明。

➢ 一张图纸内的图样只用一种图例时。

➢ 图形较小无法画出建筑材料图例时。

➢ 需要绘制的建筑材料图例面积过大时，可以在断面轮廓线内，沿着轮廓线做局部表示，如图 18-26 所示。

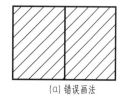

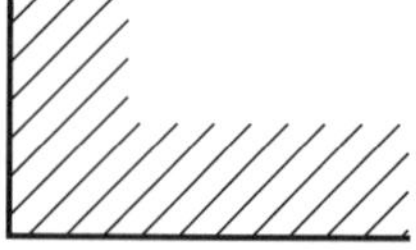

图 18-26　局部表示图例

在选用《房屋建筑制图统一标准》中未包括的建筑材料时，可以自编图例。但是不能与标准中所列的图例重复，在绘制时，应该在图纸的适当位置绘制该材料的图例，并添加文字说明。

常用的建筑材料应按照表 18-4 中所示的图例画法进行绘制。

表 18-4　常用的建筑材料图例

序号	名称	图例	备注
1	自然土壤	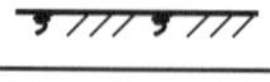	包括各种自然土壤

序号	名称	图例	备注
2	夯实土壤		
3	砂、灰土		靠近轮廓线绘较密的点
4	砂砾石、碎砖三合土	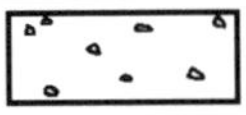	
5	石材	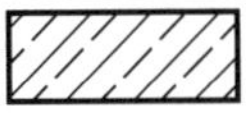	
6	毛石		
7	普通砖	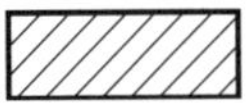	包括实心砖、多孔砖、砌块等砌体。断面较窄不易绘出图例线时,可涂红
8	耐火砖	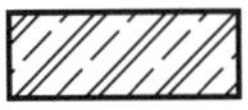	包括耐酸砖等砌体
9	空心砖		指非承重砖砌体
10	饰面砖		包括铺地砖、马赛克、陶瓷锦砖、人造大理石等
11	焦渣、矿渣	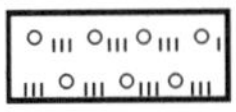	包括与水泥、石灰等混合而成的材料
12	混凝土		①本图例指能承重的混凝土及钢筋混凝土; ②包括各种强度等级、骨料、添加剂的混凝土; ③在剖面图上画出钢筋时,不画图例线; ④断面图形小,不易画出图例线时,可涂黑
13	钢筋混凝土		
14	多孔材料	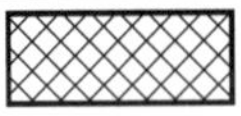	包括水泥珍珠岩、沥青珍珠岩、泡沫混凝土、非承重加气混凝土、软木、蛭石制品等
15	纤维材料		包括矿棉、岩棉、玻璃棉、麻丝、纤维板等
16	泡沫塑料材料	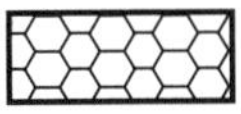	包括聚苯乙烯、聚乙烯、聚氨酯等多孔聚合物材料
17	木材	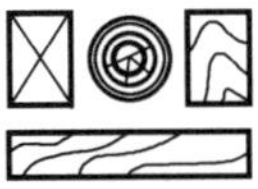	①上图为横断面,上左图为垫木、木砖或木龙骨; ②下图为纵断面
18	胶合板	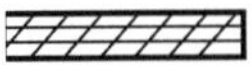	应注明为 X 层胶合板
19	石膏板	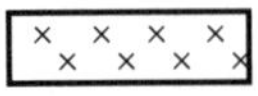	包括圆孔、方孔石膏板、防水石膏板等
20	金属		①包括各种金属; ②图形小时,可涂黑
21	网状材料		①包括金属、塑料网状材料; ②应注明具体材料名称
22	液体	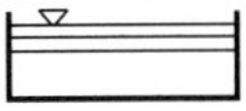	应注明具体液体名称
23	玻璃	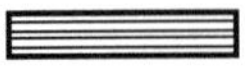	包括平板玻璃、磨砂玻璃、夹丝玻璃、钢化玻璃、中空玻璃、加层玻璃、镀膜玻璃等

序号	名称	图例	备注
24	橡胶		
25	塑料		包括各种软、硬塑料及有机玻璃等
26	防水材料		构造层次多或比例大时,采用上面图例
27	粉刷		本图例采用较稀的点

　　提示：序号 1、2、5、7、8、13、14、18、20、24、25 图例中的斜线、短斜线、交叉线等均为 45°。

第19章

创建建筑绘图样板

和前面介绍过的机械、室内绘图一样，建筑绘图也有专门的样板。本章将介绍建筑绘图图层、尺寸标注、文字标注以及若干建筑绘图符号的绘制，并将这些建筑绘图符号保存为样板文件，可随时调用。

19.1 设置样板文件

样板文件大致包含图形的单位、图层、尺寸样式等各项参数设置，在本书前面的章节中已经通过练习详细讲解了具体的操作方法，本节则仅针对建筑绘图的样板来进行设置。

19.1.1 设置绘图单位和图层

建筑制图虽然设计的是大型的建筑，但基本单位仍然为 mm，因此也不需要重新设置。建筑平面图主要由墙体、门窗、轴线、文字、标注、辅助等元素组成，因此绘制建筑平面图时，应至少建立如表 19-1 所示的图层。某些建筑平面图比较复杂，反映的内容比较多，往往事先无法全面地考虑到将要用到哪些图层，因此可在表 19-1 基础上进行增加或删减。但是在图纸绘制完成后，删除图层要慎重，以免删除某些图形元素。

表 19-1 图层设置

序号	图层名	描述内容	线宽	线型	颜色	打印属性
1	墙体	墙线	0.30mm	CONTINUOUS	黑色	打印
2	立柱	立柱及立柱填充	默认	CONTINUOUS	黑色	打印
3	门窗	门窗线	默认	CONTINUOUS	青色	打印
4	楼梯	楼梯	默认	CONTINUOUS	黄色	打印
5	轴线	轴网	默认	ACAD_ISO04W100	红色	打印
6	洁具	洁具线	默认	CONTINUOUS	蓝色	打印
7	阳台台阶	阳台和台阶线	默认	CONTINUOUS	黑色	打印
8	散水排水沟	散水和排水沟线	默认	CONTINUOUS	黑色	打印
9	文字	图内文字、图名、比例	默认	CONTINUOUS	黑色	打印
10	标注	尺寸标注	默认	CONTINUOUS	绿色	打印
11	辅助	辅助线	默认	CONTINUOUS	黑色	不打印

具体的创建过程和机械、室内制图模板相差无几，因此不重复讲解，具体结果如图 19-1 所示。

19.1.2 设置文字和标注样式

建筑平面图一般是图上 1mm 代表实际 1m（即比例采用 1∶1000 或 1∶500），而建筑平

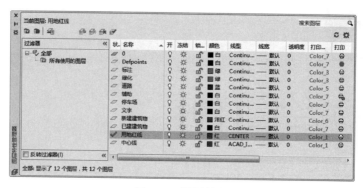

图 19-1　图层效果

面图一般按 1∶1 绘制，出图比例一般是 1∶100、1∶50 等。但是打印出来的文字和标注字体是一样的，这就需要修改文字样式和标注样式。

（1）设置文字样式

图形样板中文字字高为 2.5，若不修改则建筑平面图按 1∶100 打印出来的字体大小只有 0.025mm，根本不可能被识别。所以应修改字高为 400，这样按 1∶100 打印出来字体大小为 4mm。

建筑平面图中可能用到不同字高的文字样式，如图名字高 700，标高标注字高 300，这就需要新建文字样式。下面介绍如何增加文字样式，以巩固上一章学习的内容。

【练习 19-1】　设置文字样式

① 输入"STYLE"，调出"文字样式"对话框，如图 19-2 所示。

② 选中左侧的"文字"样式（选择已建的文字样式，再新建文字样式时，新建文字样式以已建文字样式为模板），单击右侧"新建"按钮，弹出"新建文字样式"对话框，设置样式名为"文字 700"，如图 19-3 所示，单击"确定"按钮将返回到"文字样式"对话框，将文字高度由 400 修改为 700，其他参数默认，如图 19-4 所示。

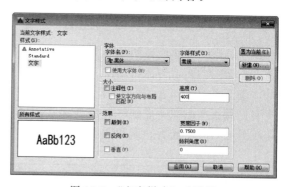

图 19-2　"文字样式"对话框

图 19-3　"新建文字样式"对话框

图 19-4　"文字样式"对话框参数设置

③ 在"文字样式"对话框中单击"置为当前"，弹出图 19-5 所示对话框，单击"是"将返回到"文字样式"对话框，然后单击"关闭"按钮，文字样式"文字 700"即设置成功。

④ 同理设置"文字 300"。设置好文字样式后，在"注释"选项卡下，文字样式下拉列表中可以看到新建好的文字样式，如图 19-6 所示。其中前两个是软件默认的文字样式，一般不用。

⑤ 单击图 19-6 中的其中一种文字样式，再在绘制区域空白处任意点单击即可将选中的文字样式置为当前。

图 19-5　AutoCAD 对话窗

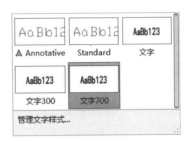

图 19-6　新建的文字样式

（2）设置标注样式

标注样式中的文字高度是基于上述文字样式的，所以当文字样式修改后，标注样式中的字体样式（如字高）也会跟着改过来，如图 19-7 和图 19-8 所示。在绘制建筑平面图时，往往在一个模型里面既绘制平面图又绘制大样图，所以存在不同的比例，如 1∶100、1∶50 和 1∶20 等，所以需要新建几个标注样式，对应不同的比例。下面讲解如何将图形样板中的标注样式修改为适于 1∶100 的标注样式，以及讲解新建 1∶50 和 1∶20 的标注样式。

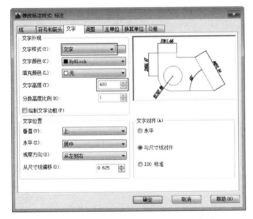

图 19-7　标注样式跟随文字样式自动变化（一）

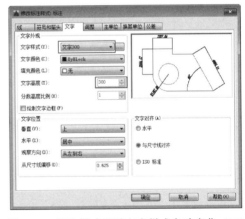

图 19-8　标注样式跟随文字样式自动变化（二）

【练习 19-2】　设置标注样式

① 输入"DISTY"命令，弹出"标注样式管理器"对话框，如图 19-9 所示。

② 选择左侧样式列表中的"标注"，单击鼠标右键，将其重命名为"100"，表示此标注样式将用于 1∶100 的图形标注，如图 19-10 所示。

③ 单击右侧"修改"按钮，弹出"修改标注样式：100"对话框，将右侧的"使用全局比例"属性值由"1"改为"100"。如图 19-11 所示。

④ 单击"确定"按钮将返回到"标注样式管理器"对话框，单击"关闭"按钮即可。

⑤ 输入"DISTY"命令，弹出"标注样式管理器"对话框，如图 19-12 所示。

⑥ 选择左侧样式列表中的"100"，单击右侧"新建"按钮（新建的标注样式参数基于左

侧的"100"样式)，弹出"创建新标注样式"对话框，将新样式名改为"50"，如图 19-13 所示。

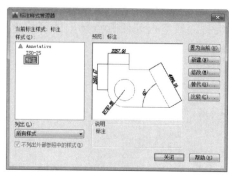

图 19-9 "标注样式管理器"对话框

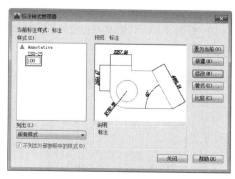

图 19-10 重命名标注样式

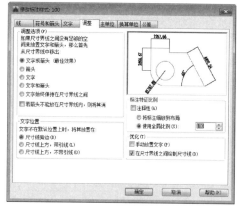

图 19-11 修改全局比例值

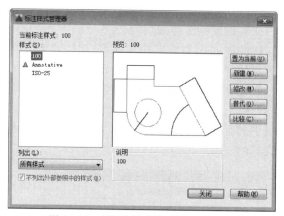

图 19-12 "标注样式管理器"对话框

⑦ 单击上述对话框右侧的"继续"按钮，弹出"新建标注样式：50"对话框，修改比例因子为 0.5，如图 19-14 所示。

图 19-13 "创建新标注样式"对话框

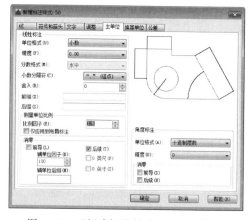

图 19-14 "新建标注样式：50"对话框

提示：1:50 相当于 1:100 的图放大至 2 倍；1:20 相当于 1:100 的图放大至 5 倍。

⑧ 单击"确定"按钮将返回到"标注样式管理器"对话框，单击"关闭"按钮即可。

⑨ 同理新建一个"20"标注样式，修改比例因子为 0.2。到此，标注样式修改完成。

19.2　绘制建筑制图常用符号

建筑符号是绘制建筑设计施工图纸所必需的图例图形，包括标高符号、指北针符号、索引符号、剖切符号等。不同的符号图形可以标示不同的建筑信息，比如标高符号可以标注建筑物的相对高度。本节介绍建筑符号图形的绘制方法。

19.2.1　绘制标高

标高表示建筑物各部分的高度，是建筑物某一部位相对于基准面（标高的零点）的竖向高度，是竖向定位的依据。本节介绍标高图形的绘制方法。

【练习 19-3】　绘制标高

① 调用"L"（直线）命令，绘制长度为 240 的垂直线段；调用"RO"（旋转）命令，指定直线的下端点为旋转基点，设置旋转角度分别为 45°、−45°，旋转复制直线，结果如图 19-15 所示。

② 调用"E"（删除）命令，删除垂直线段，结果如图 19-16 所示。

③ 调用"L"（直线）命令，绘制长度为 1000 的水平线段，如图 19-17 所示。

图 19-15　旋转复制线段　　　　图 19-16　删除垂直线段　　　　图 19-17　绘制水平线段

④ 执行"绘图"|"块"|"定义属性"命令，系统弹出"属性定义"对话框，设置参数如图 19-18 所示。

⑤ 单击"确定"按钮，将属性文字置于标高图块之上，选择标高图形及属性文字，调用"B"（创建块）命令，在弹出的"块定义"对话框中设置图块名称，如图 19-19 所示。

图 19-18　"属性定义"对话框

图 19-19　输入块名

⑥ 单击"确定"按钮关闭对话框，系统弹出"编辑属性"对话框，在其中可以输入标高参数值，如图 19-20 所示。

⑦ 双击标高图块，可以弹出"增强属性编辑器"对话框，在其中可以修改标高的属性文字，包括文字参数值、字体样式、字体大小、颜色等，如图 19-21 所示。

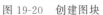

图 19-20　创建图块　　　　　　　　　图 19-21　设置标高参数

19.2.2　绘制指北针

指北针是一种用于指示方向（北方）的工具，广泛用于各种方向判读，譬如航海、野外探险、城市道路地图阅读等领域。本节介绍指北针图形的绘制方法。

【练习 19-4】　绘制指北针

① 调用 "C"（圆形）命令，绘制半径为 893 的圆形，如图 19-22 所示。

② 调用 "L"（直线）命令，绘制直线，结果如图 19-23 所示。

③ 调用 "O"（偏移）命令，偏移线段，如图 19-24 所示。

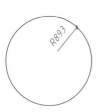
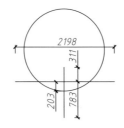
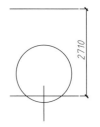

图 19-22　绘制圆形　　　　图 19-23　绘制线段　　　　图 19-24　偏移线段

④ 调用 "L"（直线）命令，绘制直线，结果如图 19-25 所示。

⑤ 调用 "EX"（延伸）命令，延伸线段，如图 19-26 所示。

⑥ 调用 "TR"（修剪）命令，修剪圆形，结果如图 19-27 所示。

图 19-25　绘制直线　　　　图 19-26　延伸线段　　　　图 19-27　修剪圆形

⑦ 调用 "H"（图案填充）命令，在弹出的 "图案填充和渐变色" 对话框中设置参数，在绘图区中拾取填充区域，完成图案填充的结果如图 19-28 所示。

⑧ 调用 "MT"（多行文字）命令，绘制文字标注，完成指北针图形的绘制，结果如图 19-29 所示。

19.2.3　绘制索引符号

在绘制施工图时，会出现因为比例问题而无法表达清楚某一局部的情况，此时为方便施

图 19-28　图案填充

图 19-29　指北针

工需要另外画详图。一般用索引符号注明画出详图的位置、详图的编号以及详图所在的图纸编号。索引符号和详图符号内的详图编号与图纸编号两者对应一致。

本节介绍索引符号图形的绘制方法。

【练习 19-5】　绘制索引符号

① 调用 "C"（圆形）命令，绘制半径为 301 的圆形；调用 "L"（直线）命令，过圆心绘制直线，如图 19-30 所示。

② 调用 "REC"（矩形）命令，绘制尺寸为 700×700 的矩形，如图 19-31 所示。

③ 调用 "RO"（旋转）命令，设置旋转角度为 45°，对矩形执行旋转操作，调用 "L"（直线）命令，在矩形内绘制对角线，如图 19-32 所示。

④ 调用 "M"（移动）命令，移动矩形，使矩形内的对角线中点与圆形的圆心重合，结果如图 19-33 所示。

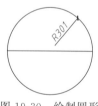

图 19-30　绘制圆形

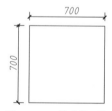

图 19-31　绘制矩形

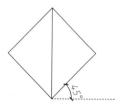

图 19-32　旋转矩形

图 19-33　绘制圆

⑤ 调用 "E"（删除）命令，删除矩形的对角线，执行 "EX"（延伸）命令，延伸圆内的直线，使其与矩形相接，如图 19-34 所示。

⑥ 调用 "TR"（修剪）命令，修剪矩形，结果如图 19-35 所示。

⑦ 调用 "H"（图案填充）命令，在 "图案填充和渐变色" 对话框中选择 "SOLID" 图案，对图形执行填充操作，如图 19-36 所示。

⑧ 调用 "MT"（多行文字）命令，分别标注立面编号（位于圆形的上部分）、立面所在图纸编号（位于圆形的下部分），完成索引符号的绘制结果如图 19-37 所示。

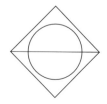

图 19-34　延伸线段

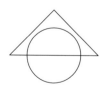

图 19-35　修剪矩形

图 19-36　填充图案

图 19-37　索引符号

第20章

住宅楼建筑施工图的绘制

扫码全方位学习
AutoCAD 2022

（扫码阅读本章内容）

第五篇 园林制图篇

第21章

初识园林制图与设计

本章将介绍园林制图与设计的一些基础知识，使读者对 AutoCAD 园林制图和设计有一个大概的了解。

21.1 园林设计基础

随着社会的发展、经济的繁荣和文化水平的提高，人们对自己所居住、生存的环境越来越关注，并提出越来越高的要求。作为一门环境艺术，园林设计的目的就是创造出景色如画、环境舒适、健康文明的环境。

21.1.1 园林设计概述

园林设计就是在一定的地域范围内，运用园林艺术和工程技术手段，通过改造地形（或进一步筑山、叠石、理水），种植树木、花草，营造建筑和布置园路等途径创作而建成美的自然环境和生活、游憩境域的过程。

这门学科所涉及的知识面较广，它包含文学、艺术、生物、生态、工程、建筑等诸多领域，同时，又要求综合各学科的知识统一于园林艺术之中。所以，园林设计是一门研究如何应用艺术和技术手段处理自然、建筑和人类活动之间复杂关系，达到和谐完美、生态良好、景色如画之境界的一门学科。

园林设计研究的内容除了包括园林设计等，还包括综合性公园、植物园、动物园、森林公园、风景名胜区的景区、景点设计，以及其他园林绿地的设计等内容。

园林设计的最终目的是要创造出景色如画、环境舒适、健康文明的游憩境域。一方面，园林是反映社会意识形态的空间艺术，园林要满足人们精神文明的需要；另一方面，园林又是社会的福利事业，是现实生活的实景，所以，还要满足人们良好休息、娱乐的物质文明的需要。

21.1.2 中国园林的分类

中国园林，从不同角度，可以有不同的分类方法。一般有两种分类法。

（1）按占有者身份分

① 皇家园林 是专供古代帝王休息享乐的园林。其特点是规模宏大，真山真水较多，园中建筑色彩富丽堂皇，建筑体型高大。现存的著名皇家园林有：北京的颐和园、北京的北海公园、承德的避暑山庄等。如图 21-1 所示。

② 私家园林 是供古代皇家的宗室外戚、王公官吏、富商大贾等休闲的园林。其特点是规模较小，所以常用假山假水，建筑小巧玲珑，表现其淡雅素净的色彩。现存的私家园林有：北京的恭王府，苏州的拙政园、留园、沧浪亭、网狮园，上海的豫园等。如图 21-2 所示。

图 21-1 规整式园林　　　　　　　　　　图 21-2 苏州的拙政园

（2）按园林所处地理位置

① 北方类型 北方园林，因地域宽广，所以范围较大；又因大多为百郡所在，所以建筑富丽堂皇。因自然气象条件所局限，河川湖泊、园石和常绿树木都较少。由于风格粗犷，所以秀丽媚美则显得不足。北方园林的代表大多集中于北京、西安、洛阳、开封，其中尤以北京为代表。如图 21-3 所示。

② 江南类型 南方人口较密集，所以园林地域范围小；又因河湖、园石、常绿树较多，所以园林景致较细腻精美。因上述条件，其特点为明媚秀丽、淡雅朴素、曲折幽深，但面积小，略感局促。南方园林的代表大多集中于南京、上海、无锡、苏州、杭州、扬州等地，其中尤以苏州为代表。如图 21-4 所示。

图 21-3 北方类型　　　　　　　　　　图 21-4 江南类型

③ 岭南类型　因为地处亚热带，终年常绿，又多河川，所以造园条件比北方、南方都好。其明显的特点是具有热带风光，建筑物都较高而宽敞。现存岭南类型园林，有著名的顺德的清晖园、东莞的可园、番禺的余荫山房等。如图 21-5 所示。

图 21-5　岭南类型

21.1.3　园林设计的发展前景

随着人们的生活水平不断提高，物质需求也不断增大，环境问题也越来越明显。因此，我国景观设计的原生态建设还需要做出更多的努力，就目前发展情况来看要从三个角度出发。

（1）人本化、生态化

目前，人们的居住环境大多是向着更加人性化、生态化的趋势发展。生态庭院景观设计，首先是在设计观念上与以往不同，强调的是"以人为本"，追求"生态平衡"和"建筑、人、环境"相结合的"天人合一"的理念。

生态化设计就是继承和发展传统园林景观设计的经验，遵循生态学的原理，建设多层次、多结构、多功能的科学植物群落，建立人类、动物、植物相关联的新秩序，使其在对环境的破坏影响最小的前提下，达到生态美、科学美、文化美和艺术美的统一，为人类创造清洁、优美、文明的景观环境。

人性化设计是以人为轴心，注意提升人的价值，尊重人的自然需要和社会需要的动态设计哲学。它更大程度地体现在设计细节上，如各种配套服务设施是否完善，尺度问题，材质的选择等。

（2）回归自然

人们对于景观设计互相追逐得过犹不及，正使景观设计中的自然元素越来越少。设计师过于强调人文景观，仅仅考虑视觉上的冲击，不仅做了无用功，还使庭院景观设计偏离了自然，平添了居住者身在其中的压力感。

（3）个性化

由于景观设计中元素的多样性，庭院景观设计在设计场所特质方面，比建筑设计有更多的发展空间，需要设计者发挥想象力和创造性，挖掘场所的深层文脉和地域特征，理解居住者的性格、背景、文化信仰等，在设计中做到因人而异、因地制宜、因园而变。

21.1.4　园林设计构成要素

任何一种艺术和设计学科都具有特殊的固有的表现方法，园林设计也一样，利用这些手法将作者的构思、情感、意图变成舒适优美的环境，供人观赏、游览。

一般来说，园林的构成要素包括五大部分：山水地形、园林建筑、广场和道路、植物、园林小品。这五种要素不能说是涵盖了整体，但是它们作为最基本的五点支撑着景观设计的整个框架。

（1）山水地形

山水地形是构成园林的骨架，主要包括平地、土丘、丘陵、山峦、山峰、凹地、谷地、坞、坪等。地形要素的利用和改造，将影响园林的形式、建筑的布局、植物的配置、景观的效果、给排水工程、小气候等。

水体也是地形组成中不可缺少的部分。水是园林的灵魂，水体可以简单地划分为静水和动水两种类型。静水包括湖、池、塘、潭、沼等形态；动水常见的形态有河、湾、溪、渠、涧、瀑布、喷泉、涌泉、壁泉等。另外，水声、倒影等也是园林水景的重要组成部分。水体中还可形成堤、岛、洲、渚等地貌。园林水体在住宅绿化中的表现形式为喷水、跌水、流水、池水等。其中喷水包括水池喷水、旱池喷水、浅池喷水、盆景喷水、自然喷水、水幕喷水等；跌水包括假山瀑布、水幕墙等。如图 21-6 所示。

图 21-6　园林水体

（2）园林建筑

园林建筑，主要指在园林中成景的，同时又供人们赏景、休息或起交通作用的建筑和建筑小品的设计，如园亭、园廊等，如图 21-7 所示。

园林建筑根据园林的立意、功能、造景等需要，必须考虑建筑和建筑的适当组合，包括考虑建筑的体量、造型、色彩以及与其配合的假山艺术、雕塑艺术等要素的安排，并要求精心构思，使园林中的建筑起到画龙点睛的作用。

图 21-7　园林建筑

（3）植物

植物也是园林中重要的构成要素。植物要素包括乔木、灌木、攀缘植物、花卉、草坪等，如图 21-8 所示。

植物的四季景观，本身的形态、色彩、芳香等都是园林造景的题材。园林植物与地形、水体、建筑、山石等有机配植，可以形成优美的环境。园林中除了考虑植物要素外，在条件允许的情况下，还要规划动物景观，如鱼游、鸟鸣等可以为园林景观增色。

图 21-8　园林植物

（4）广场和道路

广场与道路、建筑的有机组织，对于园林的形成起着决定性的作用。广场与道路的形式可以是规则的，也可以是自然的。广场和道路系统将构成园林的脉络，并且起到园林中交通组织、导游线的作用，如图 21-9 所示。广场和道路有时也归纳到园林建筑元素内。

图 21-9　广场和道路

（5）园林小品

园林小品是园林构成中主要的部分。小品使园林的景观更具有表现力。园林小品，一般包括园林雕塑、园林山石、园林壁画等内容。如图 21-10 所示。

图 21-10　园林小品

21.1.5　园林设计相关软件简介

园林设计的相关软件有很多，这里选取目前国内应用较为广泛的几个软件进行介绍。

（1）AutoCAD

CAD（Computer Aided Design）是指计算机辅助设计，是计算机技术一个重要的应用领域。AutoCAD是由美国AutoCAD公司开发的通用计算机辅助设计软件，具有易于掌握、使用方便、体系结构开放等优点，具有绘制二维图形与三维图形、标注尺寸、渲染图形以及打印输出图纸等功能，被广泛应用于园林、机械、建筑、室内等领域。

图21-11所示为使用AutoCAD绘制的园林平面图。

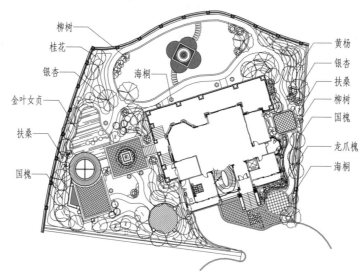

图21-11　AutoCAD绘制的园林平面图

（2）3ds max

3ds max主要用于制作各类效果图，如室外建筑效果图、风景园林效果图、建筑室内效果图、展示效果图等。同时也用在电脑游戏的动画制作方面，更进一步参与制作影视特效。

图21-12所示为本书别墅庭院案例的模型效果，它由3ds max创建，赋予材质、布置灯光并渲染输出。

（3）Photoshop

对于风景园林效果图来说，Photoshop提供的绘图工具让外来图像与创意很好地融合，使图像的合成天衣无缝。校色调色是Photoshop中极具威力的功能之一，可方便快捷地对图像的颜色进行明暗、色偏的调整和校正。图21-13所示为使用Photoshop对3ds max渲染输

图21-12　3ds max建模渲染

图21-13　Photoshop后期处理

出的别墅庭院进行后期处理的效果。

（4）SketchUP

SketchUP 是一款应用于建筑领域的全新三维设计软件，它有很多独特之处，这些独特之处也是今后三维软件发展的趋势之一。它提供了全新的三维设计方式——在 SketchUP 中建立三维模型就像我们使用铅笔在图纸上作图一般，SketchUP 本身能自动识别这些线条，加以自动捕捉。它的建模流程简单明了，就是画线成面，而后挤压成型，这也是建筑建模最常用的方法。

SketchUP 与通常的让设计过程去配合软件的程序完全不同，它是专门为配合设计过程而研发的。在设计过程中，通常习惯从不十分精确的尺度、比例开始整体的思考，随着思路的进展不断添加细节。当然，如果需要，也可以方便快速进行精确的绘制。与 CAD 的难于修改不同的是，SketchUP 可以使用户根据设计目标，方便地解决整个设计过程中出现的各种修改，即使这些修改贯穿整个项目的始终。

图 21-14 为使用 SketchUP 绘制的园林景观。

（5）Lumion

Lumion 是一个实时的 3D 可视化工具，用来制作电影和静帧作品，涉及的领域包括建筑的规划和设计。它也可以传递现场演示。Lumion 的强大就在于它能够提供优秀的图像，并将快速和高效工作流程结合在了一起，为你节省时间、精力和金钱。

人们能够直接在自己的电脑上创建虚拟现实。Lumion 大幅降低了制作时间，可以在短短几秒内就创造惊人的建筑可视化效果。如图 21-15 所示。

图 21-14　SketchUP 绘图

图 21-15　Lumion 绘图

21.2　AutoCAD 园林制图规范

园林制图是表达园林设计意图最直接的方法，是每个园林设计师必须掌握的技能。与手工制图一样，使用计算机绘制园林图形不仅要掌握绘图的方法，还应该学习并遵守相关的制图规范。AutoCAD 园林制图可参照《房屋建筑 CAD 制图统一规则》（GB/T 18112）。在园林图纸中，对制图的基本内容都有规定。这些内容包括图纸幅面、标题栏及会签栏、线宽及线型、汉字、字符、数字、符号和标注等。

21.2.1　图纸幅面

为了图纸整齐，便于装订和保管，制订了统一的幅面尺寸。园林制图采用国际通用的图纸幅面规格，即以字母 A 开头的系列图纸，与前面章节中介绍的机械、室内、建筑制图图纸一致，因此不做重复介绍。

21.2.2　线宽及线型

园林制图的图线与室内、建筑制图基本一致，因此可参照本书第 18 章的 18.4.2 节进行设置，本节不做重复介绍。

21.2.3　汉字、字符和数字

园林制图的汉字、字符和数字与室内制图基本一致，读者可以参照本书第 14 章的 14.3.4 节进行设置，本节不做重复介绍。

21.2.4　尺寸标注

园林制图的尺寸标注同样与室内、建筑制图的一致，只是在全局比例上略有差异，读者可以自行调整，效果如图 21-16 所示。

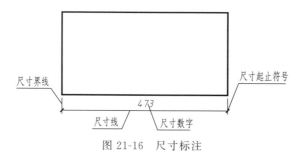

图 21-16　尺寸标注

第22章

园林基本要素的绘制方法

本章将学习园林建筑。园林建筑、水体、植物和地形共同构成造园四大元素。它们相辅相成，缺一不可，共同组成园林景观，构成园林空间。园林建筑具有实用和造景的双重功能，往往成为园林景观空间的焦点。而其他造园要素将在后面的章节中学习。

本章首先简单介绍了园林建筑的功能、分类及设计原则，然后结合相关实例讲述园林建筑的绘制方法和技巧。

22.1 园林建筑概述

园林建筑是指园林中提供休息、装饰、照明、展示和为园林管理及方便游人之用的小型建筑设施。一般设有内部空间，体量小巧，造型别致，富有特色，并讲究适得其所。园林建筑在园林中既能美化环境，丰富园趣，为游人提供娱乐休息和公共活动的场所，又能使游人从中获得美的感受和良好的教益。

22.1.1 园林建筑的功能

园林建筑功能多样，种类繁多。主要分为实用和造景两大部分。一些实用的建筑，为了与园景相协调，应该尽量使其具备造景的功能。在园林风景中，建筑既要具备使用功能，又要与周围的环境相辅相成，组成景色。既要满足游人在游览中赏景的需要，又要对室外空间合理地组织和利用，使室内外空间和谐统一。其具体功能表现在以下几点。

（1）供人使用

园林是改善、美化人们生活环境的设施，也是供人们休息、游览、文化娱乐的场所，随着园林活动的日益增多，园林建筑类型也日益丰富起来，主要有茶室、餐厅、展览馆、体育场所等，以满足游人的需要。

（2）供人观赏

作为观赏园内外景物的场所，建筑的朝向、门窗的位置与大小的设计均要考虑赏景的要求。

（3）组织游览路线

园林建筑常常具有起承转合的作用，当人们的视线触及某处优美的园林建筑时，游览路线就会自然而然地延伸，建筑常成为视线引导的主要目标，人们常说的步移景异就是这个意思。园林常以一系列空间的巧妙变化给人以艺术享受，以建筑构成的各种形式的庭院及游廊、花墙、园洞门等恰是组织空间、划分空间的最好手段，如图22-1所示。

（4）提升园林意境

　　因地制宜地选择建筑式样和巧妙地配置水、石、树、桥、廊等以构成各具特色的空间，营造不同的氛围。

图 22-1　游廊

图 22-2　游憩性建筑

22.1.2　园林建筑的类型

　　园林建筑按其使用功能可分为以下四类。

　　（1）游憩性建筑

　　供游人休息、游赏用的建筑，它既有简单的使用功能，又有优美的建筑造型。如亭、廊、花架、榭、舫等，如图 22-2 所示。

　　（2）文化娱乐性建筑

　　供园林开展各种活动用的建筑。如游船码头、游艺室、各类展厅等，如图 22-3 所示。

图 22-3　游船码头

图 22-4　装饰性园林小品

　　（3）园林小品

　　一些小型的建筑或者设施，可以装饰园景、提供照明、指示方向等。装饰用的园林小品包括固定的和可移动的花钵、饰瓶，可以经常更换花卉，如图 22-4 所示。还有日晷、香炉、水缸，各种景墙（如九龙壁）、景窗等，在园林中起点缀作用。

　　园灯是有装饰效果的园林小品，在地形、道路、绿化的配合下，可以组成一幅非常优美动人的园景，如图 22-5 所示。一般庭院柱子灯由灯头、灯杆及灯座三部分组成。园灯造型的美观，也是由这三部分比例匀称、色彩调和、富于独创来体现的。过去的园灯往往线条较为繁复细腻，现在则强调朴素、大方、整体美，与环境相协调。

　　展示性建筑包括各种布告板、导游图板、指路标牌（图 22-6）以及动物园、植物园和文物古建筑的说明牌、阅报栏、图片画廊等，它们都对游人有宣传、教育及引导的作用。

　　（4）服务性建筑

服务性建筑包括为游人服务的饮水泉、洗手池、公用电话亭、时钟塔等，如图 22-7 所示。还有为保护园林设施的栏杆、格子垣、花坛绿地的边缘装饰等，为保持环境卫生的废物箱等。

图 22-5　照明园林小品　　　　　图 22-6　园林指示牌　　　　　图 22-7　公用电话亭

22.1.3　园林建筑的设计

与其他建筑类型不同，园林建筑既要满足一定的功能要求，又要拥有较高的艺术性和观赏性。园林建筑设计，要在选址的基础上，根据园林的性质、规模、地形特点等因素，进行全园的总布局。

（1）立意

园林建筑与其他建筑类型不同。它既要满足一定的功能要求，又要拥有较高的艺术性和观赏性；既是物质产品，又是艺术作品。因此在设计手法上灵活多变，不拘一格。

不是所有的园景都具备意境，然而有意境的园景更耐人寻味。我国古典园林中的亭子数不胜数，但却几乎找不出格局和样式完全相同的。因为它们的建造者总是因地制宜地选择建筑式样，巧妙配置山石、水景、植物等以构成各自特色。如苏州沧浪亭因傍水构亭而得名"沧浪"，取屈原《渔父》中"沧浪之水清兮，可以濯吾缨，沧浪之水浊兮，可以濯吾足"之意。

（2）选址

园林建筑所处的环境不同，建筑类型也不同。西方园林多强调对环境的改造，而我国园林则在建筑与环境相和谐下足了功夫，极力做到因势而成，随形而就，以达到"天人合一"的境界，如图 22-8 所示。园林建筑设计中虽说可以人工培土、掇山、叠石，但远不如利用地形既节省人力物力，又与自然环境协调。如扬州的个园中，"壶天自春"抱山楼与假山融合为一个整体。建筑、人、自然三者和谐相处，仿佛天然如此。恰如《园冶》所说"相地合宜，构园得体。"

（3）布局

园林建筑除立意独到、选址得当外，还必须有好的布局，否则一个园林中就会显得杂乱无章，更不要说成为佳作。园林建筑的空间组合形式通常有以下几种。

➤ 主景建筑：以自然景物来衬托建筑物，建筑物是空间的主体，一般对建筑物本身的造型要求较高，如图 22-8 所示。

➤ 组群建筑：建筑组群与园林空间之间可形成多种分隔和穿插。由建筑组群自由组合的开敞空间，则多采用分散式布局，并用桥、廊、道路、铺面等使建筑物相互连接，但不围成封闭性的院落。此外，建筑物之间有一定的轴线关系，使能彼此顾盼，互为衬托，有主有从，如图 22-9 所示。

➤ 围合建筑：这是我国古代园林建筑普遍使用的一种空间组合形式，如图 22-10 所示。

➤ 混合空间：由于功能或组景的需要，有时可把以上几种空间组合的形式结合使用，故称混合式的空间组合。

图 22-8　爱晚亭　　　　　图 22-9　组群建筑　　　　　图 22-10　围合建筑

22.2　园林水体设计

在我国传统的园林当中，水和山同样重要。早在 2000 多年前，孔子就曾发出"仁者乐山，智者乐水"的感慨。园景因为水的存在而充满灵性。水中的倒影、游鱼、植物等，使园景生动活泼。所以有"山得水而活，水得山而媚"之说。将水体塑造成不同的形态，配合山石、花木和园林建筑来组景，是典型的造园手法。

22.2.1　园林水体的分类

园林水体的景观形式是丰富多彩的。水体设计既要模仿自然，又要有所创新。自然界中有江河、湖泊、瀑布、溪流和涌泉等自然景观。因此，水体设计中的水就有平静的、流动的、跌落的和喷涌的四种基本形式。下面以水体存在的四种形态来划分水体景观的类型。

（1）静水

水面自然，相对静止，不受重力及压力的影响，称为静水，如图 22-11 所示。常说的"水平如镜"指的就是静水。静水最常见的形式是水池、湖泊和水塘。

图 22-11　静水

（2）流水

水体因重力而流动，形成各种溪流、漩涡等，称为"流水"，如图 22-12 所示。流水能减少藻类滋生，加速水质净化。在园林设计中，常用流水来模拟溪、涧、河流等自然形态。流水最常见的形式是溪流、水坡、水道。

自然界的河流水流平缓，形如带状，可长可短，可直可弯，有宽有窄，有收有放。为模拟这种自然的形态，园林中常用弯曲的河道来表现，河岸多为土质，可种植亲水的植物。岸边可设观水的水榭、长廊、亲水平台等建筑，局部可以修建成台阶，延伸入水中，增加人与水接触的机会。水上宽广处可划船，狭窄处可架桥或设汀步。

图 22-12　流水

（3）水帘

人工堆叠的假山或自然形成的陡坡壁面有水流过则形成水帘，如图 22-13 所示。在人工建筑的墙面，不论其凹凸与否，都可形成壁泉，其水流可设计成具有多种石砌缝隙的墙面，水从墙面的各个缝隙中流出，产生涓涓细流的水景。

（4）喷水

水体因压力而从细窄的管道喷涌而出，形成各种喷泉、涌泉、喷雾等，称为喷水，如图 22-14 所示。为了造景需要，人工建造具有装饰性的喷水装饰，可以湿润周围空气、减少尘埃、降低气温。喷水现已发展成几大类，如音乐喷泉、程控喷泉、旱地喷泉、跑动喷泉、光亮喷泉、激光水幕喷泉、超高喷泉等。

图 22-13　水帘　　　　　　　　　　　　　　　　图 22-14　喷泉

22.2.2　水景工程图的表现方法

为了使施工时图纸清晰明了，水景设计图应该标明水体的平面位置、水体形状、深浅及工程做法。它包括如下内容：水体平面图、水体立面图和纵横剖面图。

（1）水体平面图表现方法

水体平面图可以表示水体的位置和标高，如园林的竖向设计图和施工总平面图。在这些平面图中，首先画出平面坐标网格，然后绘制各种水体的轮廓和形状，如果沿水域布置有山石、汀步、小桥等景观元素，也可以绘制，如图 22-15 所示。

① 填充法　填充法是指使用 AutoCAD 预定义或自定义的填充图案填充闭合的区域表示水体。填充的图案一般选择直排线条，以表示出水面的波纹效果，如图 22-16 所示。

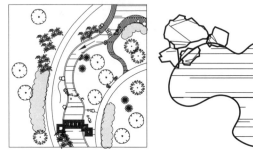

图 22-15　水体平面图　　　　　　　　　　　图 22-16　填充法表示水体

② 线条法　线条法是指在水面区域绘制长短不一的短直线或波浪线表示水体，如图 22-17 所示。与填充法相比，线条法绘制的水体更为简洁、自然，同时由于不需要绘制封闭睡眠轮廓，操作也更为便捷。使用线条法表示水体时，应注意线条的疏密，以使整个图形效果整洁美观。

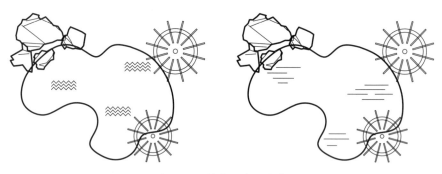

图 22-17　线条法表示水体

③ 等深线法　等深线法是指使用多段线沿池岸走向绘制类似等高线的等深线，用来表示水面区域的方法，如图 22-18 所示。在具体绘制时，可以先绘制一条多段线，将其修改为弧线段后向内偏移 2~3 条，增加外围多段线的宽度即可。

④ 添加景物法　添加景物法是一种间接表示水面的方法，通过在水面上绘制一些水面相关的景物，如船只、水生植物或水面上的水纹和涟漪，及石块驳岸、码头等，来间接表示水面，如图 22-19 所示。

（2）水体立面图表现方法

除了平面图外，有时还需要用立面图来表示水体的流向、造型及与驳岸、山石等硬质景观的相互关系。如图 22-20 所示为鲤鱼雕塑喷泉立面图，以线条表示了喷泉的造型效果。

（3）纵横剖面图表现方法

在水立面图中，往往需要剖面图来表示水池池壁、池底等的做法。图 22-21 所示为水池剖面图，该剖面图详细地表达了水体与水底位置的关系、跌水高程及水池、水底做法。

除了以上所述的平、立、剖面图以外，某些水景工程还有进水口、出水口大样图，池底、驳岸、水泵房等施工做法图，以及水池循环管道平面图。水池管道平面图是在水池平面

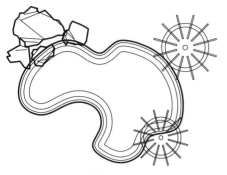

图 22-18 等深线法表示水体

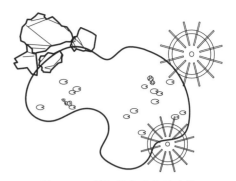

图 22-19 添加景物法表示水体

图 22-20 鲤鱼雕塑喷泉立面图

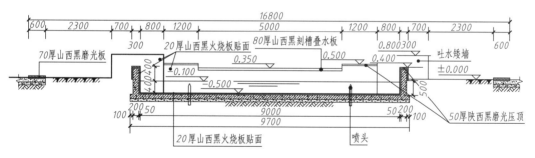

图 22-21 水池剖面图

位置图的基础上，用粗线画出循环管道的具体位置和走向，并详细地注明管道的材料、直径、长度等说明。另外，还要注明防护措施。

22.2.3 园林水景绘制实例

【练习 22-1】 绘制叠水平面图

图 22-22 为叠水瀑布的摄影图片。本节绘制的叠水平面图主要调用了"REC"（矩形）、"O"（偏移）、"C"（圆）、"CO"（复制）、"H"（填充）等命令。绘制流程如图 22-23 所示。

① 绘制辅助线。调用"REC"（矩形）命令，绘制一个 10000×6800 的矩形。并调用"X"（分解）命令将矩形分解。

② 调用"O"（偏移）命令，将横向直线向下偏移 400、1900、150、1900、150、1900、

图 22-22　叠水摄影图片

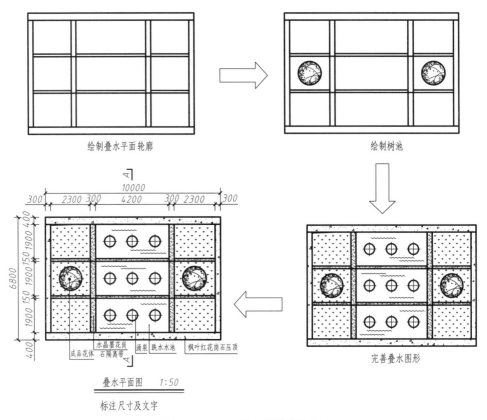

绘制叠水平面轮廓

绘制树池

完善叠水图形

叠水平面图　1:50

标注尺寸及文字

图 22-23　叠水平面图绘制流程

400，将竖向直线向右偏移 300、2300、300、4200、300、2300、300，偏移如图 22-24 所示图形。

　　③ 修剪图形。调用"TR"（修剪）命令，修剪多余线段如图 22-25 所示。

　　④ 绘制花池。调用"C"（圆）命令，绘制两个半径为 660 的圆，结果如图 22-26 所示。

　　⑤ 插入成品花钵图块。按 Ctrl＋O 组合键，打开配套光盘提供的"第 15 章/成品花钵.dwg"素材文件，将成品花钵图形复制粘贴至当前图形中。并调用"CO"（复制）命令，复制图块，如图 22-27 所示。

　　⑥ 绘制涌泉。调用"C"（圆）命令，绘制半径为 300 的圆。调用"L"（直线）命令，绘制中心在圆心上的水平及垂直直线，如图 22-28 所示。

　　⑦ 调用"CO"（复制）命令，将绘制好的图形复制到如图 22-29 所示位置。

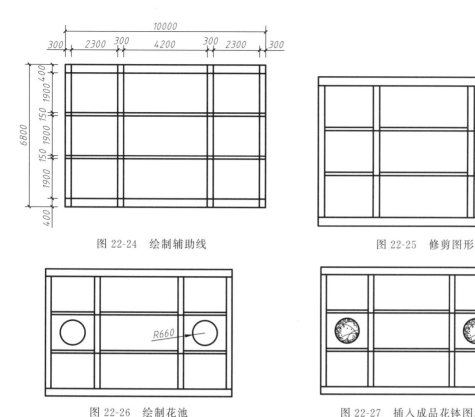

图 22-24　绘制辅助线

图 22-25　修剪图形

图 22-26　绘制花池

图 22-27　插入成品花钵图块

图 22-28　绘制涌泉

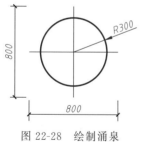

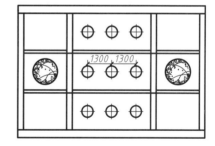

图 22-29　复制涌泉

⑧ 绘制水纹。调用"PL"（多段线）命令，绘制水纹，并调用"CO"（复制）命令，复制至如图 22-30 所示位置。

⑨ 填充图形。调用"H"（填充）命令，选择"AR-CONC""AR-SAND"及"GRASS"图形填充，并设置合适的比例和角度，如图 22-31 所示。

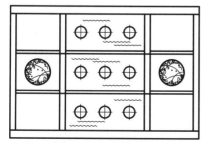

图 22-30　绘制水纹

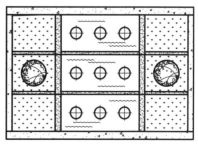

图 22-31　填充图形

提示：叠水要处理好分级跌落的关系，做到水平面一致。

⑩ 标注尺寸及文字。调用 "DLI"（线性）、"DCO"（连续）标注命令，对叠水平面进行标注，绘制效果如图 22-32 所示。

⑪ 多重引线标注。调用 "MLD"（多重引线）标注命令，弹出 "文字格式" 对话框，输入相关注释，单击 "确定" 按钮关闭对话框，绘制如图 22-33 所示的多重引线。

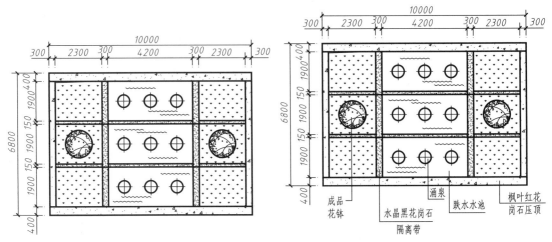

图 22-32　标注效果　　　　　　　　　　图 22-33　多重引线标注

⑫ 绘制剖断线。调用 "PL"（多段线）命令，设置线宽为 30，绘制剖断线，并调用 "DT"（单行文字）命令，插入文字。结果如图 22-34 所示。

⑬ 图名标注。调用 "DT"（单行文字）、"PL"（多段线）命令，对叠水平面进行图名标注，结果如图 22-35 所示。

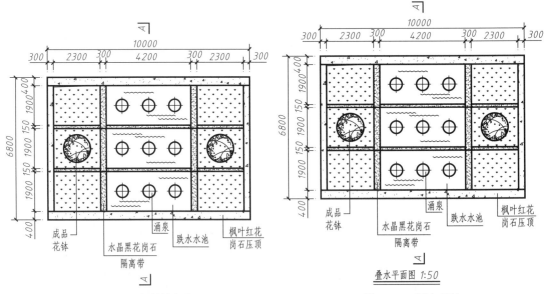

图 22-34　绘制剖断线　　　　　　　　　　图 22-35　图名标注

【练习 22-2】　绘制叠水立面图

本节绘制的叠水立面图，主要调用了 "L"（直线）、"O"（偏移）、"PL"（多段线）、"H"（填充）等命令。绘制流程如图 22-36 所示。

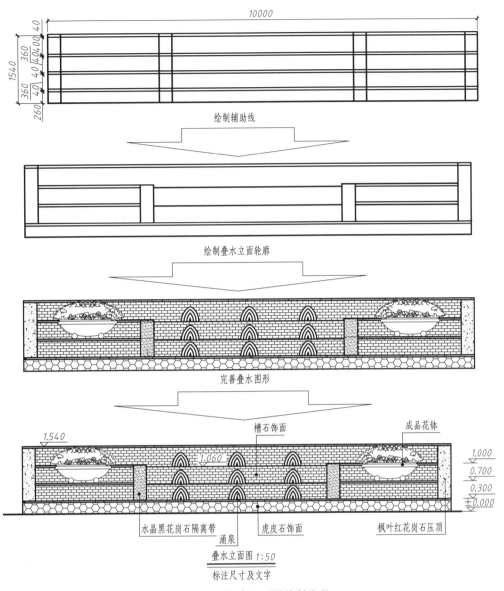

图 22-36　叠水立面图绘制流程

　　① 绘制辅助线。调用"L"（直线）命令，绘制 10000 的水平直线和 1540 的垂直直线。调用"O"（偏移）命令，将横向直线向下偏移 40、400、40、360、40、360、260，将竖向直线向右偏移 300、2300、300、4200、300、2300、300，如图 22-37 所示。

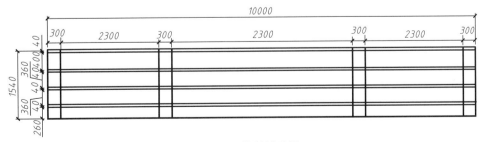

图 22-37　绘制辅助线

② 修剪图形。调用"TR"（修剪）命令，修剪多余线段，如图 22-38 所示。

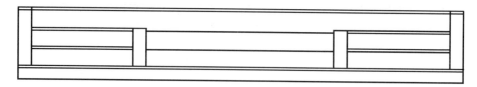

图 22-38　修剪图形

③ 插入图块。按 Ctrl＋O 组合键，打开配套光盘提供的"第 15 章/成品花钵立面.dwg"素材文件，将成品花钵立面图形复制粘贴至当前图形中。

④ 修剪图形。调用"TR"（修剪）命令修剪重叠线段，结果如图 22-39 所示。

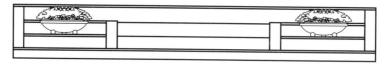

图 22-39　修剪图形

⑤ 绘制涌泉。调用"PL"（多段线）命令，激活"A"（圆弧）选项，绘制如图 22-40 所示的涌泉图形。调用"CO"（复制）命令，复制图形至如图 22-41 所示位置。

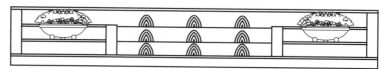

图 22-40　绘制涌泉

图 22-41　复制涌泉

提示：在实际的项目中，有时为了使水体更丰富，在水景设计时会综合几种不同的水体表现形式，给人更美观、震撼的感受，本例水景设计就结合了叠水和涌泉两种表现形式。

⑥ 填充图形。调用"H"（填充）命令，分别使用"BRICK""AR-CONC""AR-SAND""HONEY"图案填充图形，并设置合适的比例和角度，绘制结果如图 22-42 所示。

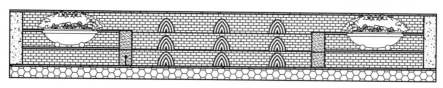

图 22-42　填充效果

⑦ 绘制多段线。调用"PL"（多段线）命令，设置线宽为 10，绘制水平多段线于图形底部。

⑧ 标高标注。调用"I"（插入）命令，插入标高图块，并修改参数，对叠水立面进行标高标注。

⑨ 调用"CO"（复制）命令，复制图块。根据实际高度修改图块数值。绘制结果如图 22-43 所示。

⑩ 多重引线标注。调用"MLD"（多重引线）标注命令，弹出"文字格式"对话框，输入相关注释，单击"确定"按钮关闭对话框，绘制如图 22-44 所示多重引线。

⑪ 图名标注。调用"DT"（单行文字）、"PL"（多段线）命令，对叠水立面进行图名标注，如图 22-45 所示。

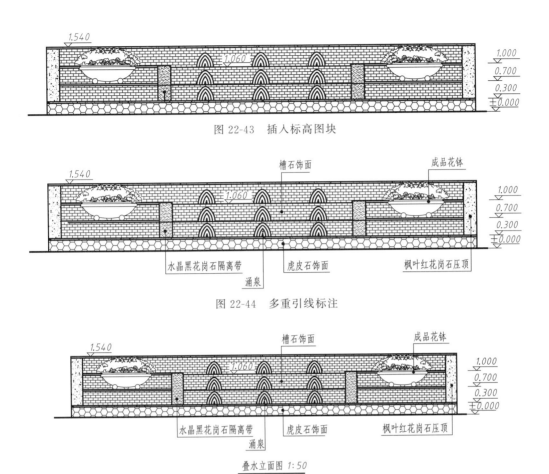

图 22-43　插入标高图块

图 22-44　多重引线标注

叠水立面图 1:50

图 22-45　图名标注

22.3　园林道路设计

园林道路是园林绿地的重要组成部分，在园林设计中占有重要位置，相当于园林的经络（后面简称园路）。园路的规划设计往往反映出不同的园林风格。例如我国苏州园林，讲究峰回路转、曲折迂回；而欧洲园林，则崇尚规则对称，以几何图案著称。

22.3.1　园路的功能

园路除了具有与人行道路相同的交通功能外，还有许多特有的功能，简单介绍如下。

（1）划分组织园林空间

中国传统园林忌直求曲，以曲为妙。追求一种隽永含蓄、深邃空远的意境，目的在于增加园林的空间层次，使一幅幅画景不断地展现在游人面前。"道莫便于捷，而妙于迂""路径盘蹊""曲径通幽""斗折蛇行""一步一换形""一曲一改观"等词句都是对传统园路的最好写照。园路规划决定了全园的整体布局。各景区、景点看似零散，实以园路为纽带，通过有意识地布局，有层次、有节奏地展开，使游人充分感受园林艺术之美，如图 22-46 所示。

（2）引导游览

我国古典园林无论规模大小，都划分几个景区，设置若干景点，布置许多景物，而后用园路把它们联结起来，构成一座布局严谨，景象鲜明，富有节奏和韵律的园林空间。所以，园路的曲折是经过精心设计、合理安排的，使遍布全园的道路网按设计意图、路线和角度把游人引导输送到各景区景点的最佳观赏位置，并利用花、树、山、石等造景素材来诱导、暗示、促使人们不断去发现和欣赏令人赞叹的园林景观，如图 22-47 所示。

（3）丰富园林景观

园林中的道路是园林风景的组成部分，它们与周围的山水、建筑及植物等景观紧密结合，形成"因景设路""因路得景"的效果，贯穿所有园内的景物，如图 22-48 所示。

图 22-46 划分园林空间　　　　图 22-47 引导游览　　　　图 22-48 丰富园林景观

22.3.2 园路的设计与分类

园路本身与山石、树木、水景、亭台、楼阁、廊架一样，起展示景物和点缀风景的作用，要把园路的功能作用与艺术性有机结合起来，精心设计。

（1）布局

我国园林以山水为中心，多采用含蓄、自然的布局方式，注重迂回萦环、曲径通幽，形成自然式园林风格。但寺庙及纪念性园林多为肃穆大气的建筑风格，多采用规则式布局。

（2）线型

园林中的园路，有自由、曲线和规则、直线两种方式，以形成两种不同风格的园林，如图 22-49 所示。也可以以一种方式为主，而以另一种为补充，这样的组合也并无不当。需注意不管采取什么式样，园路最忌讳断头路、回头路，除非有一个明显的终点景观或建筑。

图 22-49 园路的线型

园路要随地形和景物的变化而曲折起伏，"路因景曲，境因景深"，形成"山重水复疑无路，柳暗花明又一村"的造园效果，以丰富园林景观，延长游览路线，增加景深层次，活跃空间气氛。园路的曲折要有一定的目的，随意而曲，曲得其所，需注意弯曲时角度不可相同、在短距离内不可弯曲太多及不可做走投无路的曲折。

（3）多样性

园路的形式是多种多样的。园路在人流聚集的地方或在庭院内，可以转化为场地；在林地或草坪内，可以转化为步石或休息岛；在与建筑相连接处，可以转化为"廊"；在山地、坡地，可以转化为盘山道、蹬道、石级、岩洞；恰逢水面，可以转化为桥、堤、汀步等，如图 22-50 所示。园路以它丰富的体态和情趣装点园林，使其因路而引人入胜。

图 22-50　园路的多样性

（4）铺地

我国古典园林中常用的铺地材料有方砖、青瓦、石板、石块、卵石及砖石碎片等。而在现代园林中，除了继续沿用传统材料外，还增添了水泥、沥青、彩色卵石、文化石等新型材料，更加丰富了园路的色彩和质感。

传统铺地常带有各种纹样并带有其自有的寓意，如以荷花象征"出淤泥而不染"的德行，以兰花象征素洁高雅的品德，以竹子象征不折不挠的气节等。而现代园林中的铺地在传统铺地讲究韵律美的基础上，增添简洁、明朗、大方的格调，凸现了现代园林的时代感，如图 22-51 所示。

图 22-51　园路的铺地

水泥预制块铺路在现代园林占据主要地位，其生产成本较低、颜色品种多样，且可以重复使用。预制块的形状有方形、长方形、六角形和弧形等，其式样有表面拉出条纹，表面模制出竹节和表面处理成木纹等。预制块可以成片铺设、也可以散置在草坪中、又或者预制成两种不同规格与卵石组合成各种图案，满足现代园林建筑对大空间尺度的要求。

此外，可以用砖铺成人字形、纹形等铺装形状；用砂砾铺成斑点纹路；以各种条纹、沟槽的混凝土砖铺地，在阳光照射下形成光影效果，在具备装饰性的同时，减少了路面的反光强度，提高了路面的防滑性能。

色彩能把"情绪"赋予风景，暖色调能表现出热烈兴奋的情绪，冷色调则较为幽雅、明快；明朗的色调给人以清新愉快之感，灰暗的色调则表现为沉稳宁静。在铺地设计中有意识地利用色彩变化，可以丰富路面层次，加强空间气氛。经常采用的彩色路面有：红砖路、青砖路、彩色卵石路、水泥调色路、彩色石米路等。随着新型材料的日益增多，园路的铺装色彩将愈加丰富。

（5）园路的坡度

坡度设计要求在保证路基稳定的基础上，尽量利用原有地形以减少土方量。但坡度只在一定范围内受路面材料、路面横坡和纵坡等因素的限制而变化，一般来说，水泥路最大纵坡为 7%，沥青路为 6%，砖路为 8%，游步道坡度超过 20% 时为了便于行走，可以设置台阶，如图 22-52 所示。台阶不宜连续使用过多，若地形允许，可经过十或二十级设以平台，使游人有休息、观赏的机会。

园路的设计除需考虑以上原则外，还要注意交叉路口的相连，避免冲突，出入口的艺术处理，与四周环境的协调，地表的排水，对花草树木的生长影响等，如图 22-53 所示。

图 22-52　游步道台阶

图 22-53　注重绿色景观

（6）绿化

园路的绿化形式主要分为三种，一是中心绿岛、回车岛等，二是行道树、花钵、花坛、树池、树阵等，三是两侧绿化。

郊区大面积绿化，行道树可以和两侧绿化种植结合在一起，自由进出，灵活种植，不受条条框框限制，得到路在林间走的意境，也可以称之为夹景。而对一定距离的局部稍做浓密布置，形成阻碍，则可称之为障景。城市绿地要多几种绿化形式，才能减少人为的破坏。车行园路中，绿化布置要符合行车视距、转弯半径等，特别是不要沿路种植浓密高大树丛，以防司机视野不好看不到路上行人造成事故。

要考虑把绿化延伸到园路、广场，使其相互交叉渗透，主要方法有：使用点状路面，如图 22-54 所示的旱汀步、间隔铺砌；使用空心砌块，如图 22-55 所示的植草砖，这也是现今

图 22-54　旱汀步

图 22-55　植草砖

使用最多的方法；在园路、广场中嵌入花钵、花树坛、树阵等。

设计好的园路，应是浅埋于绿地之间，隐藏于草丛之内。在山麓坡外，园路一经暴露便会留下道道横行痕迹，极不美观，这就要求设计时要做到路比绿低，但并不是比土低。由此带来的是汇水问题，故园路单边式两侧，距离路面 1m 左右，应设置很浅的明沟，作为降雨时汇水流入的雨水口，而在天晴时也可作为草地的一种起伏变化。

（7）交叉

在一眼所能见到的距离内，道路一侧不宜出现两个或两个以上的道路交叉口，尽量避免多条道路交叉，若实在无法避免，则应在交叉处形成一个广场。道路交叉处应采用弧线设计以圆滑角度，不宜生冷僵硬。

（8）其他

在园路设计中应注意安排好其他作用园路，比如残疾人通道。

22.3.3　园路绘制实例

本节将学习绘制人行道的工程图，其中包括它的平面图和剖面图。绘制方法如下。

【练习 22-3】　绘制人行道平面图

图 22-56 为人行道摄影图片。本节绘制的人行道平面图，主要调用了"L"（直线）、"O"（偏移）、"A"（圆弧）、"CO"（复制）等命令。绘制流程如图 22-57 所示。

图 22-56　人行道摄影图片

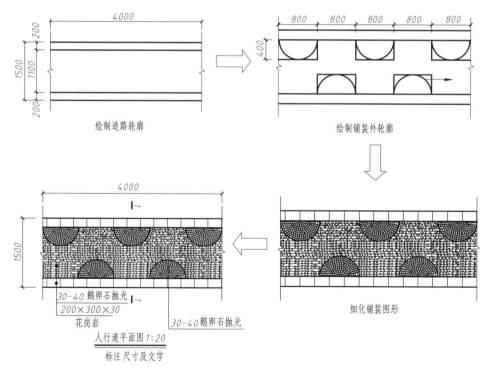

图 22-57　人行道平面图绘制流程

① 绘制园路轮廓。单击"F8"键打开正交模式。调用"L"（直线）命令，绘制一条4000 长的水平直线；调用"O"（偏移）命令，分别指定偏移距离为 200、1100、200。

② 调用 "PL"（多段线）命令，绘制折断线，并移动至合适位置。绘制结果如图 22-58 所示。

③ 绘制园路铺装图形。调用 "REC"（矩形）命令，绘制尺寸为 800×400 的矩形，绘制辅助图形；调用 "A"（圆弧）命令，参考辅助线绘制圆弧。

④ 调用 "CO"（复制）、"MI"（镜像）命令，移动复制铺装图形，结果如图 22-59 所示。

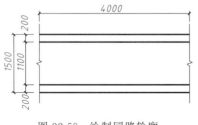

图 22-58　绘制园路轮廓

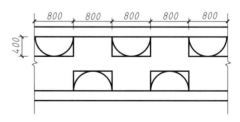

图 22-59　绘制圆弧图形

⑤ 调用 "O"（偏移）命令，将圆弧向内偏移，设置偏移距离为 40；调用 "CO"（复制）、"RO"（旋转）命令，得到如图 22-60 所示的图形。

⑥ 绘制园路纹理。调用 "H"（填充）命令，选择用户定义图案，设置角度为 0，图案填充间距为 50，绘制园路纹理图形。

⑦ 重复命令操作，绘制园路平石，其填充角度为 90，图案填充间距为 300。绘制结果如图 22-61 所示。

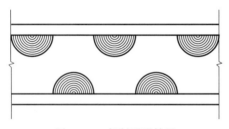

图 22-60　复制图形效果

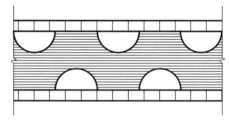

图 22-61　填充纹路效果

⑧ 绘制卵石。单击 "F8" 键关闭正交模式。调用 "PL"（多段线）命令，绘制直径 30～40 的卵石，双击绘制好的卵石，选择 "样条曲线" 选项。

⑨ 用上述相同的方法，绘制多个不规则卵石图形，调用 "CO"（复制）、"AR"（阵列）命令将卵石布置到相应位置，绘制结果如图 22-62 所示。

⑩ 标注尺寸及文字。线性标注。调用 "DLI"（线性）标注命令，对人行道平面进行标注。

⑪ 绘制剖断线。调用 "PL"（多段线）命令，设置多段线线宽为 20，绘制剖断线。调用 "DT"（单行文字）命令，插入文字。结果如图 22-63 所示。

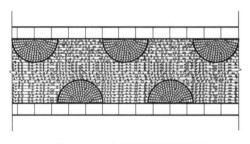

图 22-62　绘制及复制卵石效果

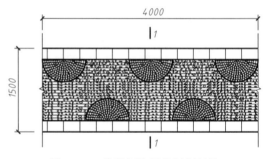

图 22-63　线性标注及绘制剖断线

⑫ 多重引线标注。调用"MLD"（多重引线）标注命令，弹出"文字格式"对话框，输入相关注释。单击"确定"按钮关闭对话框，结果如图 22-64 所示。

⑬ 图名标注。调用"DT"（单行文字）、"PL"（多段线）命令，对人行道平面进行图名标注，结果如图 22-65 所示。

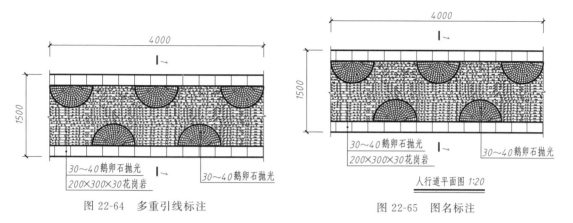

图 22-64　多重引线标注　　　　　　　　图 22-65　图名标注

【练习 22-4】　绘制人行道剖面图

本节绘制的人行道剖面图，主要调用了"L"（直线）、"O"（偏移）、"TR"（修剪）、"H"（填充）等命令。绘制流程如图 22-66 所示。

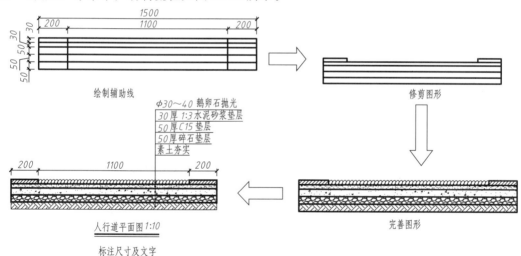

图 22-66　人行道剖面图绘制流程

① 绘制人行道剖面轮廓辅助线。调用"L"（直线）命令，绘制两条垂直的线条；调用"O"（偏移）命令，将横向直线向下偏移 30、30、50、50、50，将竖向直线向右偏移 200、1100、200，结果如图 22-67 所示。

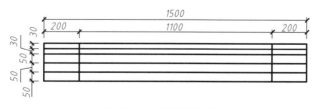

图 22-67　绘制辅助线

② 修剪图形。调用"TR"（修剪）命令，修剪图形，结果如图 22-68 所示。

③ 绘制卵石。调用"EL"（椭圆）命令，绘制椭圆表示卵石；调用"AR"（阵列）命令，矩形阵列椭圆，结果如图 22-69 所示。

图 22-68　修剪图形　　　　　　　　图 22-69　绘制卵石

④ 填充图形。调用"H"（填充）命令，在弹出的"图案填充和渐变色"对话框中设置参数，分别在表示不同质感的剖面层填充"ANS131""AR-SAND""AR-CONC""GRAVEL""EARTH"图案，并设置好合适的例及角度，如图 22-70 所示。

⑤ 标注尺寸及文字。线性标注。调用"DLI"（线性）、"DCO"（连续）标注命令，结果如图 22-71 所示。

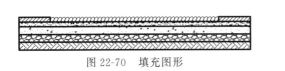
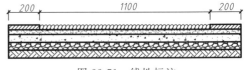

图 22-70　填充图形　　　　　　　　图 22-71　线性标注

⑥ 多重引线标注。调用"MLD"（多重引线）标注命令，弹出"文字格式"对话框，输入相关注释。单击"确定"按钮关闭对话框，结果如图 22-72 所示。

⑦ 图名标注。调用"DT"（单行文字）、"PL"（多段线）命令，对人行道剖面进行图名标注，结果如图 22-73 所示。

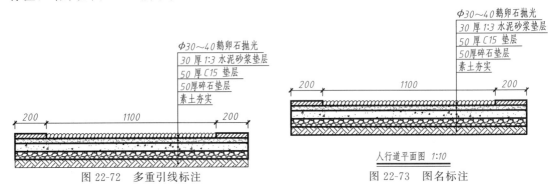

图 22-72　多重引线标注　　　　　　图 22-73　图名标注

22.4　园林植物设计

园林植物是构成园林景观不可替代的主要素材。由植物构成的空间，无论是空间、时间，还是色彩反映出来的景观变化，都是丰富而无与伦比的。此外，植物在改善城市环境、净化城市空气、提高城市居民生活质量方面的重要性也是不可忽视的。可以说，没有任何一种其他生物能像植物这样富于生机而又变化万千。丰富多彩的植物材料为营造园林景观提供了广阔的天地，整体把握植物造景能力，对各类植物的表现特色了然于胸，是营造植物景观的前提和基础。

22.4.1　园林植物的设计原则

在园林植物设计时，要遵循的基本原则如下。

（1）符合绿地的性质和功能要求

园林绿地的性质和功能决定了植物的选择和种植形式。园林绿地功能很多，但具体到每一块绿地，都有其各自的主要功能。如街道绿地的主要功能是庇荫空间、组织交通；公园绿地的主要功能是游玩歇息、休闲娱乐；广场绿地的主要功能是丰富空间，供人欣赏等。

（2）满足园林风景构图的需要

➢ 协调总体艺术布局：在规则式园林布局中，植物以对植、列植、中心植、花坛、整形式等规则的配置形式为主，并进行整形修剪。而在自然式园林绿地中，则采用孤植、丛植、群植、林地、花丛、花境、花带等不对称的自然式种植，充分表现植物的自然姿态，体现植物天然美感。

➢ 考虑综合观赏效果：在植物配置时，应根据植物观赏特性进行合理搭配，表现植物在观形、赏色、闻味、听声方面的综合效果。其具体配置方法可以有让观花和观叶植物相结合；不同色彩的乔、灌木相结合；不同花期的植物相结合；以草本花卉弥补木本花木的不足等。

➢ 组织四季景色变化：在植物设计时，要组织好园林植物的季相构图，使其色彩、香气、姿态、风韵皆随季节变化而交替，以免景色单调。重点地区一定要四时有景，其他区域可突出某一季节性景观。

➢ 配置植物比例适合：配置植物时的比例不同，会影响植物景观的层次、色彩、季相、空间、透景形式的变化，及植物景观的稳定性。因此，在植物配置上应搭配速生树与长寿树、乔木与灌木、观叶与观花植物、树木、花卉、草坪、地被等植物比例合适。在植物种植设计时，应根据具体条件及不同目的，确定树木花草之间的合适比例，如纪念性园林可多配置常绿树、针叶树；庭院景观可多花木。

（3）满足植物生态要求

满足植物的生态要求，使其生长良好，一方面是因地制宜，使植物生态习性和栽植地点的生态条件基本统一；另一方面是为植物生长创造合适的生态条件，通过局部改造地形条件等方式改善植物生长环境。

（4）民族风格和地方特色

各地方性园林都有许多传统的植物配置形式和种植喜好，形成一定的配置程式，如图22-74 所示，应在园林造景上灵活应用。如南方园林的花木繁多、北方园林的青松翠柏、岭南园林的四季繁花等。

图 22-74　地方性园林

22.4.2　园林植物的配置

在平面和立面的构图中，把树木按照不规则的株行距进行组合的配置形式称为自然式配置，如图 22-75 所示；而把树木按照直线或曲线的几何图形进行配置的形式称为规则式配置，如图 22-76 所示。

图 22-75　自然式配置

图 22-76　规则式配置

我国古典园林和较大的公园、景区通常都是以自然式布局为主基调，而在局部区域，特别是主体建筑附近及主干道旁侧采用规则式布局。此处介绍几种常见的配置方式。

（1）孤植（独植，单植）与对植树设计

孤植树又称孤立木、孤景树，是用一株树木单独种植设计成景的园林树木景观。但是并不意味着只栽一棵树，有时为构图需要，为增强雄伟感，同一树种的两三棵紧密种在一起，以形成一个单元，其远看和单株栽植的效果相同。

孤植树设计环境必须有较开阔的空间环境。如草坪，广场及开阔的湖畔等；还可布置于桥头，园路尽头或转弯处，建筑旁等。如图 22-77 所示。

图 22-77　草坪上孤植树

① 配置要点　多处在绿地平面的构图中心和园林空间的视觉中心而成为主景。孤植树非常引人注意，具有强烈的标志性、导向性和装饰作用，并供观赏和庇荫之用。切记，要做到孤而不孤。

② 树种选择　树木形体高大，姿态优美，树冠开阔，枝叶茂盛，或者具有某些特殊的观赏价值；同时还要求生长健壮，寿命长，无严重污染环境的落花落果，不含有害于人体健康的毒素等。充分利用原有大树，尤其一些古树名木，如悬铃木、雪松、银杏、云杉、白皮松等。如图 22-78 所示。

（2）丛植、聚植（集植或组植）

由两株至十几株同种或不同种的乔木或乔木与灌木，按高低错落组合在一起的配置形式。

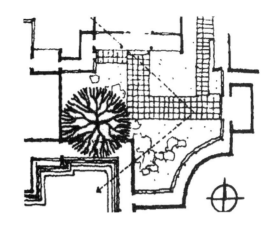

图 22-78 孤植布置效果

① 配置要点 我国画理中对植物丛植的方式有这样的论述"两株一丛的要一俯一仰；三株一丛的要分主宾；四株一丛的则要株距有差异。"

② 树种选择 树丛设计适用于大多数树种，只要充分考虑环境条件和造景构图要求以及树木形态特征与生态习性，皆可获得优美的树丛景观。各类园林绿地树丛常用树种有紫杉、冷杉、银杏、雪松、龙柏、桧柏、水杉、白玉兰、紫薇、栾树、鸡爪槭、紫叶李、丝兰等。

③ 应用举例

➤ 两株树丛：两株组合设计一般采用同种树木，或者形态和生态习性相似的不同种树木。如图 22-79 所示。

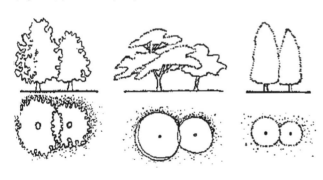

图 22-79 两株树丛布置效果

➤ 三株树丛：三株树木组合设计宜采用同种或两种树木。平面布局呈不等边三角形。三株通常成"2+1"式分组设置，最大和最小成一组，中等树木另成一组，如图 22-80 所示。

➤ 四株树丛：四株树木组合设计宜用一种或两种树木，如图 22-81 所示。用一种树木时，在形态、大小、距离上求变化，用两种树木时，则要求同为乔木或灌木。布局时同种树以"3+1"式分组布置，即选用两种树木时，树量比为 3：1。仅一株的树种，其体量不宜最小或最大，也不能单独一组布置，应与另一种树木进行"2+1"式组合配植。三种中两株靠近，一株偏远，方法同三株组合，单株一组通常为第二大树。整体布局呈不等边三角形或四边形。

➤ 五株树丛：五株树木组合设计，若为同一树种，则树木个体形态、动势、间距各有不

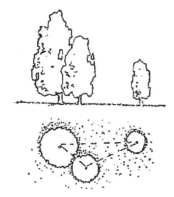

图 22-80　三株树丛布置效果

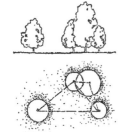
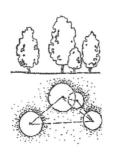
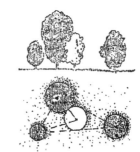
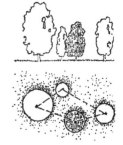

图 22-81　四株树丛布置效果

同，并以"3＋2"式分组布局为佳，最大树木位于三株一组，如图 22-82 所示。三株组与二株组各自组合方式同三株树丛和二株树丛。五株树丛亦可采用"4＋1"式组合配植。其中单株组树木不能为最大，两组距离不宜过远，动势上要有联系，相互呼应。五株树丛若用两种树木，株数比以 3：2 为宜，在分组布置时，最大树木不宜单独成组。

图 22-82　五株树丛布置效果

（3）群植（树群）

以 1～2 种乔木为主，搭配其他种类乔木和灌木混合栽植成群的一种配置方式。所使用树木种类及株树均大于树丛（2～20 株），树群（20～100 株），对单株要求不严，强调的是整体的效果，如季相变化、整体色彩、质感、形状等，如图 22-83 所示。

群植在平面布置上，应突出主景树丛，多用于公园绿地中的围合、隔离、遮蔽以形成不同的园林空间。树木的搭配要按照自然式树丛配置原则进行栽植，以形成主从分明、高低错落、天际线有起伏、林缘线有变化的具有群体美的园林景观。

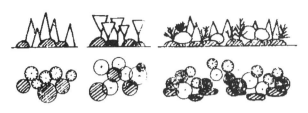

图 22-83　群植布置效果

（4）林植

成片、成块大量栽植乔灌木，以构成林地和森林景观的栽植方式，产生"树林"。这种形式多用于大面积的公园、风景林、生态林和休闲林等。树林据其结构和树种不同可分为密林、疏林、单纯林和混交林等。根据形态不同，可分为片状树林和带状树林（又称林带）。如图 22-84 所示。

图 22-84　林植布置效果　　　　　　　　　　　图 22-85　规则式配置

22.4.3　植物平面的表示方法

植物的种植平面图最主要的作用概括为两点：确定植物在平面上的准确位置；表现植物配置整体的俯视效果。通过植物的冠幅覆盖面积表示出来。

（1）乔木平面的表示法

➢ 轮廓型：树木平面只用线条勾勒出轮廓，线条可粗可细，轮廓可光滑，也可带有缺口或尖突。

➢ 分枝型：在树木平面中只用线条的组合表示树枝或枝干的分叉。

➢ 枝叶型：在树木平面中既表示分枝，又表示冠叶，树冠可用轮廓表示，也可用质感表示。这种类型可以看作是其他几种类型的组合。

（2）灌木的平面表示法

灌木没有明显主干，平面形状有曲有直。灌木的平面表示方法与树木的表示方法类似，通常修建规整的灌木可用轮廓、分枝或枝叶型表示，不规则形状的灌木平面宜用轮廓型或质感型表示。表示时以栽植范围为准，如图 22-86 所示。

（3）绿篱的平面表示法

绿篱平面表示法详见图 22-87。

（4）地被物平面表示法

宜采用轮廓勾勒和质感表现的形式。作图时以地被栽植的范围线为依据，用不规则的细

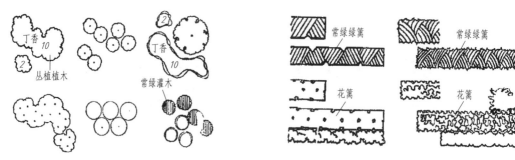

图 22-86　灌木的平面表示法

图 22-87　绿篱的平面表示法

线勾勒出地被物的范围轮廓。如图 22-88 所示。

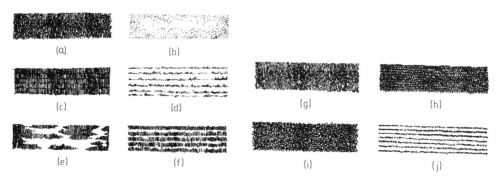

图 22-88　地被物平面表示法

（5）多株相连树木的平面表示法

多株相连树木的平面表示法详见图 22-89。

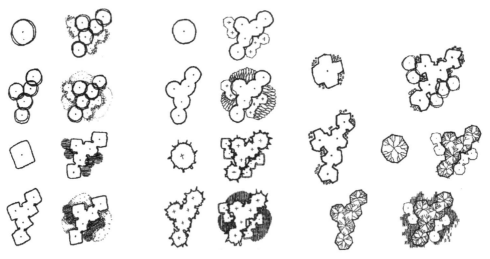

图 22-89　多株相连树木的平面表示法

➤ 表示几株相连的相同树木的平面图时，应相互避让，使图面形成整体。在设计图中，当树冠下有花台、花坛、花境或水面、石块和竹丛等较低矮的设计内容时，树木平面也不应过于复杂。要注意避让，不要挡住下面的内容，但是，若只是为了表示整个树木群体的平面布置，则可以不考虑树木的避让，应以强调树冠平面为主。如图 22-90 所示。

➤ 表示成群树木的平面时可连成一片。表示成林树木的平面图时可勾勒出树林边缘线。

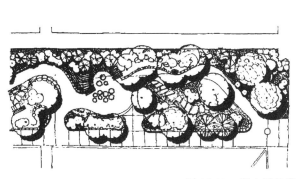
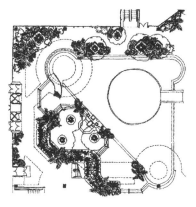

图 22-90　灌木避让举例

如图 22-91 所示。

➢ 树木的落影是平面树木重要的表现方法。它可以增加图画的对比效果，使图画明快有生气。树木的地面落影与树冠的形状、光线的角度和地面的条件有关，在园林图中常用落影圆表示，有时也可根据树形稍稍做些变化。如图 22-92 所示。

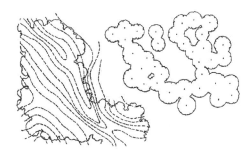

图 22-91　大片树木的平面表示法　　　　　图 22-92　不同地面条件的落影质感表现

22.4.4　植物立面的表示方法

植物的种植立面图则是显示植物在竖向上的位置及层次关系，是通过植物的体积、姿态，表现三维空间上的植物与植物、植物与环境之间的相互关系。

树木的立面表示方法也可分成轮廓、分枝和质感等几大类型，但有时并不十分严格。树木的立面表现形式有写实的，也有图案化的或稍加变形的，如图 22-93 所示。

图 22-93　写实立面树

树木立面图中的枝干、冠叶等的具体画法如下。

➢ 树木的轮廓取决于它的分枝状态。如果从主干分出的侧枝夹角较小，树姿挺拔直立；夹角较大的则外形近似于球形。如图 22-94 所示。

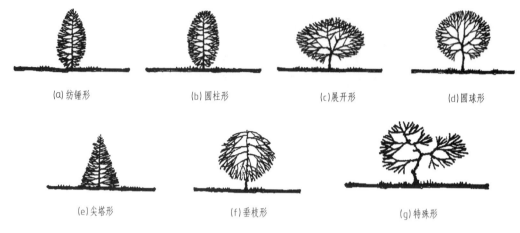

(a) 纺锤形　　　(b) 圆柱形　　　(c) 展开形　　　(d) 圆球形

(e) 尖塔形　　　　(f) 垂枝形　　　　(g) 特殊形

图 22-94　典型的树木轮廓

➢ 灌木没有明显主干或分枝点高度较低，枝条成丛生状。其形态特征有卵圆形、圆形、尖塔形或椭圆形；它们可能是平卧，也可能是蔓延。如图 22-95 所示。

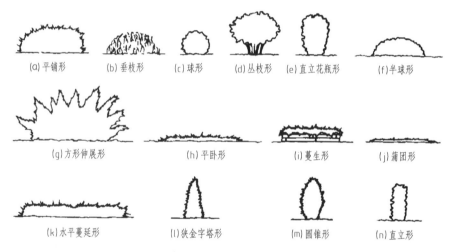

(a) 平铺形　　(b) 垂枝形　　(c) 球形　　(d) 丛枝形　　(e) 直立花瓶形　　(f) 半球形

(g) 方形伸展形　　　　(h) 平卧形　　　　(i) 蔓生形　　　　(j) 蒲团形

(k) 水平蔓延形　　　　(l) 狭金字塔形　　　　(m) 圆锥形　　　　(n) 直立形

图 22-95　典型的灌木造型

22.4.5　园林植物绘制实例

桂花为木犀科，木犀属常绿灌木或小乔木，是温带树种。树冠呈圆球形，属于芳香植物，花小而具有浓郁的香气，于初秋时节开放。桂花树形丰满、姿态优美，可孤植于空旷场所单独成景，也可对植于大门、道路两侧，还可列植于道路两旁，是园林设计中运用非常广泛的一类植物，如图 22-96 所示。

【练习 22-5】　绘制桂花平面图例

本节绘制的桂花平面图，主要调用了"A"（圆弧）、"RO"（旋转）、"SC"（缩放）、"AR"（阵列）等命令。绘制流程如图 22-97 所示。

① 绘制树叶。调用"A"（圆弧）命令，绘制树叶图形，如图 22-98 所示。

图 22-96　桂花摄影图片

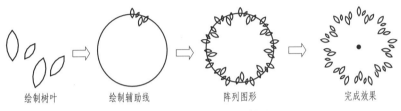

绘制树叶　　　　绘制辅助线　　　　　阵列图形　　　　　完成效果

图 22-97　桂花平面图绘制流程

② 复制树叶。调用 "CO"（复制）、"RO"（旋转）、"SC"（缩放）命令，绘制如图 22-99 所示图形。

③ 绘制辅助线。调用 "C"（圆）命令，绘制半径为 1500 的圆；调用 "M"（移动）命令，将其移动至图 22-100 所示位置。

图 22-98　绘制树叶　　　　　图 22-99　复制树叶　　　　　图 22-100　绘制辅助线

④ 阵列图形。调用 "AR"（阵列）命令，选择绘制好的树叶图形，激活极轴阵列，指定圆心为阵列中心点，输入项目数为 9，结果如图 22-101 所示。

⑤ 绘制树干圆点。调用 "DO"（圆环）命令，指定圆环的内径为 0，圆环外径为 150，单击空格键，指定圆心为圆环的中心点。删除圆，结果如图 22-102 所示。

⑥ 定义图块。调用 "B"（创建块）命令，输入名称为 "桂花"，选择绘制好的图形为对象，拾取圆环中点为基点。

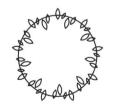　　　　　　　　

图 22-101　阵列树叶　　　　　　　图 22-102　桂花平面图绘制结果

【练习 22-6】　绘制桂花立面图

本节绘制的桂花立面图，主要调用了 "REC"（矩形）、"SKETCH"（徒手画）、"SPL"（样条曲线）、"E"（删除）等命令。绘制流程如图 22-103 所示。

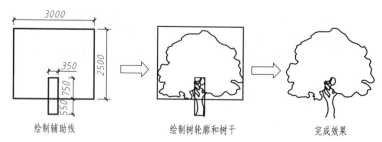

绘制辅助线　　　　绘制树轮廓和树干　　　　完成效果

图 22-103　桂花立面图绘制流程

① 绘制辅助线。调用"REC"（矩形）命令，分别绘制尺寸为 3000×2500、350×1300 的矩形；调用"M"（移动）命令，将其移动至如图 22-104 所示位置。

② 绘制桂花树轮廓。调用"SKETCH"（徒手画）命令，输入"T"命令，激活"类型"选项，选择"多段线"选项，设置其增量为 50，绘制如图 22-105 所示图形，表示桂花树轮廓。

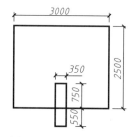

图 22-104　绘制辅助线

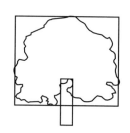

图 22-105　绘制桂花树轮廓

③ 绘制树干。调用"SPL"（样条曲线）命令，绘制如图 22-106 所示形状样条曲线，表示树干。

④ 删除多余图形。调用"E"（删除）命令，删除两个辅助矩形，结果如图 22-107 所示。

⑤ 定义图块。调用"B"（创建块）命令，输入名称为"桂花立面"，选择绘制好的图形为对象，拾取图形左下角为基点。完成桂花图例的绘制。

图 22-106　绘制树干

图 22-107　桂花立面图例绘制结果

第23章

别墅庭院设计实例

扫码全方位学习
AutoCAD 2022

（扫码阅读本章内容）

第六篇　三维制图篇

扫码全方位学习
AutoCAD 2022

（扫码阅读三维制图篇）